쉬운
식품가공학

고 정 삼 저

머리말

식품가공은 '식품원료에 알맞은 가공기술을 도입하여 저장수명(shelf life)을 연장하거나 부가가치가 높은 가공식품을 생산함으로써 식량자원을 유효하게 활용하는 일'을 말한다. 식품가공 원료를 구분할 경우 크게 농산물·임산물·축산물·수산물 등으로 구분할 수 있다. 여기에서는 식품가공의 대부분을 차지하고 있는 농산물을 대상으로 하여 가공이론과 기술적인 부분을 다루었다. 일정 규모의 공장화가 가능한 가공분야의 이론과 응용을 체계화시켜, 이를 활용함으로써 제한된 강의시간을 효율적으로 이용할 수 있도록 하였다.

이 책에서는 시대적인 요구에 부응하여 우선 '식품산업의 이해'를 통하여 전체적인 식품산업을 이해하도록 하였으며, 식품원료의 가공특성을 통하여 식품화학 분야의 기초적인 이론을 알기 쉽게 정리하였다. 식품가공 원료를 크게 나누어 탄수화물자원, 유지자원, 단백질자원, 원예자원 등으로 구분하고, 이들 가공원료 중에서 산업화가 가능한 분야를 중점적으로 다루었다. 또한, 기호식품, 인스턴트식품, 농산물의 저장, 바이오매스의 이용, 식품포장, 식품산업폐수의 처리를 다루어 식품산업의 전체 분야에 걸쳐 종합적이고 체계적인 이해가 되도록 구성하였다.

식품가공학 분야가 광범위하고 종합적인 학문의 성격을 가지고 있어서, 모든 부분을 충족시키기는 어려울 것이다. 따라서 제조방법 등을 다루는 단순한 기술서로서의 기능보다는 가능한 기초적이고 이론적인 면을 중심으로 다루었다. 참고가 되었던 단행본을 비롯한 각종 학술잡지의 내용에 해당되는 저자들에게는 지면을 통하여 깊은 감사를 드린다.

저자 고정삼

차 례

제 1 장 식품산업의 이해 / 15

제 2 장 식품원료의 가공특성 / 35

제 4 장 유지자원의 이용 / 135

제 5 장 단백질자원의 이용 / 173

제 6 장 원예자원의 이용 / 197

제 8 장 인스턴트식품 / 267

제 9 장 농산물의 저장 / 285

제 10 장 바이오매스의 이용 / 317

제 11 장 식품의 포장 / 329

제 12 장 식품산업폐수의 처리 / 355

제 1 장

식품산업의 이해

식품가공에 이용되는 식품소재는 농산물·축산물·수산물로 크게 구분할 수 있으나, 이 중에서 주로 농업을 통하여 얻어지는 농산물이 이용된다. 농산물을 의약용이나 식품으로서의 활용이 가축사료나 유기질비료 등으로 이용하는 것보다 훨씬 부가가치가 높다. 그러나 의약용으로 이용되는 농산물은 매우 제한된 일부 품목에 한정되며 거의 식품으로서 이용된다. 식품산업은 제조업에서 차지하는 비중이 매우 크며, 소득증가에 따라 꾸준히 발전하는 분야이다. 식품산업을 이해하기 위하여 농업과 식량문제, 식품산업의 흐름, 식품가공기술 등에 대하여 먼저 살펴보자.

1. 농업생산과 식품가공

1.1 농업의 역할과 식품가공학

1) 농업의 역할

'인간은 엔트로피(entropy)를 먹고 산다'는 말이 있다. 이는 '인간은 생존을 위하여 끊임없이 에너지를 소비한다'는 뜻이다. 계속적인 인구증가와 산업화에 따른 생활수준의 향상으로 지금까지 지구에 축적되었던 천연가스, 석유, 석탄 등의 지하자원이나 식물체에 의하여 새로이 합성되는 유기물인 생물자원(biological resources)을 지나치게 많이 소비함으로써, 결국은 계속적이고 급속한 엔트로피 증가를 일으키고 있다. 이로 인하여 지금까지 유지되어 왔던 생태계의 균형을 점차 심각하게 위협하고 있다.

엔트로피를 감소시키는 중요한 역할을 하는 것은 식물계이다. 이들 중에서도 녹색식물은 태양에너지를 화학에너지로 전환함으로써 공기중의 탄산가스와 토양 중의 질소, 무기물 등에서 우리들에게 필요한 탄수화물·단백질·유지 등의 유기화합물을 합성한다. 따라서 인류의 생존에 필요한 에너지와 자원을 효율적으로 공급해 주는 역할을 담당하는 분야가 농업(agriculture)이다.

60억 인이 넘는 인류의 생존에 필요한 식량자원 생산을 위하여 모든 국가는 끊임없이 노력하여 왔다. 연간 45억 톤 정도의 식량자원 생산 중에서 98%를 육지에서 얻고 있으며, 단지 1～1.5% 만이 해양에서 얻는다. 이 중에서 전체의 91%가 넘는 42억 톤 정도를 식물자원에서 얻고 있으며, 동물자원에서 얻어지는 것은 7% 정도이다. 축산업을 포함하여, 특히 농업의 역할은 매우 중요하여 국가의 기간산업으로서 여겨져 왔다.

장래 인류 생존에 필수적인 문제를 자원, 에너지, 생활환경 등으로 요약된다면 농업은 지하자원의 고갈에 대비하여 자원문제를 해결할 수 있는 유일한 재생산과정(reproduction process)이며, 쾌적한 생활환경을 조성할 수 있는 분야라고 할 수 있다.

2) 식품가공학

식품가공학은 '농산물(agricultural products)을 포함하여 임산물, 축산물, 수산물을 유용하게 활용함으로써 효율적인 자원이용과 더불어 식생활의 요구를 충족시키고 부가가치를 창출해내는 역할을 하는 학문분야'이다.

식품가공학의 구성은 매우 다양하고 '종합적인 기술의 집합'이라고 할 수 있다. 즉, 식품가공기술(Food Technology)은 식품원료를 물리적, 화학적 또는 생물학적인 여러 가지 조작(operation)에 의해 이루어진다. 이에 따라 식품화학, 생화학, 효소학, 영양화학, 응용미생물학 등의 생물과학 분야의 내용뿐만 아니라 식품단위조작, 식품공학, 식품기계학, 냉동공학, 생물화학공학, 정보공학 등 공학 분야의 내용과 식품포장학, 식품위생학, 경영학 등 유통 분야의 내용도 포함된다. 우선 식품가공학의 필요성을 이해하기 위하여 세계의 인구동향과 식량문제, 식품산업의 현황과 전망을 살펴보자.

1.2 세계의 식량문제

1) 인구동향

기원 원년에 3억 인 정도였던 세계인구가 1900년에 들어서서 18억 인으로 증가하였다. 이후 과학과 의학의 발달과 더불어 산업화의 본격적인 출발로 사회구조도 많은 변화를 가져왔다. 특히, 1950년대 이후에는 한국전쟁, 월남전쟁, 이란-이라크 전쟁, 걸프전쟁 등 국지전(局地戰)을 제외한 큰 전쟁이 없었다. 그리고 근대화, 산업화, 사회의 자유화 등으로 인구증가의 좋은 조건을 형성하여 20년 후인 1970년에는 인구가 10억이 불어난 약 35억 인에 이르게 되었다. 이후 10년 사이인 1980년에는 또다시

10억이 불어난 약 45억 인이 되었으나, 이 기간 중에 농업생산량의 증가는 29%에 그쳐 식량공급에 어려움을 겪게 되었다.

세계인구는 매일 20만 명 정도씩 증가하여 현재 62억 인을 넘고 있다. 30년 후에 세계인구는 90억 인으로 추정되며, 선진국들이 차지하는 인구비율이 10% 정도로 감소할 것이라고 한다. 개발도상국들(developing countries)은 높은 인구증가율에 비해 식량자원의 생산이 모자랄 뿐 아니라 식량구입 자금이 부족한 실정이다. 중진국(NIES)과 선진국들은 생활수준의 향상으로 특히 어류, 육류 등 단백질자원을 비롯한 식량, 자원, 에너지 소비가 크게 증가하고 있다. 더욱이 산업사회로의 이행에 따른 각종 공해물질의 배출과 배기가스의 집적 등에 따른 이상기온 현상 등으로 자연생태계의 파괴가 농업생산성을 떨어뜨리고 있다. 따라서 식량공급에 있어서 해외 의존도가 높은 우리나라로서는 세계의 농업환경을 이해할 필요가 있으며, 먼저 이에 관여하는 요인들을 알아보자.

2) 식량 수급문제

식량공급 국가는 국토가 넓고 인구가 적은 미국, 캐나다, 호주, 뉴질랜드, 브라질 등 몇 개 국가들로 한정되어 있다. 이에 비하여 식량수입 국가들은 상대적으로 점차 증가하고 있어서 지역간 불균형이 커지고 있다. 식량을 수입에 의존하고 있는 국가들 중에서 발전도상국 대부분은 식량을 구입할 수 있는 경제력이 없어서 식량난에 허덕이고 있다. 따라서 세계적으로 볼 때 선진국으로 자원이 편중됨에 따라 농산물의 수급 불균형으로 일시적이지만 어느 정도 안정되어 있는 국제 식량가격은 장기적으로 상승할 것이다. 또한 아프리카, 동남아시아에 위치한 대부분의 가난한 국가들은 농업에 대한 투자여력이 없고, 식량 구입자금의 부족으로 식량사정은 더욱 어려워질 전망이다.

3) 농업형태

농업용수의 확보는 농업생산에 있어서 필수적이며, 저수지와 댐 건설 등 관개시설에 대한 투자가 요구된다. 홍수, 가뭄, 한파 등 이상기온 현상과 더불어 농업용수 문제는 더욱 중요하게 여겨지고 있다. 그러나 개발도상국들은 농업용수의 확보를 위한 관개시설 건설에 필요한 투자여력이 없어 농업생산성 향상을 기대하기 어렵다.

미국, 캐나다, 브라질, 호주 등 농산물 수출국가에서 이루어지는 기계화 영농은 에너지 소비가 많은 농업방식으로서 개발도상국에서 이루어지기 어렵다. 더욱이 농산물 수입자유화로 경제성이 있는 원예식품 등의 작물재배로 전환됨에 따라 식량작물의 생산이 적어지고 있다. 또한, 일부 국가에서는 지속적인 인건비 상승으로 인한 기계화 영농이 도입됨으로써 식량자원 생산을 위한 농업 생산성이 상대적으로 떨어지고 있다. 대부분의 국가는 농업생산, 식량가격 등 농업분야를 정책적으로 낮은 위치에 둠으로써 이농현상과 도시집중 현상을 일으키고 있으며, 수출용 작물 위주로 농업생산이 이루어지고 있다. 농촌에서의 노령화, 부녀화 등을 촉진시켜 점차 농업생산 기반이 취약해지고, 이에 따라 농산물의 해외 의존도가 커지고 있다.

4) 식생활의 변화

생활수준의 향상으로 동물성 식품의 섭취가 늘어나면서 사료용 곡물 소비가 많아지며, 식량 수입국가의 증가로 식량가격 상승이 예상된다. 2003년을 기준으로 곡물, 육류, 채소와 과일 등 음식물의 하루 섭취량을 칼로리로 환산했을 때 국산 농산물이 차지하는 비율인 칼로리 자급률은 47.1%로 매년 조금씩 감소하고 있다. 주요 식품별 자급률은 해조류와 달걀류만이 100%를 넘었고, 콩(7.3%) 등 두류는 8.8%, 쌀(97.5%), 보리(45.5%), 밀(0.1%), 옥수수(0.8%) 등 곡물류 평균은 26.9%에 불과하였다. 쇠고기는 36.6%, 닭고기는 76.0%에 각각 머물렀고, 어패류도 63.1%로 나타났다. 또한, 2002년을 기준으로 한국인이 섭취하는 음식물 종류도 서구화 경향이 뚜렷하여 1인당 하루 칼로리 섭취량 중 쌀의 비중은 31.0%로 낮아졌으며, 육류는 7.1%로 높아졌다.

우리나라의 경우 농산물의 수입자유화를 추진하는 과정에서 국제 농산물가격에 비해 상대적으로 비싼 국내 농업생산비로 인하여 농업기반이 흔들리고 있다. 또한, 물가 상승에 따른 지속적인 인건비의 상승, 산업화의 진행에 따른 인구의 도시집중, 기계화 영농의 추진에 따른 농업 생산성의 한계 등 여러 가지 요인들에 의해 점차 농업부문에 어려움을 겪고 있다. 따라서 대부분의 식량자원과 가공용 식품원료를 수입에 의존하는 우리나라의 경우에는 식량자원의 생산 측면에 못지않게 부가가치가 높은 가공식품 생산을 포함하여 농산물을 최대한 활용할 수 있는 방안이 요구된다. 이와 같은 여건에서 식량난을 해결하기 위하여 다음과 같은 방안들을 생각할 수 있다.

1.3 식량문제의 해결

1) 인구증가의 억제

자원, 주거, 식량생산 공간은 한계성을 갖는다. 국내적으로는 산업화의 진행에 따라 점차 많은 주거공간과 공장부지가 요구되고, 간척사업과 야산 개발에 의한 농지 증가에 비해 매년 농경지의 잠식이 커서 농지면적은 감소하고 있다. 그리고 인건비, 비료

대금, 농약대금, 영농비 등의 상승은 농산물의 국제경쟁력을 잃어가고 있어 농업생산은 한계에 부딪치고 있다. 개발도상국들의 인구증가율이 높게 유지되어, 점차 선진국에 대한 개발도상국이 차지하는 인구비율의 계속적인 증가로 식량난을 가중시키고 있다. 따라서 가장 적극적인 식량난의 해결책은 국제적인 차원에서 인구증가율을 억제하는 방법이라고 할 수 있다.

2) 식량생산의 증대

지속적 농업(sustainable agriculture)을 위하여 생활하수 또는 공장폐수의 유입, 농사용 폐비닐, 잔류농약, 화학비료의 사용에 따른 염류의 집적 등 각종 환경오염원으로부터 토양을 보존해야 한다. 생명공학기술의 도입을 통하여 다수확 내병성 품종을 개량하여 보급하고, 알맞은 비료 및 농약 사용 등을 통하여 재배기술을 세워 나가야 한다. 또한, 관개시설을 확대하고 영농법을 개선하며, 알맞은 시기(optimum maturity)에 수확하는 등 전체적인 농업기술의 확립으로 단위 면적당 생산량을 늘려야 한다. 이 외로 동물성 단백질의 선호도의 증가에 따라 가공식품에 있어서의 조립식품 등 단백질 공급원으로서 식물성 단백질을 직접 이용하는 것이 필요하다. 이에 따라 새로운 식량자원의 개발 등이 검토되었으며, 또한 연근해 수산자원의 고갈로 인하여 수산양식산업이 점차 확대되고 있다.

3) 농산물의 효율적 이용

인구의 도시집중 현상은 점차 커지고 있으며, 상대적인 농촌인구의 감소로 농업의 기계화를 가져와 농업생산성의 한계를 가지고 있다. 또한, 농산물의 수송이나 저장과정에서 미생물, 생물, 물리화학적인 여러 가지 오염원에 의한 식품의 변질 등으로 식품폐기물이 증가하며, 식생활의 변화로 이용하지 않고 버려지는 부분이 증가하고 있다.

농업생산물의 변질 등으로 농업 생산량의 30% 정도가 이용되지 못하고 버려지기 때문에 농산물의 효율적인 이용은 식량공급의 증대에 못지않게 매우 중요하다. 미생물에 의한 변패, 각종 오염원에 의한 변질, 과일과 채소의 경우 증산작용, 호흡작용, 발아 등의 수확 후 생리적 현상에서 오는 품질 저하, 생선과 육류의 자기소화(autolysis) 또는 부패, 산화반응에 의한 식품의 변질, 기계적 손상 등에 의한 변질과 폐기 등 여러 가지 요인에 의해 식품이 효율적으로 이용되지 못하고 있다(그림 1-1).

이러한 문제를 해결하기 위하여 수확 후 관리기술(post-harvest technology)의 개발에 대한 관심이 높아지고 있으며, 농업부산물의 유효이용에 대한 연구가 이루어지

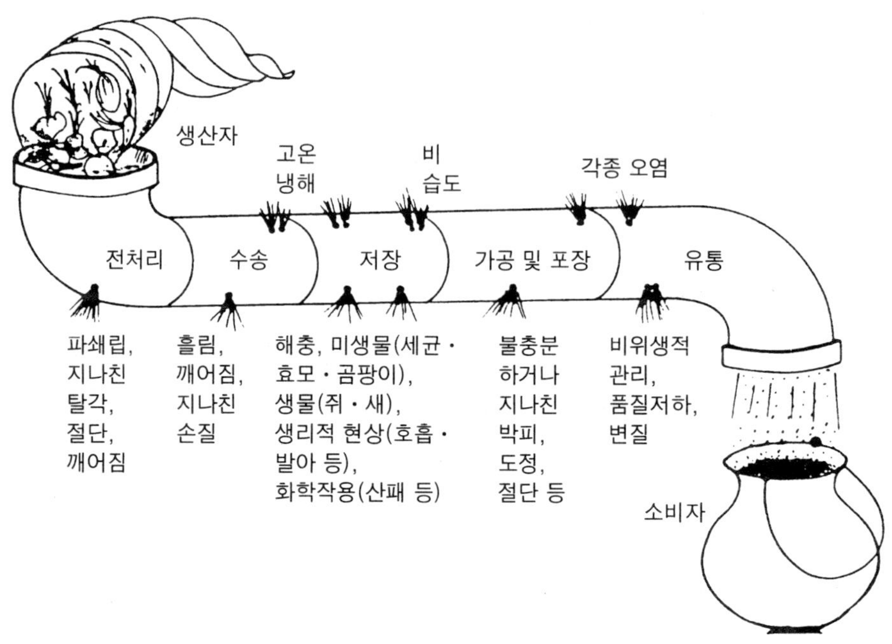

그림 1-1. 생산에서 소비까지 일어나는 식품의 흐름(pipeline)

고 있다. 건강식품으로서 식이섬유(dietary fiber)를 농업부산물에서 추출하여 가공식품에 첨가하거나, 미생물을 이용한 바이오에너지의 생산 등은 그 예라고 할 수 있다. 따라서 농산물의 생산에서 이용까지 완전한 순환과정(recycle process)의 개발이 필요하다(제 9장, 제10장 참조).

4) 산업기술의 개발

우리나라와 같이 자원이 부족한 국가들의 경우 적극적인 대처방안은 산업기술의 개발을 통한 수출증대라고 할 수 있다. 이를 위하여 주로 응용생화학과 식품가공학 분야 등을 중심으로 다루는 식품관련 학과의 경우 학문적인 추구방향의 예는 다음과 같다.

생명공학(Biotechnology) 기술의 도입과 응용이 필요하다. 예를 들어 전통적인 농업에서 벗어나 부가가치가 높은 의약품, 식품 등의 발효제품을 생산하거나, 유전자조작에 의한 GMO를 비롯한 내병성이고 다수확성인 종자의 개량과 육종(breeding), 조직배양(tissue culture), 막(membrane) 이용기술의 응용, 제조공정의 개선이나 개발 등 수준 높은 가공기술을 개발하는 일이다. 따라서 이러한 분야의 연구를 위하여 응용생화학, 생물화학공학, 식품공학, 식품가공학, 응용미생물학 등이 중요하게 여겨지고 있다(제4장 참조).

이와 같은 여러 가지 점들을 고려할 때 장기적으로는 식량수입 국가의 증가로 식량가격은 상승할 것으로 예상된다. 식생활의 고급화로 점차 동물성식품의 섭취 방향으로 흐르고 있어 사료용 곡물수요가 증가하며, 배타적 경제수역(EEZ)의 설정 등 해양자원의 획득경쟁이 국제적으로 높아지고 있다.

식량문제를 해결하기 위하여 작물의 품종개량, 재배기술 등 농업생산기술의 향상, 관개시설 등 농업생산 환경의 개선 등으로 생산성 증대를 시도하고 있으며, 생명공학의 이용 등 여러 분야에서 노력하고 있다. 그러나 이에 못지않게 농산물의 약 30%가 수확할 때부터 이용단계까지 내용성분의 물리적 또는 화학적 변화, 미생물 또는 생물에 의해 많은 손실을 가져온다. 따라서 농업생산성 증대를 기대하는 것보다는 우선 생산된 농산물을 보다 효율적으로 이용하는 방법이 필요하다.

이러한 분야 중에 농산물을 소재로 가공하는 기술 분야를 다루는 학문의 영역을 넓은 의미에서의 '농산자원이용학'이라고 할 수 있으며, 이 중에서 이를 식품소재로서 취급하는 기술 분야를 '식품가공학'이라고 한다. 식품가공학은 '식품저장학'에 비하여 보다 적극적인 방법으로서 식품의 저장성 향상뿐만 아니라 소비자의 기호에 맞도록 기호성을 높인 가공식품을 제조하는 일을 포함하며, 자원의 활용도를 높인다는 점에서 매우 중요하다.

2. 식품산업의 흐름

'식품산업은 앞으로 어떻게 발전해 나갈 것인가' 하는 문제에 대한 해답을 얻는 일은 식품을 전공하는 사람들에게는 매우 중요하다. 그러면 식품산업의 전망을 이해하기 위하여 먼저 식품산업의 배경을 살펴볼 필요가 있다.

농산물의 경우 기상조건에 따라 생산량 변동이 심하여, 이에 따른 수급 불균형과 가격변동이 심하다. 식품가공원료의 수출국은 점차 가공기술의 개발로 원자재 수출보다는 반제품 또는 완제품으로서 가공품의 수출을 유도하고 있다. 석유가격의 상승은 수송비와 에너지 비용의 상승을 가져와 농산물의 해외의존도가 높은 우리나라로서는 이에 직접적인 영향을 받는다.

또한, 우리나라를 비롯한 대만, 멕시코, 브라질, 중국 등 중진국들은 지속적인 기술개발 등을 통하여 국제경쟁력이 향상되고 있으며, 국가에 따라서는 수입제한 등으로 식품산업의 수출입에 영향을 준다. 그러나 농산물을 포함한 가공식품의 무역자유화에 따라 농산물 수입국가에 있어서는 경쟁력의 약화를 가져와 농업생산 기반뿐만 아니라 식품산업에도 많은 영향을 준다.

국내 요인으로는 경제발전에 따른 생활수준의 향상과 고학력 인구비중이 커지면서 가공식품의 소비성향이 달라지고 있다. 소가족 제도의 정착, 인구증가율의 감소, 점진적인 고령화 사회로의 이행 등으로 인구구조와 생활양식에 변화를 가져왔다.

이에 따라 외식산업의 발달을 가져오게 되었으며, 가공식품의 경우 영양문제뿐만 아니라 제품의 고급화가 요구된다. 식품산업에서는 점차 원료가격과 인건비의 상승, 제조공정에서의 점진적인 기계화 도입, 제조공정의 자동화 등 많은 변동요인을 가지고 있어서 식품가공 분야에도 보다 체계적이고 종합적인 학문의 영역을 설정할 필요가 있다.

식품산업은 식품 소비양식의 변화에 비교적 민감한 편이며, 이에 따른 가공기술의 개발과 더불어 품질이 좋은 가공제품을 생산할 필요가 있다. 사회적 환경변화에 따른 식품산업의 발달내용을 요약하면 표 1-1과 같다.

국내의 경우 1980년대 이후 국민소득의 향상과 생활양식의 변화에 따라 식품 소비양식도 많은 변화를 가져왔다. 즉, 경제발전은 교육수준의 향상과 생활양식의 변화를 가져왔으며, 핵가족화와 주방기구의 보급과 더불어 주부들에게 시간적인 여유를 주어 가정주부의 취업률이 증가하였다. 식생활 구조의 변화로 육류소비가 늘어났고, 건강에 대한 관심이 증가하였다. 이에 따라 식물성 단백질식품과 자연식품의 연구개발을 촉진시켰다. 레저(leisure)화에 따른 외식산업의 발달과 더불어 식품의 간편화, 고급화, 다양화, 대형화 등의 형태로 변하게 되었다. 또한, 각 가정에서의 냉장고 보급률이 100%에 이르면서 저온유통체제(cold chain system)의 형성으로 냉동조리식품이 발달하였고, 기호식품이 증가하고 고급화되었다. 따라서 앞으로 식품의 소비성향은 영양가와 안전성을 중요하게 여기는 실질적 효용, 맛과 향기 등을 중요하게 여기는 감각적 효용, 그리고 의미적 효용(image)의 측면에서 이루어질 것이다.

국내의 식품산업은 '식량부족시대'에서 경제개발이 성공적으로 진행됨에 따라 '식량충족시대'를 거쳐 '제품의 차별화시대'로 접어들었다. 선진국들이 오랜 기간에 걸쳐 이루어졌던 농경사회에서 산업사회를 거쳐 정보화 사회로의 변천이 짧은 기간에 빠르게 진행되었다. 이에 따라 제조업자가 중심이 되었던 생산체제에서 산업사회의 유형인 '대량생산체제'와 '선택소비시대'를 거쳐, '고객주권시대'로 전환됨에 따라 제품품질의 고급화와 다양화를 요구하게 되었다(표 1-2).

점차 생활수준의 향상과 더불어 사회가 다양화함에 따라 편의식품(convenient food)이나 건강식품(health food), 저칼로리식품(diet food)의 요구가 커지고 있다. 특히 건강에 대한 관심이 많아짐에 따라 신선한 천연무공해식품인 자연식품, 신선편이식품(minimally processed food) 등의 수요가 늘어나고 있다. 이러한 점에서 식품산업은

표 1-1. 사회적 환경변화에 따른 식품산업의 발달

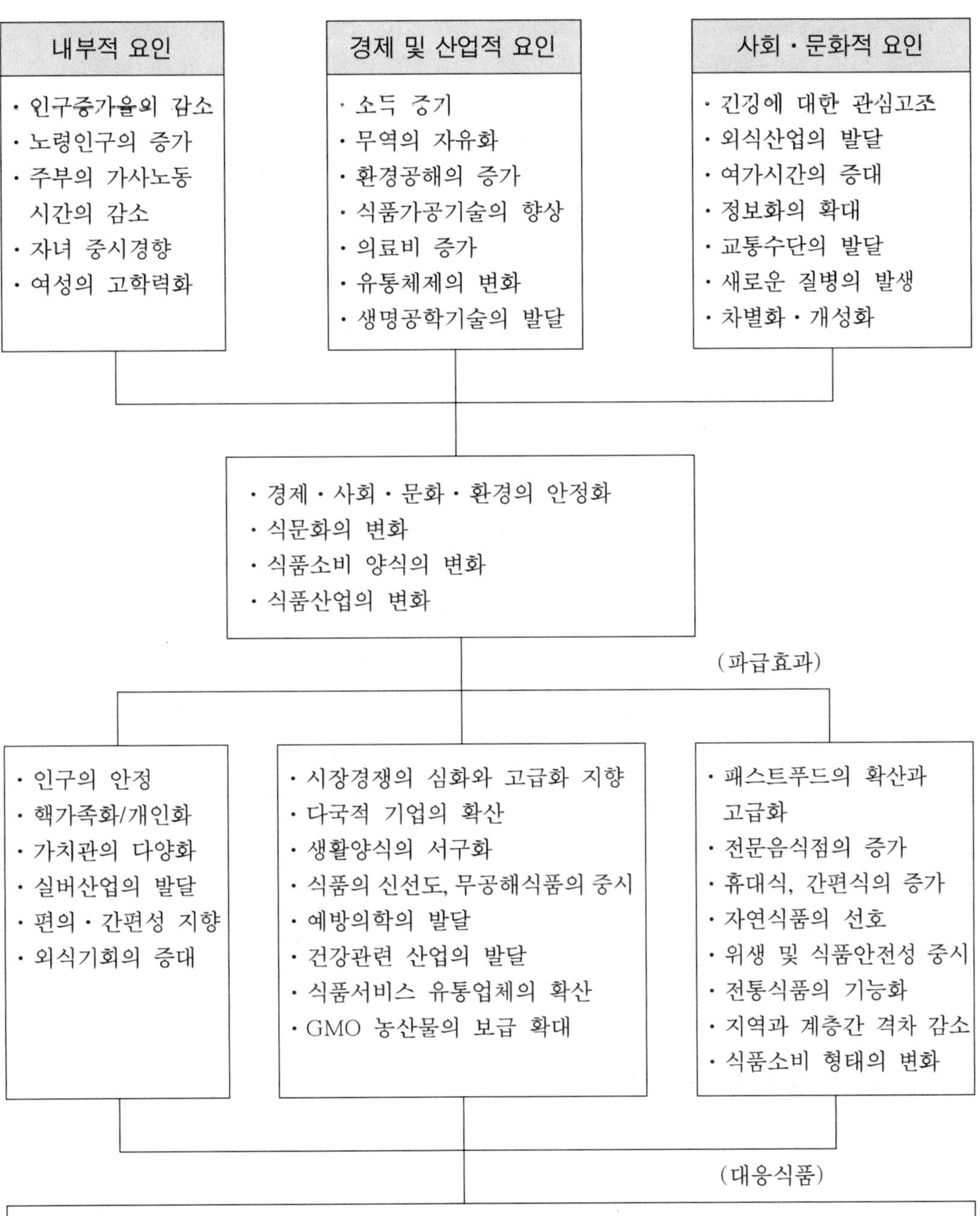

표 1-2. 국내 식품산업의 변천과정

구 분	1950년대 1960년대	1970년대	1980년대	1990년대 2000년대
경제사회적 측면	식량 부족시대 소재식품, 수입대체 산업의 발달 경제개발 5개년 계획 착수	식품 충족시대 식생활 수준의 향상 가공식품 기술의 향상		제품 차별화 시대 소비자 선택권 강화 여성 취업인구 증가 소비자 편의 지향, 고품질, 건강지향
생산구조와 소비구조	제조업자 주권시대 공급 부족시대	대량 생산 소품종 대량 생산	선택 소비시대 품질 지향	고객 주권시대 고급화, 다양화
식품산업의 변천	식품산업의 태동 제분, 제당, 제과, 유지가공품, 화학조미료(MSG), 청량음료, 커피	1차 성장기 카레, 마요네즈, 아이스크림, 육가공품, 과일음료		제2 성장기 건강보조식품, 기능성 식품, 레토르트, 인스턴트식품, 편의성 식품, 전통식품

다른 분야와 달리 다양한 학문의 영역을 포함하는 종합적인 학문의 성격을 갖는다.

제조업 전체를 비교할 때 식품산업은 매출액 면에서는 매우 큰 비중을 차지한다. 국가경제 규모가 커질수록 기계, 선박, 전자, 반도체, 자동차, 석유화학공업 등 다른 공업에 비하여 생물소재인 식품원료가 가지는 특성으로 하나하나의 식품공장 규모는 가내공업 또는 중소기업 형태가 많고, 대규모 공장화가 어려운 형편이다. 식품공업 중에서도 농산물을 원료로 하는 경우 비교적 저장성이 있는 원료를 사용할 때는 공장 규모가 비교적 커진다. 이를 원료별로 크게 구분하면 탄수화물자원, 단백질자원, 유지자원, 원예자원(과일과 채소), 기호식품 등으로 나눌 수 있다. 그러나 식품원료의 복합적인 성질로 관련 분야를 명확히 구분하기가 어렵다.

3. 식품의 특성과 식품가공기술

3.1 식품의 요소

식품은 일반적으로 다음과 같은 생리적 요소와 심리적 요소를 갖추어야 한다. 그리고 민족적·지역적·개인적 기호(嗜好)를 갖추어야 한다.

생리적 요소는 생물적 요소라고도 한다. 이는 탄수화물·지방·단백질과 같이 일상생활 활동에 필요한 에너지의 공급원으로서 필요한 요소와 비타민·무기질·미량원소와 같이 신체의 정상적인 상태를 유지하며, 신체의 재생산을 위한 영양의 공급원으로서 필요한 요소이다.

심리적 요소는 식품의 형태, 색깔, 향기, 맛, 물성(texture)과 같이 화학적 또는 물리적으로 성분조직 구조를 가지고 있어서, 식욕을 충족시켜 주는 요소이다.

기호적 요소는 국가 또는 지역에 따라서 기상조건, 풍토, 종교, 교육에서부터 자연적으로 형성되는 기호를 말한다. 이는 민족적 기호 또는 지역적 기호, 연령이나 생활환경에서 형성되는 개인적 기호로 나눌 수 있다.

3.2 식품의 품질

가공식품을 제조하는 데는 식품원료가 가지는 식품의 품질을 향상시키거나, 또는 가공 중에 품질의 손상을 최소화해야 한다. 식품은 위생적인 처리가 요구된다. 식품의 품질은 다음과 같이 다른 공업제품과는 다른 특성이 있다.

① 한번 섭취한 후에는 돌이킬 수 없다.
② 매일 섭취하거나 오랜 기간 습관화된 것으로 일정한 식품에 대한 기대 가치가 개인에 따라 다르다.
③ 영양가치를 겉으로 느낄 수 없다.

식품의 품질을 구성하는 요소는 크게 양적 요소, 영양과 위생적 요소, 관능적 요소로 구성되며, 이들 사이에 깊은 상관관계를 갖는다.

양적 요소는 식품품질을 평가하는 1차적인 요소로서 무게, 부피, 개수, 고형물 함량, 침전물의 양 등 양적으로 측정하거나 계산할 수 있는 요소이다.

영양과 위생적 요소는 탄수화물 · 단백질 · 지방 · 비타민 · 무기물 등 겉보기로 감지할 수 없는 요소이다. 또한, 이물질 또는 독성물질의 혼입이나 사용, 유해 미생물의 유무 등 위생적인 안전성이 요구된다.

관능적 요소는 겉보기(外觀, appearance), 향미(flavor), 조직감(texture)으로 구분된다. 겉보기는 색깔 · 크기 · 형태 등과 같은 시각적 요소들이며, 향미는 냄새와 맛을 포함하는 후각(嗅覺)과 미각(味覺)적인 요소들이다. 그리고 조직감은 근육운동에 의해 느껴지는 성질과 촉감, 또는 청각(聽覺) 등에 의해 느껴지는 요소들이다.

3.3 식품가공기술

식품은 화학적 · 물리적인 측면에서 볼 때 구성성분의 조성, 농도, 조직, 구조 등이 매우 복잡한 물질계로 되어 있다. 온도 · 습도 · 빛 · 공기(산소) · 충격 · 진동 · 압축 등의 물리적인 외부의 힘이나, 효소와 미생물 등 생물학적인 영향을 받기 쉬운 매우

표 1-3. 식품산업에 있어서의 중요한 가공기술

분 야	주요 기술 내용
진 공	냉각, 동결, 해동 탈기, 탈취 증류 농축(저온 신속농축) 건조(저온건조, 건조가 어려운 식품의 건조) 튀김(식용유에 의한 저온건조) 포장(무균충진포장)
가 압	2축 압출기(extruder) 초임계 가스배출, 초임계 유체추출 건조식품의 용적축소 ; 포장, 관리, 수송의 합리화 가압팽화 ; 식품의 구조, 성분의 물리적 수식(modification) 살균(레토르트 살균, 분립체의 살균) 초고압 이용(1,000～10,000 kgf/cm^2), 고밀도 배양, 살균, 물성 수식
막이용	전기투석(액체식품의 탈염) 정밀여과(제균) 한외여과(액체식품의 저분자 성분과 고분자 성분의 분리, 고분자 성분의 분획, 식품산업 폐수에서 유효성분의 효율적 회수방법) 역삼투막(여과, 분리 ; 액체식품에서 물의 분리, 농축)
동 결	냉동식품(급속동결) 동결건조(-30℃에서 실온 부근까지의 저온건조) 동결농축(-5～-15℃까지의 저온농축) 동결분쇄(고섬유 식품소재의 효율적 분쇄) 동결변성(저온에서 고분자 물질의 물리적 수식)
전자파	전자파에 의한 비파괴분석(품질, 제품검사와 평가) 원적외선(far infrared) 가열 마이크로파 유전(誘電) 가열, 고주파 유전가열 자외선 살균 오존살균 방사선 조사(살균, 살충, 발아억제)
음 파	가청음파, 초음파(유화, 분산, 반응촉진, 탈포(脫泡), 탈기, 건조, 세정, 각종 비파괴 계측기)
전자장	건조, 연소, 생체활성을 자극, 생물활성 억제
Bioreactor	고정화효소, 고정화미생물, 바이오센서

불안정한 물질이다. 따라서 식품가공의 기본적인 개념은 다음과 같이 생각할 수 있다.

① 식품의 지리적 · 계절적 · 시간적으로 편중되어 있거나 제한되어 있는 점에서 벗어난다.
② 식품의 저장성 · 수송성 · 안전성 · 상품성을 부여한다.
③ 새로운 식품소재, 또는 새로운 식품을 개발하거나 창조한다.
④ 자원의 유효이용을 목적으로 한다.

위와 같은 식품의 요소는 과학기술의 발달이나 사회구조의 변화에 따라 크게 변하지 않는다. 일반적으로 식품소비는 매우 보수적인 경향을 가지고 있어서 조금씩 변화한다. 따라서 21세기의 가공식품은 현재까지의 가공식품을 약간 조정하는 형태를 유

표 1-4. 식품가공기술의 흐름

구분	1960 → 1970 → 1980 → 1990 → 2000
분리정제	여과, 원심분리 → 이온교환수지 → MF, UF, RO → ↓초임계 가스추출 →
건조	드럼건조, 분무건조, 유동층건조 → ↓동결건조 →
살균	저온살균 → HTST → UHT → Retorting ↓ → 초고압살균 →
효소이용	단순효소이용 → 효소고정화 기술 → Bioreactor ↓ 이용기술 → 다단계 효소응용기술 복합효소 응용기술
발효	천연발효 → 순수발효, 대사제어발효 대형발효조 운전 → 유전공학기술 ↓ 응용 연속발효 → 동식물 조직배양에 의한 신물질 참조
저장, 보존	냉동, 냉장기술 → 무균포장 → CA, MA 저장 → 기능성 포장
유지식품	추출, 탈납 수소 첨가, 유화공정 → 에스테르교환 고급유지 정제 → 대체유지 개발
음료	배합 탄산가스 주입, 향기 첨가 → 기능성 추가, 천연추출
유가공품	숙성기술 → 유산균 산균주 개발 → 유산균 세포융합기술의 실용화 복합유산균의 이용기술(Symbiosis)

MF : membrane filtration
UF : ultra filtration
RO : reverse osmosis
HTST : high temperature short time sterilization
UHT : ultra high temperature
CA 저장 : controlled atmosphere storage
MA 저장 : modified atmosphere storage
↓: 우리나라 기술수준

지할 것으로 보이지만, 가공방법에 있어서는 매우 혁신적인 기술도입이 요구된다. 따라서 가공식품의 품질향상과 안전성을 확보해야 하는 전제에서 식품가공기술의 개발방향은 다음과 같다.

① 에너지를 절감할 수 있는 기술개발
② 식품가공에 관련된 효율적인 유기물의 이용기술 개발
③ 생명공학기술의 도입에 의한 새로운 원료에서 기호도와 안전성이 높은 식품의 생산기술 개발(제 8장 참조).

이에 따라 식품산업에 있어서도 첨단기술의 도입을 적극적으로 추진할 필요가 있다. 이와 같은 필요성에 따라 식품가공에 있어서 관심을 끌고 있는 중요한 조작 또는 기술내용을 요약하면 표 1-3과 같다. 그리고 '식품산업에 있어서 추구하는 기술개발 방향이 무엇인가'. 식품산업의 각 분야별 기술개발에 대한 흐름과 우리나라의 기술수준을 요약하면 표 1-4에서 보는 바와 같다. 선진국에 비하여 분야별로 기술수준에 있어서 약간의 격차가 있지만, 지속적인 기술개발과 기술도입이 추진됨으로써 식품산업에 있어서도 많은 발전이 기대된다. 따라서 식품산업의 방향은 소비자의 구매선택권에 따라 요구되는 품질이 좋은 다양한 가공식품을 생산하는 시대로서 제 2의 성장기를 맞았다. 이러한 배경에서 장래 식품산업에 있어서 연구개발이 더 이루어져야 할 분야를 살펴보면 다음과 같다. 이를 새로운 제품개발 분야와 식품제조 공정개선에 관한 분야로 나눌 수 있다.

3.4 새로운 제품개발

식품산업에 있어서 새로운 가공식품 개발을 꾸준히 진행시켜 왔으며, 이 중에서 다음과 같은 분야에 관심을 가지고 있다.

1) 가공식품의 개발

생활수준의 향상에 따라 레저화, 또는 생활의 간편화를 원하는 소비자의 요구에 따라 즉석식품(instant foods), 편의식품(convenient foods), 냉동조리식품(ready to heat foods), 통조림식품(ready to eat foods) 등의 수요가 증가하여, 이들 제품의 다양화와 품질의 고급화를 들 수 있다.

2) 기능성 식품

식품원료 가격이 점차 상승함에 따라 값싼 원료로 대체하여 부가가치가 높은 가공식품을 개발하려는 연구가 이루어지고 있다. 여기에는 대두단백질을 이용한 육유사제품(meat analog), 명태어묵을 이용한 게맛살 등과 같은 조립식품(組立食品, formulated foods)을 그 예로 들 수 있다(제5장, 제8장 참조). 또한, 건강에 대한 관심이 높아짐에 따라 천연에 가까운 신선 편이식품(minimally processed foods), 건강식품(health foods), 자연식품, 인체에 생리적 기능을 갖는 기능성 식품(functional foods) 등에 대한 수요가 증가하여 이에 대한 제품개발이 요구된다(제8장 참조).

3) 발효식품

된장과 간장(제3장 참조), 주류(酒類), 유발효제품(乳醱酵製品), 김치, 젓갈 등의 전통 발효식품의 품질개선과 아울러 저장성의 향상, 품질이 균일한 제품을 대량 생산하는 방안도 고려될 수 있다.

4) 노인 또는 환자용 특수식품

유아용 식품의 개발은 비교적 많이 이루어졌으나, 노인용 식품의 개발은 부진한 편이다. 미국의 경우 1990년대 13%이었던 65세 이상의 노령인구가 2030년에는 20%로 상승할 것으로 예상되고 있다. 우리나라도 사회구조가 점차 노령화되고 핵가족화가 되면서 노인용 또는 환자용 특수식품의 개발도 전망이 있는 분야 중의 하나이다.

5) 기호식품

기호식품의 수요증가에 따라 음료와 기호식품(제7장 참조)의 다양화와 고급화가 요구된다. 또한, 안전성과 간편성이 요구되는 군용식품(軍用食品)의 개발도 필요하다.

3.5 식품가공 공정의 개선

식품공업에 있어서 제품개발 뿐만 아니라 제조공정에서 일어나는 다음과 같은 여러 가지의 문제에 대한 개선도 이루어져야 할 것이다.

1) 식품가공 원료의 확보

식품원료의 안정적인 확보를 위하여 농축, 건조공정 등을 통하여 1차 가공처리함으로써 식품가공 원료로서 저상성을 높이거나, 값싼 대제원료를 개발함으로써 생산비 절감과 더불어 공장의 가동시기를 연장할 수 있다.

대표적인 예를 들어보자. 값이 싼 녹말을 가수분해하여 포도당을 얻는다. 여기에 이성화효소(glucose isomerase)를 사용하여 이성화액당(과당시럽)을 제조함으로써 기호식품, 음료공업 등에 활용하여 가공식품의 가공적성 향상은 물론 설탕을 대체하여 생산비의 절감을 이루었다.

2) 가공공정의 개선

지속적인 에너지비용의 상승, 노사문제의 제기, 인건비의 상승 등으로 식품가공공정에서의 에너지와 노동력 절감을 위한 기계화 또는 자동화에 대한 공정개발 또는 개선에 관한 문제도 중요하다. 또한, 식품의 안전성과 저장수명의 향상을 위하여 기존의 분리정제, 건조, 살균, 포장 등에 대한 공정개선도 이루어지고 있다(표 1-3).

3) 수율 향상과 환경문제

다른 공업에 비하여 식품산업은 생산비 중에서 원료비가 차지하는 비중이 크기 때문에 수율 향상에 대한 노력이 필요하다. 이는 식품원료, 관련자재, 공정의 물리화학적 특성을 정량화함으로써 이룰 수 있으며, 자원의 절약은 물론 폐기물을 줄일 수 있는 효과를 얻게 된다. 폐기물에 대한 환경오염의 방지 또는 처리기술의 개발도 필요하다. 이를 위하여 물리화학적인 방법, 미생물 또는 효소 등에 의한 생물학적 폐수처리와 폐기물의 처리기술에 대한 연구가 계속되고 있다(제 12장 참조).

또한, 환경오염을 방지하고 버려지는 자원의 유효이용을 위하여 SCP, methane, acetone-butanol, methanol, ethanol 등의 유용물질을 농업부산물로부터 생산하기 위한 연구도 이루어지고 있다(제 10장 참조).

4) 품질향상과 포장의 기능성 향상

제품의 품질향상을 위한 공정개선을 들 수 있다. 예로서 술 또는 기호식품 제조에 있어서 가열농축이나 가열살균에 의한 냄새성분의 생성이나 향기성분의 손실을 방지하기 위하여 역삼투압(reverse osmosis)에 의한 농축, 한외여과법(ultra-filtration)에 의한 비열처리 등 막이용 기술(membrane technology)의 산업화가 이루어지고 있다. 가공제품 포장의 기능성 향상은 상품화에 있어서 생명과 같다. 이를 위한 새로운 포장재의 개발과 이용, 디자인에 대한 기술개선도 꾸준히 진행되고 있다. 이 분야의 중요성을 인식하여 '식품포장학'으로서 새로운 학문영역이 이루어지고 있다(제 11장 참조).

5) 공정제어

공정제어를 위하여 신소재 개발, 효소공학의 발달로 다양한 종류의 바이오센서

(biosensor) 개발, 각종 센서에 의한 자동제어로 공정의 최적화 또는 자동화에 대한 관심도 커지고 있다. 이 분야는 앞으로 더욱 발전되리라 기대된다.

4. 식품산업의 연구개발

식품산업에서의 신제품 개발은 끊임없이 이어져 왔다. 새로운 식품을 개발하는 데는 다음과 같은 5단계로 진행된다. 이는 품목의 선정, 그의 타당성 검토, 제품개발, 상품화, 유지와 관리로 구분된다.

4.1 새로운 아이디어의 창출과 평가

우선 새로운 제품의 선정단계는 새로운 아이디어의 창출과 평가에서 시작한다. 비슷하거나 경쟁이 되는 제품의 조사, 시제품의 개발, 기술적인 적응도 검토, 1차 소비자 조사, 관리와 경영의 타당성 검토가 이루어져야 한다. 아이디어는 현재의 소비자 요구와 경향을 반영해야 한다.

4.2 새로운 상품에 대한 타당성 검토

제품생산을 위한 기술적인 평가, 제품의 포장방법, 생산체계 확립, 투자비 분석, 소비자 조사, 위험요소 분석업무가 필요하다.

4.3 연구개발

개발단계에서 이루어져야 할 내용은 사업의 기본계획 수립, 원자재 현황 분석, 제품의 저장수명(유통기간) 확정, 공학적 시험, pilot 규모의 시험을 통한 공정의 최적화(optimization) 분석, 운영지침서(guideline) 작성이 있다. 제조공정에 대한 문서화, 첨가물과 제품에 대한 규격화가 필요하다.

4.4 상품화 추진

여기에는 주요 공정과 장치의 운전조건 확립, 대량으로 생산한 시제품의 유통기간의 확인, 요구되는 품질의 확인, 재고관리와 물류관리를 수행해야 한다.

4.5 제품생산의 유지와 관리

원재료의 대체, 공장의 공정관리, 관련기술의 숙지와 전파, 품질규격의 개선, 소비자 반응에 대한 대응, 제품품질의 지속적인 개선, 수익성에 대한 개선 노력을 해야 한다.

식품교역도 국제화가 가속화되면서 어느 국가나 민족 고유의 식품만을 고집할 수 없는 상황이 전개되고 있다. 이에 따라 다단계 가공제품의 포장, 저장, 유통체제의 확립, 특수포장, 냉장 또는 CA저장, 공정의 최적화, 안전성의 확보, 유통온도와 유통시간의 추적관리에 대한 최적화가 요구된다. 또한, 새로운 식품개발에 있어서 다음과 같은 소비자의 요구사항을 자세히 알아야 할 필요가 있다.

1) 식품의 건강증진 기능

원재료의 선정과 배합에서부터 영양권장량에 맞는 제품의 개발과 더불어 필요한 생리활성 물질의 손실을 최소화할 수 있는 제조공정의 확립, 필요한 영양성분의 보충과 강화방안도 마련해야 한다.

2) 자연식품 또는 신선 편이식품에 대한 요구

소비자는 화학첨가제를 꺼리고 있으며, 가공공정에 대한 비판이 증가하고 있다. 따라서 유통시설에서 예측한 체류시간에 알맞은 품종을 개발하고, 숙도(熟度)가 알맞을 때 채취하며, 편의성을 부여하기 위한 신선 편이식품(fresh cut)의 수요가 증가하고 있다. 그리고 생산과 판매, 유통에서 최적 물류시스템을 구축해야 한다.

3) 가공수준이 높은 식품에 대한 요구

이는 신선 편이식품과 모순되는 측면이 있어 보인다. 그러나 식품의 소비형태는 급속한 변화가 이루어지지 않기 때문에 '현재 판매되고 있는 식품의 80% 이상은 10년 후에도 판매된다'는 속성이 있다. 따라서 이에 대한 수요가 꾸준할 것이다. 그러나 제품의 품질에 대한 의식수준이 계속 높아지고 있는 점을 반영하여 가열처리, 냉장, 건조 등 장기간 보존방법의 선정에 최적화를 통하여, 영양성분의 손실을 최소화하는 공정과 포장방법을 강구해야 한다.

사회가 복잡해지면서 노동에 참여하는 인구가 증가하고 있다. 이에 따라 조리하기 편하고, 즉시 섭취할 수 있거나(ready to eat food), 짧은 시간에 제공할 수 있는 취급이 간편한 제품(fast food)에 대한 요구가 증가하고 있다. 식품은 여러 구성성분이 혼합되어 있기 때문에 다양한 제품 구성성분의 변화를 통한 물성과 열역학적 특성에 대한 연구가 필요하다. 또한, 계속적인 주방기구의 발달에 따르는 제품의 특성에도 관심을 가져야 할 것이다.

앞에서 설명한 내용 외에도 여러 가지가 고려될 수 있다. 이를 종합하여 볼 때 식품가공학은 여러 분야의 학문영역과 관련되어 있어서 이들 전체를 간단히 설명하기가 어렵다. 따라서 식품가공학에 대한 내용의 범위를 결정하는 일은 매우 어렵다.

여기에서는 식품으로서 농산물의 유효이용이라는 측면을 중심으로 하여 우선 식품원료의 가공특성을 알아보자. 또한, 식품원료의 주성분을 중심으로 각각 탄수화물자원, 단백질자원, 유지자원, 원예자원(과일과 채소)으로 구분하여 이들의 이용방안을 모색하고, 사회변화에 따라 수요가 증가하고 있는 기호식품과 인스턴트식품에 대하여 비교적 대규모 공업화가 가능한 분야를 묶어 하나씩 연관지어 살펴보자. 이 외에도 식품원료의 선도유지를 위한 농산물의 저장에 대한 이론과 실제, 바이오매스의 이용, 식품의 포장, 식품산업폐수의 처리에 대하여 설명하였다.

제 2 장

식품원료의 가공특성

'식품'이라고 하면 신선한 원료 자체를 그대로 먹거나 조리하여 섭취하는 경우가 많다. 식품가공학에서는 이들 원료를 산업적으로 가공하는 분야를 다루기 때문에 가공원료로서의 특성을 살펴볼 필요가 있다. 식품원료는 향기·색깔·조직감·맛 등에서 거부감이 없어야 할 뿐만 아니라 유통 중에 변질을 방지하고, 식품을 섭취한 후에는 안전성이 보장되어야 한다. 또한, 영양가가 들어 있어야 하며, 위생적인 처리와 이용성이 높아야 하는 등 다른 제조업의 원료와 구분되는 식품원료의 특성을 가지고 있다. 따라서 식품원료가 가지고 있는 특성을 크게 나누면 식품 자체가 가지는 특성과 산업적인 측면에서 고려될 수 있는 특성으로 구분할 수 있다.

식품은 화학적·물리적인 측면에서 볼 때 구성성분의 조성, 농도, 조직, 구조 등이 매우 불안정하고 복잡한 물질계로 되어 있다. 이에 따라 식품원료의 식품학적인 성질과 식품산업의 특성을 이해할 필요가 있다. 또한, 농산물은 수확 후 여러 가지 생리적 현상이 지속되기 때문에 이를 이해하고 저장이나 가공공정에 응용해야 한다.

1. 식품원료의 가공특성

식품은 식품소재로부터 가공식품에 이르기까지 가공하는 정도에 따라 매우 넓게 분포되어 있다. 농수축산물을 다루는 식품산업은 생물체를 원료로 하기 때문에 여러 가지 제한적인 요소를 가지고 있다. 식품원료가 가지는 식품학적 특성을 요약하면 다음과 같다.

1.1 가공원료의 품질

가공원료의 품질이 항상 일정하지 않다. 식품가공 원료인 농산물은 천연물로서 품종, 생산지, 수확시기, 생산시기의 기상 등 농업환경 요인에 따라 품질에 차이가 많다. 또한, 같은 원료라고 할지라도 부위에 따라서 품질에 차이가 있어서, 일반 제조업의 원료와는 매우 다른 특성을 가지고 있다.

1.2 유해 미생물에 의한 변질

대부분의 식품원료는 수분이 많고, 영양분이 풍부하여 각종 미생물에 의해 변질되거나 부패가 잘 일어난다. 따라서 유통과정이나 제조공정에 있어서 미생물에 의한 오염을 방지할 수 있는 대책이 필요하며, 소비자들에게는 안전성에 대한 제품의 품질을 보장해야 한다.

1.3 맛, 향기, 영양가의 보존

식품이 가지고 있는 맛 · 향기 · 영양가 등을 가공식품에서도 보존할 필요가 있다. 맛은 물질의 작용에 따라 심리적으로 느끼는 현상이므로 작용물질의 물리화학적 성질과 감응기관의 신경전달기구와 인식방법의 상호작용에 영향을 받는다. 맛에는 단맛 · 쓴맛 · 신맛 · 짠맛에 관여하는 기본맛과 그 외의 맛성분으로 구분되며, 이들의 상호작용으로 이루어진다. 맛성분이 감응세포에 작용하기 위해서는 물에 용해된 상태에 있어야 하며, 용해된 물질은 감응세포의 맛 수용체(taste receptor)에 흡착되면서 자극을 일으킨다. 따라서 맛은 관여하는 성분의 용해도와 분자 수에 비례하게 된다.

향기성분에는 기본냄새로서 장뇌냄새, 매운냄새, 에테르향, 꽃향, 박하향, 사향, 구린내가 있어서 이들 성분의 상호작용에 의해 식품 특유의 맛과 향을 나타낸다.

식품원료가 가지는 고유의 색깔 · 맛 · 향기 · 조직감(texture) · 영양가 등은 식품의 품질을 좌우하는 요소이다. 물리적 또는 화학적 조건에 매우 민감하여 가공공정에서 소비단계까지 가능한 품질이 손상되지 않도록 해야 한다. 또한, 식품의 영양가로서는 탄수화물 · 단백질 · 유지 · 비타민 · 무기물 등의 식품성분과 이들 성분 사이에 상호작용에 의해 결정되며, 가공공정에서 영양가의 손실을 최소화해야 한다.

1.4 제품의 안전성

식품은 보존 중에 변질될 우려가 많다. 미생물 오염에 의한 변질뿐만 아니라 식품성분 사이의 반응이나 산화반응 등 물리적 · 화학적인 변화가 일어나기 쉬워 제품을 안전하게 보존할 필요가 있다. 이는 일반 공업제품과 달리 직접 섭취하는 것이므로 소비자에게 안전성을 부여하기 위하여 유해물질의 생성 또는 오염으로부터의 방지, 미생물에 의한 변질방지에 대한 대책이 필요하다.

2. 식품산업의 특성

식품가공학에서 취급하는 범위를 '어디에서부터 어디까지를 포함하느냐'에 따라 달라지지만, 식품산업은 전체 생산량이나 매출액에서 볼 때 제조업 중에서는 매우 중요한 위치를 차지한다. 그러나 식품원료가 매우 다양함에 따라 식품산업을 구성하는 하나하나의 기업으로 보면 그 규모가 반드시 크다고 할 수 없다. 점차 식생활의 변화와 더불어 소비자의 기호도가 다양화함에 따라 가공제품의 가공도(加工度)가 높아지고, 다품목 소량생산 경향이 커졌다. 또한, 식품산업은 다른 산업에 비하여 사회적인 영향을 받기 쉬우며, 소비자의 기호에 대응하여 나가지 않으면 안 된다. 따라서 식품산업은 원료에서 가공처리까지 많은 제약을 받는다. 이와 같은 점에서 화학공업이나 다른 제조업에 비하여 대규모 공장화가 어렵다. 식품산업의 특성을 살펴보면 다음과 같다.

2.1 원료의 안정적인 확보

식품가공 원료는 대부분 신선한 동물체 또는 식물체이며, 농산물의 경우 수확시기가 계절적으로 한정된다. 짧은 기간에 집중 출하되고, 원료의 크기나 성질이 다른 경우가 많다. 수확 후에 품질 저하가 빨리 일어나 작업 가능한 기간이 매우 짧다. 기후변동에 따라 수확량이나 가격변동이 심할 뿐만 아니라 지역성이 강하고 집하비용이 많이 들어 녹말 원료, 유지자원과 같이 저장성이 있는 원료를 사용하는 분야를 제외하고는 대부분의 식품공장은 영세성을 갖기 쉽다. 따라서 이와 같은 측면을 고려하여 이 '식품가공학'에서는 비교적 대규모 공장화가 가능한 분야를 중심으로 하여 다루었다.

2.2 소비자의 기호성

식품은 소비자의 기호성과 관계가 깊은 상품이다. 소득의 증대, 생활의 다양화, 기호성의 차이 등으로 제품의 다양화가 요구된다. TV, 잡지, 광고물 등 선전매체(mass media)의 영향으로 상품수명이 짧아졌다. 특히, 인스턴트식품은 디자인의 변화 등으로 유행성 상품화를 촉진시키며 다품목 소량생산의 경향을 띤다. 대부분의 가공식품은 대량생산에 따른 생산비 절감이 어렵기 때문에 제조공정의 변경이나 설비의 배치 등이 간단히 고칠 수 있도록 가변적인 공정설비가 요구된다. 가공식품은 소비자의 기호뿐만 아니라 가족 사이에도 식사시간의 차이 등에 따라 개인식(個人食)에 따른 식품개발도 요구되어 '식품산업은 매우 다양한 분야를 포함한다'고 할 수 있다.

2.3 식품의 품질

식품의 품질평가가 주관적이다. 식품의 품질은 단순한 숫자로 표현되지 않으며, 식품가공은 가정에서 조리하는 과정에서 수공업 또는 가내공업 형태로부터 발전되었다. 이에 따라 수공업 단계의 제품을 대규모로 생산하기 위하여 기계화할 경우 제품 사이의 품질은 다소 변화가 생길 수가 있기 때문에 소비자의 기호를 충족시키기 어려워 완전한 기계화 또는 자동화가 어렵다. 일반적으로 가공식품의 품질을 유지하면서 물류비용을 고려할 때 소비시장을 중심으로 한 알맞은 규모의 공장설비를 분산 배치하는 형태를 선택하고 있다.

이러한 제한요소들이 식품산업의 특성이라고 할 수 있다. 그러나 인건비의 지속적인 상승, 제품의 고급화, 품질의 균일화에 대한 요구도가 커져 점차 기계화 경향을 나타내고 있다. 식품산업은 다른 제조업에 비해 급속한 성장보다는 국민소득 증대에 따라서 지속적이고 꾸준한 성장을 하는 분야임에는 틀림이 없다.

식품가공학을 공부하는 데는 이와 같은 식품의 특성을 충분히 이해하지 않으면 안된다. 식품원료에서 제조가공, 유통 중에 일어날 수 있는 안전성에 대한 물리적・화학적인 지식뿐만 아니라 신선한 자연식품의 수요가 급증함에 따라 유효한 저장방법에 관한 지식도 필요하다. 또한, 식품산업이 제조업으로서의 안정된 기반을 갖추기 위하여 우선 안정적인 원료의 확보를 위한 경제적인 저장방법과 유통 중에 제품의 변질을 방지하기 위한 냉장과 냉동, 포장재와 포장방법, 미생물의 오염대책 등 다양한 분야의 지식도 요구된다.

3. 식품원료의 성분

가공식품은 '농산물・임산물・축산물・수산물 등의 원료를 물리적 또는 화학적으로 처리하여 가공한 것'이다. 따라서 원료의 화학성분이나 특성을 이해하고, 이를 가공처리에 응용하는 일은 매우 중요하다. 식품원료를 구성하고 있는 주요성분은 그림

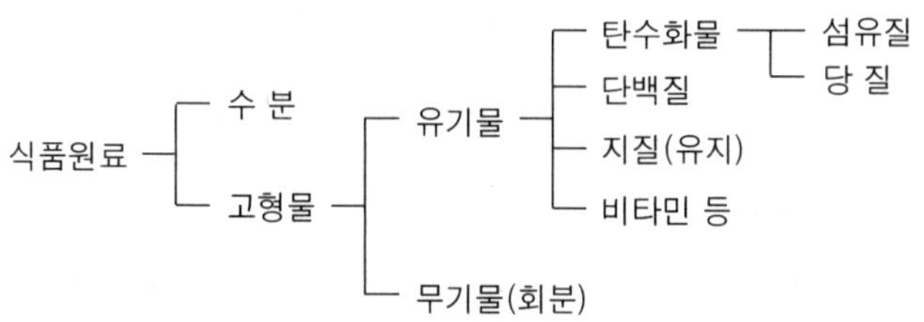

그림 2-1. 식품원료의 구성성분

2-1과 같이 분류할 수 있다. 에너지원으로서 탄수화물, 단백질, 유지 외에도 미량이지만 비타민, 호르몬, 효소, 색소성분, 향기성분, 맛성분 등이 있다. 농산물 자원의 이용은 원료 중의 유기물을 유용하게 활용하는 것이다.

3.1 수 분

수분은 동물체 또는 식물체에 가장 많이 들어 있는 구성성분이다. 농산물에 있어서는 곡류가 12～15%, 두류가 12～16%, 과일과 채소가 85～95%를 함유한다. 수분함량은 원료의 가공・저장・포장 등의 조작(operation)을 하는 경우 고려해야 할 중요한 요소이다.

물은 식품 중에 용매역할을 한다. 물은 유리상태로 조직세포 내에 유동적으로 존재하는 자유수(free water)가 있다. 이에 비하여 녹말, 단백질과 같은 유기화합물에 결합되어 구성성분 중의 산소, 질소와 수소결합에 의해 이루어져 0℃ 이하에서도 얼지 않고, 100℃ 이상에서 쉽게 증발하지 않는 결합수(bound water)로 구분된다(그림 2-2).

식품의 변질에 관여하는 미생물은 결합수를 이용하지 못한다. '미생물이 동물체 또는 식물체 중의 수분을 어느 정도 이용할 수 있는지'는 자유수의 함량에 따른 수분활성도(water activity, Aw)에 의해 나타낼 수 있다.

수분활성도는 식품 중에 함유하는 물의 증기압(P)을 같은 온도에서의 순수한 물의 증기압(P_o)으로 나눈 값이다(A_w = P/P_o). 일반적으로 세균은 수분활성도가 0.90 이

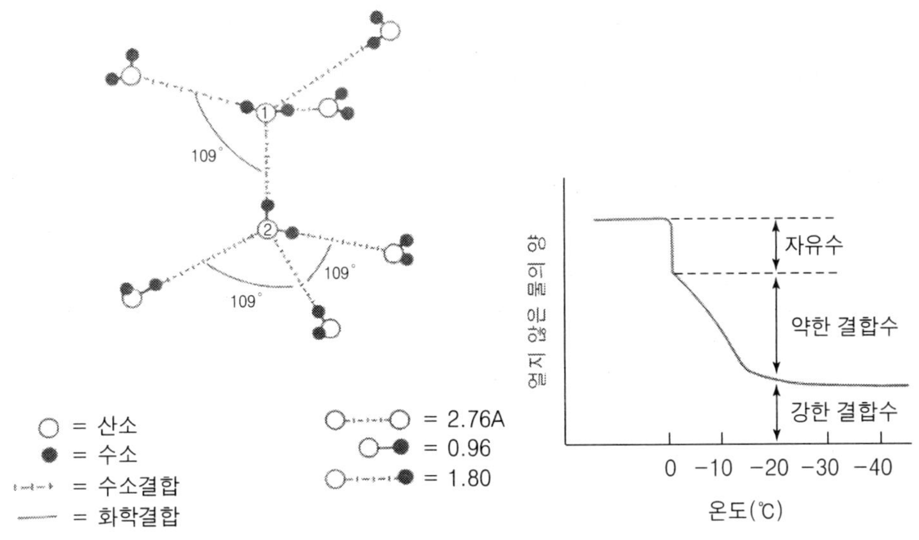

그림 2-2. 물의 구조와 종류

하에서, 효모와 곰팡이는 0.88~0.80 이하에서 각각 생장이 저해된다. 예외적으로 내건성 곰팡이와 호삼투압성 효모는 0.65에서도 자랄 수 있다.

중간수분식품(intermediate moisture food, IMF)은 수분함량을 10~40% 정도로 높게 유지하면서 글리세롤, 솔비톨 같은 고삼투압성 용매를 첨가하여 수분활성도를 0.65~0.90 정도로 낮춤으로써 미생물의 발육을 억제하는 동시에 가소성을 갖게 하여 조직감을 좋게 한 식품이다. 훈제 오징어, 잼, 건조과실, 소시지, 양갱 등이 여기에 해당된다.

3.2 탄수화물

탄수화물에는 단당류(monosaccharide)와 소당류(oligosaccharide)로 이루어진 저분자 당류와 섬유질, 녹말 등의 고분자 당류(polysaccharide)로 구분된다. 동물성 저장 탄수화물은 글리코겐(glycogen)이며, 식물체 내에 가장 많이 분포하는 것은 그 골격을 이루고 있는 섬유질이다. 이밖에 녹말, 검질(gums) 등이 들어 있다. 과일과 채소에는 주로 포도당・과당・자당(sucrose) 등의 저분자 당류가 함유되어 있는데 비하여, 탄수화물자원으로서 산업적으로 이용되는 것은 주로 녹말 등의 고분자 당류이다.

1) 녹말의 화학적 성질

녹말(澱粉, starch)은 식물계에 널리 분포하며, 생성단계에서 동화전분(assimilation starch)과 저장전분(reserve starch)으로 구분된다. 동화전분은 엽록체(chloroplast) 내에서 합성되어 식물의 에너지원이나 호흡작용에 이용된다. 저장전분은 식물의 종자나 뿌리 등 비녹색(非綠色)의 저장조직(protoplast)에 2차로 축적되는 녹말로서 식품가공의 중요한 자원이다. 녹말은 저장 부위의 위치에 따라 고구마・감자・타피오카 등의 지하전분과 옥수수・쌀・밀 등 지상전분으로 구분된다.

쌀・옥수수・감자 등에서 얻어지는 녹말입자의 형태와 크기는 그림 2-3에서 보는

표 2-1. 중요한 몇 가지 녹말의 화학적 조성(%)

종 류	수분	회분	조지방	조단백질	조섬유	녹말
쌀녹말	13.71	0.30	-	0.81	-	85.15
밀녹말	13.94	0.46	0.19	1.13	0.17	84.11
옥수수녹말	13.31	0.37	0.01	1.20	-	85.11
감자녹말	17.76	0.57	0.05	0.88	0.06	80.68
타피오카녹말	14.47	0.21	0.16	0.74	0.06	84.36

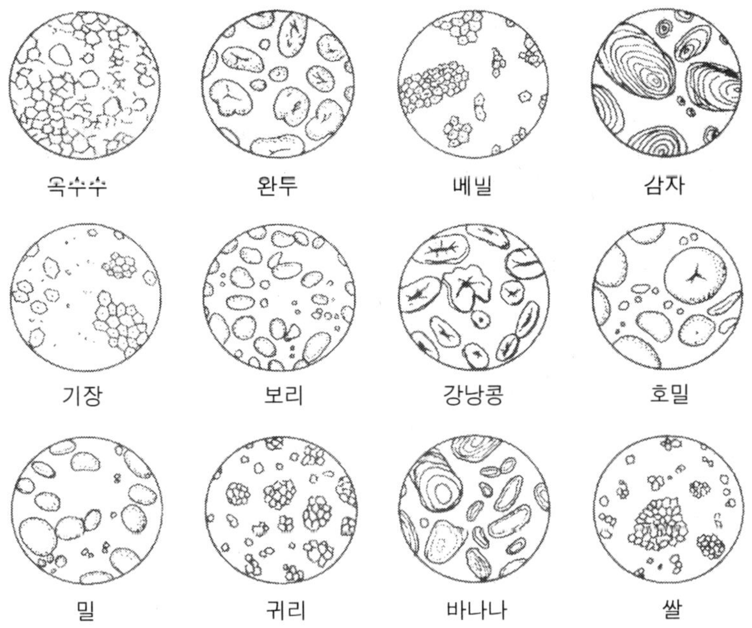

그림 2-3. 주요 농산물의 녹말입자

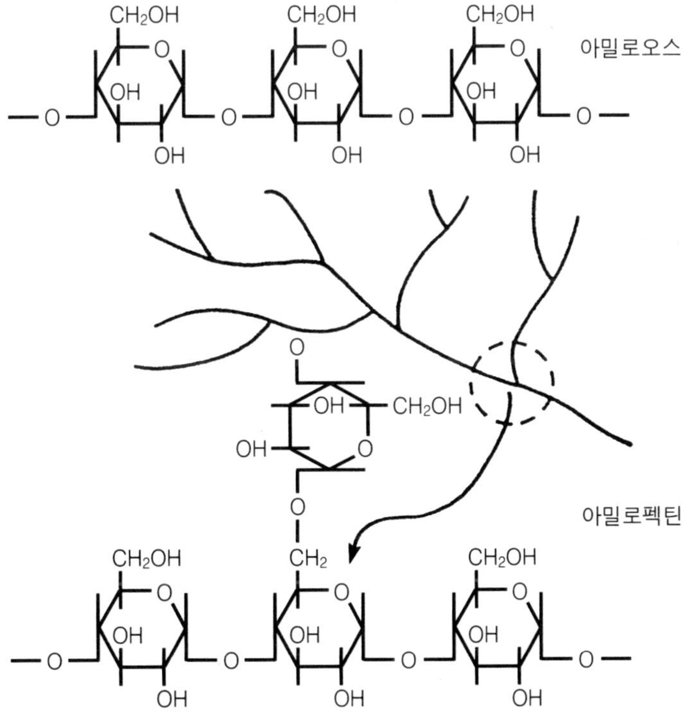

그림 2-4. 아밀로오스와 아밀로펙틴

바와 같이 서로 다른 형태를 갖는다. 녹말의 화학적 성분은 α-1,4 결합의 긴 직쇄상 분자인 아밀로오스(amylose)와 α-1,6 결합의 분기상 분자인 아밀로펙틴(amylopectin)으로 이루어졌다(그림 2-4).

몇 가지 중요한 녹말의 화학적 성분은 표 2-1에서 보는 바와 같다. 보통 지상전분은 입경(粒徑)이 작고 각이 있는 구형이며, 지하전분은 입경이 크고 둥글둥글한 구형이다. 보통 식품산업에서 가공원료로 이용되는 탄수화물자원의 녹말입자는 아밀로오스가 20~25%, 아밀로펙틴이 75~80%로 구성되며, 찰옥수수와 찹쌀 등은 거의 아밀로펙틴으로 구성되어 있다.

2) 녹말의 결정성

녹말입자는 부분적으로 미세한 결정형태의 구조가 발달한 10~15 nm 크기의 아밀로오스가 치밀하게 분포되어 있는 미세결정구조(微細結晶構造, micell)를 형성한다. X선 회절도에 의해 micell의 형태는 녹말의 동정(同定)이나 물리적 상태의 변화를 파악하는 데 이용되기도 한다. X선 회절도에 의한 각종 녹말의 회절곡선은 그림 2-5에서 보는 바와 같다. 미세결정 구조부분은 X선 회절에 의해 여러 개의 산 모양으로 나타내며, 산의 위치와 상태는 녹말의 종류에 따라 다르다. 일반적으로 곡류녹말은 A형, 근경과 구근류의 녹말은 B형, 뿌리녹말과 두류녹말은 C형에 속하는 경우가 많다.

3) 녹말의 물리적 성질

(1) 녹말의 호화

녹말에 유기용매나 진한 이온용액을 넣거나, 또는 물을 넣어 가열하면 호화(糊化,

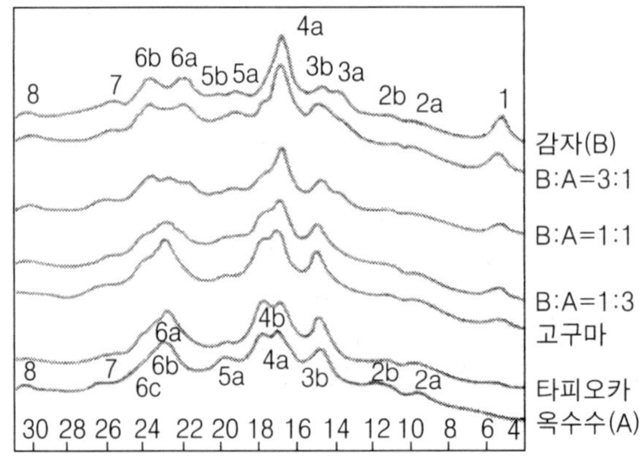

그림 2-5. 녹말의 X선 회절도

gelatinization)한다. 녹말의 호화가 일어나면 녹말입자는 팽윤(swelling)되며, 가용성 성분이 크게 증가한다. 따라서 녹말식품은 거의 가열하여 호화시킨 상태에서 섭취한다. 녹말의 호화와 팽윤에 영향을 주는 요인으로는 여러 가지가 있다.

일반적으로 곡류녹말의 아밀로오스는 부분적으로 지질과 나선(螺旋) 모양의 복합체를 형성함으로써 열에 안정하다. 아밀로오스는 70～80℃의 온수에 팽윤하여 추출되는 저분자량의 분획(fraction)과 100℃에서도 용출이 잘 일어나지 않는 고분자량의 분획으로 구성된다.

따라서 고분자량의 분획인 아밀로오스의 호화가 녹말식품 전체의 호화를 늦추는 경향이 있다. 용액 중에 들어 있는 알칼리와 염류 중에서 호화를 촉진시키는 순서는 다음과 같다.

$OH^- >$ salicylic acid $> SCN^- > I^- > Br^- > Cl^- > SO^{2-}$

$Li^+ > Na^+ > K^+ > Pb^{2+}$

식물체 내에서 합성되는 녹말의 생성온도와 수확 후의 저장조건 등도 호화에 영향을 준다. 쌀녹말, 고구마녹말, 감자녹말 등은 녹말이 생성할 때의 온도가 10℃ 높으면 호화온도는 약 15℃가 상승한다. 이는 고온 환경에서 식물이 자랄 때에는 분자 사이에 강한 결합이 형성되기 때문이다. 또한, 여름이 지날 때까지 저장한 녹말은 인산이 유리되므로 팽윤성이 떨어진다. 지상전분에 비하여 지하전분이, 그리고 녹말의 작은 입자에 비해 큰 입자는 호화가 잘 일어난다. 녹말을 제조할 때의 침지조건과 녹말 중의 지방산, 회분함량, 미량성분 등도 호화에 영향을 준다.

녹말은 호화가 일어나면 전도도가 증가하고, 편광현미경에 의해 관찰되는 복굴절과 결정구조가 없어진다. 또한, 녹말입자는 팽윤되고 점도가 크게 증가하며, 아밀라아제(amylase)에 의한 소화성이 향상된다. 이와 같은 호화현상은 가열온도, 교반, 온도 상승속도 등 물리적 조건에 따라 다르다. 호화현상을 측정하는 데는 아밀로그래프(amylograph), 포토페이스트그래프(photopaste graph), 융점측정용 현미경 등이 이용된다.

(2) 녹말의 노화

호화된 녹말풀은 시간이 경과하면 탁도가 증가하고 겔(gel)화가 일어나며, 심하면 수분분리현상(syneresis)이 일어난다. 특히 묽은 용액일 경우에는 탁도가 증가하여 불용성의 침전이 생성된다. 이러한 변화를 녹말의 노화(老化, retrogradation)라고 한다. 식품에 있어서 녹말의 노화는 효소작용을 받기 어려운 상태가 되어 소화성에 큰 영향을 준다.

녹말의 노화에 영향을 주는 요인으로서 저장온도, 녹말의 농도, 녹말분자의 크기와 형태, 용액 중의 pH 등이 있다. 호화된 녹말의 저장온도가 4℃일 때 노화가 가장 빨리 일어나며, 일반적으로 온도가 낮을수록 노화속도는 빨라진다. 그러나 60℃ 이상에서는 노화가 잘 일어나지 않으며, -10∼-20℃에서는 노화속도가 늦어진다. 예를 들어 빵이나 밥 등 녹말식품을 냉장고의 냉장실에 두었을 경우, 녹말의 노화가 촉진되어 밥알이 딱딱해져 미각이 나빠지는 것을 알 수 있다.

호화된 녹말은 수분이 10∼15% 이하의 건조상태에서는 노화가 잘 일어나지 않으며, 30∼60%에서 노화가 쉽게 일어난다. 그리고 pH 2에서 호화된 녹말풀의 노화속도가 가장 빠르다. 또한, 아밀로오스 수용액은 중성 또는 산성에서 매우 불안정하여 노화가 쉽게 일어나며, 분자의 직쇄(linear chain) 부분이 길수록 노화가 일어나기 쉽다.

녹말을 알맞은 유도체로 변형하여 입체적 장애를 갖는 구조를 도입하면 노화가 잘 일어나지 않는 녹말을 얻을 수 있으므로, 이를 활용하면 식품의 냉장특성을 향상시킬 수 있다.

즉, 천연녹말을 그대로 이용하는 것보다는 천연녹말에 물리화학적 처리로 가공한 가공전분을 이용하면 품질유지가 쉬워지는 것은 이 때문이다. 녹말의 팽윤, 호화현상과 노화현상의 모형은 그림 2-6에서 보는 바와 같이 호화 후에 급속히 냉각시키면 겔을 형성하여 녹말의 노화를 방지할 수 있다.

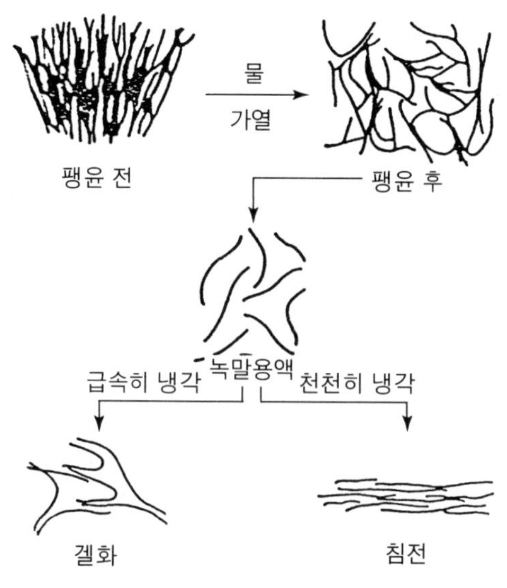

그림 2-6. 녹말의 팽윤 · 호화 · 노화의 모형도

3.3 지 질

1) 지질의 분류와 성질

지질(脂質, lipids)은 물에 녹지 않고 에테르(ether)와 같은 유기용매에 녹는 물질로서 지방산의 에스테르(ester)로 생체가 이용할 수 있는 물질을 말한다. 화학적인 구조에 따라 단순지질(simple lipids), 복합지질(compound lipids), 유도지질(derived lipids)로 구분한다. 지질에는 유지를 포함하여 납(wax), 인지질(phospholipid), 스테롤(sterol), 탄화수소(hydrocarbon) 등을 포함한다. 그 구조는 탄수화물이나 단백질과는 달리 분자단위로 반복되어 중합체를 이룬다.

유지(油脂)는 화학적으로 고급지방산의 트리글리세리드(triglyceride)를 말한다. 식품으로서 이용되는 천연유지는 글리세롤(glycerol) 한 분자에 3개의 지방산(fatty acid)이 결합한 형태인 트리글리세리드가 주성분이지만, 이 중에는 다른 지질성분들도 들어 있다. 관습적으로 실온에서 액체상태인 기름을 유(油, oil)라고 하며, 고체상태의 기름을 지(脂, fat)라고 한다. 또한, 공기중에 방치하였을 때 '표면에 고체상태의 피막을 만드는지'에 따라 건성유, 반건성유, 불건성유로 구분하기도 한다.

유지는 동물의 피하조직이나 식물체의 종자에 많이 들어 있다. 유지자원의 이용은 가축의 부산물로 나오는 쇠기름이나 돼지기름을 제외하고는 주로 식물체의 종자에서 얻어지는 식물성 기름을 이용한다. 식용유지의 원료가 되는 것은 주로 대두, 팜열매, 유채씨, 해바라기씨, 면실 등의 농산물이다. 유지생산량의 약 80%는 식용으로 이용되며, 나머지는 공업용 원료 또는 사료로 이용한다. 식용으로 이용되는 유지는 융점이 낮은 것이 유화가 쉽게 일어나므로 소화흡수가 쉽고, 융점의 범위가 넓어야 유동성과 물에 씻기는 성질이 좋다. 가공기술의 발달에 따라 값싼 식물성 기름으로부터 코코아 기름과 비슷한 대용유지를 생산할 수 있다. 또한, 여러 가지 용도에 알맞은 유지와 지방산 유도체의 생산으로 공업원료로서의 활용이 많아지고 있다(제 4장 참조).

인체에서 합성하지 못하여 미량이지만 영양적으로 음식 등으로 꼭 섭취해야 하는 지방산을 필수지방산(essential fatty acid)라고 한다. 여기에는 리놀레산(linoleic acid), 리놀렌산(linolenic acid), 아라키돈산(arachidonic acid) 등이 있다.

유지는 고칼로리원으로 1 g당 9 kcal의 열량을 함유한다. 또한, 지용성 비타민의 용매역할을 하기 때문에 영양적으로 인체에 지용성 비타민을 공급하는데 중요한 역할을 한다. 유지는 독특한 맛을 느끼게 하고, 섭취 후에 만복감을 주는 식품으로서 효과가 있다. 유지는 끓는점(boiling point)이 없어 일정한 온도로 올라가면 회색의 연기를 내면서 분해하기 시작하여 악취를 낸다. 또한, 유지는 물에 녹지 않기 때문에 조리할 때 식품의 모양을 유지시켜 주며, 식품 속에 들어 있는 비타민이나 무기물의 손실을 막아 준다.

2) 유지의 산화

천연유지 중에 들어 있는 불포화지방산은 저장 또는 가공공정 중에 산소, 빛, 금속이온과 같은 여러 가지 환경요인에 의해 산화가 쉽게 일어나 과산화물(peroxide) 또는 저급화합물이 생성된다. 이 반응은 연쇄반응(chain reaction)으로서 분해생성물은 유지식품의 품질을 떨어뜨린다. 이러한 현상을 유지식품의 산패(酸敗, oxidative rancidity)라고 하며, 유지가공공업에서 문제가 된다.

유지가 많이 들어 있는 식품은 제조 또는 저장 중에 유지성분의 변화가 일어나므로 주의하여야 한다. 식용 유지나 지방질 식품은 지방분해효소(lipase)에 의하여 유리지방산이 생기는 산패(rancidity)가 발생하기도 하고, 자외선, 금속이온(Cu, Fe) 등의 촉매작용에 의한 자동산화(auto-oxidation)로 산패취가 일어나기도 한다. 특히 불포화지방산이 많이 들어 있는 유지는 산패가 쉽고, 이중결합 부분에서 중합이 일어나 점성이 증가한다. 그리고 향기가 나빠지고 소화율이 떨어지므로 유지의 특성을 충분히 이해하고 용도에 따라 효율적으로 이용하여야 한다.

3.4 단백질

단백질은 C, H, O, N 외에 소량의 S, P 등으로 구성된 고분자 유기화합물이며, 동물체에 많이 들어 있다. 식물성 단백질로는 곡류·두류에 비교적 많은 양이 들어 있다. 단백질의 구성단위는 아미노산으로, 식품의 맛과 영양가에 관계되는 중요한 성분이다. 생활수준의 향상에 따라 점차 동물성 단백질의 수요가 증가함에 따라 전통적인 발효식품의 원료로 이용되는 값싼 콩(大豆)의 활용에 관한 연구가 많이 이루어졌다. 동물성 단백질에 대체할 수 있는 여러 가지 제품의 산업적 생산이 가능하게 되면서 '단백질자원의 이용'(제 5장 참조)이 확대되고 있다.

1) 단백질의 분류

단백질을 구성하고 있는 성분은 아미노산 외에 당 또는 지질의 함유 여부에 따라 크게 구분되며, 또한 용해성과 복합성분에 의하여 분류된다. 즉, 구성성분이 아미노산만으로 되어 있는 단순단백질(simple protein), 아미노산 외에 당·무기질·색소 등을 함유하는 복합단백질(complex protein 또는 conjugated protein), 그리고 천연단백질이 분해되거나 변성되어 이루어진 유도단백질(derived protein)로 나눈다.

단백질을 구성하는 아미노산 중에 인체에서 합성할 수 없어서 반드시 음식으로 섭취해야 하며, 우리 몸의 조직을 유지하는 데 필요한 아미노산을 필수아미노산이라고 한다. 어른은 isoleucine, leucine, lysine, methionine, phenylalanine, tryptophan, threonine, valine 등 8가지, 그리고 어린이는 histidine이 추가되어 9가지가 있다. 단백질은 고분자화합물이므로 고분자물질로서의 성질과 단백질이 가지고 있는 고유의 성질이 여러 가지 식품가공이나 저장에 이용되고 있다.

2) 단백질의 변성

단백질은 아미노산의 펩티드(peptide) 결합으로 연결되어 있다. -S-S-(disulfide) 결합, α-helix 결합, β-결합, 랜덤코일(random coil) 구조로 공간배치를 하고 있다(그림 2-7). 이러한 입체구조를 갖는 천연단백질은 여러 가지 조건에 의해 구조의 변화를 일으키기 쉽다.

효소나 생리활성을 갖는 단백질은 입체구조에 약간의 변화로도 활성이 크게 변화한다. 생리적 조건에서는 가역적으로 일어나는 경우가 많으나, 입체구조의 변화가 비가역적일 때를 단백질의 변성(denaturation of proteins)이라고 한다. 단백질의 변성에는 생리활성, 물리적, 화학적 성질의 변화가 따르게 된다. 단백질의 변성은 다음과 같은 여러 가지 요인에 의해 일어난다.

(1) 단백질 변성제의 사용

요소(urea)에 의한 -S-S- 결합의 절단, 산화제에 의한 -S-S- 결합의 형성, 알코올계 용매에 의한 변성, 산 또는 알칼리에 의한 변성 등은 단백질 변성제에 의한 단백질 변성의 대표적인 예이다.

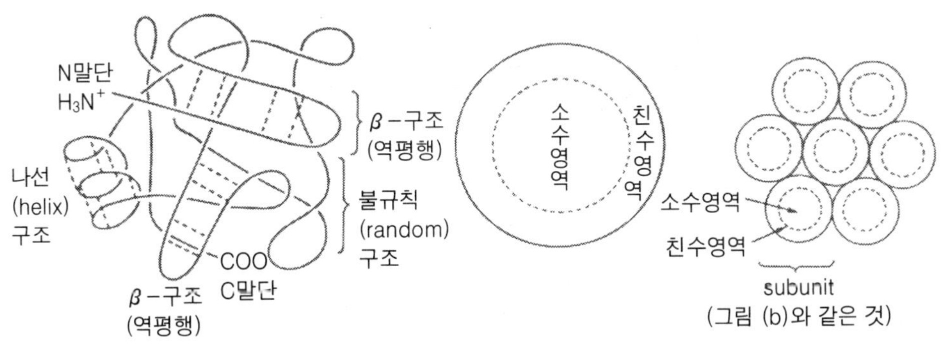

그림 2-7. 단백질의 입체구조

(2) 물리적 요인에 의한 변성

단백질은 가열, 동결, 건조, 초음파, 가압처리 등 물리적인 요인에 의하여 변성이 일어난다. 예를 들면 가열에 의하여 단백질의 응고가 일어나며, 이와 같은 물리적 요인에 의하여 단백질은 다음과 같은 변화가 일어난다.

① 생리활성의 저하

효소를 포함하여 생리활성을 가지는 단백질의 경우는 그의 활성이 떨어지거나, 또는 활성을 잃게 된다.

② 효소에 의한 분해성의 향상

변성이 일어나지 않은 천연단백질에 비하여 변성 단백질은 구조적인 변화가 일어나므로 단백질 분해효소에 의한 분해가 쉬워진다(그림 2-8).

③ 물에 대한 용해성의 변화

알부민(albumin) 등 구상(球狀) 단백질 용액을 변성시키면 내부에 있던 소수결합(疏水結合)이 노출되어 용해성이 감소하거나 불용화가 일어난다.

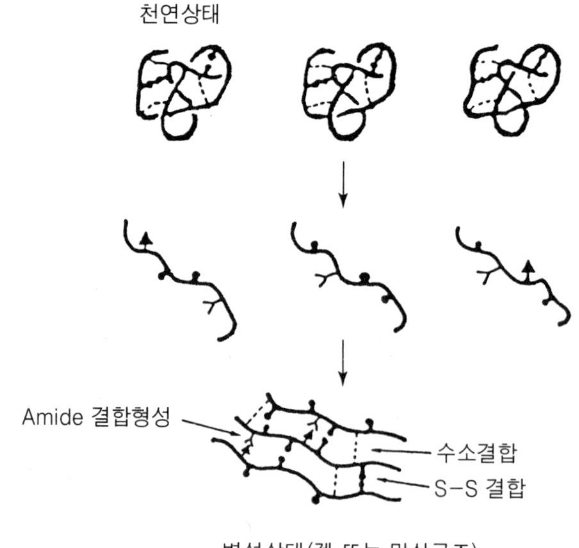

그림 2-8. 단백질의 변성과정

④ 점성의 변화

구상 단백질의 변성에 있어서는 용해성이 감소되고 겔화가 일어나는 경우가 있고, 응고의 중간과정에 반고체 상태로 되는 등 보통은 점성이 증가하는 예가 많다.

⑤ 아미노산 잔기(殘基)의 반응성 증대

3) 단백질의 용해성

단백질의 용해성은 다음과 같은 요인에 의해 영향을 받는다.

① 단백질 전체의 형태
② 단백질 표면 또는 표면 가까이 존재하는 하전(荷電)의 수와 상태
③ 단백질 표면 가까이 존재하는 극성기(極性基, -OH, -SH, $-NH_2$기 또는 물에 녹기 쉬운 기(radical)의 분포상태와 수
④ 소수성기(疏水性基)가 표면에의 노출상태
⑤ 구성 아미노산의 종류와 함량
⑥ 용액에 들어 있는 염의 종류와 농도
⑦ 용액의 pH
⑧ 용액에 들어 있는 단백질 외의 고분자 물질, 특히 하전 된 다당류의 물성

단백질은 묽은 알칼리 용액에 잘 녹는다. 예를 들어 중국우동을 제조할 때에 탄산칼륨이나 중탄산나트륨 용액을 가하여 반죽을 하면 밀가루 단백질인 글루텐이 알칼리 용액 중에서 수화력(水和力)이 높아져 잘 분산되며, 반죽의 신전성(伸展性)이 커진다. 진한 염류용액은 일반적으로 단백질의 용해도를 감소시킨다. 예를 들어, 고기를 삶을 때 처음부터 간장이나 소금물에 끓이면 고기가 잘 무르지 않고 맑은 국물도 우러나오지 않는데 비하여, 고기를 삶아서 만든 수프(soup)에 소금을 가하면 단백질의 침전이 일어나 국물을 맑게 할 수 있다.

3.5 무기질

무기질은 식품이나 생물체를 550～600℃에서 태우면 유기물은 완전히 산화되고, 재로 남는 부분으로 회분(ash)이라고 한다. 무기물은 전체 성분 중에 약 4% 정도이지만, 미량으로 인체에 여러 가지 영양적인 역할을 한다. 무기물은 인체에 다음과 같은 기능을 가진다.

① 인체조직의 pH와 삼투압을 조절하며 근육과 신경을 흥분하게 하는 효과가 있다.

② 유기물과 결합하여 인체성분을 구성하며 대사(metabolism)에 중요한 역할을 한다.

③ 난용성 염의 형태를 구성하여 체조직의 경도를 높여 준다.

다량으로 들어 있는 무기질에는 칼슘(Ca), 염소(Cl), 칼륨(K), 마그네슘(Mg), 나트륨(Na), 인(P), 황(S) 등이 있다. 미량무기물에는 철(Fe), 요오드(I), 구리(Cu), 아연(Zn), 셀레늄(Se), 망간(Mn), 몰리브덴(Mo), 코발트(Co), 크롬(Cr), 불소(F) 등이 있다.

3.6 비타민

식품에 들어 있는 유기화합물로 신체조직의 성장과 회복과 더불어 정상적인 생리작용에 필수적인 미량영양소이다. 그리고 음식을 에너지로 변화시키는 많은 생화학적인 반응에 관여한다. 또한, 생체기능을 유지하고, 새로운 인체조직을 이루는 데 필수적이다. 비타민이 계속하여 결핍되면 건강을 해치게 된다.

비타민은 지용성 비타민(fat-soluble vitamin)과 수용성 비타민(water-soluble vitamin)으로 구분한다. 지용성 비타민에는 비타민 A(retinol), 비타민 D(calciferol), 비타민 E(tocopherol), 비타민 K(phylloquinone) 등이 있으며, 이는 isoprene에서 유도된 화합물이다.

지용성 비타민 중에 비타민 A는 mucopolysaccharide의 생합성에 관여한다. 식물 또는 미생물에 의해서는 생산되지 않고, 그의 전구물질인 β-carotene은 화학합성에 의해 생산된다.

비타민 D는 체내 칼슘의 흡수를 촉진시켜 주며, 인산대사(phosphate metabolism)에 중요한 물질로 작용한다. 그리고 비타민 D_2는 ergosterol로부터 제조된다.

비타민 E는 생체내의 역할에 대하여 확실히 해명되지는 않았으나, 고도불포화 지질에 대한 항산화 작용이 있는 것으로 알려졌다. 이로 인하여 각종 가공식품 및 건강식품에 많이 첨가하는 경향이 있다.

비타민 K는 혈액응고 단백질인 prothrombin의 합성에 필요한 것으로 알려졌으며, 감귤의 껍질에 많이 들어 있다.

수용성 비타민에는 비타민 C(ascorbic acid), 비타민 B_1(thiamine), 비타민 B_2 riboflavin), 나이아신(niacin), 엽산(folic acid), 비오틴(biotin) 등이 있다. 일반적으로 표 2-2에서 보는 바와 같이 수용성 비타민은 조효소(보조효소, coenzyme)의 전구물질로 작용하는 경우가 많다. 많은 종류의 수용성 비타민은 질소를 함유하는 복합화합물이다.

표 2-2. 수용성 비타민의 종류와 역할

비타민 종류	역할(전구물질로 작용)
Thiamine(vitamin B_1)	Thiamine pyrophosphate
Riboflavin(vitamin B_2)	Flavin coenzymes(FAD, FMN)
Niotinic acid	Nicotinamide coenzymes(NAD, NADP)
Pantothenic acid(vitamin B_6)	Pyridoxal phosphate
Biotin	Biocytin
Folic acid	Tetrahydrofolate coenzymes
Cobalamine(vitamin B_{12})	Cobamide coenzymes
Lipoic acid	Lipoic reductases-transacetylase의 prosthetic group
Myo-inositol	필수지방산(phosphatidyl inositol)
Ascorbic acid(vitamin C)	가수분해에 있어서 cofactor; tyrosine 산화
Carnitine	지방산전이 조효소

예를 들어, 비타민 B_{12}는 여러 가지 생물자원에서부터 전구물질을 분리할 수 있다.

4. 원예식품의 가공특성

4.1 원예식품의 특성

원예식품은 크게 과일(fruits)과 채소(vegetables)로 구분된다. 이들은 식물성 식품으로서 많은 공통점을 가지고 있다. 과일과 채소의 여러 가지 특성을 이해함으로써 생산에서 소비까지의 알맞은 취급은 물론 가공이용에 활용할 필요가 있다. 원예식품의 특성은 다음과 같다.

1) 영양적 특성

원예식품은 그 성분에서 보면 수분함량이 높고, 단백질과 지질함량이 매우 낮은 알칼리성 식품이다. 체내에 무기질과 비타민의 공급원으로서 영양적으로 중요하다. 과일과 채소에는 여러 가지 비타민이 들어 있다. 특히 비타민 C가 많고, 비타민 P와 비타민 A의 전구물질인 카로텐(carotene)이 많이 들어 있다. 또한, 체내의 효소로 분해하기 어려운 물질인 섬유질, 펙틴질, 리그닌 등이 많아 식이섬유(dietary fiber)의 공급원이 된다.

2) 식품적 특성

과일류(靑果物)는 여러 가지 당분과 유기산이 알맞은 비율로 들어 있어서 기호성 식품의 성격이 강하다. 따라서 그의 소비량이나 가격은 소득과 관계가 깊으며, 소득 증대와 더불어 소비량이 증가하고 있다. 이에 비하여 채소는 맛성분 함량이 적고 대부분 부식용 식품으로서의 역할을 하며, 경기변동에 큰 영향을 받지 않고 수요와 공급에 따라 가격이 결정되는 특징을 갖는다.

3) 상품적 특성

원예생산물은 같은 종류와 품종이라 하더라도 형태·크기·숙도·성분 등이 다를 경우가 많아 공업제품과 달리 규격화가 어렵다. 또한, 수분함량이 높기 때문에 수확 후 변질이 쉬워 과일과 채소의 생리에 알맞은 취급이 요구된다.

4) 생산적 특성

과일과 채소의 생산은 생산시기에 기후의 영향을 받는 경우가 많다. 생산이 지역적으로 한정되는 경우가 많으며, 수확이 계절적으로 집중된다. 따라서 대부분의 생산물이 지역적·시기적으로 편중되는 경향이 있다. 이와 같은 생산적인 특성으로 인하여 가격변동이 심할 뿐만 아니라 소비자에게는 소비기간이 짧고, 종류가 한정되므로 이를 개선하기 위한 저장과 가공기술이 발달하였다. 특히, 채소는 신선도에 대한 소비자의 요구 정도가 많기 때문에 시설원예의 발달은 물론 생산에서 소비까지의 신선도 유지를 위한 저장방법이 중요하게 여겨진다.

5) 생물적 특성

과일과 채소는 수확 후에도 수분함량이 높고, 조직이 약할 뿐만 아니라 살아 있는 생물체로서 생리활성이 지속되므로 품질이 떨어지기 쉽다. 생체로 섭취하는 경우가 많아 영양적으로 중요하며, 이러한 이유로 과일과 채소를 생체식품(生體食品)이라고도 한다.

4.2 원예식품의 생리적 특성

육류와 어류는 유통과정에서 죽어 있는 상태로 취급하기 때문에 도살 후에 급속한 자기소화(auto-digestion)와 부패가 진행되는데 비하여, '과일과 채소는 수확 후에도 생명체로서 생활생리에 의해 생존이 계속된다'고 할 수 있다. 원예식품의 수확 후 생리현상과 이용특성을 살펴보면 다음과 같다.

1) 호흡작용

과일과 채소는 수확 후에도 생존을 위하여 호흡작용(respiration)을 계속한다. 호흡작용에서는 광합성 작용에 의해 저장물질로 축적된 탄수화물 등이 소비된다. 호기적 호흡(aerobic respiration)에서는 포도당에서 탄산가스와 물로 완전한 산화가 일어나는데 비하여, 혐기적 호흡(anaerobic respiration) 과정에서는 에탄올을 생성하며 호흡열이 발생한다.

일반적으로 과일과 채소 중에서 표면적이 크고 중량이 가벼운 것은 호흡량이 크고, 같은 종류에서는 만생종에 비하여 조생종이 호흡량이 크다. 수확 후에 호흡에 미치는 환경적 요인은 여러 가지가 있다. 온도가 높을수록 호흡량이 커지므로 저온에서 저장하는 것이 좋으나, 열대성 청과물은 매우 낮은 온도에서는 냉해(冷害)를 받기 쉽다. 따라서 각 과일에 따른 알맞은 저장온도를 설정하여, 그 온도를 유지하는 것이 좋다.

습도는 과일과 채소의 숨구멍(氣孔)의 개폐에 영향을 주며, 건조상태에서는 일반적으로 호흡작용이 억제된다. 예를 들어 감귤은 껍질이 약간 건조한 듯한 상태에서 저장하는 것이 좋으나, 고구마의 경우는 습도가 높을 때 오히려 호흡작용이 감소한다.

저장고 내의 공기의 조성도 호흡에 영향을 준다. 산소농도를 감소시키고, 탄산가스 농도를 높여 줌으로써 호흡량을 줄일 수 있다. 이와 같은 원리를 이용하여 과일과 채소를 저장하는 방법을 CA저장(controlled atmosphere storage)이라고 한다. 그리고

기계적인 진동이나 손상을 입은 과일 및 채소는 호흡작용이 커지므로 수확 후 취급뿐만 아니라 저장에 주의해야 한다. 호흡작용과 증산작용에 의한 세포 내의 물질이동은 그림 2-9와 같다.

2) 증산작용

과일과 채소의 증산작용(transpiration)은 수확 후 저장할 때에 발생하는 수분손실을 말한다. 저장 중 증산작용으로 과일과 채소는 약 5%의 중량 감소를 가져오고, 표

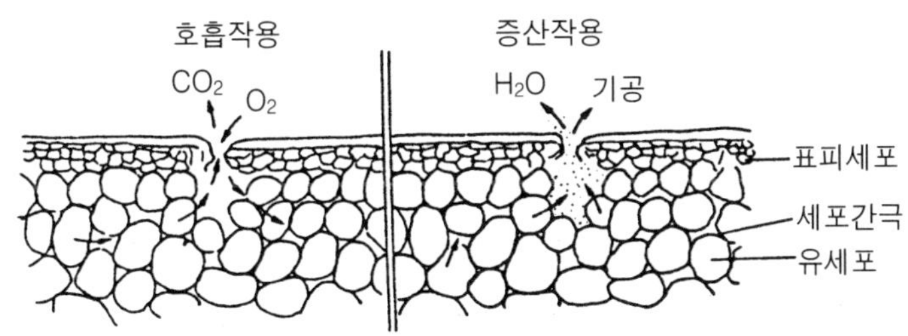

그림 2-9. 호흡작용과 증산작용의 모형도

면의 빛깔이 없어져 상품가치가 떨어지게 된다. 덜 익은 과일과 채소는 알맞은 수확시기에 수확한 과일과 채소에 비하여 증산량이 크며, 온도가 높을수록 증산작용이 커진다.

저장온도가 높으면 단위용적 내에 함유하는 수증기의 함량이 증가하며, 수증기의 분자운동이 활발해지므로 수분이 조직 내에서 쉽게 빠져 나오게 된다. 따라서 세포액 콜로이드(colloid)의 점성이 떨어지고 조직 내의 수분이동이 쉬워진다. 증산작용을 억제하기 위하여 저장에 알맞은 습도는 85～90%이며, 저장고 내의 바람의 속도도 증산작용에 영향을 준다. 이밖에도 기압, 물리적 손상을 입은 과일과 채소나 빛 등도 증산작용에 영향을 준다. 특히, 빛은 숨구멍을 열리게 할 뿐만 아니라 식물체의 체온을 상승시켜 증산을 촉진한다.

3) 생장작용

과일은 생장(growth)이 끝났을 때에 식품으로서 가치가 있으나, 채소는 생장과 비대의 초기단계에 식품가치를 가지게 된다. 따라서 수확한 채소의 생장이 계속되면 조직의 경화가 일어나고, 색깔이 나빠지며 풍미가 떨어지게 된다. 아스파라가스·버섯 등에 함유된 섬유소에 리그닌(lignin)이 달라붙어 목질화(木質化)가 일어나거나, 배추·양배추 등의 채소에 섬유질화가 진행되는 일 등은 모두 '계속적 생장'에 의한 현상이라고 할 수 있다. 따라서 저장이나 유통과정에서 5℃ 이하로 보존하게 되면 생장작용을 억제할 수 있다. 이에 따라 저온유통체제(cold chain system)에 의한 유통으로 소비자가 요구하는 채소의 신선도를 유지하려는 경향이 늘고 있다.

통조림 제조 등 가공원료로 사용되는 과일과 채소는 수확한 직후에 데치기(blanching)를 하여 효소를 불활성화시킴으로써 생물적인 변화를 멈출 수 있다. 고구마·감자 등의 감자류(薯類)나, 무·당근 등의 구근류(球根類), 두류(豆類) 등의 채소가 발아하거나 뿌리가 생기는 발근현상은 '차대적 생장(次代的 生長)'이라고 한다. 계속적 생장이나 차대적 생장은 결과적으로 채소의 상품가치를 떨어뜨리므로 과일과 채소의 생리현상을 이해하고 생산에서 소비까지 신선도를 유지할 수 있는 저장대책을 마련할 필요가 있다.

4) 후숙작용

수확 후에도 과일과 채소는 조직이 연화되거나 향기가 발생하고, 색깔이 변화하는 등의 생리적 현상이 일어난다. 이를 후숙(後熟 또는 追熟, after ripening)이라고 한다. 이러한 현상은 특히, 에틸렌(ethylene, C_2H_4), 식물호르몬(hormone) 등의 작용으로 과일과 채소에 존재하는 효소활성이 높아지고 호흡작용이 커지게 된다. 또한, 펙

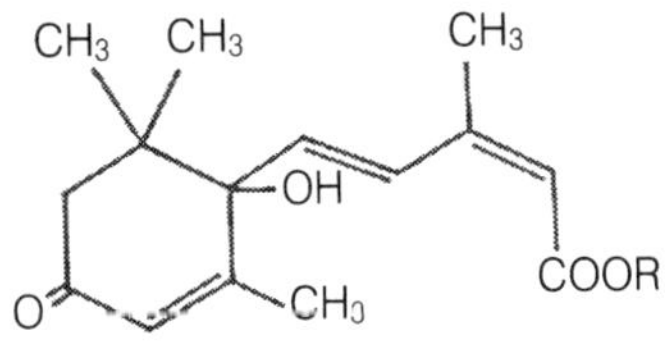

그림 2-10. abscisic acid

틴질이 가용화가 일어나 가스교환이 어려워지므로 혐기적 호흡이 진행되며, 에탄올과 유기산의 에스테르(ester)가 생성된다.

후숙은 저장고의 온도와 가스조성 등에 영향을 받는다. 바나나는 30℃에서, 서양배와 토마토 등은 20～25℃에서 후숙이 가장 잘 일어난다. 가스의 조성은 다른 생리적 현상과 비슷하며, 온도가 높을수록 촉진된다. 예를 들어 바나나・아보카도・감귤 등에 에틸렌을 1～100 ppm을 처리하면 후숙이 촉진된다.

5) 휴면작용

식물체는 좋지 않은 주위환경에 놓여 있을 때, 그 생명을 보존하기 위한 생리적 현상 중 대표적인 예가 휴면(休眠, rest)이다. 휴면에는 자발적 휴면(spon-taneous rest)과 강제적 휴면(imposed rest)이 있다. 자발적 휴면은 마늘・양파 등이 '식물체의 생활주기(life cycle) 중에 일정 기간동안 휴면을 필요로 하는 것'을 말한다. 그리고 식물체가 환경이 나쁠 때 일어나는 휴면을 강제적 휴면이라고 한다. 휴면에 대한 작용기작(mechanism)은 아직까지 확실히 밝혀지지 않았다. 화학물질 중에서 abscisic acid(그림 2-10)는 휴면작용을 촉진시키며, 지베렐린(gibberellin)은 휴면을 깨는 대표적인 물질로 알려져 있다.

이와 같은 호흡작용, 증산작용, 생장작용, 후숙작용, 휴면작용 등과 같은 과일 및 채소의 생리적인 성질을 충분히 이해함으로써 식품으로서 이용되는 과일 및 채소를 저장하거나 가공하는 데 그의 특성에 알맞게 활용할 수 있다.

4.3 원예식품의 가공특성

1) 원예식품의 성분

과일과 채소는 보통 75～90%의 수분, 3～24%의 환원당, 녹말・섬유질 등의 탄수화물을 함유하고 있다. 단백질은 3.5% 이하, 지질은 0.5% 이하로 칼로리의 섭취보다는 무기질과 비타민의 공급원으로서 중요하다. 따라서 과일과 채소를 가공하는 경우

가공공정 중에 되도록 성분변화가 일어나지 않도록 주의해야 한다.

생식용으로 소비되는 과일의 품질은 겉보기뿐만 아니라 당과 산 함량의 비율인 당산비(糖酸比, Brix/acid ratio)에 의해 결정된다. 당산비는 맛을 결정하는 기준으로서 이용되기도 한다. 알맞은 비율의 당과 유기산은 과일이 기호성식품의 성격을 띠게 한다. 예를 들어 온주밀감의 경우 당분이 11°Brix이고 구연산 함량이 0.8～1.2%로서 당산비가 10～15가 되어 기호도가 높아지며, 이 값이 낮아질수록 신맛이 강하고, 높아질수록 단맛이 강해진다.

과일에는 포도당・과당 등 주로 환원당이 많고, 이밖에 자당(sucrose)이 들어 있다. 또한, 과일의 종류에 따라 유기산의 종류와 함량에 차이가 있다. 감귤에는 구연산(citric acid)이 주로 들어 있으며, 포도에는 주석산(tartaric acid)이, 사과에는 사과산(malic acid)이 많이 들어 있어서 각각 다른 신맛을 느끼게 한다. 과일 중의 유기산은 가공공정 중에 제조용 기구의 부식을 가져올 우려가 있어서 가공용기는 스테인리스스틸(stainless steel)로 제작된 용기를 사용할 필요가 있다.

과일과 채소에 들어 있는 향기성분은 GC(gas chromatography), LC(liquid chromatography), MS(mass spectroscopy) 등 분석기기의 발달로 많은 성분이 검출되어 해명되고 있다. 향기성분은 과일과 채소 가공품의 품질에 직접적인 영향을 주므로 가공공정 중에 필요 이상의 교반이나 가열 또는 오랜 시간의 가공조작 등을 피해야 한다.

과일과 채소의 색깔을 나타내는 주요 성분으로는 클로로필(chlorophyll), 카로티노이드(carotenoid), 플라보노이드(flavonoid) 등이 있다. 카로티노이드에는 carotene(감귤)・xanthophyll(옥수수)・lycopene(토마토)・lutein(녹차) 등이 있으며, 플라보노이드에는 anthocyanin(포도)・naringin(감귤) 등이 있다.

이와 같은 색소성분은 빛 또는 가열에 의하여 변색되는 경우가 많기 때문에 가공 중에 산화반응이 일어나지 않도록 주의해야 한다. 예를 들어 안토시안(anthocyan)은 열이나 pH에 대하여 매우 불안정하고, 클로로필은 과일과 채소를 절단하거나 분쇄할 때 색소가 용출되고 산화반응이 쉽게 일어나 변색이 되는 경우가 있다.

과일과 채소에는 비타민 C, B_1, B_2 등이 많으며, 특히 황색 과일에는 비타민 A와 P가 많다. 수용성 비타민은 원료를 물로 씻거나 침지(沈漬)하는 등의 가공조작으로 잃게 될 우려가 많다. 또한, 자체 효소에 의해 산화반응이 일어나는 경우가 많으므로 원료를 데치기 하여 효소를 불활성화시킴으로써 산화작용을 방지할 수 있다. 그리고 비타민은 금속이온이나 알칼리에 약하므로 주의해야 한다.

과일에 많이 들어 있는 펙틴질은 미숙과일 때는 프로토펙틴(protopectin)으로 존재하며 과일이 성숙함에 따라 수용성 펙틴(pectin)이 되고, 과숙하게 되면 펙트산

(pectic acid)이 되어 연화가 일어난다. 이들 펙틴질은 젤리나 잼을 제조할 때에 매우 중요한 요소가 된다(제6장 참조).

2) 갈변현상

과일 및 채소에 들어 있는 산화효소(oxidase)는 저장 중에 영양가의 감소를 일으키거나 효소적 갈변(enzymatic browning)을 일으킬 수 있다. 사과나 배의 껍질을 벗긴 다음 그대로 두면 공기와의 접촉으로 갈변이 일어나는데, 이는 polyphenol oxidase에 의한 효소적 갈변의 예이다. 이와 같은 현상은 과육 중에 들어 있는 폴리페놀성 물질인 chlorogenic acid, catechin, gallic acid 등이 산화효소에 의하여 산화중합되어 melanin과 같은 갈색물질이 생성되기 때문이다.

이에 비하여 비효소적 갈변(non-enzymatic browning)은 아미노산과 환원당이 함께 있는 경우 카르보닐(carbonyl) 반응에서 일어나는 당-아미노 반응(maillard 반응), 당과 유기산에 의한 갈변반응, 고온에서의 당의 탈수작용에 의해 일어나는 캐러멜화(caramelization) 등으로 구분된다. 이 중에서 maillard 반응은 일반적인 식품가공 중에 흔히 일어나는 갈변현상으로서 탈수, 산화작용에 의하여 melanoidin과 같은 색소물질이 생성되기 때문으로 알려졌다.

과일 및 채소에 들어 있는 비타민 C인 아스코르브산(ascorbic acid)은 산화반응을 억제하는 작용을 가지고 있어서 항산화보조제로 알려졌다. 아스코르브산은 pH 2.0 이하에서는 매우 불안정하여 탈수반응에 의해 furfural이 생성됨에 따라 갈변이 일어난다. 효소적 갈변을 방지하는 방법으로는 가열처리에 의한 효소의 불활성화, 아황산처리, 항산화제의 첨가 등 여러 가지가 있다.

당의 진한 용액을 100℃ 이상으로 가열하면 당분자가 enol화, 탈수, 개열(開裂), 중합 등의 복합적인 반응을 일으키고, 최종적으로 캐러멜 색소의 생성으로 갈변이 일어나므로 과일 및 채소를 가공할 때에 주의해야 한다.

제 3 장

탄수화물자원의 이용

탄수화물자원에는 고분자 당질과 저분자 당질로 구분된다. 고분자 당질에는 식물체의 골격을 이루는 셀룰로오스(cellulose), 헤미셀룰로오스(hemicellulose), 자일란(xylan), 펙틴(pectin), gum류 등과 저장물질로서의 녹말, 이눌린(inulin) 등이 있다. 곡류와 감자류 등의 농산물은 대부분 저장물질로서 녹말을 함유하고 있으며, 이는 인류의 중요한 에너지원이 된다. 포도당・과당・자당(sucrose) 등 저분자 당질의 이용은 감미자원으로서 벌꿀이 최초로 이용되기 시작하였다. 이후 사탕수수・사탕무 등의 재배로 제당공업(製糖工業)의 발달을 가져왔다.

국내에서 생산되거나 또는 수입된 농산물 원료로서 산업적으로 활용되고 있는 탄수화물자원에는 제당공업을 제외하고는 주로 고분자 당질, 특히 녹말을 이용함으로써 녹말 제조공업과 녹말이용공업, 주정공업 등이 발달하게 되었다. 여기에서는 탄수화물자원 중에서 국내 식품산업의 중심을 이루는 곡류의 도정과 곡류가공, 제분과 밀가루이용공업, 녹말제조와 녹말이용공업 등을 중심으로 살펴보자.

1. 곡류의 도정

곡류(cereals)는 화본과에 속하는 작물로서 종자 중의 배유(endosperm)가 발달하여, 여기에 영양분인 녹말을 저장한다. 중국에서는 피(barnyard millet), 기장 또는 조(millet), 맥류(麥類), 콩, 쌀을 오곡(五穀)이라고 한다. 그리고 수수(sorghum), 메밀(buckwheat), 팥, 깨 등을 잡곡(雜穀)으로 구분한다. 서양에서는 밀・보리・귀리(oat) 등을 맥류라고 하며, 그리고 옥수수・쌀・수수・조 등을 곡류(穀類)라고 한다.

우리나라에서는 쌀을 미곡(米穀)이라고 한다. 보리・밀・호밀・귀리 등을 맥류, 그리고 조・피・기장・수수・옥수수・메밀 등을 잡곡으로 구분하고 있다. 곡류 중에서 식품가공 원료로 중요한 작물은 쌀 · 밀 · 옥수수이며, 이들의 가공에 대하여 알아보자. 곡류가공은 다음과 같은 3가지 방법으로 구분할 수 있다.

① 쌀 · 보리 · 조 · 수수처럼 입식용(粒食用)으로 이용하기 위하여 도정(搗精)하는 방법
② 밀에서 밀가루를 만드는 것과 같이 가루를 만드는 제분법(製粉法)
③ 옥수수에서 녹말을 분리하는 것처럼 유용성분을 얻는 방법

그러나 곡류가공은 원료와 이용목적에 따라 달라지므로 원료에 의한 분류보다는 가공방법에 따라 구분된다. 즉, 도정을 하거나 제분 등은 뒤따르는 가공의 원료가 되므로 이를 1차 가공(primary process)이라고 한다. 1차 가공에서 얻어진 백미, 보리쌀, 밀가루 등의 재료를 소재로 밥, 떡, 과자, 빵, 스낵식품, 발효식품 등으로 가공할 경우에 이를 2차 가공(secondary process)이라고 한다.

1.1 쌀의 기원

쌀(*Oriza sativa*)은 밀, 옥수수와 함께 세계 3대 곡물 중의 하나로, 열대지역에서 온대지역에 이르기까지 재배된다. 그 재배면적은 약 1억 4천만 헥타르(ha), 총생산량은 3억 9천만 톤에 이른다. 아시아 국가들은 주로 쌀을 주식으로 하고 있다. 쌀을 주식으로 하는 인구비율은 세계인구의 약 40%에 이른다.

아시아에서는 '인도에서 기원전 약 3,800년대, 중국에서는 기원전 약 3,000년대에 벼가 재배되었다'고 추정하고 있다. 현재 재배되는 품종은 우리가 먹고 있는 아밀로펙틴 함량이 많은 *japonica* type과 아밀로오스 함량이 많은 남방계열의 *indica* type, 그리고 중간 형태인 인도네시아의 *javanica* type으로 나누어진다. 세계적인 생산량에서 *indica* 종이 대부분을 차지하며, *japonica* 종은 10%에 미치지 못한다.

미국에서는 쌀의 분류를 대부분 형태에 따라 구분한다. 길이가 6 mm 이상인 long-grain rice, 5～5.9 mm인 medium-grain rice, 그리고 5 mm 이하인 short-grain rice로 나눈다. 미국의 전체 쌀 생산량 중 70～80%를 차지하는 long-grain은 아밀로오스 함량이 많은 indica type으로서 수프제조와 제과용 등 주로 가공용으로 이용된다. Medium-grain(round rice)은 전체의 20～25%로서 주로 캘리포니아에서 생산되며, 우리가 먹고 있는 쌀과 취반특성이 비슷하다. 미국의 쌀 생산은 세계 생산량의 2% 미만이면서도 쌀을 주식으로 하지 않기 때문에 세계에서 가장 큰 쌀 수출국으로서의 잠재력을 가지고 있다.

중국 남부지방인 광동과 운남 지방에 야생하는 벼로 겉은 검고 속은 투명하거나 유백색인 흑미(black/wild rice)가 전라도 지방에서 재배되어 일반쌀과 혼합하여 밥을

짓기도 한다. 또한, 유전자조작에 의한 새로운 쌀 품종을 개발하고 있다. 일본에서는 거대 배아미로서 하이미노리 등을 개발하여 건강식용, 당뇨병 및 신부전 환자의 식이요법에 이용되고 있다. 스위스에서는 야맹증 예방을 위한 Golden rice 품종이 개발되었다. 이밖에 특수미로서 유색미, 향미, 향찰, 찰벼 등이 개발되었다. 재배방법에서도 저농약, 무농약을 강조하는 친환경 농법으로 생산되는 오리농법쌀, 키토산쌀, 게르마늄쌀 등이 다양하게 생산되고 있다.

1.2 탈 각

벼는 수확 후에 건조・저장・도정・가공의 과정을 거친다. 이 과정에서 잡초씨, 먼지, 금속조각, 모래 등의 이물질의 혼입과 미생물 또는 해충에 의한 변질이나 부패가 일어날 수 있다. 따라서 도정하기 전에 정선과 왕겨를 제거하는 탈각(脫殼, dehulling) 과정을 거친다.

벼의 구조는 그림 3-1에서 보는 바와 같다. 그림 3-2와 같은 탈각기(sheller)를 사용하여 왕겨를 제거한 현미(玄米, brown rice)를 얻게 된다. 수확한 벼를 건조하여 그대로 저장하기도 하지만, 탈각하여 현미로 저장하기도 한다. 탈각기에는 스틸(steel)형, 디스크(disc)형, 롤러(roller)형 등이 있다. 그림 3-2에서처럼 고무롤러를 사용함으로써 왕겨의 제거효율을 높이고, 벼에 주는 충격을 줄여 싸라기(碎米, broken rice)의 발생을 줄이는 장점이 있다.

대칭이 되는 롤러의 속도를 서로 다르게 조정하는 것이 보통이며, 벼에서 떨어진 왕겨는 비중의 차이를 이용하여 aspirator로 분리한다.

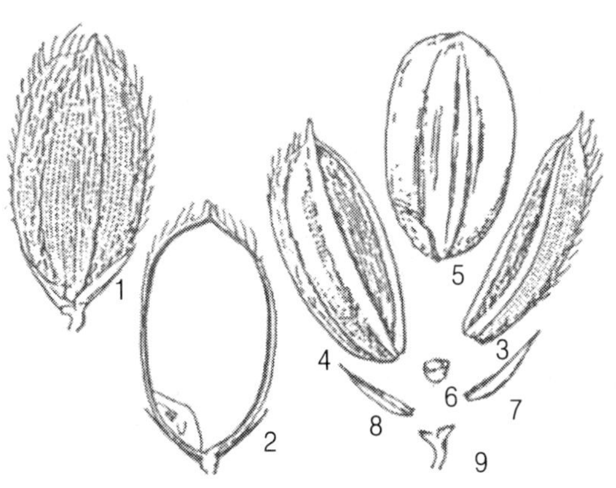

그림 3-1. 벼의 구조

1. 옆면, 2. 절단면, 3~9. 분해한 것, 5. 현미

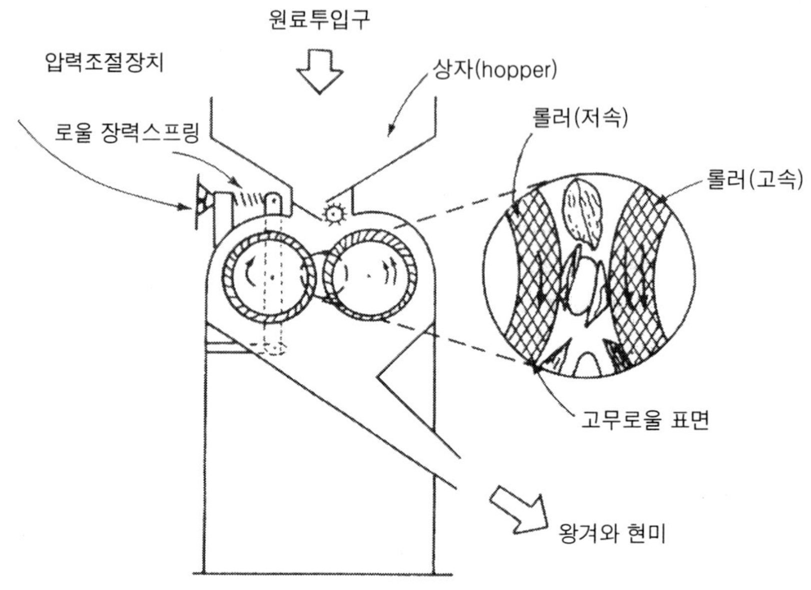

그림 3-2. 롤러형 탈각기의 단면도

1.3 도 정

탈각이 끝난 곡류 중에서 쌀·보리 등은 그 조직의 특성에 따라 1차 가공으로 도정한다. 현미와 보리는 그림 3-3에서 보는 바와 같이 껍질(과피)·종피·호분층·배유로 구성되며, 바깥쪽은 겉껍질이 붙어 있다. 쌀 조직은 배유 : 배아 : 외피 = 92 : 3 : 5의 비율로 되어 있다. 쌀은 배유부가 비교적 단단하고 바깥쪽은 조금 부드럽다. 바깥에서 호분층까지의 등겨층을 벗겨내고 배유부를 남게 하는 조작을 도정(搗精)이라고 하며, 쌀을 도정하는 경우는 정백(精白)이라고도 한다.

배아(胚芽)에는 단백질·지방·비타민 B_1이 많이 들어 있어 식용미로 도정할 때는 영양적으로 중요한 호분층과 배아가 제거된다. 도정의 정도는 영양분과 소화율에 영향을 준다. 왕겨층을 제거한 현미를 도정하면 과피와 종피, 호분층, 배아가 제거된 백미(白米, polished rice)와 부산물로서 쌀겨(米糠, rice bran)를 얻는다. 쌀겨에 섞인 배아에는 18% 정도의 기름이 들어 있다.

쌀겨에서 헥산(hexane)으로 기름을 추출한 다음 탈검·탈색·탈취 공정을 거쳐 정제한 기름을 쌀겨기름(米糠油)이라고 한다. 정제한 쌀겨기름에는 유리지방산 함량이 0.1% 이내이며, 불포화지방산이 80% 이상으로 땅콩기름과 비슷한 지방산 조성을 갖는다. 특히 쌀겨기름에는 2% 정도의 강한 항산화 작용을 하는 오리자놀(oryzanol),

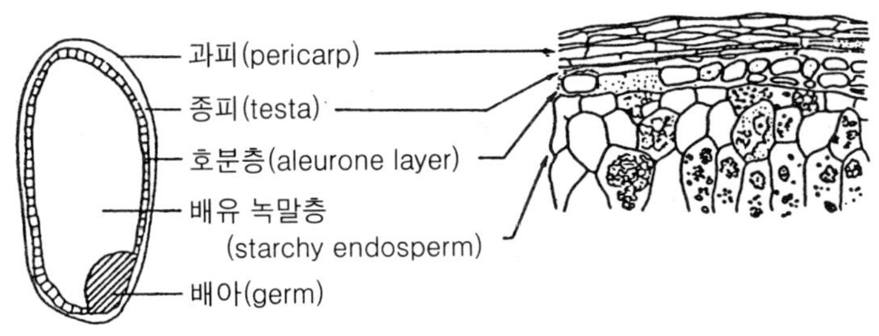

그림 3-3. 현미의 조직

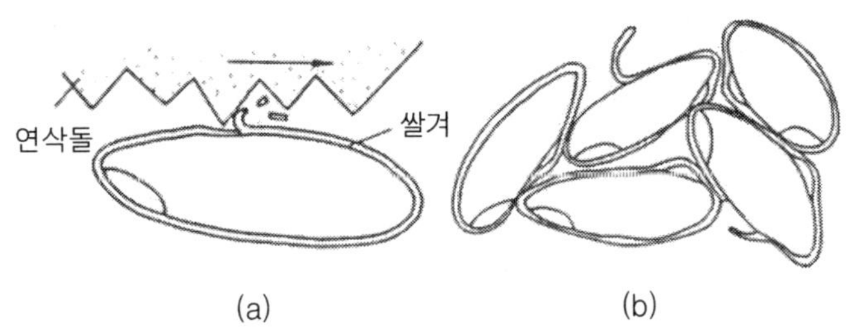

그림 3-4. 연삭식 정미기(a)와 마찰식 정미기(b)의 도정원리

토코페롤과 비슷한 구조를 갖는 tocotrienol이 들어 있다. 오리자놀은 혈중 콜레스테롤 함량을 낮추는 역할 등 여러 가지 생리적 작용을 하기 때문에 주목받고 있다. 쌀겨기름은 튀김용 기름, 마요네즈 제조용, 식품코팅제로서 이용된다.

영양적인 측면을 고려하면 배아에 들어 있는 영양분을 백미 중에 그대로 유지할 필요가 있다. 배아가 쌀겨 속에 들어가는 것을 방지하여 도정한 쌀을 배아미(polished and embryo retaining rice)라고 한다.

쌀 또는 보리를 도정하는 기계를 도정기라고 한다. 현미의 등겨층을 제거하는 도정기를 정미기, 보리를 도정하는 기계를 정맥기라고 한다. 도정기에 의해 도정이 이루어지는 원리는 곡립 사이에 마찰(friction), 찰리(resultant tearing), 절삭(shaving 또는 tearing)과 충격(impact) 등의 작용에 의해 이루어진다.

쌀을 도정하는 방법은 크게 2가지로 나눌 수 있다. 그림 3-4에서 보는 바와 같이 연삭 날로 등겨층을 깎아내는 방법, 그리고 낮은 속도로 회전하는 롤러로 곡립 사이의 마찰력에 의해 등겨층을 벗겨내는 도정방법이 있다. *Japonica* type의 쌀은 주로 마찰식에 의해 도정이 이루어진다. *Indica* type의 쌀은 고속 회전하는 grinder의 주위에 현미를 채워 등겨층을 깎아내는 연삭식이 이용된다.

도정이 이루어지는 동안 곡립 사이의 마찰력에 의하여 곡립 면이 매끈하게 되고,

빛깔이 생기며 알맹이가 고르게 된다. 도정하는 과정에 마찰력을 강하게 작용시키면 찰리작용이 일어나고, 조직 표면을 벗기는 역할을 한다. 또한, 절삭작용에 의하여 곡립의 조직을 분할하기도 한다. 절삭작용의 단위가 클 때를 연삭(硏削, grinding)이라고 하고, 적을 때를 연마(polishing)라고 한다. 이와 같은 작용은 도정기의 종류에 따라서 주로 작용하는 방식은 다르나, 보통은 따로따로 작용하지 않고 공동으로 작용하여 도정이 이루어진다.

1.4 도정기

도정기는 종류에 따라 여러 가지 형식이 있다. 그 구조와 작용원리에 따라 분류하면 원통마찰식, 분풍식과 같은 압력계 도정기와 연삭식과 같은 속도계 도정기로 나눌 수 있다. 정미기 중에 가장 많이 이용되는 횡형 원통마찰식(horizontal tamping type) 정미기의 도정부분의 단면도는 그림 3-5와 같다. 이 정미기는 주로 롤러(roller)의 회전과 추의 저항으로 곡립의 마찰과 찰리작용으로 도정이 이루어진다.

횡형 원통마찰식 정미기를 개량하여 정미기의 내부에 바람을 불어넣어 쌀겨 제거를 함께 하는 분풍식 정미기의 경우 도정부의 단면도는 그림 3-6과 같다. 이밖에도 주로 연삭작용과 충격작용으로 도정이 이루어지는 수형연삭식(竪型硏削式) 도정기, 주로 정맥용으로 사용되는 장행정형식(長行程型式) 도정기 등이 있다. 이들 중에서 수형연삭식 도정기는 도정력이 크고, 싸라기가 적어서 정미와 정맥 등 모든 곡물의 도정에 쓸 수 있으므로 이를 만능도정기라고도 한다.

수형연삭식 도정기는 도정력이 크고 싸라기가 적은 것이 특징이다. 연삭식 도정기는 정미용으로서는 청주제조 원료가 되는 주조미(酒造米)와 같이 도정의 정도를 높

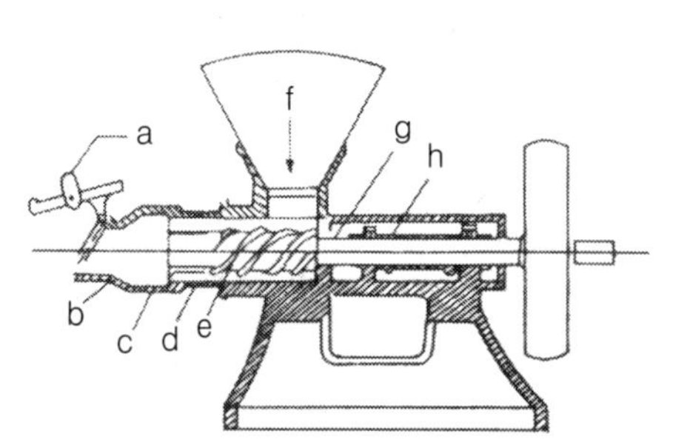

그림 3-5. 횡형 원통마찰식 도정기의 구조

a. 추 b. 쌀배출구 c. 배출구동 d. 원통
e. 롤러 f. 탱크 g. 롤러축 h. 메달

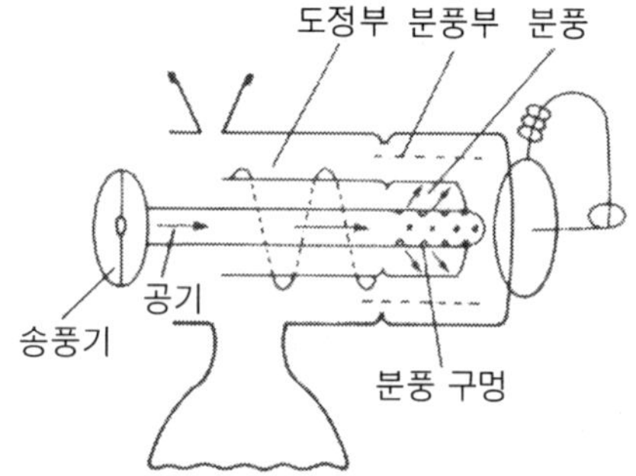

그림 3-6. 분풍식 정미기 도정부의 도정부 단면도

게 할 때 쓰이며, 주로 정맥용으로 이용된다. 연삭식 정미기 1대와 마찰식 정미기 2대를 조합하고, milling roller에 작은 구멍을 뚫어 놓아 바람을 불어넣어 쌀겨층을 동시에 제거할 수 있도록 한 연속식 도정장치가 개발되어 대규모 처리에 이용하고 있다.

1.5 도정방법

식용미의 도정에는 주로 횡형 원통마찰식이나 분풍식을 많이 사용하며, 보통 10분 정도 도정한다. 일반도정에서는 중요한 영양분이 많이 들어 있는 쌀겨층과 배아도 제거된다. 경우에 따라서는 배아를 남겨 영양가가 높은 정미를 얻기 위하여 배아미 도정을 하기도 한다. 배아미로 도정할 경우 도정기의 추를 처음에는 무겁게 놓아 쌀겨를 빠지게 하고 나서 추의 저항을 낮추든가, 또는 1/2 정도 도정이 되었을 때 밖으로 꺼내 냉각시킨 다음 다시 도정하는 방법을 이용한다.

도정할 때에는 정미기의 조절방식에 따라 도정효율, 도정미의 품질 등에 영향을 준다. 예를 들어 원통마찰식 정미기를 사용하였을 때는 롤러의 회전수, 추의 위치, 배출구 동의 위치, 탱크(tank) 속의 쌀의 양 등을 조절함으로써 도정효율을 높일 수 있다.

도정이 끝나면 여러 가지 제강장치에 의해 쌀알과 겨를 분리한다. 또한, 정선기를 사용하여 싸라기, 돌, 모래 등을 제거한 다음 포장하여 제품화한다. 일반 도정시설에 색채선별기, 입형 분리기 등을 설치하여 착색립, 파쇄립, 싸라기 등을 제거한 완전미(head rice)의 생산을 통하여 브랜드(Brand) 쌀로 시판되고 있다.

정미를 씻을 때 발생하는 겨를 기계적으로 완전히 제거한 무세미(無洗米, bran grinding rice)가 일본 동양정미기제작소에서 개발되어, 그 수요가 늘고 있다. 취반하는 경우 쌀을 씻지 않아도 되기 때문에 편의성을 부여할 뿐만 아니라 외식산업에서의 노동력을 줄일 수 있고 환경오염을 방지할 수 있다. 무세미 제조에서 생기는 겨를 과립화하여 유기질비료로 이용한다. 국내에서는 백미를 씻은 후 원심 탈수하여 건조한 '씻어나온 쌀'로서 개발되었다.

1.6 도정도와 쌀의 품질

도정의 정도를 결정하는 방법은 여러 가지가 있다. 백미의 색깔, 겨층의 벗겨진 정도, 도정시간, 도정 회수, 전력 소비량, 생성된 쌀겨의 양 등으로 도정미의 목적에 따라 이루어진다. 고랑의 등겨층이 완전히 벗겨진 정도를 10분 도정이라고 한다. 이를 기준으로 도정에 소요되는 시간, 도정 회수, 전력 소비량, 생성된 쌀겨의 양 등을 각각 측정한 다음 이에 상대적인 값을 나타냄으로써 도정의 정도를 결정하게 된다.

표 3-1. 도정 정도에 따른 영양분과 소화흡수율

도정도	수분 (%)	단백질 (%)	지방 (%)	탄수화물 (%)	회분 (%)	비타민 B_1 (㎍/g)	리보플라빈 (㎍/g)	고형물소화율 (%)
현미	13.25	7.63	2.33	75.73	1.60	5.35	0.78	95.3±9
4분도정	12.76	7.56	1.61	76.98	0.79	4.13	0.64	-
5분도정	14.05	7.50	1.50	76.16	0.79	3.96	0.58	97.2±0.3
6분도정	14.33	7.32	1.37	76.19	0.79	3.58	0.56	97.5±0.3
7분도정	14.06	7.27	1.32	76.64	0.71	3.06	0.52	97.7±0.3
8분도정	13.80	7.20	1.26	77.14	0.60	2.19	0.46	-
9분도정	13.70	7.16	1.13	77.43	0.58	2.08	0.42	-
10분도정	14.39	7.11	0.97	77.09	0.54	1.67	0.38	98.4±0.2

도정도가 높을수록 맛과 빛깔이 좋아지고 소화율도 높아지지만, 단백질·지방·비타민은 줄어들고 탄수화물 함량은 증가하여 영양분의 감소가 일어난다. 도정 정도에 따른 영양분의 소화흡수율은 표 3-1에서 보는 바와 같다. 영양적으로 볼 때는 10분 도정한 백미보다는 7분도미가 식용미로서 알맞다고 보지만, 소비자의 미각을 고려하여 주로 10분 도정을 한다.

2. 곡류의 가공

도정한 곡물은 대부분 그대로 식용으로 이용한다. 그러나 보리쌀·옥수수 등은 겉껍질, 호분층 등이 남아 있어서 소화가 잘 안 되고 맛이 좋지 않으므로 용도에 맞게 가공한다. 보리를 압편시켜 압맥(壓麥, rolled barley)으로 만들거나, 곡류를 잘게 부순 만할곡류(crushed cereals), 또는 팽윤시켜 만든 튀긴곡류(puffed cereals) 등으로 가공하여 곡물의 이용 범위를 높이거나 맛을 좋게 한다.

일반적으로 보리는 압편에 의해 가공한다. 옥수수·귀리 등은 만할곡류의 형태로, 그리고 쌀은 튀긴쌀(puffed rice) 형태로 가공한다. 압맥을 만들 경우는 정맥을 수분 14~16%로 조정한 후 60~80℃의 수증기에 의한 간접가열방식에 의해 연화시킨다. 증기분사실에서 포화증기 또는 260~300℃의 과열증기를 불어넣어, 20~30%의 수분을 유지하여 유연성을 준 다음 압편 롤러를 거쳐 가공한다.

쌀의 가공품으로는 쌀의 빛깔을 내고 방충효과와 저장성을 높이기 위하여 포도당과 활석(滑石)을 사용하여 코팅(coating)한 쌀이 있으나, 활석이 식품용이 아니기 때문에 이를 대체한 코팅제가 연구되고 있다. *Indica* type의 쌀은 부스러지기 쉽기 때문에 침지·증자하여 녹말을 호화시킨 다음 건조하여 표면을 강인하게 만드는 parboiling법이 있다. Parboiling법으로 처리하면 쌀알이 단단해져 탈곡이 잘 되며 저장성이 향상된다. 이 방법은 수확한 벼를 침지하는 과정에서 발효가 일어나거나, 왕겨로부터 냄새성분이나 황색색소가 옮겨지는 단점이 있다. 이러한 결점을 보완하기 위하여 진공장치를 이용하여 침지시간을 단축하여 만든 converted rice가 있다.

2.1 쌀의 가공

쌀은 대부분 취반용으로 이용된다. 쌀은 값이 비싸기 때문에 다른 곡류에 비하여 가공식품용 원료로 이용하는 비율이 낮았다. 그러나 1990년대 후반 이후 국내에서는 취반용 쌀의 소비량이 계속 줄었고, 쌀 재고량이 늘어나면서 저장시설의 한계와 고미화(古米化) 등으로 쌀을 이용한 가공식품에 적극적인 관심을 보이기 시작하였다.

주식용으로 사용되는 쌀의 1인당 소비량은 1970년에 136.4 kg에서 1990년에는 120 kg으로, 1997년에는 97 kg으로 점차 줄어들었다. 2002년에는 87.3 kg으로 줄었으며, 2003년에는 83.2 kg, 2004년에는 82.0 kg으로 계속 감소하는 경향을 보였으며, 밀가루의 소비량은 증가하였다. 이에 따라 쌀을 이용한 제과, 시리얼식품 등 가공식품의 제조 또는 막걸리·청주 등 발효식품 원료로서의 쌀 소비가 늘어났다.

쌀의 가공품으로는 α-화미, 강화미, 쌀밥, 포장떡, 제과용으로 이용하는 쌀가루 등이 있다. α-화미 또는 즉석미(instant rice)는 백미를 물 또는 묽은 초산용액에 충분히 침지시킨 다음 증자하여 쌀녹말을 호화시킨 후 80～120℃의 열풍으로 8% 정도의 수분함량이 되도록 건조시킨 제품이다. 뜨거운 물을 가하거나 단시간 가열로 취반이 가능하기 때문에 야외용 또는 비상용으로 이용할 수 있다.

도정하는 과정에서 잃게 되는 비타민 B_1, B_2 등을 강화시킨 강화미(enriched rice)가 있다. 비타민 B_1 등을 용해시킨 묽은 초산용액에 백미를 침지시킨 다음 증자 후 건조시켜 만든다. 비타민 B_1, B_2 뿐만 아니라 niacin, 비타민 B_6, 비타민 E, pantothenic acid 또는 칼슘과 철분을 강화시킨 강화미도 제조되고 있다. 보통 백미와 강화미를 중량비로 200 : 1로 혼합하여 사용한다.

백미나 현미 등에 상황버섯, 영지버섯, 아가리쿠스, 동충하초, 홍버섯 등 버섯균을 배양한 다양한 버섯쌀이 기능성 쌀로서 개발되었다. 그리고 활성비타민, DHA, 토코페롤, 칼슘, 올리고당, 인삼 등 유효물질을 코팅한 쌀 등이 있다.

일본에서 쌀을 이용한 가공제품의 예를 보면 표 3-2에서 보는 바와 같이 매우 다양하다. 1987년에 쌀을 이용한 가공식품의 총생산량은 14만 4천 톤으로 이 중에 레토르트쌀밥·냉동쌀밥 등 쌀밥류가 6만 6천 톤으로 전체 쌀가공식품의 46%를 차지

표 3-2. 일본의 쌀가공식품

종류별	구 분	제품 예	생산량
쌀밥류	레토르트쌀밥	팥밥, 흰밥, 오곡밥, 산채볶음밥	10,870톤
	쌀밥통조림	팥밥 등	989
	즉석쌀밥	컵라이스, 녹차밥 등	417
	알파화미	흰밥, 팥밥, 산채볶음밥, 오곡볶음밥 등	19,199
	냉동쌀밥	새우비빔밥, 중화볶음밥 등	34,225
	전자레인지용	새우비빔밥, 치킨라이스 등	748
가공미류	강화미 등	간단히 취반할 수 있는 현미 새로운 비타민 강화미 등	3,825
포장떡미	포장 찹쌀떡	세절형, 판상형, 구형	57,337
당고류	당고	냉동멥쌀당고, 진공포장당고 등	965
국수류	쌀국수	라이스누들, 생면, 건면 등	763
즉석죽류	현미밀	미분, 죽통조림, 압편현미	54
	죽	흰죽, 현미죽, 야채죽	1,764
	이유식	쌀죽, 혼합죽 등	286
빵류	쌀빵	쌀빵, 크래커타입 등	1,301
스낵류	라이스스낵	현미크래커, 컨트리모닝 등	10,909
곡분류	곡분	알파화미	736
주류	와인 형태의 술	라이스와인(rice wine) 등	123 kL

하며, 이 외는 포장떡, 스낵으로 많이 가공된다. 이후 레토르트밥은 비상식으로 이용에 한정되면서 급속히 감소하였고, 냉동필라프·무균포장밥·냉동밥류 등 가공밥의 전체 시장규모는 2003년에 38만 톤에 이를 정도로 크게 성장하였다.

밥통조림은 백미와 물을 통에 넣고 100℃에서 20분간 가열하여 탈기한 다음 밀봉하여 113℃에서 80분간 가열살균하여 제조한다. 냉동쌀밥은 건조쌀밥이나 레토르트쌀밥에 비해 밥알의 원형을 비교적 잘 보존되어 있고, 전자레인지나 열탕에서 10~20분 정도 데워 먹을 수 있어서 편의성을 갖는 제품이다.

우리나라에서도 1996년에 무균포장밥을 생산하기 시작하여 보편화되었다. 죽 제품으로 40여 개 품목이 시판되고 있다. 일본과 비슷한 관습과 식생활, 생활패턴을 이루고 있어서 앞으로 생활의 간편화 등 사회여건의 변화에 따라서 표 3-2에서와 같은 유사제품의 수요가 계속하여 증가할 것으로 보인다.

2.2 보리의 이용

보리에는 맥주맥(二條大麥, *Hordeum disticum*)과 쌀보리(六條大麥, *H. vulgare*)

표 3-3. 보리의 각 부위별 일반성분 조성 (단위 : %)

시 료	수분	단백질	지방	가용성 무질소물	조섬유	회분
보리(dehulled barley)	12.5	10.6	1.7	72.1	1.6	1.5
보리쌀(pearls)	12.5	7.8	1.0	76.2	1.4	1.1
보리겨 I(pearling dust)	12.5	9.5	1.4	74.3	0.8	1.5
보리겨 II(feed meal)	12.0	12.5	3.0	64.0	5.0	3.5
보리겨 III(bran)	10.5	14.0	3.5	57.1	10.0	4.9
왕겨(husks)	10.4	3.6	1.0	49.2	28.6	7.2

표 3-4. 보리를 이용한 주요 가공식품류

가공형태	1차 가공제품	2차 가공제품
도정, 기타 가공	정맥, 압맥, 백맥, 강화가공맥	쌀보리밥
제분	보릿가루, 복합분	장류제품, 면류 등 분식제품, 빵
맥아	장류, 단맥아	맥주, 주정, 물엿, 감주
배초	볶은 보리, 볶은 보릿가루	보리차, 미숫가루

가 있다. 쌀보리는 국내에서 쌀 다음 가는 주곡으로서 오랫동안 우리 식생활에 널리 이용되어 왔다. 그러나 생활수준의 향상과 식생활의 변화 등으로 입식(粒食)으로서는 소비량이 매우 줄었다. 보리를 제분하기는 쉽지만 탄닌 성분에 의한 떫은맛과 flavon계 색소가 많이 들어 있어서 분식용으로 알맞지 않아 혼식용으로 일부 이용한다. 건강에 대한 관심이 많아져, 보리빵 제조용으로 제분이 일부 이루어지고 있다.

쌀보리는 식용 외로 사료용, 주정발효용 등으로 소비량이 증가하였으며, 특히 주정용으로 사용되는 보리는 연간 5만 톤 정도에 이른다. 해외 의존도가 높은 식량자원의 자급도를 높이기 위하여 국내에서 생산되는 보리의 가공이용 방안이 모색되고 있다. 표 3-3은 보리의 부위별 일반성분 함량이며, 표 3-4는 보리를 이용한 주요 식품류이다.

3. 제 분

제분(製粉, milling)은 '쌀 · 밀 · 메밀(buckwheat) · 옥수수 · 콩 등을 분쇄하고, 겉껍질과 섬유질 등을 분리하여 가루로 만드는 조작'을 말한다. 제과용으로 이용하는 corn grits, corn meal은 건식방법에 의해 옥수수가루를 얻는다. 이 중에서 대규모 제분의 원료가 되는 것은 주로 밀(小麥)이므로, 여기에서는 밀을 원료로 한 제분이론과 공정에 대하여 알아보자.

밀(wheat, *Triticum aestivum*)의 원산지는 중앙아시아 지방인 코카서스에서 이란의 북부와 아프가니스탄 부근이라고 한다. 밀의 세계 생산량은 5억 5천만 톤에 이르며, 연간 국내 밀 수입량은 350만 톤 정도이다. 그림 3-7은 밀을 약 17배로 확대한 사진이며(a와 b), 이를 약 238배로 확대하였을 때는 그림의 (c)와 같이 단백질의 뼈대 사이에 녹말입자들이 둘러쌓여 있는 것을 볼 수 있다.

밀은 겉껍질(bran)을 제거하면 내부까지 부서진다. 그리고 밀알의 고랑이 깊어 도정하는 방법으로는 이를 제거할 수 없으므로 도정보다는 제분이 유리하다. 또한, 입식(粒食)에 비하여 분식이 소화율을 높일 수 있다. 밀가루 단백질은 글루텐(gluten)을 형성하여 점성과 연성이 커짐으로 제빵·제면 등에 이용할 수 있어서 이용범위가 넓어진다.

밀은 비교적 부스러지기 쉬운 하얀 배유 속의 세포에는 녹말입자와 글루텐입자가 있으며, 중심부로 갈수록 글루텐입자가 적다. 배유부의 입질(粒質)은 보통 초자질·중간질·분상질로 나눈다. 밀 50개를 취하여 곡립절단기로 절단한 다음 단면을 관찰

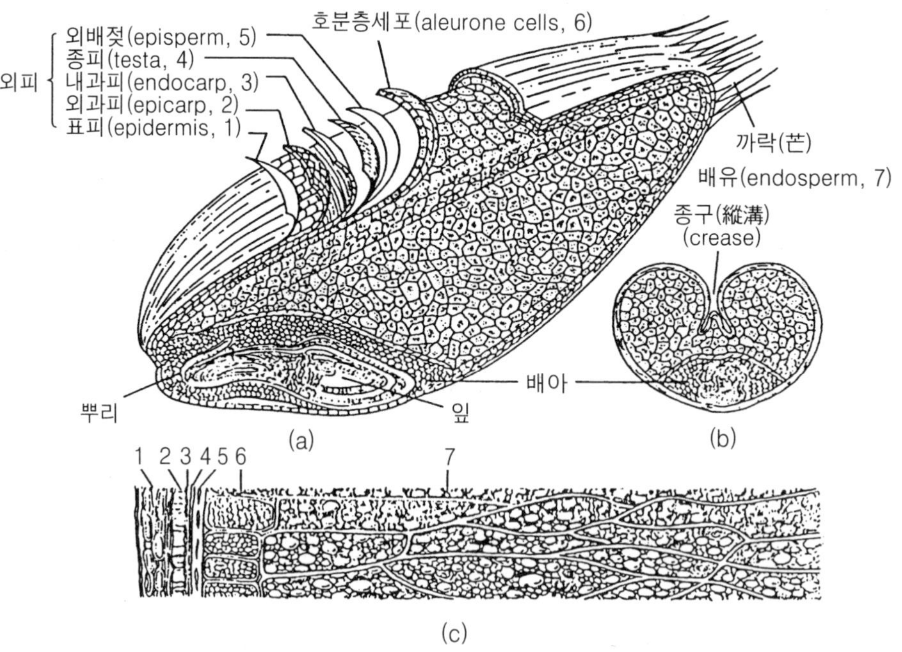

그림 3-7. 밀의 단면도

하여, 다음 식에 의하여 초자율(硝子率)을 구한다. 초자율이 75% 이상이면 '초자질 밀', 75～25%이면 '중간질 밀', 25% 이하일 때는 '분상질 밀'이라고 한다.

$$\text{초자율} = \frac{\text{초자질 입수} + \text{반초자질의 입수} \times 0.5}{\text{총 밀알 수}}$$

3.1 밀의 제분

밀의 제분은 배유부를 순수하게 분리함으로써 밀기울이 적게 들어 있는 밀가루를 얻는 것이 목적이다. 따라서 제분공정 중에서는 분쇄공정과 체질(篩別, screening) 공정이 중요하다. 분쇄과정에서는 배유 부분은 잘 부서지나 밀기울 부분은 잘 부서지지 않는 선택성이 중요하다.

밀의 분쇄는 압력・절단・충격・마찰 등의 물리적 작용에 의해 이루어진다. 이들 중에서 절단작용과 충격작용은 선택성이 적어 제분공정에는 불리하다. 실제로는 2가지 이상의 작용이 동시에 일어나 제분이 이루어진다. 제분능력은 보통 배럴(barrel) 단위로 표시하며, 1 배럴(1 barrel = 159 L)은 하루에 22 kg들이 밀가루 4포대를 만들 수 있는 능력을 말하며, 대형 제분공장인 경우 제분능력은 200～1,000배럴 정도이다. 제분공정은 정선, 조질(調質, conditioning), 분쇄, 완성공정으로 이루어진다.

1) 정 선

제분용 밀은 알맞은 시기에 수확하여 잘 익어 외피가 얇고 입자가 크고, 비중, 천립중(千粒重)과 용적이 큰 것이 좋다. 제분용 밀은 외국으로부터 수입되어 쌓아놓게 되면 엘리베이터(bucket elevator) 등을 통하여 창고로 운반된다(그림 3-8). 이 때에 집진기로 밀짚, 잡초씨, 티끌이나 먼지 등을 제거하는 예비정선을 실시한다.

본정선 과정에서는 여러 가지 정선기가 이용된다. 즉, 공기를 불어넣어 비중의 차이에 따라 밀알과 불순물을 분리하는 공기정선기(air separator, 그림 3-9), 금속조각을 분리하는 자석식 정선기(magnetic separator, 그림 3-10)가 있다. 그리고 크기에 따라 구분하는 드럼형 정선기(그림 3-11), 모양의 차이에 따라 구분하는 디스크 정선기(disc separator, 그림 3-12), 밀알 표면에 붙어 있는 먼지 등을 제거하는 brush machine 또는 세척기(washer), 충격에 의해 곤충의 알을 제거하는 antoleter 등 여러 형태의 기계를 조합한 정선기를 통과하면서 원료용 밀의 정선(精選)을 한다.

전형적인 정선공정에서는 그림 3-13에서와 같이 건조한 밀을 우선 자석식 정선기를 통과시켜 쇳조각 등 금속물질을 제거하고, 금속체를 사용하여 밀짚・모래・먼지

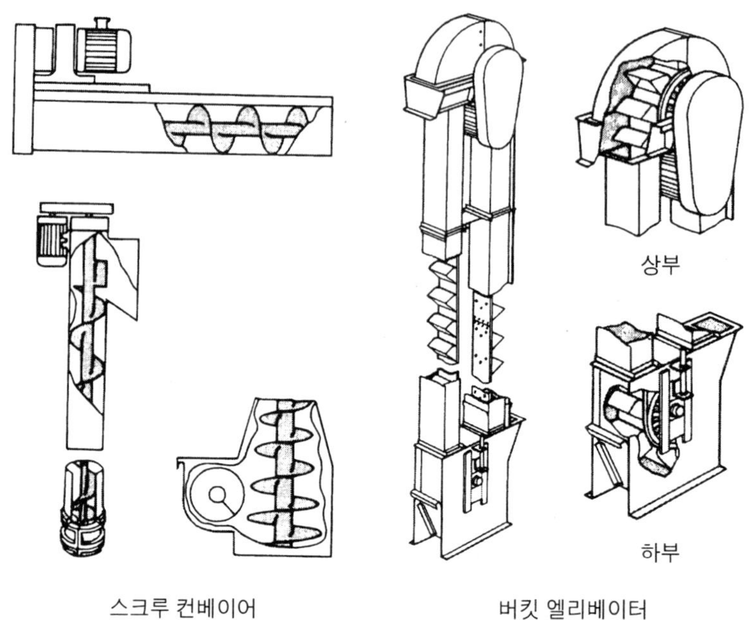

그림 3-8. 밀의 운송장치

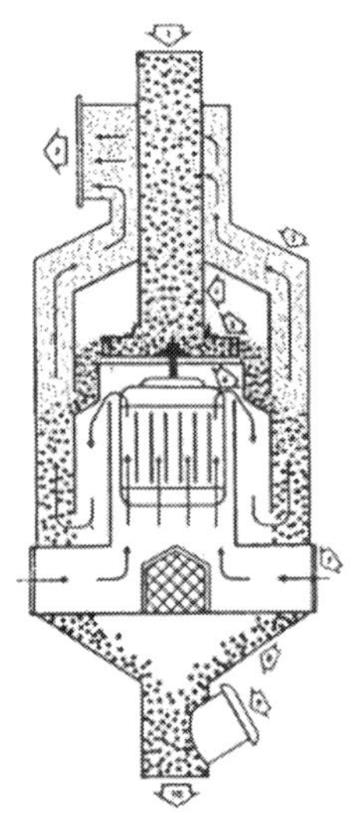

그림 3-9. 로토-팩터 공기정선기

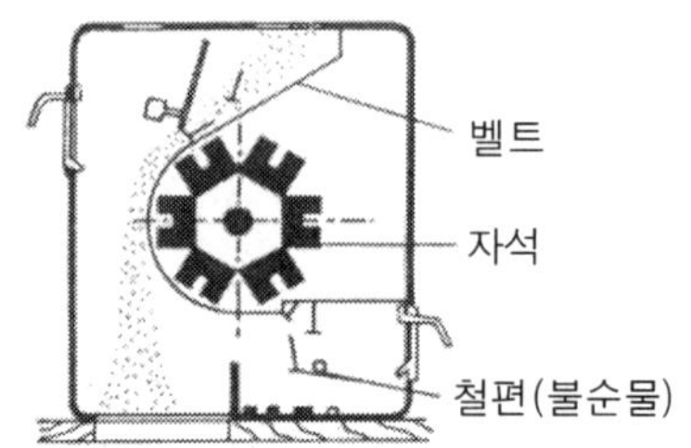

그림 3-10. 자석식 정선기

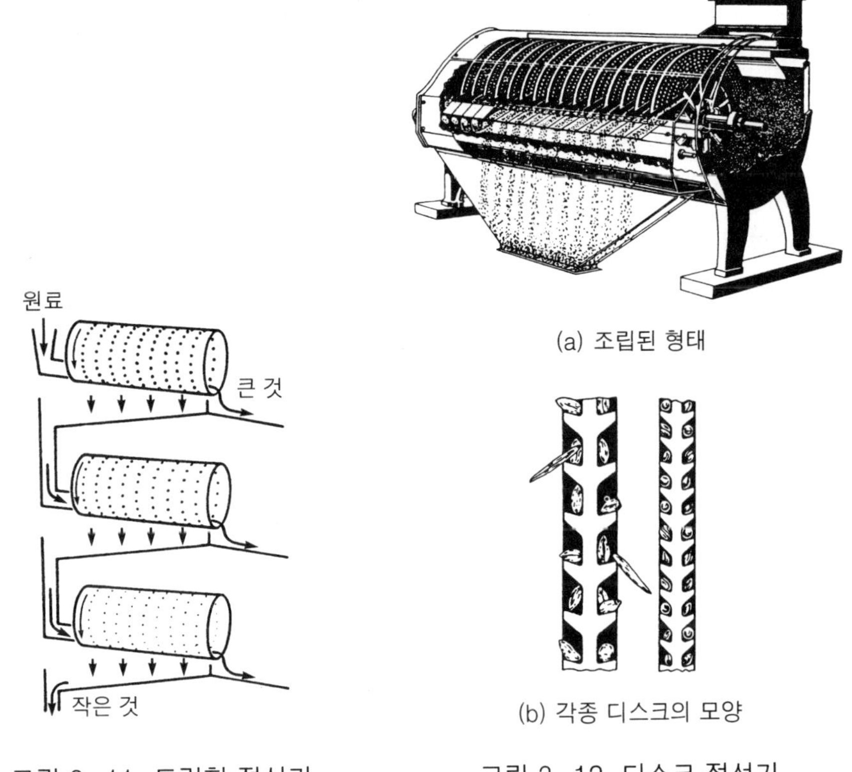

그림 3-11. 드럼형 정선기

그림 3-12. 디스크 정선기

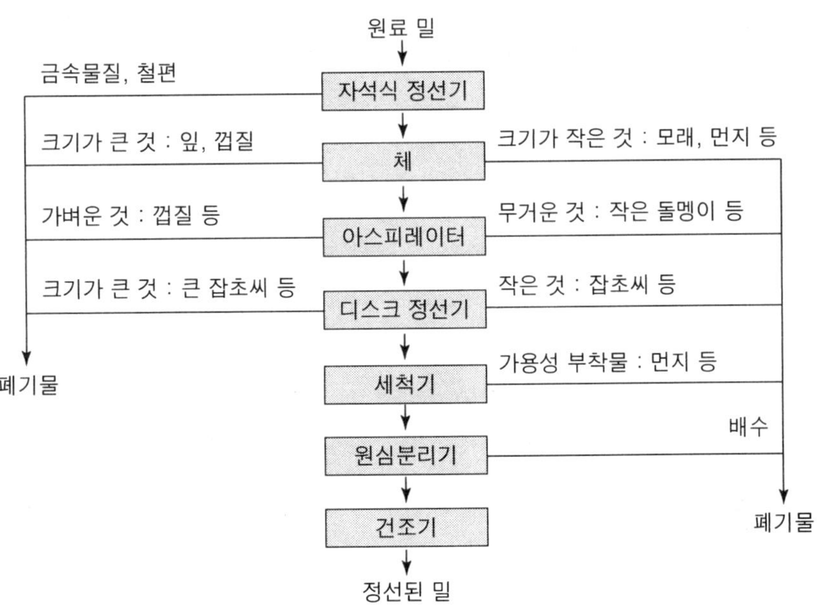

그림 3-13. 대표적인 정선과정

등 불순물을 제거한다. 그 다음에는 아스피레이터(aspirator)와 디스크 정선기를 사용하여 비중이나 모양의 차이에 의해 불순물을 분리하고, 세척기로 가용성 불순물을 세척한 후 원심분리기와 건조기를 사용하여 깨끗하고 건조된 밀이 되도록 정선공정이 이루어진다.

2) 수분 첨가

저장 중에 밀의 수분함량이 높으면 호흡작용 등으로 변질되거나 해충의 피해를 입기 쉬우므로, 보통 13% 정도의 건조한 상태에서 저장한다. 그러나 밀이 너무 건조하면 제분공정 중에 밀기울도 한꺼번에 부서져서 밀가루에 섞여 들어가게 된다.

제분하기 전에 알맞은 수분함량을 유지하도록 물을 첨가하는 것이 좋으며, 이 과정을 수분첨가(tempering 또는 conditioning)라고 한다. 보통 분상질 밀은 수분함량이 14%, 초자질 밀은 15% 정도가 되도록 분무방식에 의해 물을 첨가하여 20～30시간 동안 방치한다. 1회에 첨가하는 수분함량은 3% 이내로서 수분 첨가량이 많을 경우는 나누어 실시한다. 수분첨가의 목적은 다음과 같다.

① 밀기울을 강인하게 하여 밀가루에 밀기울에 섞이는 것을 방지한다.
② 배유와 밀기울의 분리를 쉽게 하고, 배유가 잘 분쇄되도록 한다.
③ 체에 의한 분리를 쉽게 한다.

수분첨가 후에 온도를 높여 밀을 방치함으로써 가열과 냉각으로 밀이 팽창되었다가 수축이 일어나 밀기울과 배유부의 분리성을 향상시킨다. 그리고 밀에 들어 있는 효소작용에 의해 글루텐의 질을 용도에 맞게 개선할 수 있는 이점이 있다.

3) 분 쇄

분쇄공정은 제분공정이라고도 하며, 밀에서 배유와 밀기울을 분리하는 공정을 말한다. 밀을 분쇄할 때는 조쇄(粗碎)할 경우에 이용하는 브레이크 롤러(break roller, 그림 3-14)와 분쇄(粉碎)할 경우에 이용하는 스무드 롤러(smooth roller)를 사용한다. 브레이크 롤러의 압착, 절단, 비틀림 작용에 의하여 밀은 부서지고, 밀의 내부에 들어 있는 배유에서부터 차례로 분쇄되어 밀기울과 배유가 분리된다. 밀을 분쇄할 때 부서지는 모양은 그림 3-15에서 보는 바와 같다.

조쇄공정에 중요한 영향을 주는 것은 브레이크 로울(roll)의 회전수, 로울의 치수와 치형(그림 3-16), 그리고 로울의 조합 등이라고 할 수 있다. 보통 고속 로울의 회전수를 1분에 250～500회, 저속 로울의 회전수를 120～250회 정도로 조절한다. 고속과 저속의 회전수 비율은 2.5 : 1.0이 되도록 한다.

밀이 조쇄공정을 통과하면 배유는 가루가 되지만 대부분은 흰 덩어리 즉, 조립(粗粒, middling 또는 semolina) 상태로 되어 나온다. 조립을 체로 쳐서 분리한 다음 다시 브레이크 롤러에 걸어 배유를 분리한다. 롤러를 통과하는 횟수가 많아지면 밀기울의 혼입량이 많아진다. 5∼6회 반복하면 껍질부분만 남게 되는데, 이것을 큰껍질(大

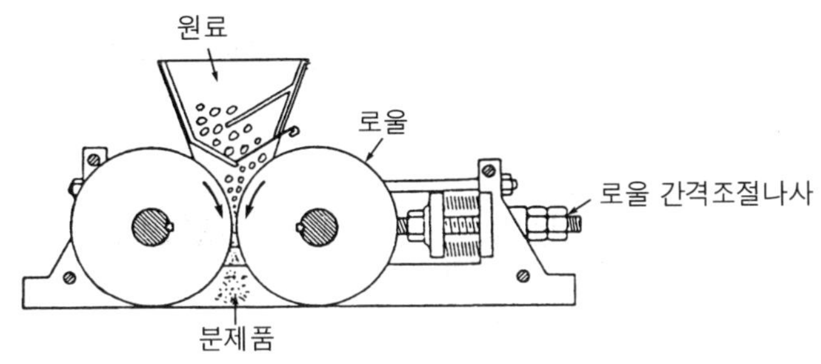

(a) 로울 분쇄기의 기본구조

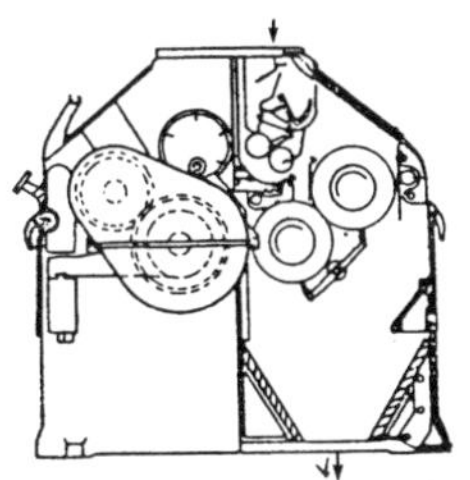

(b) 로울 분쇄기의 구조

(c) 여러 가지 로울의 모양(홈이 파인 로울)

그림 3-14. 로울 분쇄기의 구조

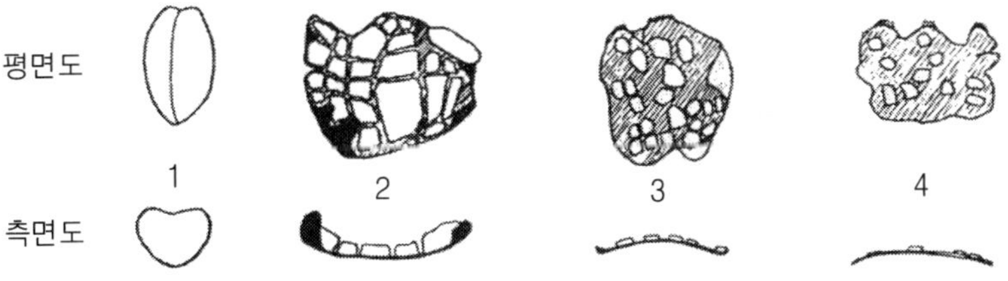

그림 3-15. 브레이크 로울의 모형과 홈(flute)의 각도

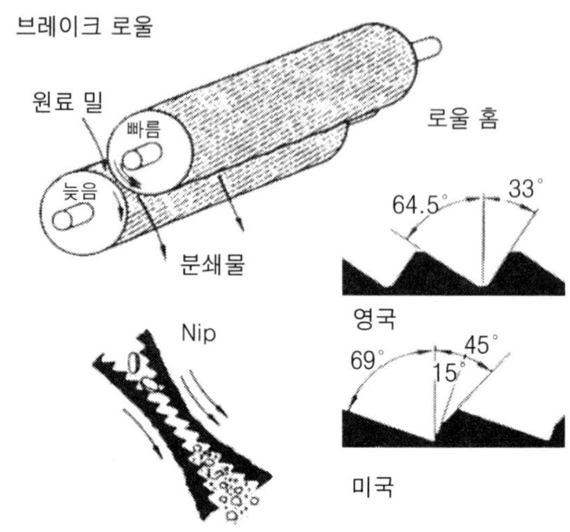

그림 3-16. 브레이크 롤러에 의해 밀이 부서지는 모양

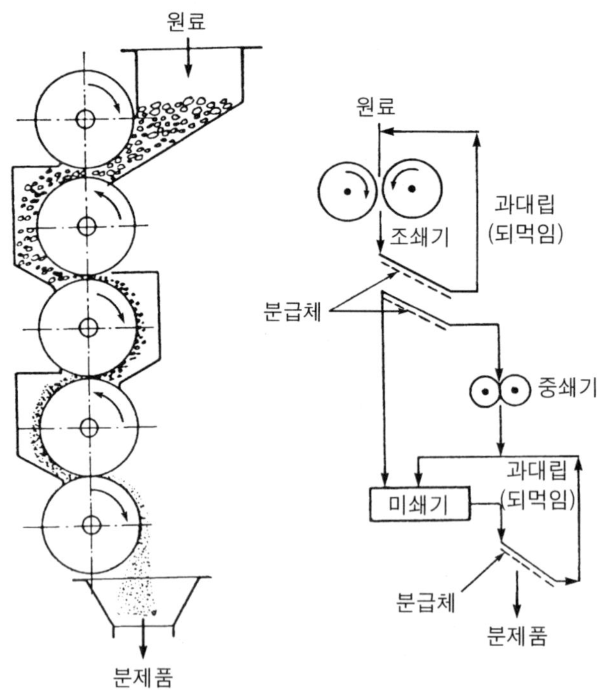

(a) 단계적 분쇄방식　(b) 분제품의 분급 및 폐쇄회로 분쇄방식

그림 3-17. 전형적인 분쇄작업방식

皮)이라고 한다. 분쇄조작은 한번의 분쇄기를 통과하는 것으로는 불충분하고, 큰 입자는 별도로 선별하여 재분쇄하는 폐쇄회로(closed system) 방식이 많이 이용된다. 여러 가지 유형의 분쇄기를 복합적으로 사용하여 분쇄작업을 하는 경우가 많다. 그의 대표적인 예는 그림 3-17에서 보는 바와 같다.

조립에도 어느 정도 껍질이 들어 있어서, 이를 분리하기 위하여 조립정선기(purifier)를 사용한다. 껍질이 없는 순수한 조립을 스무드 롤러에 통과시켜 얻어지는 가루를 미들링분(middling flour)이라고 한다. 그리고 브레이크 롤러로 조립을 얻을 때 나오는 가루를 브레이크분(break flour)이라고 한다. 또한, 각종 조립을 순차적으로 분쇄하여 껍질의 분리를 계속하면 맨 마지막에는 약간의 배유와 껍질이 혼합된 밀기울을 얻게 되는데, 이를 작은 껍질(小皮, short bran)이라고 한다.

4) 체 질

롤러에 의해 분쇄된 가루의 체질(篩別, screening)은 보통 분쇄와 동시에 이루어진다(그림 3-18). 품질이 좋은 가루를 얻으려면 100~120메쉬(mesh) 정도의 체(sifter)를 사용하여 제분율이 60~70%가 되도록 한다. 그러나 품질보다 제분수율을 목적으

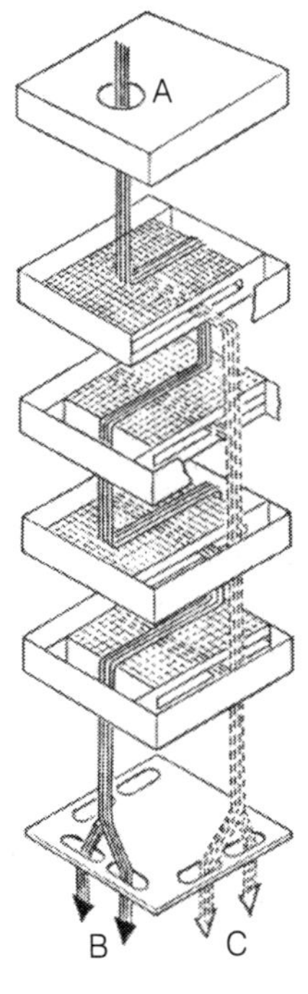

그림 3-18. 체와 밀가루의 흐름

로 할 때는 97메쉬 정도의 체를 사용하여 80%까지 제분율을 높이기도 한다. 일반적으로 제분공장에서의 제분율은 75% 정도로서 원료 밀의 조직비율인 배유 : 배아 : 외피 = 82 : 2 : 16과 일치하지는 않으나 제분능률, 사료로의 이용에 따른 경제성 등을 고려할 때 알맞은 것으로 보인다.

5) 완성공정

각 롤러에서 얻어진 각종 밀가루는 용도에 따라 조합하거나 혼합하여 제품화한다. 각종 밀가루를 전부 혼합하여 한 가지 종류의 밀가루를 만든 것을 스트레이트분(straight flour)이라고 하고, 세몰리나(semolina)를 분쇄하여 얻어진 가루를 페이턴트분(patent flour)이라고 한다. 생산된 밀가루 전체 중에 75~80% 정도가 1급품으로 취급된다. 이밖에 껍질부분과 배아가 약간 많은 채취구에서 얻은 밀가루를 클리어분(clear flour)이라고 하고, 공정의 마지막에 얻어지는 밀기울에 가까운 가루를 말분(末粉, tail flour 또는 red dog)이라고 한다.

6) 밀가루의 숙성

제분 직후의 밀가루보다는 제분 후 1~2개월 정도가 지난 것 즉, 일정기간 숙성시킨 것이 색깔도 희고 제빵적성도 좋아진다. 이와 같은 밀가루의 제빵적성의 향상은 주로 공기의 산화작용에 의해 이루어지는 것으로 보인다. 보통 제분한 밀가루를 숙성시키는 데 1~2개월 소요되는데 비하여 밀가루 개량제를 사용하면 숙성기간을 단축시킬 수 있다. 밀가루의 숙성단계는 공기중의 산소에 의해 초기에는 지방의 산도가 증가하다가 나중에는 지질산화효소(lipoxidase) 작용에 의해 감소된다. 지질 중의 linoleic acid, linolenic acid 비율이 감소하고, -S-S- 결합이 감소하면서 -SH 결합이 증가하게 된다. 이와 같은 작용에 의해 밀가루를 숙성시키면 제빵적성이 향상된다.

제분이 끝난 밀가루에는 xanthophyll 등의 색소가 들어 있어서 약간 누런색을 띠게 된다. 밀가루를 공기중에 노출시키면 산화작용으로 천연색소의 표백이 일어나 하얗게 되지만, 한꺼번에 대량으로 통에 넣었을 때는 산화작용이 매우 늦어지므로 화학적 처리로 표백시켜 품질을 개선한다. 이때에 사용하는 물질을 밀가루 개량제라고 한다. 과산화질소(NO_2), 염소가스, NCl_3, 이산화염소, benzyl peroxide, acetone peroxide 등이 이용된다.

오래 전부터 가장 널리 사용하여 왔던 과산화질소는 미국과 호주를 제외하고는 잘 사용하지 않는다. 염소가스는 과자 제조용으로 사용하는 밀가루 중에 녹말의 물성을 개량하는 효과가 있음으로 밀가루에 1,000~1,200 ppm을 처리한다. 'Agene'으로 알려진 NCl_3는 밀가루 단백질 중에 메치오닌에 작용하여 methionine sulphoximine을

표 3-5. 밀가루의 종류별 성분조성

		수분 (%)	단백질 (%)	탄수화물		회분 (%)	무기질(mg%)			비타민(mg%)		
				당질 (%)	섬유 (%)		Ca	P	Fe	B_1	B_2	niacin
강력분	1급분	14.5	11.7	71.4	0.2	0.4	20	75	1.0	0.10	0.05	0.9
	2급분	14.5	12.4	70.2	0.3	0.5	25	100	1.2	0.17	0.06	1.3
중력분	1급분	14.0	9.0	74.6	0.2	0.4	20	75	0.6	0.12	0.04	0.7
	2급분	14.0	9.7	73.4	0.3	0.5	25	95	1.1	0.20	0.05	1.4
박력분	1급분	14.0	8.0	75.7	0.2	0.4	23	70	0.6	0.13	0.04	0.7
	2급분	14.0	8.8	74.3	0.3	0.5	27	95	1.1	0.14	0.04	1.2

생성하는 것으로 알려져 있으며, 제빵용으로 사용하는 밀가루의 개량제로 이용한다.

이산화염소는 'Dyox'로 알려져 있으며, 제빵용 밀가루의 개량제로 15.7 ppm 정도를 처리한다. 이 외로 benzyl peroxide를 45~50 ppm 처리하면 표백효과는 48시간 이내에 나타난다. 제일 늦게 사용하기 시작한 acetone peroxide는 밀가루에 446 ppm 정도를 처리한다. 이 외에도 밀가루를 숙성(aging)시키거나 개량할 목적으로 화학물질을 사용하기도 한다. 밀가루의 개량제로 이용되는 화학물질로는 $KBrO_3$, 비타민 C, azodicarbonami-de(20~30 ppm), stearoyl lactylate, cysteine(50~100 ppm) 등이 있다. $KBrO_3$는 산화제로서 밀가루에 10~45 ppm을 처리하며, 전성(展性)을 감소시키고 탄성을 증가시켜 주는 역할을 한다.

비타민 C를 200 ppm 정도를 처리하면 밀가루 단백질인 글루텐을 강인하게 하여 빵반죽의 가스를 유지시킴으로써 빵의 부피를 크게 한다. 또한, cysteine을 50~100 ppm 처리하면 빵을 만들 때에 반죽의 점탄성과 가스를 유지시켜 주는 효과가 있다.

이밖에도 비타민과 무기물을 첨가하여 밀가루의 영양을 강화시키거나, 팽창제의 첨가로 점탄성을 높이는 방법을 쓰기도 한다. 이와 같은 완성공정이 끝난 밀가루는 포장하여 제품화한다. 표 3-5는 밀가루의 종류별 성분을 나타낸 것으로 제빵, 제면, 제과 등 용도에 따라 밀가루를 선택하여 이용한다.

3.2 밀가루 제품과 시험방법

1) 글루텐 함량에 따른 구분

글루텐의 화학적 조성, 즉 글루테닌과 글리아딘 비율과 아미노산 조성의 관계는 밀가루의 이용특성에 있어서 매우 중요한 역할을 한다. 밀가루에서 녹말 등을 씻겨낸 후 건조된 글루텐의 양을 건부량(乾麩量)이라고 한다. 글루텐 함량에 따라 밀가루를 구분할 때 건부량이 13% 이상이면 강력분(strong flour)이라 하고, 초자질 밀을 제분하였을 때 얻어진다. 강력분은 경질 밀가루로서 식빵 제조용으로 이용된다.

중력분(medium flour) 밀가루는 건부량이 10～13%로 국내산과 오스트레일리아산 등의 밀을 제분하였을 때 얻어지며, 제빵 또는 제면용으로 이용된다. 연질 밀가루인 박력분(weak flour)은 건부량이 10% 이하로서 제과용이나 튀김용으로 이용된다.

2) 회분함량

밀의 회분함량은 배유부에는 적고 껍질부분에는 많으므로 제분율에 따라 밀가루 제품의 회분함량이 달라진다. 제분율이 높을수록 밀가루의 회분함량은 높아진다. 보통 밀가루의 회분함량은 0.5～0.7%이다. 회분함량이 1% 이상이면 제분율이 85% 이상인 나쁜 가루라고 할 수 있다. 밀가루 제품의 회분함량과 단백질 함량은 표 3-6과 같다.

3) 밀가루의 시험

밀가루의 품질을 평가하는 데는 여러 가지 방법이 있다. 일반적으로 AACC(American Association of Cereal Chemists)의 방법에 따르며, 주요한 시험항목은 다음과 같다.

(1) 색도(色度)

껍질부분의 혼입 정도, 회분함량, 입도(粒度), 불순물의 양, 제분 정도를 판단할 수 있는 방법이다. 보통 샤레(petri plate) 위에 밀가루를 올려놓고 눌린 다음, 육안에 의해 판별하는 Peker법을 사용한다. 그리고 유기용매를 사용하여 밀가루 중의 색소를

표 3-6. 밀가루의 회분과 단백질 함량

밀가루의 종류	회 분	단백질
쇼오트페이턴트(short patent)	0.39%	10.8%
롱페이턴트(long patent)	0.45%	11.1%
스트레이트(straight)	0.48%	11.3%
클리어(clear)	0.60%	12.3%

추출한 다음, 비색계에 의해 흡광도를 측정하기도 한다.

(2) 입도(粒度)

체(sieve) 구멍의 크기가 다른 몇 개의 체를 조합하여 입자크기에 따른 입도 분포를 조사한다.

(3) 팽윤도시험(swelling power test)

밀가루나 밀단백질인 글루텐을 실린더에 넣고 젖산용액을 가하여 팽윤이 되는 정도를 측정한다.

(4) 제빵시험

제빵적성을 알아보기 위하여 원료 밀가루로 빵을 만든 후 흡수율, 빵의 부피, 조직, 모양, 색깔, 촉감 등을 측정한다.

(5) 제면시험

제면 후 낙면율, 생면의 신장률, 면선(麵線)의 건조 수축률과 삶은 후 면의 신장도, 용적 증가, 흡수율, 용출률 등을 측정한다.

(6) 기계적인 방법

앞에서의 시험들에 대한 검사자 사이의 오차를 없애기 위하여 분석기기에 의해 밀가루 반죽의 특성을 시험한다. 반죽의 점탄성을 측정하는 farinograph(그림 3-19), 일정한 경도를 갖는 반죽의 신장도와 인장항력을 측정하는 extensograph(그림 3-20)이다. 그리고 효소의 활성을 측정하는 amylograph 등이 이용된다. Farinograph의 장치에서 밀가루 반죽을 시료로 하여 측정한 farinogram은 그림 3-19에서 보는 바와 같다. 강력분 밀가루는 박력분 밀가루에 비하여 탄성이 크며, 시간이 경과함에 따라 점도 저하가 적고 반죽이 매우 안정됨을 알 수 있다.

또한, 그림 3-20과 같은 extensograph을 사용하여 밀가루 반죽에 대한 신장도와 인장항력을 측정하면, 반죽의 특성을 판별할 수 있어서 가공식품에 사용하는 밀가루 원료의 특성을 알 수 있다. 강력분의 경우 A, B, F가 모두 크며, 반대로 박력분의 경우는 모두 작다. 제빵이나 제면공정에서 extensograph에 의한 밀가루 반죽의 경시적인 변화곡선(그림 3-21)을 측정함으로써 제품의 품질에 미치는 영향을 파악하는 데 도움이 된다.

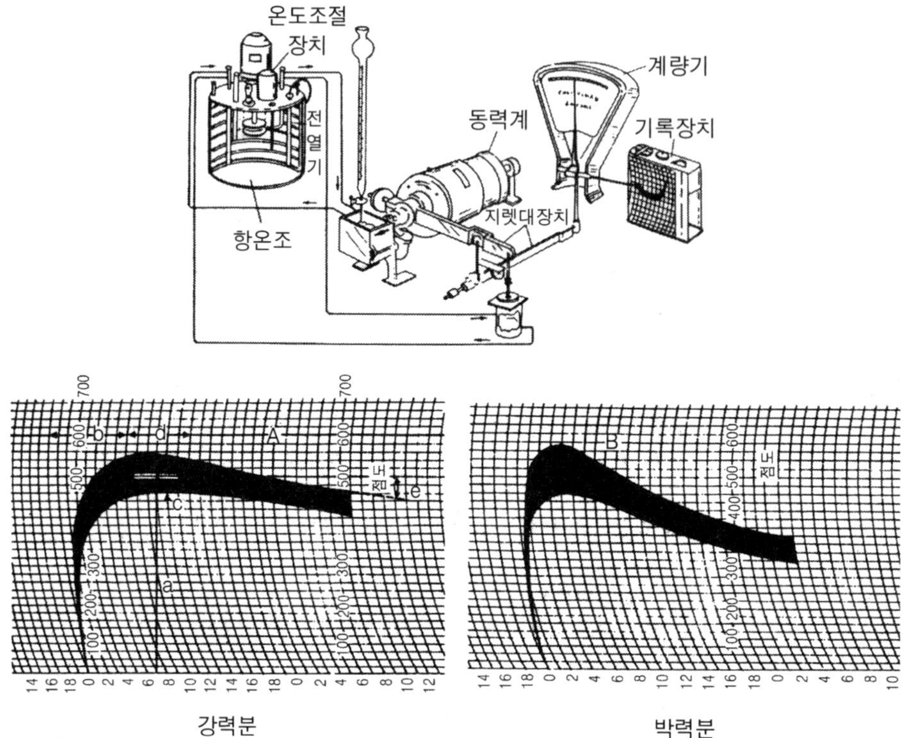

그림 3-19. Farinograph의 장치와 밀가루 반죽의 farinogram

a : 반죽의 경도 b : 반죽의 형성기간 c : 반죽의 탄성
d : 반죽의 안정도 e : 반죽의 약화도

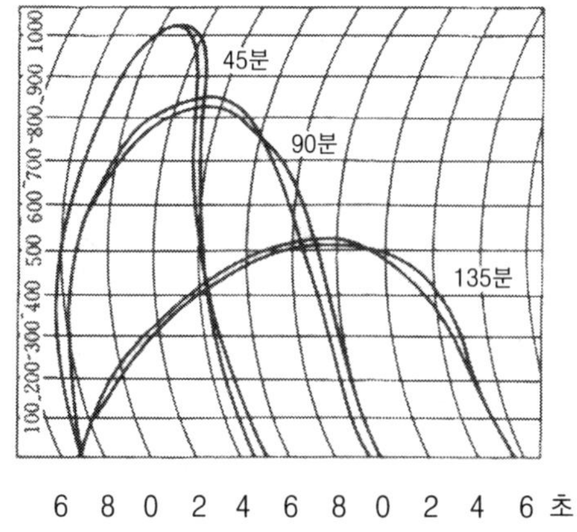

그림 3-20. Extensograph의 장치와 extensogram

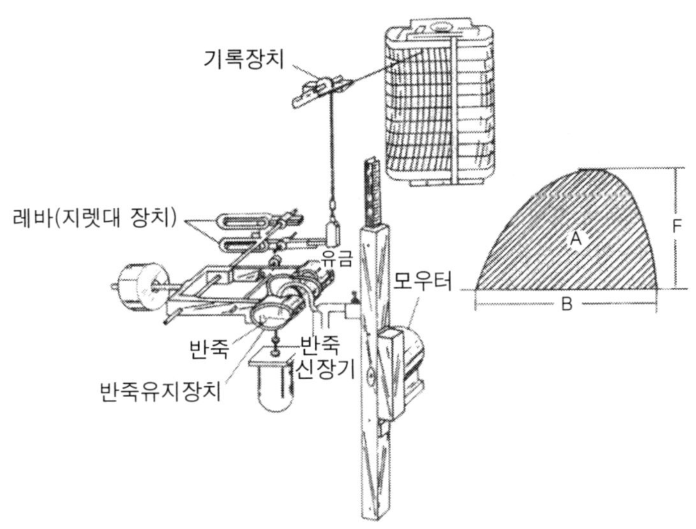

그림 3-21. Extensograph에 의한 밀가루 반죽의 경시적 변화곡선

A : 클수록 반죽이 탄력이 있다
B : 클수록 반죽이 불어나기 쉽다
F : 클수록 반죽이 강인(強靭)하여 당기는 데 힘이 든다

3.3 밀단백질

초자질(경질) 밀은 보통 10~15%의 단백질을 함유하고 있으며, 이 단백질의 12~20%는 가용성 단백질이다. 수용성 단백질인 알부민(albumin)과 묽은 식염용액에 녹는 글로불린(globulin)은 배아에서 유래된 것으로 알려졌다. 보통 밀단백질을 분리할 때 밀가루 반죽(dough)을 만든 후 많은 양의 물로 씻어내면 그림 3-22에서 보는 바와 같이 수용성인 알부민·글로불린은 유출되고, 물에 녹지 않는 글리아딘(gliadin)·글루테닌(glutenin)이 남게 된다. 이 단백질들이 밀가루의 특이한 성질을 나타내는 글루텐(gluten)이다(그림 3-23).

글리아딘은 밀가루에 들어 있는 총단백질의 40~50%를 차지하며, 글루테닌은 40% 정도이다. 이들 2가지 단백질의 존재상태는 그림 3-23서 보는 바와 같이 글루텐을 형성한다. 밀단백질의 구조를 보면, -S-S- 결합이 선상(線上)으로 길어진 글루테닌 분자가 연속 뼈대를 만들어 글루텐의 사슬 내에 -S-S- 결합으로 치밀한 대칭형을 이룬다. 글리아딘은 글루테닌의 뼈대 사이를 메워 점성과 탄성을 나타내며 유동성을 갖는다.

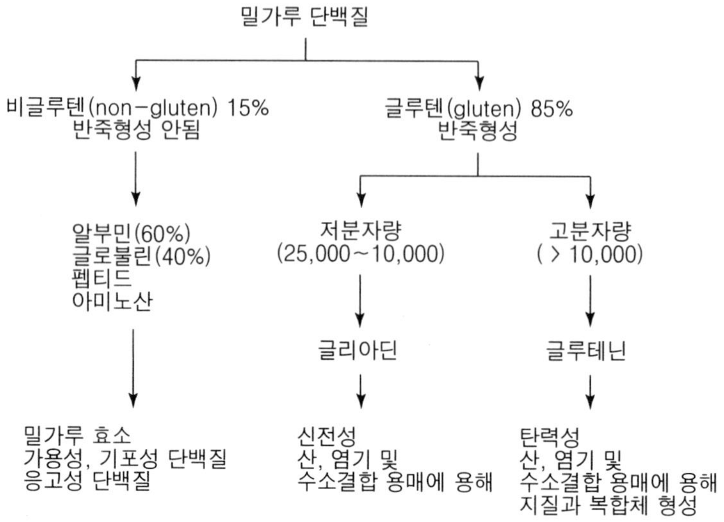

그림 3-22. 밀단백질의 분리

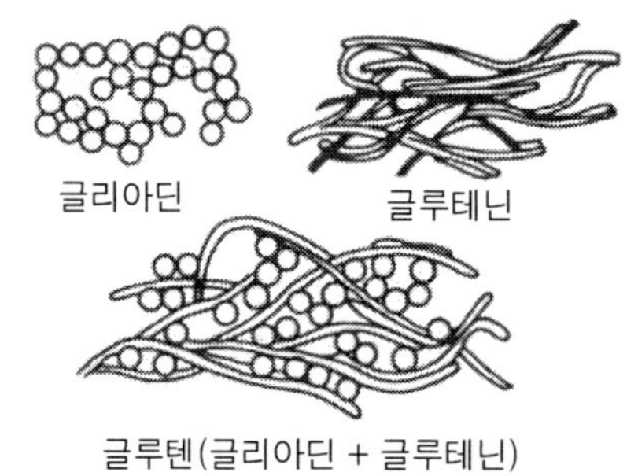

그림 3-23. 점탄성에 미치는 밀단백질 구조의 영향

표 3-7. 글루텐의 일반성분

성 분	함 량
수 분	63~67%
회 분	1~2%
단 백 질	25~28%
탄수화물	1~6%
지 질	0.5~2%

글루텐은 밀단백질의 대부분을 차지하므로 밀단백질에 관한 연구는 거의 글루텐 단백질(gluten protein)에 대해 이루어지고 있다. 글루텐의 물리적 성질은 글루테닌에 대한 글리아딘의 비율로 결정되며, 글리아딘의 양이 많을수록 신전성(伸展性)이 커진다. 밀단백질인 글루텐의 화학성분은 표 3-7과 같다.

밀단백질 분자는 SH기 또는 -S-S- 결합을 주체로 한 망상구조(network structure)로서 산화할 때는 -S-S- 결합을 형성하여 3차 구조를 형성하여 점탄성이 증가하나, 환원할 때에는 2차 구조로 바뀌면서 탄성이 약화된다. 따라서 밀가루 반죽의 점탄성을 높이기 위하여 글루텐 함량이 많은 밀가루를 사용하거나, 밀가루를 숙성함으로써 산화를 촉진시키면 된다. 또한, 산화제를 첨가함으로써 인위적으로 산화를 촉진시켜 사용하기도 한다. 녹말 · 지질 등도 점성에 영향을 주므로 반죽을 만들 때 지나치게 많은 양을 혼합하지 않는 것이 좋다.

3.4 글루텐의 성질

글루텐은 다른 동물성 단백질이나 식물성 단백질에 비하여 물을 흡수하였을 때 독특한 물리적 또는 화학적인 성질을 나타낸다. 글루텐의 독특한 성질을 이용하여 밀단백질이 가공식품에 널리 활용하고 있다. 글루텐이 가지는 대표적인 성질과 식품에의 이용 예는 다음과 같다.

1) 흡수성

보통 글루텐은 자체 중량의 1.5～2.5배의 물을 흡수할 수 있는 능력이 있다. 온도가 높을수록 흡수력은 상승하여 90℃에서는 2.3～3.0배의 보수력(water holding capacity)을 가진다. 이러한 흡수성은 밀가루나 글루텐을 육류 가공품에 사용하였을 경우, 어육(魚肉) 또는 육류 단백질 등이 가열에 의해 수분이 분리되거나 보수력이 떨어지는 것을 방지할 수 있다.

2) 유화성

유화성은 단백질이 가지는 고유한 성질로서, 특히 글루텐은 유화제 역할을 함으로써 식품 중에 돼지기름과 같은 유지를 유화시켜 에멀션(emulsion)을 형성한다. 이와 같은 성질을 이용하여 밀단백질을 소시지나 햄버거 등에 첨가하는 경우 지방분리 현상을 방지할 수 있다.

3) 점탄성

활성 글루텐은 물을 가하였을 때 고무모양의 생(生)글루텐으로 복원하여 강한 점성과 탄성을 나타낸다. 이러한 성질은 다른 단백질과 구분되는 특성이라고 할 수 있으며, 글루텐의 품질을 결정하는 요소가 된다. 밀단백질의 점탄성은 제빵이나 제면 등에서 반죽의 개량효과를 나타낸다. Farinograph에 의한 강력분과 박력분의 점탄성 비교는 그림 3-19와 같다.

4) 신전성

물을 흡수한 활성 글루텐은 고무모양으로 신장되고 얇은 막을 형성한다. 이러한 성질은 빵이 팽창되어 늘어나거나 면을 만들었을 때 부스러지지 않는 내성을 나타낸다. 또한, 식감(食感)을 개량하는 효과를 나타낸다.

5) 겔형성 능력

단백질의 가열 전에 가지는 성질은 결착성(結着性)이라고 한다. 그리고 가열 후에 생기는 성질은 열응고성이라고 하며, 이를 합하여 겔형성 능력이라고 한다. 예를 들어, 어육이나 육류에 글루텐을 첨가하면 육조직 중에 들어가 망상구조(網狀構造, net structure)를 형성하고, 가열에 의해 열응고가 일어나 탄성이 커진다.

6) 고온에서의 겔 안전성

글루텐은 가열에 의해 강한 겔을 형성하며, 100℃ 이상의 고온에서도 겔의 강도가 떨어지지 않는다. 내열성 겔 형성능력은 고온살균을 하는 생선제품이나 육류제품의 탄력 저하를 방지할 수 있다.

7) pH에 의한 점탄성의 변화

글루텐은 pH 5.8～6.2에서 가장 안정한 점탄성을 보인다. 그러나 알칼리, 산, 염에 의해 반죽의 성질을 변화시켜 pH 7～9에서 점탄성이 최대가 된다. 중국우동을 제조할 때에 알칼리성을 갖는 물인 견수(梘水)를 사용하는 것은 글루텐의 pH에 의한 점탄성의 변화를 이용한 것이다.

8) 고단백성

글루텐은 보통 건물량으로 환산하였을 때 70% 이상의 단백질을 함유하고 있어서 고단백질 식품이다.

4. 곡류 가공제품

곡류를 이용한 가공제품에는 여러 가지가 있다. 그러나 가공공장에서의 대표적인 대량 생산품목은 제분공업에서 생산된 밀가루를 원료로 한 가공식품이다. 밀을 제분하여 얻는 1차 가공제품으로서의 밀가루는 여러 가지 용도로 이용된다. 밀가루의 용도별 소비량에서 가정용 및 요식업소용은 점차 감소하고 있으나 제면, 제과, 제빵은 꾸준히 증가하여 전체 소비량의 60% 이상을 차지한다.

제분공업은 시설, 경영, 제품 등에서 그 역사가 50년 정도로 성장기에 있는 산업이라고 할 수 있다. 밀가루의 생산량 증가율은 4%에 불과하였으나, 제빵 및 제면공업의 성장률은 10% 이상으로 식품공업 전체를 비교할 때 빠른 성장세를 보이고 있다. 특히 라면은 북미, 동남아, 아프리카 등에 꾸준한 수출 신장세를 나타내고 있다.

우리나라의 제과 및 제빵공업은 가내수공업적 형태에서 시작되었다. 1960년대 들어서서, 양적인 팽창으로 제과와 제빵으로 그 구분이 뚜렷해졌다. 이를 바탕으로 1970년대에는 종합식품업체로 발전한 도약기이었다. 이때까지 제과 및 제빵공업은 철저한 내수공업이었다. 1980년대 들어서면서부터 수입자유화 여파로 국제화시대를 맞아 일부 품목은 국제적인 경쟁체제를 가지게 되었다.

1980년대 초반까지 하더라도 식빵과 단과자류가 주종을 이루었으며, 케이크의 경우도 버터크림 케이크의 선호도가 높아졌다. 그리고 보리빵, 옥수수빵, 건강빵 등과 더불어 케이크에 있어서도 당도가 낮고 크림 양이 적은 제품을 찾게 되었다. 또한, 1980년대 후반기에는 수입자유화로 유럽식 제품이 국내에 보급되면서 한층 고급화되었다. 특히 다이어트식의 확대로 건강빵류를 비롯하여 바게트 등 프랑스빵과 페이스트리(pastry) 제품의 신장세가 두드러졌다. 이와 더불어 업계의 대부분이 외국 제과업체와 기술합작의 형태로 대형화·고급화되어 가고 있다

대량 생산체제를 갖춘 국내 대기업은 제과부분에는 롯데, 해태, 동양, 크라운 등이며, 제빵부분에는 삼립, 서울, 기린, 샤니 등이었다. 고려당, 독일빵집, 뉴욕제과 등 쇼윈도우 베이커리(show window bakery) 제과업체들이 즉석에서 생산하여 공급함으로써 신선한 제품을 소비자에게 전달한다는 목표로 대량생산 체제를 갖추었다.

제일제당이 뚜레쥬르라는 상호로 냉동 생지빵을 전문으로 하는 새로운 경영방식의 프랜차이즈(franchise) 가맹사업을 전개하면서, IMF 이후에 고려당, 크라운베이커리의 부도로 구조조정 과정을 거쳤다. 패스트푸드점, 할인유통점 내의 인스토어 베이커리, 샌드위치 전문점, 커피 전문점, 편의점, 유사 프랜차이즈의 난립, 대기업의 기존 제과점 영역에 참여 등 다양한 형태로 변화가 일어나고 있다.

4.1 면 류

면류(麵類, noodles)는 밀단백질인 글루텐의 점탄성을 이용한 것으로, 중력분 밀가루에 물, 소금을 넣고 반죽하여 길고 가늘게 성형한 것이다. 면류는 밀가루 반죽을 길게 빼낸 신연면(伸延麵), 넓게 면대를 만들어 가늘게 절단한 선절면(線切麵), 작은 구멍으로 압출하여 만든 압출면(壓出麵)으로 구분한다.

이밖에 국수를 만든 후 기름에 튀긴 인스턴트식품으로서 개발된 라면이 있다. 압출면에는 녹말을 호화시켜 만든 전분면, 당면, 그리고 강력분 밀가루를 사용하여 호화

시키지 않고 만든 마카로니(macaroni), 스파게티(spaghetti), 버미셀(vermicell), 누들(noodle) 등이 있다.

1) 선절면

선절면은 생면(生麵) 또는 건면(乾麵) 형태로 제조한다. 건면은 밀가루 100에 대하여 물 30~35, 식염 1~3을 식염수로 가하여 반죽한 후 압연하여 1.8~3.8 mm로 가늘게 자르고, 수분함량이 14~15%가 되도록 건조시킨 다음 포장하여 제품화한다. 원료를 혼합할 때 소금을 3~4% 정도 첨가한다. 건면을 제조할 때 소금을 사용하는 목적은 다음과 같다.

① 조미효과로서 첨가하는 것보다는 밀가루의 점탄성을 증진시킨다.
② 소금 중에 들어 있는 염화마그네슘의 흡습성을 이용하여 수분의 내부확산을 촉진시켜 건조속도를 조절할 수 있다.
③ 소금의 첨가로 미생물의 번식이나 발효를 억제함으로써 제품의 변질을 방지하는 효과를 얻게 된다.

2) 중화면

중화면을 제조할 때에는 탄산나트륨과 탄산칼륨의 주성분인 견수(梘水)를 밀가루의 2~3% 정도 첨가하는 것이 특징이다. 따라서 보통면의 반죽 pH가 6~7인데 비해, 중화면은 pH 8~9로 알칼리성을 나타낸다. 견수의 사용은 다음과 같은 이점을 갖는다.

① 글루텐의 탄력성과 신전성을 향상시킨다.
② 식감(食感)을 좋게 하고, 독특한 향기가 나게 한다.
③ 색깔을 황색으로 변하게 하여 식욕을 돋우게 하는 작용을 한다.

3) 압출면

압출면은 강력분 밀가루를 사용하는 것이 다른 면류와 다른 점이다. 마카로니가 대표적인 제품으로 구미에서 보편화된 식품이다. 밀가루에 부재료와 물을 가하여 반죽을 한 후 금속판의 다이스(dice)를 통과시키면서 압출하여 회전 절단기(cutter)로 절단하여 제조한다.

4) 즉석면

즉석면의 대표적인 제품은 라면이다. 다양한 제품의 개발로 계속하여 소비량이 증가하였으며, 일상생활에 보편화되었다. 농심, 오뚜기, 삼양식품, 한국야쿠르트, 빙그레 등에서 생산하는 라면은 연간 세계시장의 10% 정도인 40억 봉지에 이른다.

라면을 제조할 때에는 밀가루 이외에 촉감과 인스턴트성을 위하여 달걀, 레시틴 등 여러 가지 첨가물을 사용한다. 제면 후에 고압수증기로 2분 정도 처리함으로써 밀가루 녹말을 호화시킨 후 150~160℃의 기름 속에 2분 정도 통과시켜 튀기게 된다(제8장 참조).

튀김기름으로서 초기에는 돼지기름과 참기름의 혼합물을 사용하였으나, 1989년에 쇠기름 파동을 거치면서 팜유로 대체되었다. 라면을 기름에 튀기는 것은 조미효과보다는 기름의 내부 침투를 적게 하는 것과 탈수를 목적으로 한다. 수분함량이 40~50%이었던 면이 끓는 기름가마를 통과하면 수분이 5% 정도가 되는데, 냉각시킨 후 포장하여 제품화한다.

5) 당면(唐麵)

고구마 녹말은 밀가루와 같은 점성이 없기 때문에 녹말 호화액을 가늘게 뽑아 얼린 다음, 천천히 녹이면서 물을 빼고 바람이 잘 통하는 곳에서 건조시켜 만든 제품이 당면이다.

4.2 제과와 제빵

과자는 쌀가루・밀가루 등의 곡분(穀粉)과 콩, 설탕, 유지 등을 주원료로 하여 달걀, 유제품, 조미료 등의 재료를 넣어 제조한 기호식품이다. 한과・양과자 등이 있으며, 산업적으로 대량 생산되는 것은 양과자로서 수분함량에 따라 나누기도 한다. 과자에는 당질과 지질 함량이 많고, 단백질이나 비타민은 적다. 양과자의 분류는 표 3-8에서 보는 바와 같다. 제과업의 경우 전국에 약 1,600개의 가공업체가 있으나 롯데, 해태, 동양, 크라운, 4대 기업이 70% 이상을 차지한다. 대표적인 제품으로는 비스킷, 초코파이, 캐러멜, 캔디, 초콜릿, 웨하스(wafer), 껌 등이 있다.

빵은 크게 빵과 케이크로 나눈다. 빵은 품질이 좋은 '강력분 밀가루에 효모를 넣어 발효과정을 거치면서 밀단백질의 망상구조를 만들어 씹히는 식감을 갖도록 한 제품'이다. 이에 비하여 케이크는 '박력분 밀가루에 달걀 단백질의 기포성과 함기성(含氣性)을 이용하여 스펀지 조직을 얻어 부드러운 식감을 갖는 제품'이라고 할 수 있다.

빵은 원료, 제조방식, 모양, 굽는 방법 등에 의해 분류하기도 한다. 우리나라 식품공전에는 식빵, 케이크, 빵, 도넛(특수빵)으로 크게 구분한다(표 3-9). 또한, 팽창원에 따라 분류하기도 한다. 효모를 사용한 것을 발효빵, 팽창제를 사용한 것을 무발효빵

표 3-8. 양과자의 분류

분 류	정 의
식빵	밀가루 또는 기타 곡분을 주원료로 하여 여기에 식염, 계란, 효모 등을 가하여 발효시킨 후 그대로 냉동시킨 것이나 구운 곳으로서 대용식을 주목적으로 하는 것
케이크	밀가루, 곡분, 계란, 당류 등을 주원료로 하여 발효시키지 않고 굽거나 증숙한 것
빵	밀가루 또는 기타 곡분을 주원료로 하여 여기에 식품 또는 첨가물을 가하여 발효시키거나 발효하지 않고 냉동한 것, 구운 것 또는 증숙한 것으로서 식빵 및 케이크에 해당하지 않는 것
도넛	밀가루 또는 기타 곡분을 주원료로 하여 여기에 식염, 효모, 팽창제 등을 가하여 발효 또는 팽창시킨 후 유탕처리한 것

표 3-9. 빵의 분류와 정의

Parisserie	케이크(cake)	초코케이크, 슈크림, 카스테라(hard type, soft type)
	파이(pie)	파이, 애플파이
	비스킷(biscuit)	쿠키, 크래커
	덴마크빵	버터와 설탕을 다량 넣어 효모에 의해 발효시킨 반죽(生地)을 잘라 성형한 다음 구운 것
	프랑스 빵케이크	
Confiserie	초콜릿(chocolate)	Bitter chocolate, sweet chocolate, covering chocolate
	캔디(candy)	드롭프스(drops), 버터스카치, 캐러멜, 유가, 껌
	과일과자	Dry fruits, 젤리
Glace	아이스크림, 샤벳	

이라고 한다. 발효빵의 대표적인 것이 식빵이다. 이밖에 롤빵(식탁빵), 롤(roll)빵의 원료에 건포도를 넣어 만든 과자빵(burns) 등이 있다. 가열형태에 따라 오븐에 구운 빵, 기름에 튀긴 빵, 그리고 스팀에 찐 빵으로 구분한다.

무발효빵은 밀가루에 우유, 달걀 등과 팽창제를 넣고 여러 가지 방법으로 제조한다. 대표적인 것으로 러스크(rusk, 비스킷의 일종), 머핀, 도넛, 증기빵, 밤과자(중생류), 조리빵(샌드위치류) 등이 있다. 케이크에는 butter type cake, foam type cake, chiffon cake 등이 있다.

제빵산업은 다음과 같은 여건을 예측할 수 있어, 소비량의 확대와 더불어 발전될 것으로 기대된다.

① 소득증대에 따른 주식 또는 간식용으로서의 빵 소비량의 증대
② 생활방식의 서양화 · 고급화 · 간편화 등에 따른 빵식의 보급
③ 생활 향상에 따른 녹말 음식의 소비 저하와 육류, 유제품, 지방질 등의 섭취 증가에 따른 빵식의 촉진효과
④ 학교 등의 단체급식
⑤ 관련기관과 업계의 홍보와 품질향상

4.3 식빵의 제조

1) 제빵원료

빵을 만들 때에는 원재료로서 밀가루와 이밖에 효모, 물, 소금, 부원료, 당류, 유지, 달걀, 유제품 등이 사용된다. 빵의 종류에 따라서 사용하는 원료도 조금씩 다르다. 좋은 빵을 만들기 위하여 사용되는 재료의 성질을 파악하고, 이를 알맞게 활용하는 것이 중요하다. 여기에서는 대표적인 발효빵인 식빵의 제조를 중심으로 알아보자.

(1) 밀가루

제빵원료로서 가장 중요한 것은 밀가루이다. 밀가루 중에 들어 있는 밀단백질인 글루텐의 품질과 함량이 높을 때 제빵적성이 좋다. 또한, 밀가루를 제조할 때의 제분율과 제분방법도 제빵에 영향을 준다. 충격식 제분기로 제분한 밀가루는 제빵적성이 나쁘다. 그리고 제분 후 30～40일의 숙성기간이 지난 밀가루는 오히려 제빵적성이 나빠진다. 밀가루는 저장 중에 온도, 습도의 영향을 받기 쉬울 뿐만 아니라 주위로부터 냄새를 흡착하기 쉬우므로 보관할 때에 주의해야 한다.

밀가루 단백질은 물과 혼합하면 점탄성과 신전성을 갖는 글루텐을 형성한다. 효모의 발효로 생성되는 탄산가스를 반죽 속에 포용하여 유지하는 역할을 한다. 또한, 밀가루 중의 녹말은 물을 흡수하여 팽창하고, 오븐 속에서는 60～80℃ 사이에 다시 팽창 · 호화하여 빵의 골격을 만든다. 밀가루의 성질은 원료 밀과 밀가루의 종류에 따라서 다르기 때문에 사용목적에 따른 알맞은 밀가루의 선택이 필요하다.

(2) 물

빵을 만들 때에 사용되는 물은 밀가루의 글루텐을 형성하고 녹말을 호화시키는 수화작용(水和作用)을 한다. 설탕과 소금을 용해시키고, 재료를 균일하게 분산시키는 역할을 한다. 물은 단물(軟水)과 센물(硬水)로 구분되며, 사용하는 물의 성질은 제빵

에 영향을 준다.

제빵에 사용하는 물에 각각 알맞은 이스트후드(yeast food)나 반죽의 개량제를 선택할 필요가 있다. 보통 강력분을 사용할 경우는 단물을, 그리고 중력분인 경우는 센물을 사용하지만, 반죽의 최적 pH가 5.2～5.5이므로 알칼리성은 좋지 않다.

센물과 단물의 구분은 물에 용해되어 있는 무기염류의 양에 따라 결정된다. 센물은 칼슘이나 마그네슘 등의 탄산염 또는 황산염이 용해되어 있는 물이다. 센물은 반죽을 건조한 상태로 만들어 글루텐의 탄성을 부여하는 대신에 효모의 활성을 감소시킨다. 따라서 센물을 사용할 경우에는 이스트후드 양을 줄이거나 효모의 사용량을 늘리며, 물의 사용량을 늘리게 된다. 단물을 사용하는 경우는 이와 반대가 된다.

(3) 효모

효모(酵母, yeast)는 *Saccharomyces cerevisiase*를 사용한다. 수분함량이 65～75%인 압착효모의 경우 밀가루에 1～2%를, 수분함량이 7～8%인 활성 건조효모는 0.5～1% 정도를 첨가한다.

효모는 밀가루 반죽을 발효시키며, 발효과정 중에 발생하는 이산화탄소(CO_2)는 반죽을 부풀게 한다. 또한, 효소의 작용으로 알코올, 알데히드, 케톤, 유기산 등의 생성으로 향기와 풍미가 나게 한다. 빵을 구울 때 이들 물질로 빵 내부에 공간을 고정시킴으로써 다공질(多孔質)로 독특한 촉감을 갖게 한다.

밀가루에 2～3% 정도의 포도당, 물엿 또는 설탕 등의 당을 첨가한다. 이는 효모의 영양원으로 이용되며, 일부는 감미원이 된다. 또한, 당의 첨가는 maillard 반응을 촉진시키고, 빵을 구울 때 발생하는 캐러멜색소의 영향으로 빵거죽이 황갈색을 띠게 한다. 반죽의 점탄성을 높이고 흡습성을 가지고 있어서 빵의 노화를 방지하는 역할을 한다.

(4) 소금

소금은 빵의 맛을 향상시키는 역할을 한다. 보통 밀가루의 1.5～2% 정도 첨가한다. 소금의 첨가로 글루텐의 탄력성을 향상시킬 뿐만 아니라, 글루텐에 의한 물의 흡수를 증가시키므로 빵의 노화를 방지한다. 젖산균이나 해로운 미생물의 발육을 억제하고, 효모의 발효를 조절하는 역할을 한다. 소금의 첨가가 많아지면 반죽의 끈기가 너무 강해져 신전성이 나빠지고 발효가 잘 일어나지 않는다.

(5) 부원료

빵이 연해지고, 향기와 저장성이 좋고, 부피를 크게 하며, 반죽의 취급이나 성형을 쉽게 하기 위하여 쇼트닝・버터・마가린・팜유・땅콩기름 등의 유지를 밀가루의 2~3% 정도 첨가한다. 유지의 사용은 수분증발을 억제하므로 빵의 노화를 방지하는 역할도 한다.

효모의 영양과 번식을 위하여 무기염류를 함유한 이스트후드(yeast food)를 첨가하기도 한다. 빵의 색깔의 향상이나 발효를 촉진시키기 위하여 아밀라아제(amylase), 프로테아제(protease) 등의 효소제 또는 글루타티온 등의 환원제를 배합한 유기 이스트후드를 첨가한다. 또한, 빵의 종류에 따라서 우유, 달걀, 잡곡 등을 첨가하는 경우도 있다.

이밖에 빵을 만들 때에 첨가하는 첨가제의 종류와 역할을 살펴보면 다음과 같다.

① 유화제

식용 유화제로는 글리세린 지방산 에스테르, 소르비탄 지방산 에스테르, 설탕 지방산 에스테르(sucrose fatty acid ester) 등으로 밀가루의 1% 정도 첨가한다. 유지와 같이 유연성을 주며, 조직 내의 기포를 분산시켜 주고 빵의 노화를 방지한다. 유화제는 기포를 안정하게 한다. 빵을 저온에서 저장할 경우 수분분리를 방지하고, 설탕이 재결정되는 것을 막아 준다. 이밖에도 빵을 반죽할 때에 작업의 능률을 높여 주고, 갈변방지의 효과도 있다.

② 대두단백질

콩냄새 제거기술의 개발로 대두단백질의 이용범위가 넓어지고 있으며, 빵의 보형성(保型性), 노화방지, 유지의 흡유량(吸油量) 조절 등에 효과가 있다.

③ 칼슘강화제

칼슘강화제는 빵에 칼슘을 보강하거나 알칼리빵을 제조할 때에 이용된다. Calcium stearyl lactylate(CSL), 또는 sodium steary lactylate(SSL) 등이 사용된다. 이들 물질은 계면활성을 가지며, 기포형성과 빵의 형태를 안정화하는 성질이 있다. 빵의 유화보조성과 노화방지 효과가 있고, 발효효과를 증진시킨다. 빵반죽을 알칼리성으로 조정함으로써 미생물의 생육을 억제하는 효과를 얻게 되어 빵을 만들 때에 개량제로 이용된다.

④ 가공전분(modified starch)

보수성이 있고, 증점제(增粘劑), 성형, 개질제(改質劑)의 역할을 한다. 특히 호화전분은 물의 흡착을 돕고, 공기를 반죽 내에 유지시켜 줌으로써 케이크를 만들 때 신선도를 유지할 수 있는 장점이 있다.

⑤ 기타

제품에 유연성을 주기 위하여 팽창제를 첨가하거나, 제품의 변패를 방지하기 위하여 보존제로서 프로피온산 칼슘이나 프로피온산 나트륨을 사용한다.

2) 빵의 제조법

빵을 만드는 방법에는 여러 가지가 있다. 원료의 배합방식에 따라 직접반죽법(straight dough method)과 스펀지법(sponge dough method)의 두 가지로 크게 나눌 수 있다.

직접반죽법은 사용하고자 하는 원료를 모두 한꺼번에 넣어서 발효시키는 방법이다. 짧은 시간 내에 발효가 끝나므로 시간과 노동력을 절약할 수 있으며, 제품의 향기가 좋고 감량이 적은 장점이 있다.

스펀지법은 밀가루의 일부를 발효시킨 후 나머지 원료를 혼합하여 본 반죽을 하는 방법이다. 시간과 노동력이 많이 들고 감량이 큰 대신에 효모를 절약할 수 있고, 가볍고 조직감이 좋은 빵을 얻을 수 있는 장점이 있다. 또한, 스펀지법은 미국, 한국, 일본에서 가장 많이 사용하고 있는 방법으로 대량 생산에 편리한 방법이다. 스펀지법에 의해 반죽을 만들면 빵의 내부 촉감이 매우 좋으며, 제조 후 오랜 시간이 경과하더라도 빵의 노화가 늦게 온다. 직접반죽법에 비하여 신맛이 있고 향기가 강한 빵이 된다.

좋은 빵을 만들기 위하여 좋은 원료의 선정에서부터 사용량의 계량, 기계설비, 온도와 습도, 시간관리, 숙련된 인력의 확보, 철저한 위생관리 등이 필요하다. 실제 제조공정에 있어서는 각 단계별로 세심한 주의가 필요하다. 소규모 생산의 경우 직접반죽법이 주로 이용된다. 직접반죽법에 의해 식빵을 만드는 경우에 대표적인 예를 들어 설명하면 다음과 같다.

원료의 배합률은 밀가루 100, 설탕 3～7, 유지 2～4, 소금 1.2～2.0, 효모 2, 이스트후드 0.1～0.4로 한다. 이 외의 첨가제는 필요에 따라 알맞은 양을 사용한다. 빵을 만들 때에는 우선 원료가 되는 밀가루를 체질하여 불순물을 제거하고 산소를 충분히 함유하도록 한다. 다음에는 원료를 배합하고 충분히 혼합한 후 반죽(kneading)을 하여 발효시킨다.

80～90%의 습도를 유지하여 27℃에서 발효시키면 1～1.5시간 후에 부피가 2.5배 정도 증가하게 된다. 이때에 주먹으로 여러 번 눌러서 가스를 뺀다(punching). 빵반죽 내부에 축적된 이산화탄소를 내보내고 남아 있는 이산화탄소를 골고루 퍼지게 한

다. 가스빼기는 신선한 공기를 공급하여 효모의 생육을 촉진시킬 뿐만 아니라 반죽의 안팎 온도를 고르게 한다. 그리고 효모의 영양분을 고르게 공급해 주는 효과를 나타낸다.

발효가 끝난 반죽은 알맞은 모양으로 성형하고 재우기(proofing)를 한 다음 200~240℃에서 20분 정도 굽는다. 처음에는 계속하여 부풀어오르다가 빵거죽이 황갈색으로 변하면서 중심부까지 익게 된다. 구운 빵은 실온에서 2시간 정도 지나면 내부온도가 30℃ 정도로 내려가며, 냉각한 다음 포장한다.

3) 빵의 품질과 저장 중의 변화

제품의 품질은 부피, 겉껍질의 색깔, 모양 등 겉보기와 더불어 겉껍질의 성질, 내부의 색깔, 조직, 촉감, 향기, 맛 등을 종합적으로 평가하게 된다. 겉껍질의 색깔은 황갈색으로 윤이 나야 하며, 내부의 색깔은 우유 빛깔을 띠는 것이 좋다. 조직은 기포가 치밀하고 균일하며, 기포 사이의 막이 얇고 탄력이 있어야 한다. 또한, 효모나 곰팡이 냄새가 나지 않고 독특한 향기가 있어야 한다.

빵의 저장성은 노화에 의한 저장성의 감소, 미생물에 의한 부패의 두 가지 측면에서 생각할 수 있다. 빵이 저장 중에 단단해지며 부스러지기 쉬운 상태로 변하여 맛과 향기가 감소하는 현상을 빵의 노화(staling)라고 한다. 빵의 상업적 수명은 기본적으로 노화 정도에 의해 결정된다.

빵은 저장 중에 녹말의 노화가 일어나 품질이 떨어지므로 빵의 노화를 방지하기 위하여 글루텐 함량이 많은 밀가루를 사용하는 것이 좋다. 당분과 유지를 많이 사용하면 빵의 상업적 수명(shelf life)을 연장할 수 있다. 이밖에도 모노글리세리드(monoglyceride)나 지방산 에스테르를 첨가함으로써 빵의 노화를 어느 정도 방지할 수 있다. 저장 중에 빵의 내부에 끈적끈적한 실과 같은 것이 생기거나, 담북장 냄새가 나는 것은 미생물의 번식에 의한 것이다. 이는 빵을 만들 때 불결한 기구를 사용하였거나 빵이 덜 구워졌을 때, 또는 빵을 구운 후 냉각이 불충분하였을 때 오염된 미생물 증식에 의하여 생기기 쉽다.

5. 녹말 제조공업

녹말(澱粉, starch)은 물엿, 당면, 면류, 육류 가공품 등의 식품원료로서 직접 이용하는 분야뿐만 아니라, 포도당 또는 이성화당을 제조하기 위한 당화용, 가공전분(화공전분 또는 변성전분) 제조의 원료로서, 또는 직물용 호료(糊料)로서 섬유공업에 이용된다. 이 외에도 제지공업, 제약공업 등에 있어서의 공업용 원료로 이용되는 등 필수자재로 매우 많은 분야에 이용된다.

녹말제조의 원료로는 옥수수, 고구마, 감자, 밀가루, 타피오카, 칡뿌리(葛根) 등이 사용된다. 우리나라에서 생산되고 있는 녹말원료는 주로 옥수수이며, 이 외로 고구마, 감자로부터 일부 생산된다. 밀가루는 녹말제조가 허용되지 않고, 칡뿌리는 원료수집에 문제가 있어서 이용되지 않는다. 감자전분의 주 수입국은 네덜란드·독일·덴마크 등 EU국가이며, 고구마전분은 전량 중국에서 수입된다.

녹말제조용 원료 고구마는 단위 면적당 생산량이 많고 국내에서 생산된다. 그러나 녹말제조 원료로 많이 이용되지 않는 이유는 녹말 생산수율이 20% 이하이고, 수분함량이 많아 저장성이 떨어지기 때문이다. 이에 따라 고구마 생산시기에 단기간 조업으로 회사경영이 어려워, 1969년 이후에 계속적인 생산량 감소를 보였다. 더욱이 녹말의 수입자유화로 감자의 경우도 심한 감소를 보여, 제주도와 강원도의 몇몇 공장을 제외하고는 감자녹말은 생산하지 않고 있다.

농업분야에 있어서 새로운 소득작물의 재배가 확대되면서 감자류(薯類)의 재배면적이 점차 감소하였다. 이에 따라 국내에서 생산되는 값싼 녹말제조 원료의 확보가 어려워지고 있다. 이에 비하여 옥수수는 녹말수율이 60% 이상이고, 저장성이 높아 녹말제조에 있어서 연중가동이 가능하다. 또한, 부산물의 활용을 통해 생산원가를 절감할 수 있는 이점이 있다. 따라서 녹말 제조공업의 원료에서 해외 의존도가 점차 높아지고 있다.

국내에서 산업적으로 활용되고 있는 녹말 제조공업의 주원료인 옥수수·고구마로부터의 녹말 제조공업을 살펴보고, 이 외로 타피오카 등의 녹말자원에 대하여 알아보자.

5.1 옥수수녹말의 제조

1) 원료 옥수수

옥수수의 주요 생산국가로는 미국, 중국, EU 등이며 약 7억 톤이 생산되고 있다. 옥수수 품종에는 재래종 옥수수인 pod(waxy) corn, 사료용으로 재배되는 dent corn, 식용으로 이용되는 sweet corn, 튀김용으로 이용되는 pop corn, 외로 flint corn, soft corn 등이 있다.

녹말 제조공업의 원료로 쓰이는 옥수수는 그림 3-24에서 보는 바와 같은 다수확 품종인 마치종(dent corn)이 주로 이용된다. 각질상의 배유부(hormyendosperm, 각질 녹말부위) 층은 양옆에서 중앙으로 돌출되어 있다. 이 부분은 대부분 녹말로 이루

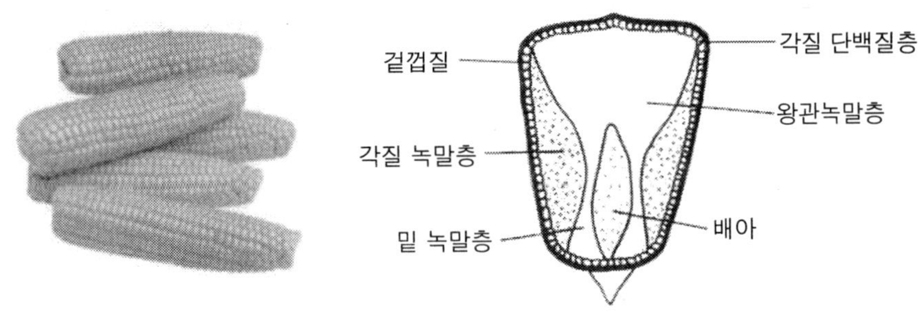

그림 3-24. 옥수수 종자

어져 있고, 글루텐도 섞여 있다. 알갱이의 위쪽 부분, 배아와 각질모양의 내배유(starch endosperm)는 왕관녹말 부위라고 부르며, 흰색의 녹발로 되어 있다. 이 두 가지 부분이 옥수수 알갱이의 75%를 차지한다. 왕관녹말 부위는 대부분 녹말로 되어 있으며, 10% 이하의 단백질과 미량의 지방과 무기물이 들어 있다.

배아(germ) 부분은 알갱이 중앙부에 자리를 잡고 있고, 단백질과 35% 정도의 지방이 들어 있다. 식품가공용 또는 축산 사료용으로 옥수수의 수요가 계속 증가하고 있다. 국내 생산량만으로는 충당할 수 없어서 가공용 및 사료용 옥수수는 전량 수입에 의존하고 있다.

원료 옥수수는 가능한 부서진 입자나 먼지가 적어야 하고, 균열이 없고 배아가 갈변 또는 흑변이 일어나지 않은 건전한 것이 좋다. 그리고 새로운 수확연도의 옥수수가 좋다. 우리나라에서는 주로 중국과 미국에서 연간 9백만 톤 정도를 수입하고 있다. 미국산 dent 옥수수의 경우 수분함량은 13～14%, 녹말함량이 61.9%로서, 천립중(千粒重)의 280 g보다 큰 것을 녹말제조의 원료로 이용한다.

2) 습식 제조방법

옥수수로부터 녹말을 제조하는 방법에는 건식방법(dry milling)과 습식방법(wet milling)이 있다. 아황산 침지에 의한 습식방법이 널리 이용되고 있어서, 여기에서는 습식방법만은 설명하기로 한다.

습식방법은 아황산 침지의 도입으로 1880년대에 이르러 녹말 회수 후의 전분박(澱粉粕), 주로 글루텐과 겉껍질(bran)의 사료가치가 인정되면서 부터이다. 이후에 부유법에 의한 배아의 분리방법이 개발되었다. 건조배아로부터 착유기술과 옥수수의 가용성 성분을 농축하여 사료에 첨가하여 이용하는 방법 등이 개발되었다. 이에 따라 그 때까지 버려졌던 녹말 외의 성분들이 유효하게 활용되기 시작하였다.

1930년대에 이르러 SO_2^-젖산의 침지방법이 이루어지기 시작하였다. 아황산 침지만을 실시하였을 경우에는 아황산가스가 옥수수에 흡수되면서 농도가 희석되고 pH의 상승이 일어난다. 계속하여 아황산가스를 공급하더라도 pH 조절이 어렵고 안정된 침지조건을 얻기가 어려웠다. 그러나 유산발효의 효과는 아황산 침지와 병행함으로써 안정된 침지조건을 얻을 수 있게 되었으며, 부산물로서 얻어지는 옥수수 침지농축액(corn steep liquor, CSL)은 미생물배지로 이용되었다.

또한, 마쇄공정과 분리공정의 폐쇄계(close system) 도입으로 발전을 보았다. 즉, 이는 마쇄공정에서 사용한 물을 배출하지 않고 다시 이용하는 방법이다. 이전까지는 침지수를 전부 농축하여 사료에 첨가하는 방법을 사용하였다. 그러나 이 방법에서 용출되는 가용성 성분의 이용은 사용하는 용수량이 많아 손실이 많았다. 그리고 폐수처리 등이 문제가 되었으나, 이를 개량하여 일단 사용한 물을 침지수로 다시 이용하는 공정의 개발이라고 할 수 있다.

습식 제조방법은 옥수수에서 1차로 녹말과 식용유, 글루텐 밀(gluten meal), 글루텐 피드(gluten feed), 옥수수 침지농축액 등을 생산한다. 2차로는 공정 중에 녹말 현탁액을 원료로 하여 화학적·물리적 처리를 통하여 산화전분, 호화전분과 이 외의 가공전분을 제조한다. 또한, 산이나 효소처리에 의한 전분당의 제조, 이성화당의 제조 등 원료 옥수수를 다양한 용도로 이용하는 방향으로 기술범위가 크게 확대되고 있다.

옥수수녹말 제조에 있어서 아황산 침지의 목적은 옥수수를 연화(軟化)시켜 마쇄공정을 쉽게 하며, 단백질과 이외의 가용성 성분을 추출함으로써 녹말분리를 쉽게 하는데 있다.

옥수수에 0.1~0.2%의 SO_2를 첨가하여 50℃에서 40~50시간 정도 옥수수를 침지한다. 침지액 양은 침지방법이나 침지탱크의 용량 등에 따라 다르나, 침지 종료 후에 약 45%의 수분함량을 유지하도록 한다. 가용성 성분은 6~6.5% 정도가 되도록 한다. 이때 1 kg의 옥수수 중에 흡착된 아황산량은 0.2~0.4 g 정도가 된다. SO_2는 잡균이나 미생물의 오염을 방지할 뿐만 아니라 환원제로서 수용액 중에 해리되어 sulfide 이온을 생성함으로써 단백질의 S-S 결합과 반응하여 단백질분자를 절단하여 thio-sulfide를 생성시켜 가용화 시킨다.

$$H_2SO_3 \longrightarrow H^+ + HSO_3^-$$
$$RS\text{-}SR + HSO_3^- \longrightarrow RS \cdot SO_3 + RSH$$

옥수수는 아황산 침지 개시 후 10시간 정도가 지나면서 팽윤되어 수분함량이 40%를 넘게 된다. 배아부의 단백질은 가용화되면서 단백질, 펩티드, 가용성 당질, 비타민,

무기성분 등이 침지액 중에 용출된다. 온도조건을 알맞게 조절하면 옥수수에 부착했던 *Lactobacillus* 속의 유산균의 발육이 일어난다. 유산(lactic acid)의 생성은 침지액의 pH를 떨어뜨리고, 배아부분에 들어 있던 단백질의 가용화를 촉진시킨다. 침지조건은 원료 옥수수의 품종과 건조상태, 분리기계의 종류 등에 따라 결정된다.

침지가 끝난 침지액은 옥수수 종자 중에 들어 있는 가용성 물질이 전부 용출될 정도로 처리한다. 용출된 당액은 미생물에 의해 발효가 일어나 다량의 유산을 함유하게 된다. 침출액은 진공증발관으로 옮겨 단백질의 변성이 일어나지 않는 온도조건에서 농축하여 옥수수 침지 농축액으로서 제품화한다.

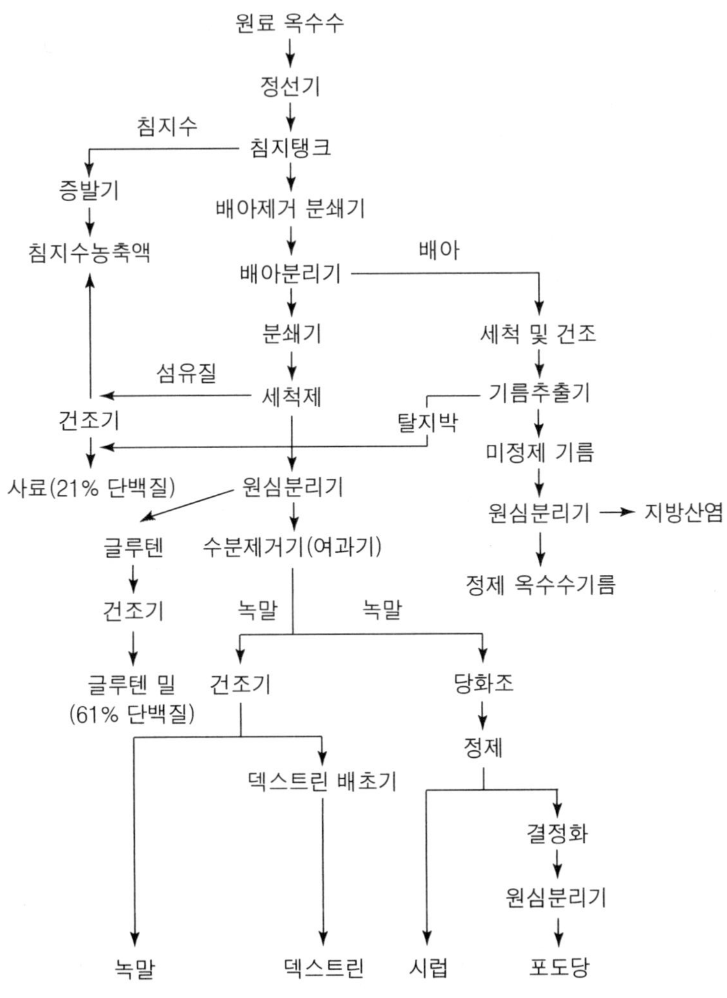

그림 3-25. 옥수수 녹말제조와 부산물 이용의 제조공정도

분쇄된 종자는 배아 분리조(tank)로 보내 배아를 부유시켜 분리한 다음, 부착된 녹말을 물로 씻어 제거한다. 또한, 배유만을 모아 채유원료로서 유지공장에 보내 샐러드기름(salad oil)으로 이용되는 옥수수기름(corn oil)을 제조하여 제품화한다. 배아분리가 끝난 옥수수 종자는 마쇄기로 보내져, 다음의 녹말제조 공정을 거치게 된다.

3) 녹말 제조공정

배아를 제거한 옥수수 종자는 마쇄기로 분쇄된다. 많은 양의 물을 함유한 분쇄된 현탁액은 여러 가지 체의 조합으로 이루어진 사별기로 보내져 녹말을 분리하게 된다. 50～75 ㎛ 크기의 체를 사용하여 처리하면 녹말과 단백질은 체를 통과하고 섬유질은 체의 표면에 남는다.

체를 통과한 단백질과 녹말은 비중의 차이에 의해 분리된다. 위쪽 부분에 녹아 있는 단백질은 월류수(越流水, overflow)로 흘려보내면 녹말분리 탱크 내에는 보오메비중계로 18o정도로서 소량의 단백질을 함유하는 녹말 현탁액인 전분유(澱粉乳)를 얻을 수 있다. 이 전분유를 다단식 사이클론(cyclone)으로 보내 단백질은 제거하고, 여러 차례 물로 씻은 다음 탈수 건조하여 녹말을 제조한다. 대표적인 옥수수로부터의 녹말과 부산물의 제조공정도는 그림 3-25에서 보는 바와 같다.

4) 부산물의 특성

(1) 옥수수 침지농축액

1～2%의 inositol과 수용성 비타민, 핵산 분해물질을 함유하는 옥수수 침지 농축액(corn steep liquor, CSL)에는 무기성분으로 P, K, Mg이 많다. 아미노산으로는 글루탐산(glutamic acid), leucine, proline, alanine이 많다. 함유황 아미노산보다는 염기성 아미노산이 많이 들어 있는 것이 특징이다.

옥수수 침지농축액은 각종 항생물질, 효소생산 등의 미생물공업용, 시험용 배지로서 널리 이용된다. 글루텐 피드에 첨가하여 건조시킨 다음 사료로서도 사용된다. 화학적 조성과 아미노산 조성은 표 3-10과 표 3-11에서 보는 바와 같다.

표 3-10. 옥수수 침지농축액의 화학조성(%)

수분	pH	총질소	아미노태 질소	회분	환원당	산도(유산으로)
45～55	2.7～4.1	2.7～4.5	0.15～0.43	9～10	0.1～11	5～11

표 3-11. 옥수수 침지농축액의 아미노산 조성(%)

아미노산	함 량	아미노산	함 량
Alanine	5.5	Lycine	3.8
Arginine	8.0~18.0	Methionine	1.0~3.0
Asparagine	1.5~2.2	Cystine	0.7~1.2
Phenylalanine	2.0~3.0	Serine	1.8
Glutamic acid	8.0~10.0	Threonine	2.0~3.0
Histidine	5.0~6.0	Tyrosine	0.7~1.4
Isoleucine	3.3	Valine	3.7
Leucine	5.0~6.0		

(2) 옥수수기름

옥수수 배아에 들어 있는 기름을 추출하여 정제한 것이 옥수수기름(corn oil)이다. 지방산 조성은 요오드가에 의해 변동이 있으나, 리노렌산(linoleic acid)이 많아 요오드가가 120 이상인 것에는 약 56%가 들어 있다. 올레산(oleic acid)이 다음으로 많으며, 두 지방산이 전체 지방산 조성 중에 약 86%를 차지한다. 옥수수기름은 가벼운 풍미를 가지고 있어 드레싱, 마요네즈, 튀김기름 등에 많이 이용된다.

(3) 글루텐 밀

글루텐 밀(gluten meal)은 간장 등 양조 조미료의 원료로 이용되기도 한다. 그리고 단백질 함량이 높고 소화가 잘 되어 양계용 사료로도 이용된다. 조단백질 함량이 54% 이상이고, 메티오닌이 비교적 많이 들어 있다. 배합사료 중 제한아미노산의 공급원으로서의 특징을 가지고 있다.

(4) 글루텐 피드

글루텐 피드(gluten feed)는 옥수수녹말 제조 중에 얻어지는 부산물로서 주로 섬유질 성분이다. 옥수수기름을 제조할 때 생기는 부산물(粕)과 이 외에 제조공정 중에서 얻어지는 부산물에 탄산칼슘 등 무기물을 첨가하여 건조한 것이다. 주로 소의 사료로 이용되고 있으나, 양계의 배합사료로도 이용된다.

5.2 고구마와 고구마녹말의 특성

1) 고구마의 특성

고구마(sweet potato)는 제주도, 전남, 경남 등 우리나라의 남부지방에서 널리 재배된다. 세계 생산량은 1억 4천만 톤에 이르고 있으나, 국내에서는 생산량이 감소하여 30만 톤 정도가 생산된다. 녹말생산 작물 중에서는 단위면적당 수확량이 가장 많다. 재배관리가 간단하며, 노동력이 적게 들뿐만 아니라 농약이나 비료 등이 적게 들어 생산비가 낮다. 태풍이나 한발 등 기상조건의 변화에도 강한 특성을 가지고 있어서 오래 전부터 식용이나 녹말제조, 또는 주정원료 등 공업용 원료로서 이용되어 왔다. 그러나 저장성이 약해 고구마의 생산시기에 짧은 기간 동안의 조업에 그침으로써 녹말 제조공장의 채산성을 어렵게 한다. 중국으로부터 고구마녹말 수입과 옥수수의 수입 등으로 녹말제조 원료로서의 소비량의 계속 줄어들어 점차 재배면적이 감소하였다.

녹말제조 원료로서 고구마는 다음과 같은 몇 가지 성질을 들 수 있다. 무름병(軟腐病), 검은무늬병(黑斑病) 등 미생물에 의한 부패가 쉽고 저온에서 냉해를 받기 쉽다. 또한, 저장 중에 고구마에 들어 있는 자체 효소에 의한 녹말의 당화가 쉽게 일어나 녹말수율을 떨어뜨린다. 수확 후에 고구마를 쌓아 놓았을 경우 내부에서는 호흡열에 의한 온도상승이 일어나 미생물에 의한 부패가 일어날 뿐만 아니라 효소작용에 의하여 녹말의 당화가 일어난다. 초기 녹말 함량에 비하여 6일 후에는 최초 녹말 양의 2.5%, 14일 후에는 5.0% 감소한다.

고구마에 들어 있는 수용성 당분, 수용성 단백질과 폴리페놀성 물질 등은 녹말을 제조할 때에 녹말의 순도를 떨어뜨려 품질에 영향을 준다. 이밖에 고구마녹말의 입자 크기가 고르지 않아, 전분당을 제조하는 가수분해공업 외에 직접 이용하는 경우에는 점도 등 고분자적 성질의 변화가 심한 편이다.

2) 폴리페놀 성분

재래식 녹말 제조공정에서 고구마 원료를 마쇄한 후 전분유(澱粉乳)에서 녹말을 침전시켜 분리할 경우, 수용성 당분이 유기산 발효를 일으켜 pH가 낮아지고, 4～5시간 후에는 고구마 단백질의 등전점인 pH 4 정도까지 내려갈 경우가 생긴다. 수용성 단백질은 침전과 동시에 일부 변성이 일어나 녹말 침전탱크의 표면뿐만 아니라 내부까지 짙은 녹갈색을 띠어 녹말의 품질을 떨어뜨린다.

고구마 녹말의 품질에서 중요한 것은 전분백도(澱粉白度)이다. 녹말의 백도를 떨어뜨리는 것은 고구마 중에 들어 있는 3-caffeoyl-quinic acid(chlorogenic acid, 그림 3-26)를 주로 하는 폴리페놀(polyphenol) 성분이다. 폴리페놀 성분은 산화효소 작용에 의해 산화와 중합을 일으키고, 단백질 등의 질소화합물과 반응하여 멜라닌색소를 형성하여 착색함으로써 녹말을 오염시킨다. 따라서 다음과 같은 오염에 의한 녹말의

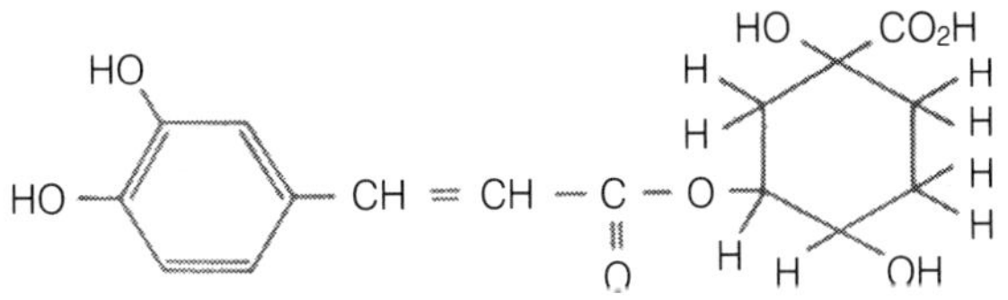

그림 3-26. chlorogenic acid

착색을 방지하여 품질을 높이는 방법이 이용된다.

석회수 처리방법은 맑은 포화석회수를 마쇄공정과 사별공정(篩別工程)에 주입하는 방법으로, pH 8.0 이상에서는 폴리페놀이 분해되므로 전분백도를 높일 수 있다. 석회법은 보통방법에 비해 사별효과가 크게 향상된다. 이는 고구미펄프 중에 들어 있는 펙틴이 석회(Ca)와 결합하여 Ca-pectate가 되어 펙틴의 점성을 잃게 되기 때문이다. 또한, 석회수 처리로 녹말의 침전이 빨라지고, 토육량(土肉量)이 적어져 전분백도가 향상된다.

석회수 처리로 전분박(澱粉粕)에서 수분분리가 잘 일어나 탈수가 쉬워지는 장점이 있다. 처리조건에 따라서는 알칼리 상태에서 녹말 침전이 늦어지거나, 녹말의 점도가 낮아지는 경우도 발생한다. 따라서 석회수에 의한 전분유의 처리조건을 엄격히 조절할 필요가 있다. pH 7.5로 석회처리한 경우, 제품의 CaO 함량은 대조구가 50.1 mg%인데 비하여 57.4 mg%로서 당화용으로는 영향이 없다. Amylogram의 점성도 변화가 없어 녹말을 이용하는 데에는 문제가 없다. 고구마녹말의 백도를 좌우하는 인자는 이밖에도 여러 가지가 있다. 고구마의 녹말 함량, 폴리페놀 함량, 즙액의 착색도 등이 높을수록 전분백도가 떨어진다.

5.3 고구마녹말의 제조

녹말제조는 원료 고구마의 세정(洗淨), 마쇄, 체질, 침전, 정제, 탈수와 건조공정으로 크게 나누어진다. 재래적인 방법을 벗어나 각 공정에 알맞은 기계도입과 기술의 발달에 따라 예전에 비하여 상당히 개선되었다. 고구마녹말 제조공정은 정치침전(靜置沈澱) 방법, 테이블(Table)법, 원심분리방법으로 크게 나눌 수 있다. 점차 노동력 절감과 경영의 합리화를 위하여 공장을 대형화하고 기계화하는 추세이다. 여기에서는 대표적인 자동화 공장의 예를 들어보자. 그의 제조공정도는 그림 3-27과 같다. 감자녹말의 제조는 고구마녹말과 유사하다.

고구마 저장창고에서 세척기까지의 원료 수송은 보통 흐르는 물에 의해 이루어지

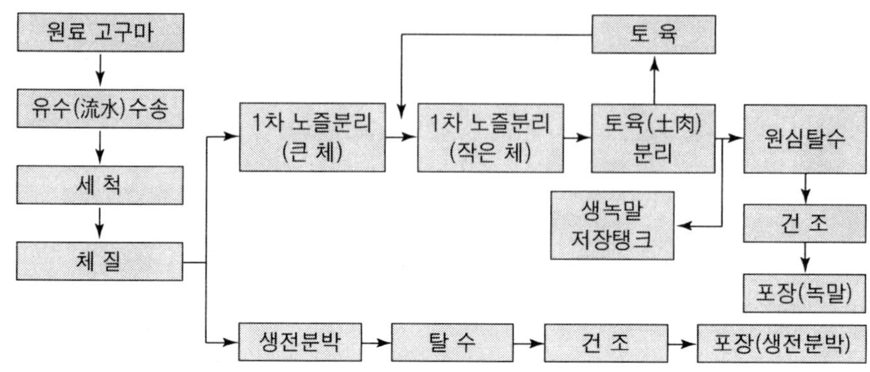

그림 3-27. 고구마 녹말제조 공정도

며, 컨베이어(conveyor)의 조합으로 구성된다. 이와 같은 고구마의 이송(移送) 방법은 재래적인 방법에 비해 노동력의 절감과 세척능력의 향상 등에 유리하다.

1) 원료 수송과 세척

원료를 옮기는 유수로(流水路)의 크기는 폭 30 cm, 깊이 30 cm로서, 5～10%의 경사도를 유지하도록 한다. 이송조건은 수심 9 cm 이상으로 하고, 유속은 0.6 m/sec 이상이 요구된다. 원료 고구마는 물의 흐름에 따라 컨베이어까지 운반된 후 고구마 세척기(그림 3-28)의 중심부에 투입되어 토사(土砂)를 완전히 제거한 다음 마쇄기로 보내진다.

2) 마쇄와 체질

마쇄는 녹말수율에 가장 큰 영향을 주는 공정이다. 원료 고구마를 분쇄함으로써 세포막을 부셔 녹말을 노출시키고 물로 세척하게 된다. 이를 위해 마쇄롤러를 이용하게

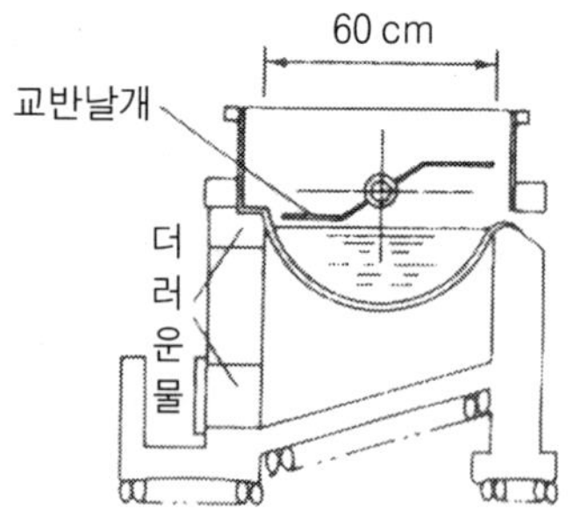

그림 3-28. 고구마 세척기

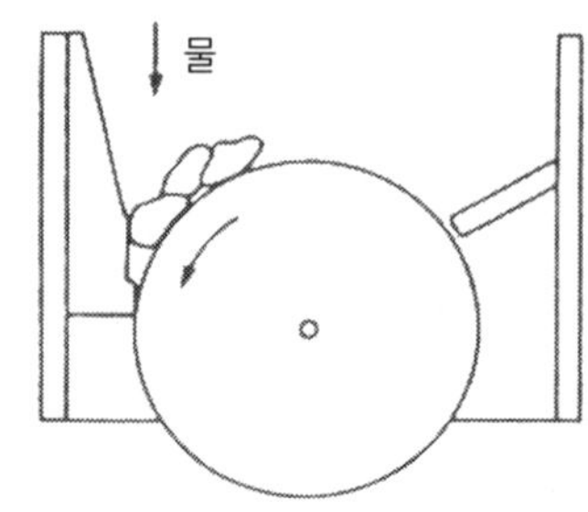

그림 3-29. 고구마 마쇄기의 단면도

된다. 롤러기의 크기는 그림 3-29에서와 같이 보통 직경 40 cm, 길이 60 cm의 원통형의 롤러를 많이 사용한다. 마쇄물로부터 녹말 현탁액과 전분박을 분리하는 체질(篩別, screening) 방법으로는 금망으로 된 롤러를 사용하거나 진동식 체(sieve)를 사용하는 방법이 있다. 보통 조작이 간편하고 능률이 높은 진동식 체를 이용하여 사별한다.

3) 녹말의 정제

체로 친 녹말 현탁액은 시간이 경과함에 따라 갈색을 띠게 된다. 이것은 앞에서 설명한 폴리페놀성 물질의 산화가 일어나 멜라닌색소가 생성되기 때문이다. 전분유(澱粉乳)에는 녹말 외에 가용성 당분, 색소, 단백질 등이 들어 있어, 이를 제거하는 공정이 녹말의 정제이다. 초기에는 노즐형 원심분리기가 사용되었으나, 점차 수세형 노즐분리기(nozzle separator) 등 분리기의 개량으로 분리능률이 매우 향상되었다.

4) 녹말의 탈수와 건조

고구마 녹말제조의 가동기간은 50～60일로 짧은 기간이므로 생녹말의 상태로 탱크 내에 일시적으로 저장하고, 건조능력에 따라 탈수하여 건조시킨다. 그러나 생녹말의 저장 중에 변패, 또는 발효에 의해 수율과 품질이 떨어질 우려가 있으므로 이를 방지해야 한다. 변패나 발효를 방지하는 방법으로 pH의 조절, 계면활성제, 방부제, 살균제 등의 첨가가 있다.

녹말의 건조는 이전까지는 가로 90 cm, 세로 60 cm, 깊이 5 cm 정도의 나무상자를 사용하여 자연건조를 하였다. 그러나 인력이 많이 소요될 뿐만 아니라 기상조건의 영향을 많이 받는다. 자동화된 공장에서는 녹말현탁액을 진공드럼형 탈수기에 의해 수분을 어느 정도 제거한 다음, 열풍건조기로 건조시켜 바로 포장하는 경우가 늘고 있다. 그러나 당화용 원료로 이용하는 경우에는 건조공정이 필요가 없으며, 당화조에서 알맞은 녹말 농도로 조절하여 효소에 의한 당화를 하게 된다.

5) 전분박의 이용

고구마녹말을 제조할 때에 부산물로서 전분박(澱粉粕)이 생긴다. 탈수한 전분박의 성분은 수분이 13～15%, 녹말 55～65%, 단백질 2～4%, 지방 0.8～1.5%, 조섬유 5～14%, 회분 2～10%이다. 전분박은 대부분 매몰하여 처리하였으나, 이는 환경오염에 문제가 되었다. 일부는 토양개량제 또는 유기질 비료로 사용하기도 하며, 돼지사료나 구연산발효의 원료로 이용되기도 한다.

6) 공장폐수의 처리

고구마녹말 제조공장은 감자녹말 제조공장과 마찬가지로 조업기간이 짧으며, 폐수량이 비교적 많다. BOD가 3,000～8,000 ppm으로 비교적 높은 값을 나타낸다. 따라서 전분공장의 폐수는 환경문제를 일으키며, 이를 해결하기 위한 방법으로 침전지 방식, 회전원반형 방식, 장기간 폭기방식 등이 이용된다.

침전지 방식은 2～3일간 침전지에서 고형물을 침전시킨 후 방류하는 방법이다. SS (suspended solids)의 침전, 고분자물질을 분해시키는 효과가 있으나 BOD의 제거율은 30% 이내이다. 회전원반형 방식은 폭기조 내에 1.5～2.5 rpm 정도의 저속으로 회전하는 원반을 여러 개 설치하여 운용함으로써 호기적 미생물에 의한 산화처리를 하는 방식이다. 비교적 시설비나 운전경비가 적게 들며, 관리가 쉬운 장점이 있다. 고부하 운전에 견딜 수 있어야 하므로 중소규모의 공장에 알맞다. 장기간 폭기방식은 생물산화를 하는 활성오니(活性汚泥)의 변법으로 설치면적이 크게 요구되나, 설비비가 적게 들기 때문에 녹말 제조공장에 알맞다.

5.4 기타 녹말자원

열대성 식물은 광합성 작용에 의한 바이오매스(biomass)의 생산성이 높으며, 특히 녹말자원으로서 중요하다. 이 중에서 카사바(*Manihot utilissims*)와 사고(*Metroxylon sago*)는 녹말을 생산하는 대표적인 식물로 꼽을 수 있다.

1) 타피오카녹말

카사바는 남미가 원산지로 알려져 있으며, 남미, 동남아시아, 아프리카 등지에서 널리 재배된다. 식용, 녹말제조용 외에도 사료, 알코올발효원료로서도 이용된다. 타피오카녹말(tapioca starch)은 카사바의 뿌리줄기에서 얻어지는 녹말로서(그림 3-31) 카사바녹말, 마니오카녹말, 유카녹말이라고도 불린다.

카사바의 재배품종으로는 고미종과 감미종이 있다. 열대 또는 아열대 지역에서 재배되며, 이 지역들에서 중요한 식량자원으로 이용된다. 카사바가 성목(成木)이 되었을 때의 덩이뿌리(塊莖)는 직경 10～23 cm, 길이 50～90 cm가 되며, 나무 하나에 18～22 kg의 덩이뿌리를 얻게 되고, 녹말 함량은 15～30%이다. 타피오카는 우리나라 주정공업의 중요한 원료로 이용되고 있다.

2) 기타 녹말자원

카사바가 재배작물인데 비하여 사고는 열대지방에 자생하는 식물이다. 보통 식물체에는 녹말을 종자나 뿌리에 축적하는데 비하여, 사고는 줄기에 녹말을 축적한다. 동남아시아와 열대지방의 섬에서 주로 자생한다. 현지 주민의 식량으로서 이용된다. 이 식물은 8~10년 정도 자라면 줄기의 굵기가 70~80 cm가 되며, 나무의 높이는 15~20 cm가 된다. 이 줄기에 200~400 kg의 녹말이 축적되어 있어 간단한 가공을 거쳐 식용으로 이용된다. 사고녹말의 녹말풀은 노화가 쉽게 일어나며 겔화가 쉽고, 때에 따라서는 백탁이 일어나는 경우가 있다. 차아염소산 처리에 의해 백도 90 이상의 산화전분을 만들 수 있다. 식용 외에 타피오카녹말의 대용으로 발효원료, 전분당, 가공전분의 제조원료로서 이용된다.

녹말의 제조원료는 주로 옥수수와 고구마가 이용된다. 이 외로 강원도와 제주도 일부에서 감자녹말이 제조되고 있으나, 그 생산량은 많지 않다. 옥수수와 타피오카 등 공업용 원료의 대부분은 외국에 의존하고 있다.

저자 등에 의한 하늘다리 뿌리녹말을 비롯하여 도토리, 고사리 뿌리, 토란 등 야생식물의 녹말에 관한 학술적인 연구가 일부 이루어졌으나, 원료 확보와 생산량 등 여러 가지 문제점으로 실용화되지 못하였다. 특수용도로서 녹말의 물성을 이용하는데, 새로운 녹말자원의 활용이 필요한 것으로 보인다.

6. 녹말이용 공업

녹말은 주로 포도당, 이성화당, 물엿 등을 제조하는 식품산업의 당화용으로 절반 이상이 사용된다. 이 외로 가공전분의 제조원료, 섬유공업, 제지공업, 제약공업, 인쇄잉크 등에 사용되는 공업용 원료, 수산연제품(어묵)이나 육류가공품, 당면 제조 등의 식용, 맥주와 주정(酒精) 제조와 같은 발효원료, 생분해성 포장재 등 사용용도에서 2,000종 이상이나 될 정도로 넓게 이용된다.

녹말로서 직접 이용이 32%, 물엿 제조용으로 24%, 포도당 제조용으로 9%, 과당 제조용으로 30%, 기타 용도로 5%가 이용되었다. 녹말 종류별로는 천연전분이 70%, 산화전분이 24%, 기타 6%이었다. 이를 크게 나누어 보면 다음과 같은 분야에 이용된다.

① 녹말의 고분자 특성을 이용하는 분야
② 녹말을 가수분해하여 저분자의 당으로 이용하는 분야
③ 발효원료로서 이용하는 분야

녹말의 이용은 녹말원료의 특성이나 가격 등이 고려되어 용도에 맞게 사용된다. 발효원료로서 맥주, 소주 등을 제조하는 분야는 주로 발효공학 또는 양조학에서 취급한다. 여기에서는 ①과 ②의 두 분야에 대하여 설명하였다. 몇 가지 주요 녹말의 중요한 특성을 살펴보면 표 3-12에서 보는 바와 같다. 또한, 녹말의 이용에는 다음과 같은 점이 고려된다.

1) 녹말입자의 성질

녹말입자의 이동도(mobility) 등의 응집상태가 녹말 이용에 중요한 요인이 된다. 보통 녹말은 약한 음이온을 띠지만, 가공전분과 같이 유도체로 만들 경우 양이온도 가능하다. 가공전분은 전분입자의 이온화 상태, 호화온도, 팽윤도와 팽윤상태, 용해속도와 용해도 등이 용도에 알맞도록 천연전분을 변형시켜 이용한다.

2) 녹말풀과 녹말용액의 성질

녹말용액이 가열 또는 냉각할 때의 점도 변화, 교반할 때의 점도 저하, 녹말풀의

표 3-12. 각종 녹말의 중요한 특성

	원 료	고구마	감 자	옥수수	밀	쌀	타피오카
형태	입자형태	다면형, 복립	계란형, 단립	다면형, 단립	곡립, 단립	다면형, 복립	다면형, 복립
	입경(㎛)	2～40	5～100	6～21	5～40	2～8	4～35
	평균입경(㎛)	18	50	16	20	4	17
성분 (%)	수 분	18	18	13	13	13	12
	단백질	0.1	0	0.3	0.38	0.07	0.02
	지 방	0.1	0.05	-	0.07	0.56	0.1
	회 분	0.3	0.57	0.08	0.17	0.10	0.16
	인, P2O5	0	0.18	0.05	0.15	0.02	0.02
	·아밀로오스	19	25	25	30	19	17
물성	X선 도형	C	B	A	A	A	A
	6% 전분풀의 호화온도	72.5	64.5	86.2	87.3	63.6	69.6
	최고점도(BU)	685	1028	260	104	680	340
	최고점도의 온도	90.2	88	92.5	92.5	73.4	75.2
	용 도	물엿, 당화용	식용, 직물, 가공전분 원료	당화용, 섬유가공 전분원료 맥주원료			당화용, 섬유, 발효원료

투명도, 보호콜로이드 또는 유화작용의 유무 등이 식품가공에 중요하다.

3) 건조한 녹말막의 성질

섬유, 제지, 접착용 풀 등 공업용으로 녹말이 이용될 경우는 필름의 수용성, 용해속도, 흡습성, 가소성 등이 중요한 인자가 된다.

6.1 고분자 특성을 이용하는 분야

실제 녹말을 이용하는 데 있어서는 각각의 목적에 따라 가장 알맞은 녹말을 선택하여 사용한다. 그러나 사용목적에 따라서 녹말성질이 충분하지 않을 경우에는 가공전분이나 전분유도체를 조합하여 성질을 개량함으로써 용도에 알맞은 형태로 이용할 수 있다. 식품에 녹말을 첨가하면 녹말의 점조성에 의해 식품의 끈기, 굳기, body성, 겔 특성, 유동성 등을 띠게 하는 수가 많다. 이와 같은 녹말의 고분자 특성을 이용하여 식품산업에 이용하는 분야는 다음과 같다.

① 소스, 수프 등에서 증점제(增粘劑) 또는 점도안정제
② 샐러드드레싱과 같은 oil emulsion 제품에서 콜로이드 안정제
③ 양과자 등에 있어서의 보수제(保水劑)
④ 아이스크림, 어육튀김제품 등에 있어서의 점결제(粘結劑)
⑤ 녹말 분말로서 찹쌀떡이나 사탕 등을 제조할 때에 서로 달라붙는 성질을 방지하기 위하여 사용
⑥ 햄, 소시지 제품에서 점결제 또는 보수제
⑦ 맥주, 소주 등의 발효원료
⑧ 추잉껌(chewing gum), 드롭프스(drops) 등에서 겔형성제
⑨ 이밖에 식품을 제조할 때에 creaming제 또는 팽화제

앞에서 설명한 녹말의 고분자 특성을 이용한 예로 대표적인 것만 설명하였으나, 녹말이 각각의 식품 중에서 하는 역할은 항상 같지 않다. 냉동식품의 경우는 저온에서 장기간 저장하더라도 노화되지 않는 녹말이 요구된다. 이밖에 녹말의 성질 중에서 점도의 특성, 녹말풀의 투명성, 보수성, 점결성 등의 요구도가 높아지고 있다.

녹말의 고분자 특성을 이용하는 경우, '어떤 원료에서 녹말을 채취하였는가'하는 녹말의 기원에 따라서 그 성질이 특징적으로 나타나기 때문에 각각의 녹말의 종류에 따라 이용용도가 달라진다. 예를 들어 감자・타피오카・찰옥수수 등의 녹말은 호화를 시켰을 때 녹말풀이 투명하며, 저온에 저장할 때도 내노화성(耐老化性)이 비교적 높다. 옥수수녹말은 저온 안정성이 좋지 않으나 식염을 첨가하면 점도의 안정성이 비교

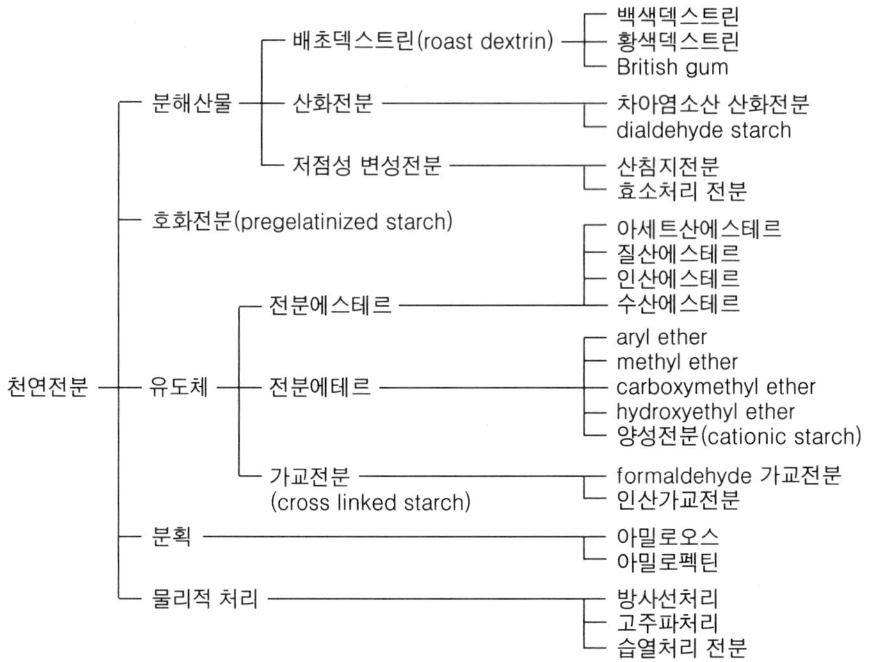

그림 3-30. 각종 처리전분의 분류

적 높아지는 성질을 가지고 있다.

이와 같이 천연전분의 성질만을 이용하여 모든 용도에 알맞은 녹말을 찾아내는 일은 매우 어렵다. 천연녹말의 물성을 개량함으로써 이를 이용하는데 작업성을 개선하거나, 가공적성의 향상을 목적으로 열이나 알칼리, 산, 산화제, 효소, 각종 반응기를 갖는 화학물질에 의해 녹말의 성질을 개량한 것을 가공전분(加工澱粉, modified starch) 또는 수식전분(修飾澱粉), 개질전분(改質澱粉), 화공전분(化工澱粉), 변성전분(變性澱粉) 등으로 불린다. 각종 처리전분의 분류는 그림 3-30과 같다.

6.2 전분당

천연녹말은 400～2,000개의 포도당만으로 구성되어 있다. 녹말은 구조적으로 α-1,4-glusoside 결합으로 되어 있는 직쇄(linear chain) 모양의 아밀로오스(amylose)와 α-1,6-glucoside 결합으로 가지를 이루고 있는 아밀로펙틴(amylopectin)으로 구성된다. 녹말은 여러 가지 효소작용에 의해 저분자의 당을 얻을 수 있으며, 이에 대한 활용이 예전부터 널리 이용되어 왔다. 녹말을 가수분해하여 이용하는 데 사용되는 각종 효소에 의한 전분당의 제조공정, 관련효소와 그 제품은 그림 3-31과 같다. 그리고 여

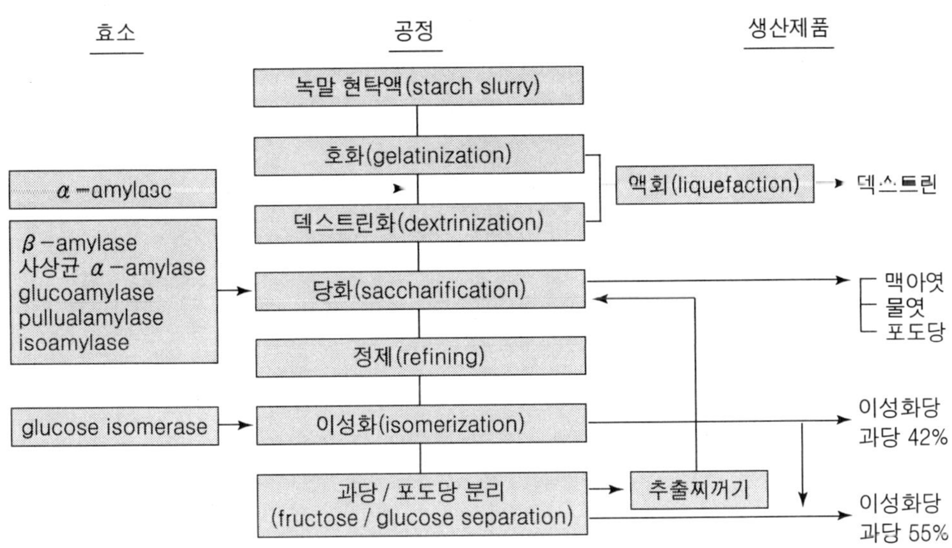

그림 3-31. 효소에 의한 전분당의 제조공정과 관련효소 및 제품

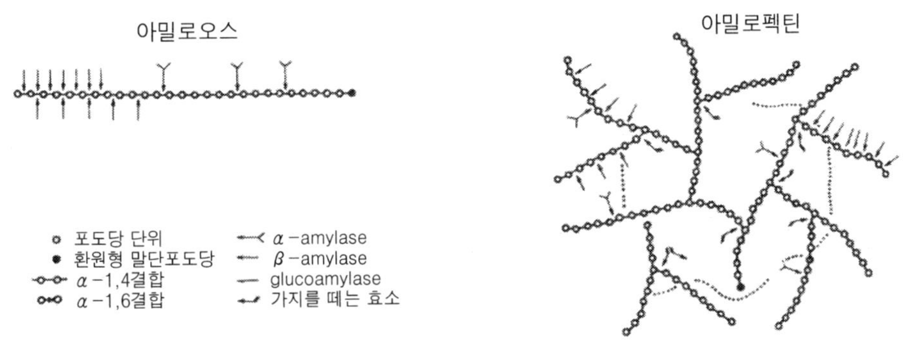

그림 3-32. 여러 가지 아밀라아제에 의한 효소작용 양식

러 가지 효소작용의 양식은 그림 3-32와 같다. 이와 같은 여러 가지 효소를 이용하여 녹말을 분해하여 저분자 당류로 활용하고 있다.

1) 전분당

녹말을 산 또는 효소에 의해 가수분해하면 분해조건에 따라 조성이 다른 각종 중간생성물을 얻을 수 있다. 이들은 물에 녹게 되면 단맛을 나타내는데, 이를 전분당(澱粉糖)이라고 한다. 전분당은 그림 3-33과 같이 분류되며, 그의 일반적인 성질은

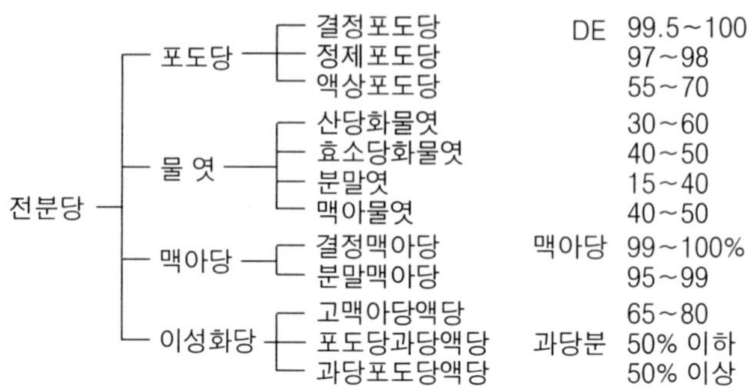

그림 3-33. 전분당의 분류

그림 3-34와 같다. DE(dextrose equivalent)는 녹말의 분해 정도를 나타내는 용어로 사용되며, 다음 식에 의해 구해진다.

$$DE = \frac{\text{직접 환원당(glucose)}}{\text{고형분}} \times 100$$

2) 전분당의 기능성

녹말을 효소 또는 산에 의해 가수분해하여 얻어지는 전분당은 다음과 같은 여러 가지 기능성을 가지고 있어서 식품산업 등에 널리 이용되고 있다.

(1) 감미도

전분당의 감미도(甘味度, relative sweetness)는 이를 이용하는 데 있어서 중요한 특성으로 표 3-13에서 보는 바와 같다. 가수분해가 진행됨에 따라 감미도가 증가하여 결정포도당의 경우 최대가 된다. 식품산업에서 감미자원을 이용하는 목적은 단순히 감미도를 향상시키는 일 뿐만 아니라 매우 다양한 작용을 한다. 가공식품에 사용하는 감미료는 단맛의 정도, 단맛의 질과 풍미, 다른 식품성분과의 조화인 풍미 보존성, 보수성, 점성, 아미노-카보닐 반응의 특성, 발효성, 침투성, 빙점 강하력 등이 고려된다.

또한, 건강에 대한 측면에서는 구강 내의 세균에 의한 산 생성 여부, 불용성 glucan의 생성 여부, 불용성 glucan 합성효소에 대한 저해성, 장내 효소에 의한 소화성과 에너지화 정도, 장내세균에 의한 자화성(assimilation) 등이다. 가능한 유용한 미생물만이 이용할 수 있고, 유해미생물이 이용할 수 없는 감미료를 요구하게 되었다.

(2) 용해성과 용해열

포도당이 물에 쉽게 녹는 성질은 중요한 가공특성으로서, 가공식품의 미각 구성과 조직감 형성에 용해성이 크게 관여한다. 또한, 전분당은 삼투작용과 탈수작용이 있어서, 수분활성을 낮추어 미생물의 발육을 억제하고 저장성을 높인다. 포도당은 설탕과 비교해 볼 때 55℃ 이하에서는 잘 녹지 않으나, 그 이상에서는 용해도가 높다(표 3-14). 또한, 용해열은 -25.2 kcal/kg으로 용해할 때에 주위에서 열을 빼앗게 되어 추잉검, 아이스크림, 분말주스 등에 사용하였을 경우 청량감을 준다.

표 3-13. 당의 감미도 비교

당 종류	감미도	당 종류	감미도
설탕	100	옥수수 과당시럽	
포도당	70～80	과당 90%	120～160
과당	140	과당 55%	> 100
DE 70의 옥수수시럽(옥당)	70～75	과당 42%	100
옥당(상급)	65	전화당(invert sugar)	> 100
옥당(중급)	50	Sorbitol	50
말토오스(maltose)	30～50	Xylitol	100
락토오스(lactose)	20		

표 3-14. 설탕과 포도당의 용해도 비교 (용매 100g 중에 녹는 용질의 무수물량)

구분 \ 온도	15℃	20℃	30℃	55℃	80℃
설탕(%)	66.23	67.09	68.70	73.20	78.36
포도당(%)	44.96	49.96	54.64	73.08	81.19

	DE	감미	점도	당결정성	삼투압	흡습성	동결점	평균 분자량
결정포도당	100	높다	낮다	크다	높다	적다	낮다	작다
정제포도당	97	↕	↕	↕	↕	크다	↕	↕
물엿	30～65					↕		
맥아물엿	40～50	낮다	높다	낮다	낮다	적다	높다	크다

그림 3-34. 전분당의 일반적인 성질

(3) 점도

당질 감미료 용액은 농도에 따라 각각 특유한 점도를 나타낸다. 전분당 중에서는 물엿이 가장 높은 점성을 나타낸다. 일반적으로 DE가 낮을수록, 농도가 높을수록, 온도가 낮을수록 점도는 커지게 된다(그림 3-34).

(4) 흡습성

물에 녹기 쉬운 물질은 순도가 높을수록 흡습이 잘 이루어지지 않는 성질이 있다. 보통 설탕이나 결정포도당 등 결정상태의 당류는 물엿, 전화당, 벌꿀 등에 비하여 흡습성이 적다. 따라서 흡습성이 강한 당류를 식품가공에 사용하게 되면 제품의 건조를 방지할 수 있다. 상점 앞에 오래 진열하는 과자 등의 소재로서 DE가 낮은 전분당이 널리 이용된다.

(5) 삼투압과 빙점강하

일반적으로 분자량이 작을수록 빙점강하에 의해 용액의 삼투압은 증가하고 동결온도가 낮아진다. 전분당의 분자량은 DE에 따라 큰 차이가 있다. 포도당이나 이성화당은 설탕에 비해 분자량이 작아 삼투압이 크므로 수분활성을 떨어뜨려 미생물의 발육을 억제함으로써 방부효과가 있다.

(6) 당의 결정성

포도당의 용해도는 55℃에서는 설탕과 비슷하고, 그 이상에서는 용해도가 더 커지는 특성을 가지고 있으나, 온도가 낮을 경우에는 반대가 된다. 예를 들어 설탕과 포도당의 용해도를 비교해 보면 15℃에서는 66% : 45%, 0℃에서는 64% : 35%로 설탕에 비해 떨어진다(표 3-14). 따라서 DE가 높은 전분당은 포도당에서 나타나는 용해도의 성질과 비슷하여 저온에서 결정으로 석출(析出)되는 경우가 있으므로 주의해야 한다.

(7) 착색성

식품 중의 전분당은 아미노산이나 단백질과 같이 들어 있는 경우 가열에 의해 mail-lard 반응이 일어나 갈변한다. 또한, 전분당은 가열에 의해 분해, 중합하여 캐러멜 등 착색물질이 생성된다. 이들 착색물질의 생성은 전분당을 제과용・제빵용으로 사용할 경우 유리하게 작용하며, 미생물의 발육을 저해하여 저장성을 높인다.

(8) 발효성

빵을 만들 때에 당류를 사용하는 경우 효모에 의한 발효성이 중요한 역할을 한다. 포도당, 과당, 전화당을 사용할 경우에는 직접 발효가 일어나므로 유리하다.

(9) 맛의 향상

전분당이 감미료로서 가장 중요한 특성은 식품원료가 가지고 있는 색깔, 향기, 맛을 그대로 살릴 수 있는 능력이라고 할 수 있다. 예를 들어, 과일 통조림을 제조하는 경우 포도당 또는 이성화당을 사용함으로써 과일이 가지고 있는 향기, 색깔과 맛을 그대로 유지시켜 줄 뿐만 아니라 단맛과 유기산과의 조화를 이루어 맛을 높여 주는 효과가 있다. 이밖에도 전분당의 사용은 제품의 빛깔, 유연성, 색깔 등을 향상시키고 저장성을 높여 주기 때문에 DE에 따른 전분당의 특성과의 관계를 고려하여 전분당의 종류를 선택하는 것이 중요하다.

6.3 전분당의 제조

1) 포도당

예전에는 산당화법에 의해 녹말을 가수분해하여 포도당을 제조하였다. 그러나 효소공업의 발달로 사상균(絲狀菌) 등의 아밀라아제를 사용한 효소당화법에 의해 제조된다. 실제로 효소당화법을 이용함으로써 산당화법에서 생기는 부반응(side reaction) 생

표 3-15. 산당화법과 효소당화법의 차이

	산당화법	효소당화법
원료녹말	단백질 제거를 위한 정제 정도가 높아야 한다	정제가 필요 없다
녹말액의 농도	20～25%	35～40%
분해한도	약 90%	98～99%
당화시간	약 1시간	48～72시간
설 비	내산, 내압성의 재료가 필요하다	특별한 재료가 필요 없다
당화액의 상태	쓴맛이 강하고, 착색이 된다	쓴맛이 없고 거의 무색이다
관 리	분해액이 일정하지 않아 관리가 어렵고, 중화를 시켜야 한다	보온만 해주면 되며, 중화가 필요 없다
수 율	결정포도당으로서 약 70%	결정포도당으로서 80% 이상 분말포도당으로서 90% 이상
분말액	쓴맛이 강하여 식용으로 부적당	독특한 단맛이 있어서 식용이 가능하다
설비비, 보수비	비싸다	비교적 싸다

성물이 거의 없고, 당화액에 쓴맛이 생기지 않는다. 그리고 고농도의 당화액을 포도당으로 전환하는 것이 가능해졌으며, 수율과 순도도 높아졌다. 산당화법과 효소당화법의 차이점은 표 3-15에서 보는 바와 같다.

(1) 액화

포도당(glucose)의 제조공정도는 그림 3-35에서 보는 바와 같다. 고구마녹말, 감자

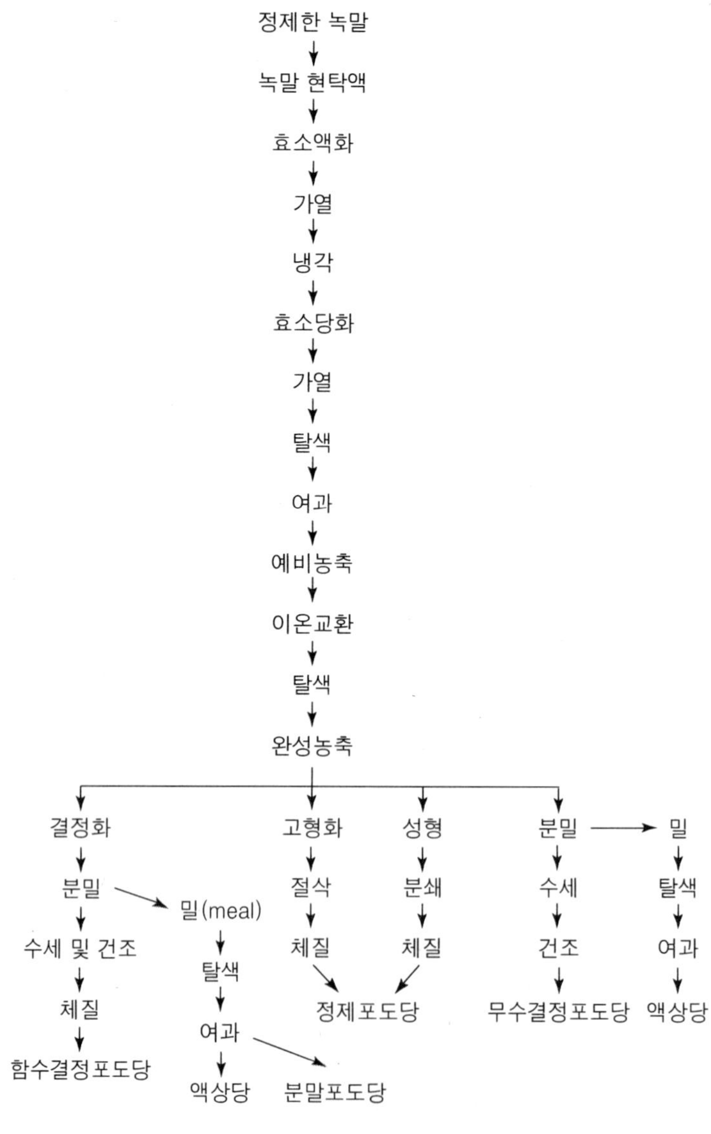

그림 3-35. 포도당 제조공정도

녹말을 원료로 포도당을 제조할 때에 액화시키거나 당화를 시킬 경우에 2종류의 효소인 α-amylase와 β-amylase를 사용하여 녹말을 가수분해시켜 전분당을 얻는 방법인 double enzyme법으로 높은 DE의 녹말 당화액을 얻는다. 그러나 옥수수녹말의 생산량 증가로 당화용 원료가 바뀌게 되었으며, 옥수수녹말에 난용성(難溶性) 녹말이 많아 2단 당화법이 이용된다.

2단 당화법은 포도당 제조에 널리 이용되는 방법이다. 우선 녹말에 세균성 α-amylase를 가하여 액화시킨 다음 고온에서 증자(蒸煮)한다. 증자 후에 녹지 않은 상태로 남아 있었던 난용성 성분의 micell이 풀어지도록 한 다음, 다시 온도를 낮추어 α-amylase를 첨가하여 2차 액화를 시키는 방법이다.

전분유(澱粉乳)의 농도가 낮을수록 분산이 쉽고 양호한 액화상태를 얻을 수 있으나, 능률이 떨어지므로 30～40%의 녹말농도에서 이루어진다. Ca 이온이나 NaCl을 0.01～0.001 mol/L 가하여 효소의 내열성을 높이고, pH 6.5～7.0의 조건에서 녹말을 액화시킨다. 또한, 반응온도는 1차 액화에서 85～90℃에서 30분간 효소반응을 시킨 후 120～140℃에서 5～10분간 증자한다. 2차 액화에서는 85℃에서 30～60분간 효소반응을 시키는 것이 보통이다.

(2) 당화

산업적으로 녹말을 당화시키는 데 요구되는 점은 가능한 녹말농도를 높이고, 당화효소의 사용량을 줄이며, 당화시간을 짧게 하여 녹말을 완전히 분해시키는 일이다. Glucoamylase의 작용은 녹말의 1,4-결합과 1,6-결합을 분해하여 포도당을 생성시키지만, 반대로 포도당으로부터 맥아당과 isomaltose를 합성하는 가역반응이 이루어진다. 역반응속도가 매우 느리기 때문에 녹말농도에 따라 평형이 이루어질 때까지 포도당이 축적된다.

효소반응에서는 기질농도가 낮을수록 당화율은 높아진다. 녹말농도가 30%인 경우 DE는 약 98을 얻을 수 있다. 그러나 실제 공정에서는 수율을 고려하여 결정하게 된다. 기질농도와 효소에 의한 분해한도는 표 3-16과 같다. 일반적으로 55～60℃ 이상

표 3-16. 녹말 기질농도와 분해한도

녹말 기질농도(%)	DE	포도당 순도(%)
10	99.6	98.9
20	98.8	97.7
30	97.8	96.2
40	96.5	94.0

의 당화온도에서는 효소활성이 급속히 떨어지는 수가 있다. 따라서 pH 4.0～5.0에서 30～70시간 반응을 시키는 것이 보통이다.

(3) 결정화

당화를 시켜 농축한 당액을 결정탱크로 보내지며, 온도강하법에 의해 50～200 ㎛의 입상의 결정을 얻는다. 결정화가 끝나면 분무건조시켜 함수결정포도당을 얻는다. 무수결정포도당은 설탕의 제조방법과 마찬가지로 결정관에서 증발 농축시킨 후 얻는다.

녹말의 액화와 당화를 끝내고 탈색과 탈염을 시킨 후 그림 3-35에서 보는 바와 같이 여러 공정을 거쳐 제품화한다. 정제포도당은 소형의 용기에 농축된 당화액을 넣고 냉각하여 고형화시킨 다음 분쇄하여 분말화하는 방법과 분무건조 등에 의해 급속히 결정시켜 얻는 방법도 있다.

2) 맥아당

지금까지 맥아당의 생산량은 적은 편이었으나, 효소공업의 발전에 힘입어 산업적인 대량생산이 이루어지고 있다. 맥아당(maltose)은 단맛(甘味)이 적어 설탕 사용에 따른 감미도를 떨어뜨리는 효과가 있다. 물 또는 극성화합물과 착화합물을 생성하기 쉬워 식품에 사용했을 때 보수성과 보향성(保香性)을 가진다. 그리고 수분활성의 저하 등에 효과가 있어 가공식품에 첨가 등 여러 분야에 이용된다.

맥아당의 제조에는 옥수수녹말, 감자녹말, 고구마녹말, 타피오카녹말 등을 원료로 한다. 녹말 현탁액에 아밀라아제를 작용시키면 포도당, 맥아당, maltotriose 외에 oligosaccharide를 얻게 된다. 이를 농축한 다음 정제하여 맥아당이 40～60%가 되는 고맥아당 액당, 80～95%가 되는 분말맥아당과 95～100%가 되는 정제맥아당 등이 생산된다. 맥아당을 정제하는 방법으로는 흡착분리법, 유기용매 침전법, 막분리법, 결정화법 등이 알려져 있다.

흡착분리법에는 활성탄이 충진된 column에 에탄올 농도를 7.5%에서 28%까지 점차 높여 주면서 당을 분획(fractionation)하여 분리하는 방법과 음이온 교환수지에 의한 방법이 있다. 음이온 교환수지에 의한 방법은 그림 3-36에서 보는 바와 같다. 음이온 교환수지를 OH형으로 하여 여기에 맥아당과 소량의 maltotriose, 덱스트린 등이 혼합된 20～25%의 당화액을 20℃ 이하에서 통과시켜 맥아당을 흡착시킨다. 이것을 물 또는 2%의 염산용액을 통과시켜 용출시키는 방법으로, 수율은 1회에 1 L의 수지(resin)에 100 g 정도로서 97% 이상의 맥아당을 얻을 수 있다.

유기용매 침전법은 당화액에 에탄올 또는 메탄올을 가하여 덱스트린을 침전시킨

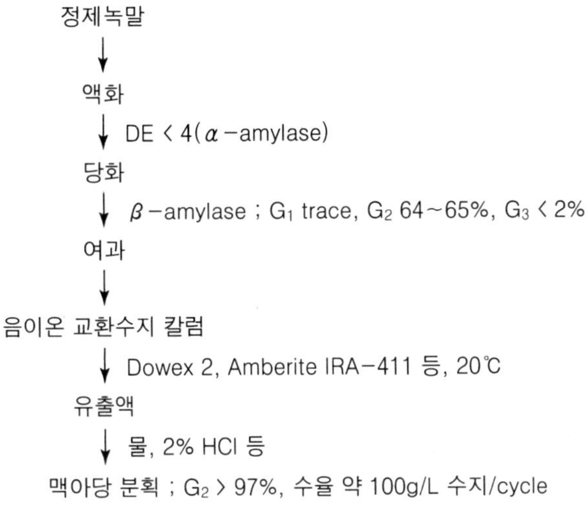

정제녹말
↓
액화
↓ DE < 4(α-amylase)
당화
↓ β-amylase ; G_1 trace, G_2 64~65%, G_3 < 2%
여과
↓
음이온 교환수지 칼럼
↓ Dowex 2, Amberite IRA-411 등, 20℃
유출액
↓ 물, 2% HCl 등
맥아당 분획 ; G_2 > 97%, 수율 약 100g/L 수지/cycle

그림 3-36. 음이온 교환수지에 의한 맥아당 정제방법

G_1 : glucose, G_2 : maltose, G_3 : maltotriose

후 분리 제거하는 방법으로 예전부터 사용되어 왔다. 이밖에 20℃ 이하에서 30~50%의 아세톤을 가하여 덱스트린을 침전 제거한 후 95~98%의 맥아당을 얻는 방법도 있다. 그리고 막분리법, 결정화법 등 여러 가지 분리방법이 검토되고 있다.

맥아당의 용도는 부향제(賦香劑)로 이용하거나, 맛을 개선하거나, 단맛을 부드럽게 하기 위하여 식품에 사용하거나, 효소의 활성을 유지하기 위한 효소안정제, 정맥주사용 보당액(補糖液)으로 쓰인다. 또한, 저칼로리 감미료인 말티톨(maltitol) 등과 같은 유도체 제조의 원료로 이용된다.

3) 전분당알코올

전분당을 환원시키면 각각 이에 대응하는 전분당알코올을 얻을 수 있다. 널리 이용되는 당알코올에는 포도당을 환원한 솔비톨(sorbitol), 맥아당을 환원한 말티톨(maltitol), 물엿을 환원한 환원맥아당물엿 등이 있다. 당알코올은 전분당 분자 중에 가장 반응성이 큰 환원기에 수소를 첨가시킨 것으로, 원래의 전분당에 비해 성질이 바뀐다. 이들의 특성을 살펴보면 다음과 같다.

(1) 갈변이 일어나지 않는다

당알코올은 환원기가 없어 아미노산과의 반응성이 없어 maillard 반응이 일어나지 않는다. 갈변에 의한 색깔 변화가 요구되지 않는 식품에 이용된다.

(2) 내열성이 크다

전분당은 130～140℃로 가열하면 열분해에 의해 갈변이 일어나지만, sorbitol과 같은 전분당은 180℃로 가열하더라도 분해나 갈변이 거의 일어나지 않는다.

(3) 단맛이 떨어지고 온화한 단맛이 있다

점차 가공식품에서 강한 단맛을 줄이는 경향으로 설탕 사용량을 줄이고 body 형성능이 있는 식품을 요구하고 있다. 당알코올이 이러한 조건을 충족시켜 주기 때문에 활용분야가 커지고 있다.

(4) 보수성이 강하고 수분분리 현상에 대한 방지효과가 있다

(5) 수분활성도를 낮추어 보존성이 향상된다

(6) 충치예방 효과가 있다

설탕이나 전분당은 발효가 쉽게 일어나 유기산 생성으로 충치의 원인이 되지만, 당알코올은 미생물발효가 잘 일어나지 않는다. 구강 내에 존재하는 미생물에 의해 당은 발효가 일어나 젖산(lactic acid)이 생성되고 Ca을 녹이므로 충치가 발생한다. 당알코올은 난발효성 물질로서 일반적인 감미료와 대체가 가능하여 충치를 방지할 수 있다.

(7) 당알코올의 사용으로 제품에 빛깔이 있는 피막을 형성할 수 있다

이와 같은 특성으로 인하여 전분당 알코올은 저칼로리 식품의 제조나 음료, 과자, 침채류 등 식품가공에 이용되거나 담배, 치약, 화장품, 연고 등에 습윤조정제 또는 유기합성 화학원료 등 공업용으로도 쓰인다.

6.4 이성화당

녹말을 효소 또는 산에 의해 가수분해시켜 얻은 포도당액을 포도당이성화효소(glucose isomerase), 또는 알칼리에 의해 이성화시킨 포도당과 과당을 주성분으로 하는 액당을 이성화당(異性化糖)이라고 한다. 이성화당을 제조하는 과정은 포도당 제조공정에서 생산된 포도당액을 효소에 의해 이성화시키는 과정(그림 3-37)이 추가된다. 이성화당의 표준 제조공정은 그림 3-38에서 보는 바와 같다.

이성화 공정의 반응조건은 효소의 종류에 따라 다소 차이가 있다. 보통 포도당 1 g에 포도당 이성화효소 8 unit를 첨가하여 당 농도 50～55%, 65℃, pH 6.5～7.0에서 65～70시간 정도 반응시킨다. 반응이 일어나는 동안 효소가 침전되지 않고 분산이

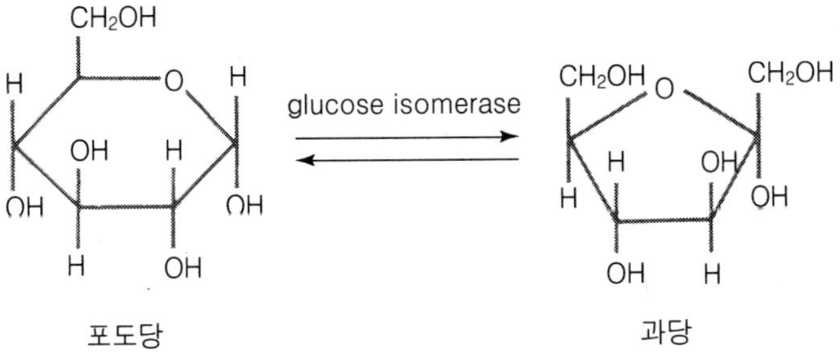

CH_2OH / glucose isomerase / CH_2OH CH_2OH

포도당 ⇄ 과당

그림 3-37. 포도당의 이성화반응

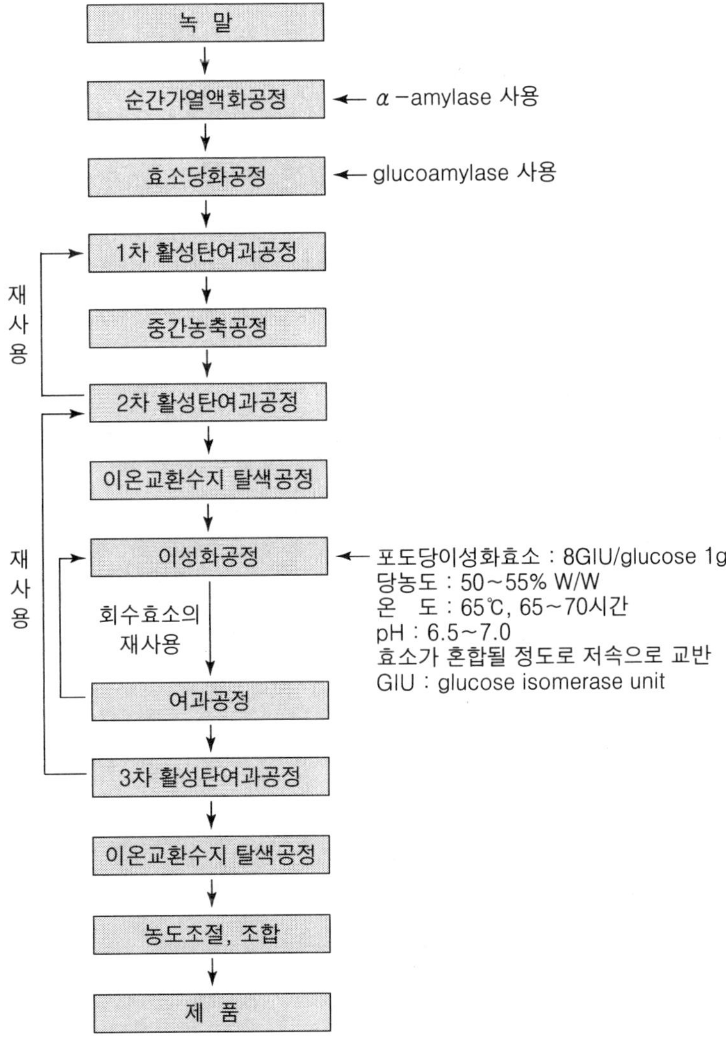

그림 3-38. 이성화효소를 사용한 이성화액당의 제조공정도

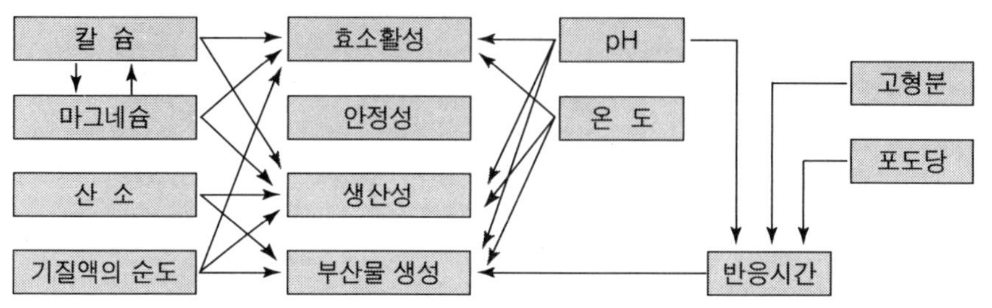

그림 3-39. 포도당 이성화효소의 안정성 및 생산성에 영향을 미치는 인자

잘 이루어지도록 매우 낮은 속도로 교반한다.

1957년 *Pseudomonas hydrophila*가 이성화효소의 생산균주로 발표되었고, 1966년에 처음으로 산업적 규모의 이성화당을 생산하게 되었다. 이후 많은 연구자들에 의해 다양한 균주에서 이 효소의 존재가 확인되었다. 이성화효소를 생산하는 대부분의 균주가 xylose를 필수탄소원으로 요구하는 것이 특징이다.

효소반응에 있어서 Co, Mg 이온은 활성을 촉진하여 미량 첨가한다. Ca 이온이나 산소는 효소활성을 저해하므로 이를 제거하거나, Ca 이온에 저해작용을 나타내는 Mg 이온을 첨가하는 방법이 이용된다. 이성화 공정에는 가능한 산소를 차단하기 위해 $NaHSO_3$의 첨가, 불활성가스에 의한 반응조의 밀봉 등이 이용된다. 이를 종합하면 그림 3-39와 같이 나타낼 수 있다. pH와 온도가 높을수록 순간 생산량은 증가하나 생산성은 떨어짐으로 충분한 공정능력을 보유하고 미생물의 오염이 없는 한 낮은 pH와 온도에서 이성화반응을 시키는 것이 바람직하다.

효소반응에 기질로 이용하는 포도당액에 불순물이 존재할 때는 불순물이 효소와 결합하거나 저해작용을 받아 효소활성을 잃게 될 우려가 있다. 따라서 반응 전에 활성탄과 이온교환수지를 사용하여 포도당액을 정제한다. 대부분의 이성화효소는 pH 8.0 전후에서 최대의 활성을 나타낸다. pH 7.0 이하 또는 8.5 이상에서는 효소가 불안정하고, 특히 높은 pH에서는 당의 분해와 착색이 커지므로 pH 7.0 이하에서 반응을 실시한다.

이성화당은 다음과 같은 여러 가지 특성을 가지고 있어서, 식품가공 분야에서 점차 소비량이 늘어나고 있다. 많은 분야에서 설탕의 대체원료로 이용함으로써 식품산업에서 혁신적인 기술개발의 하나로 여겨지고 있다.

1) 감미도

설탕은 온도의 변화에 따라 감미도의 차이가 없으나 이성화당은 고농도, 저온에서 감미도가 크다. 이러한 특성은 이성화율을 조절함으로써 가공식품 제조에 있어서 감미도를 인위적으로 조절할 수 있다. 단맛의 성질도 과당과 포도당의 중간에 해당하는 깨끗한 맛을 준다.

따라서 청량음료나 냉과(冷菓) 등에 효과가 크다. 단맛의 질적인 면에서도 이성화당은 설탕에 비해 단맛을 빨리 느끼고 쉽게 없어지는 특성을 가지고 있어 현대적인 감각에 맞는다.

2) 삼투압

단당류를 주성분으로 하는 이성화당은 설탕에 비해 분자량이 작아 용액의 삼투압이 커지게 된다(그림 3-40). 따라서 과일통조림이나 침채류 등에 사용할 경우 조직 중에 당의 침투가 쉬워져 방부작용을 갖게 되므로 보존성이 향상된다. 또한, 시판되는 이성화당은 농도가 75% 정도이나 그대로 두어도 미생물에 오염될 우려는 없다.

3) 결정성

이성화당은 설탕에 비해 결정이 잘 이루어지지 않아 가공식품의 결정 방지에 도움을 준다. 그러나 저온에서는 결정화가 일어나기 쉬워 겨울에 오랫동안 저장하게 되면 밑부분에서 백탁의 결정이 석출되어 응결되므로 15~20℃에서 저장하는 것이 좋다. 결정을 방지하는 방법으로는 설탕・맥아당 등과 혼합하여 혼합당을 만들거나 이성화당의 농도를 낮추어 주는 방법이 있다.

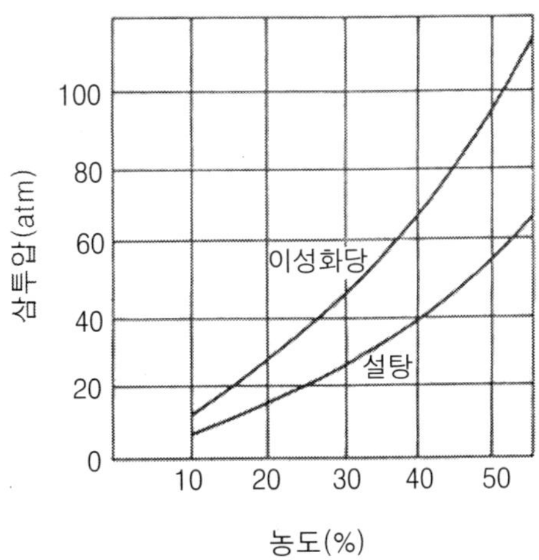

그림 3-40. 이성화당과 설탕의 삼투압 비교

4) 착색성

가열에 의한 식품의 착색은 대부분 캐러멜화와 maillard 반응에 의하며, 이들 반응에서 과당이 가장 강한 반응성을 나타낸다. 따라서 가열에 의해 착색이 잘 일어나 제품의 종류에 따라서는 사용에 주의할 필요가 있다.

5) 보습성

보습성은 수분을 흡수하여 이를 유지하는 작용이다. 과당은 설탕에 비해 흡습성이 매우 높아 제빵·제과 등에 사용하면 보습(補濕) 효과를 기대할 수 있다.

이성화당은 이와 같은 여러 가지 특성을 가지고 있어서, 주로 청량음료에 많이 사용된다. 예를 들면, 유산균음료와 과일음료에 20%, 탄산음료에 14%, 제과와 제빵에 12%, 냉과와 디저트에 10%, 통조림에 7% 정도를 첨가하여 사용된다. 기호식품의 소비가 점차 많아져 이성화당의 이용은 늘어나고 있다.

6.5 Cyclodextrin

사이클로덱스트린(cyclodextrin, CD)은 1891년 Villers에 의해 발견되었다. 이후 *Bacillus macerance* 등 생산균주가 계속하여 발견되어 생산비가 낮아지면서 많은 분야에 이용되고 있다. Cyclodextrin은 α-1,4 결합을 한 결정성이 강한 cyclic oligosaccharide로서 결합한 포도당 분자의 수에 따라 성질이 다른 3종의 cyclodextrin이 알

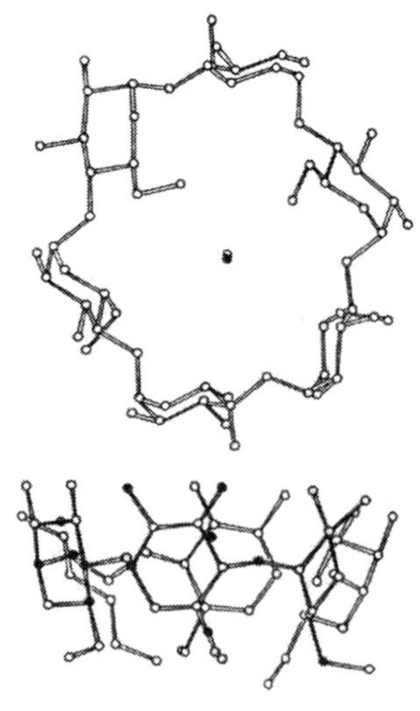

α-cyclodextrin $6H_2O$

그림 3-41. α-cyclodextrin의 분자구조

려져 있다. α-cyclodextrin의 분자구조 모델은 그림 3-41에서 보는 바와 같다.

Cyclodextrin은 옥수수녹말, 밀녹말 등 천연전분이나 가공전분을 원료로 하여 cyclodextrintransferase(CDT-ase)를 작용시켜 제조한다. 제조방법은 효소반응에 의한 것으로 반응액 중의 녹말농도가 적을수록 CD의 함량이 높아진다. 녹말 현탁액에 CDT-ase를 가하여 70~80℃에서 작용시켜 액화시킨 후 60℃로 냉각한다. 여기에 에탄올과 CDT-ase를 가하여 교반하면서 반응시킨다. 반응이 종결된 후 가열하여 효소를 불활성화시키고 여과, 농축, 건조과정을 거쳐 제품화한다. 제품 중에는 일반적으로 α-CD가 31.5%, β-CD가 13.4%, γ-CD가 7.8%이며, 나머지는 덱스트린이다.

식품가공 분야에 이용되는 경우는 다음과 같은 여러 가지 효과가 있어서 여러 분야에 이용된다.

① 가공식품의 조직감을 향상시키거나 개량
② 쓰거나 떫은맛의 제거나 경감시키는 효과
③ 내산화성의 효과
④ 풍미를 온화하게 하는 작용
⑤ 수산물, 축산물, 콩냄새 등의 특이한 냄새를 제거하는 작용

6.6 가공전분

1) 덱스트린

녹말을 미량의 염산 또는 질산 희석액에 혼합하거나 침지하여 균일하게 침투되도록 한 다음 건조・볶기(roasting)・냉각・조습(調濕)하여 제조한 것이 덱스트린(dextrin)이다. 녹말의 덱스트린화에 있어서 분자 내에 일어나는 화학반응은 매우 복잡하다. 고분자가 분해와 재중합을 반복하면서 단기(單岐), 다분기(多分岐) 구조의 성분으로 변화되어 일어나는 것으로 여겨진다. 반응의 모형은 그림 3-42와 같다. 또한, 시판되는 roast dextrin의 일반성분은 표 3-17과 같다. 덱스트린은 다음과 같은

표 3-17. 덱스트린의 일반성분

덱스트린	수 분	환원당(%)	덱스트린 분말(%)	외 관
배초가용성 전분	10% 이하	2~5	30 이하	백색분말
백색 덱스트린	10% 이하	2~5	30~90	백색~미황색 분말
담황색 덱스트린	10% 이하	0.5~3.5	90 이상	담황색
황색 덱스트린	10% 이하	0.5~3.5	90 이상	황 색

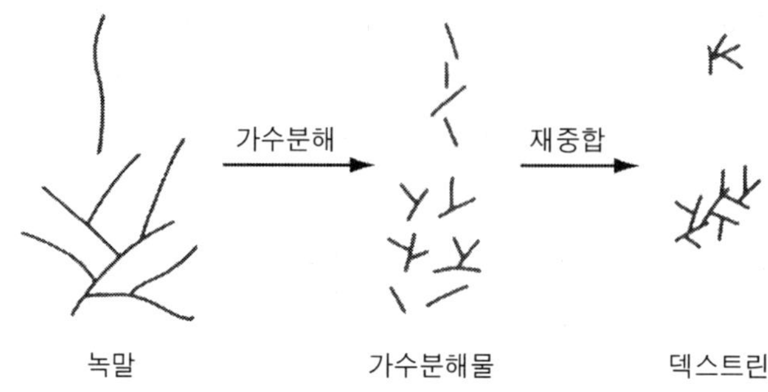

그림 3-42. 녹말의 덱스트린화 반응

성질이 있다.

① 호액(糊液)의 점성이 크게 떨어진다.
② 호액의 안정성이 분해도에 따라 매우 좋아진다.
③ 호액의 침투성은 좋아지나 피막은 약하다.
④ 접착력은 고농도에서 강하다.
⑤ 분해정도가 큰 것은 냉수에 완전히 녹는다.

Roast soluble starch, white dextrin은 찬물에는 완전히 녹지 않으나, 뜨거운 물에는 쉽게 녹아 점성이 낮은 투명한 풀을 만든다. 섬유용 호료(糊料)로 주로 이용되며, 염료·의약품 등의 희석제로 쓰인다. 담황색 또는 황색 덱스트린은 찬물에 완전히 녹기 때문에 우표·라벨용 종이·석고·회화용구 등에 접착제, 또는 의약·염료·효소 등의 희석제로 쓰인다.

British gum은 약품에 견디는 성질이 우수하여 나염제로 이용되었다. 그러나 섬유공업의 제조방식의 변천 등으로 CMC(carboxymethyl cellulose), 천연고무유도체, 전분유도체 등으로 대체되어 수요가 많이 줄었다.

2) Maltodextrin

녹말을 가수분해하여 생기는 DE 10～20의 저당화 액당을 말토덱스트린(maltodextrin)이라고 한다. 가공전분으로서의 덱스트린(roast dextrin)과 구분되며, 산 또는 효소가수분해법에 의해 제조된다. α-amylase에 의한 효소법이 주로 이용된다. 효소의 처리방법과 처리조건을 조절하여 당류의 조성이 다양한 maltodextrin의 제조가 가능하게 되어 제과와 제빵 등에 널리 사용된다. 효소작용에 의해 생성된 저당화 액당의 당 조성은 표 3-18에서 보는 바와 같다. 70～80%가 6탄당 이상의 덱스트린이며,

표 3-18. Maltodextrin의 당 조성

당조성	DE 10	DE 15	DE 20
단당류	0.5%	1.0%	1.0%
이당류	0.3%	3.5%	6.0%
삼당류	6.5%	7.5%	8.0%
사당류	5.5%	6.0%	7.0%
오당류	4.5%	4.5%	10.0%
육당류 이상	79.5%	77.5%	68.5%

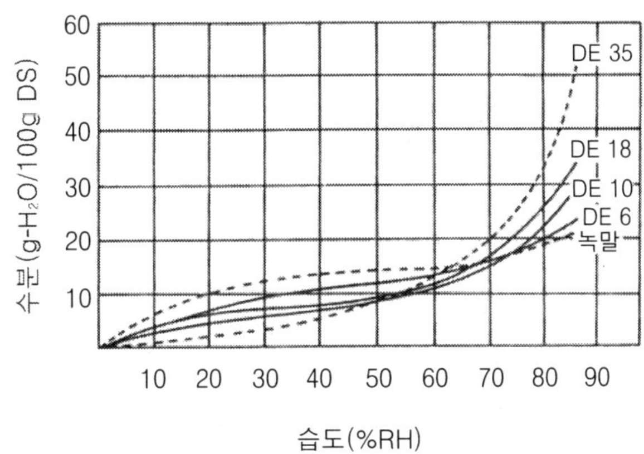

그림 3-43. Maltodextrin의 보수성

포도당 함량은 1% 미만이다. 당화 정도에 따라 물리화학적 성질이 다르기 때문에 특성이 다른 maltodextrin 제품은 첨가식품의 특수성에 맞추어 선택적으로 사용할 수 있다.

물성에 있어서는 가수분해 정도가 높을수록(DE가 클수록) 용해도, 감미도, 흡습성, 갈변성, 빙점강하가 커진다. 반대로 점착성, 결정성, 기포의 안정성, body 형성능이 작아지는 경향이 있다. Maltodextrin은 설탕이나 포도당에 비해 용해도가 떨어지나 수화력이 크므로 보수성 또는 보습성이 크다(그림 3-43).

이밖에 다음과 같은 여러 가지 특성을 가지고 있어서 식품가공 분야에 다양하게 활용되고 있다.

① 백색분말로 유동성이 좋고 녹말 냄새가 나지 않는다.
② 냄새가 없고 단맛이 거의 없다.
③ 용해성이 좋고 알맞은 점성을 갖는다.

④ 내열성이 있으며 갈변이 잘 일어나지 않는다.
⑤ 피막형성이 잘 되며, 변성을 방지하므로 겉보기를 개량하는 효과가 있다.
⑥ 소화흡수성이 좋아 환자용 식사 또는 body food로 알맞다.
⑦ 식품 중의 거품을 안정화시키는 효과가 있다.
⑧ 내산(耐酸)과 내염기성이 있고, 결정성이 있는 당의 석출을 방지하는 효과가 있다.
⑨ 흡습성이 적기 때문에 굳어져 덩어리가 지는 현상(caking)이 잘 일어나지 않는다.
⑩ 감미료, 향미료 등의 carrier로서 우수한 성질이 있다.

덱스트린은 이와 같은 여러 가지 특성을 가지고 있어서 과즙 · 수프 · 커피 등을 분말화하는 데 부형제로 이용되거나, 냉동식품 · 스낵식품 · 캔디 · 장류 · 유아식 · 커피용 크림 · 껌 · 의약품 등 다양한 분야에 널리 이용된다.

3) 에스테르화 전분

습식법에 의해 각종 에스테르화 전분이 제조되지만, 인산에스테르화 전분 등은 건식법에 의해 제조된다. 녹말입자 내에서의 인산의 결합형태는 그림 3-44와 같은 것으로 추정된다. 인산모노에스테르화 녹말은 냉수에 용해되며, 고점성으로 안정성이 우수하여 식품용 증점제, 섬유공업의 나염제, 주물용 점결제 등에 이용된다.

에스테르화시키는 데는 pH 7.5 이상으로 조절한 녹말 현탁액에 에스테르화제로서 무수아세트산, 무수말레산(maleic acid) 또는 아세트산 vinyl-monomer를 첨가하여 반

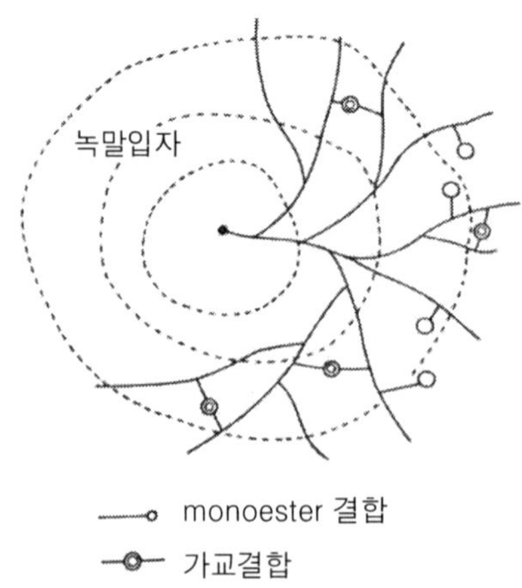

그림 3-44. 녹말입자 내의 인산의 결합 모형도

응시키고, 반응 후 중화, 수세, 건조과정을 거쳐 제조한다. 치환도 0.02～0.05 정도가 되도록 녹말을 에스테르화시키면 천연전분의 노화가 개선되며, 호화 개시온도가 낮아지고 녹말풀 또는 피막의 투명성이 향상된다. 저치환도의 에스테르화 녹말은 용도에 따라서 산에 의해 쉽게 점도가 낮은 제품을 만들 수 있다. 시판되고 있는 상품은 점도에 따라 구분되며, 물성은 서로 약간의 차이가 있다.

4) 전분에테르

기체상태에서 반응시키는 건식방법과 녹말의 현탁액에서 출발하는 습식방법이 있으나, 대부분 습식방법에 의해 전분에테르를 제조한다. 40～45%의 녹말 현탁액에 3.6% 정도의 식염을 첨가하여 녹말의 팽윤을 억제하면서 0.6%의 NaOH를 가하여 알칼리성으로 조절한다. 40℃ 이하에서 ethylene oxide 또는 propylene oxide를 용해시켜 반응시킨다. 옥수수녹말을 사용하여 제조한 전분에테르는 녹말의 물성을 크게 변화시켜 호화가 잘 일어난다. 투명한 녹말풀을 만들며, 겔화 경향이 적고 필름(film)성도 향상된다. 치환도가 커짐에 따라 호화온도가 매우 낮아져 냉수에도 녹말입자가 팽윤된다. 제지용 개질전분(改質澱粉)으로 많이 이용되고 있다.

5) α-녹말

우리나라와 일본에서는 주로 α-녹말이라고도 부르며, 외국에서는 일반적으로 'pre-gelatinized starch' 또는 'precooked starch'라고 한다. 감자녹말, 타피오카녹말, 옥수수녹말 등의 현탁액을 직접 가열하여 팽윤된 녹말풀을 드럼건조기(drum dryer)로 연속적으로 호화·탈수·건조 조작에 의해 제조한다(hot roll법).

이 외로 extruder를 이용하여 스크루(screw)에서 120～160℃로 고압에서 압출하는 방법이 이용된다. 고온에서 습도가 높을 때에는 녹말의 노화가 진행되지만, 수분을 13% 이하로 하여 건조된 상태에서 사용하는 경우에는 문제가 없다.

식품용으로는 조리식품, 냉동식품이나 각종 제과원료에 직접 배합하여 사용하거나, 수프와 조미료 등의 점조제 또는 안정제 등으로 쓰인다. 특히 용기면(컵라면) 등과 같은 인스턴트성을 필요로 하는 분야에 많이 이용된다. 일본에서는 뱀장어의 사료로 수요가 많다.

6) 산처리 전분

산처리 전분의 특징은 호화시킬 경우 점도는 낮으나 노화성이 크다. 겔화가 쉽게 일어나며, 접착력과 피막 형성이 강한 점이다. 겔강도가 큰 특성을 이용하여 제과재료, 섬유공업, 특수 종이제조 등에 이용된다. 그리고 저점성으로 발효저해물질이 없어

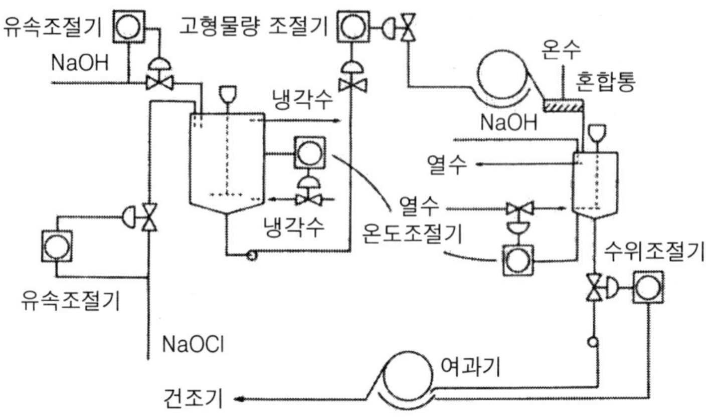

그림 3-45. 산화전분의 제조공정도

서 발효공업에도 이용된다.

7) 산화전분

옥수수녹말은 다른 녹말에 비하여 녹말풀의 겔화 경향이 크고 투명도가 낮다. 이러한 성질을 개량하여 호화를 쉽게 하고 필름성을 향상시킨 것이 산화전분이다. 산화전분의 제조에는 산화제로서 보통 차아염소산나트륨을 사용한다. 약 45%의 녹말 현탁액을 만들어 NaOH로 pH를 8～10으로 조절하고, 6～8%의 산화제를 가하여 50℃ 이하에서 반응시킨다. 발열반응이므로 온도조절에 유의하여야 하며, 반응의 진행에 따라 pH가 낮아지므로 NaOH 용액을 알맞게 첨가하여 조절한다. 산화전분의 제조공정은 그림 3-45에서 보는 바와 같다. 산화전분은 용해성과 안정성이 개선될 뿐만 아니라 전분백도가 향상되며, 녹말 특유의 냄새가 없어진다. 주로 제지공업에 많이 이용된다. 이밖에 섬유공업, 석고보드 등의 건재공업, 식품산업에서의 starch jelly 제조에 이용된다.

6.7 기타 탄수화물자원의 이용

녹말 외에 산업적으로 이용되거나 이용 가능성이 있는 탄수화물자원은 여러 가지가 있다. 고분자 당류로서 식물체의 골격을 이루고 있는 셀룰로오스, 헤미셀룰로오스, xylan, pectin, gum질 등에 대해서는 별도로 바이오매스의 이용(제 10장)에서 다루었다. 이밖에 inulin은 다알리아 뿌리, 돼지감자, 야콘감자 등에 저장물질로 들어 있다. 돼지감자는 재배에 있어서의 여러 가지 장점으로, 이를 활용한 감미료의 생산 또는 에탄올의 생산에 관한 연구가 진행되었다.

1) 설 탕

저분자 당류로는 설탕의 제조원료인 사탕수수(sugar cane), 사탕무(sugar beet)가 있고, 제과와 담배 등에 사용되는 사탕단풍(maple syrup)이 있다. 제당용으로는 사탕수수가 약 60% 정도 이용되며, 나머지는 사탕무이다. 국내에서는 연간 150만 톤 정도를 사탕수수 농축액 형태로 수입하여 제당하고 있다.

국내의 제당공업은 1953년 하루 25톤 규모의 제일제당 부산공장이 설립으로 시작되었다. 몇 차례의 개편을 거쳐 제일제당(CJ), 삼양사, 대한제당 등 3사 체제가 확립되었다. 원료의 도입은 호주, 태국, 남아프리카 등에서 이루어지고 있다. 국제 원당(原糖) 가격의 변동, 국내소비의 불안정, 고세율 등의 제약요인과 설탕을 대체한 포도당·과당·물엿 등 녹말을 가수분해하여 만는 전분당의 증산과 아스파탐(aspartame), 스테비오사이드(stevioside), 수크랄로스(sucralose) 등 인공감미료의 개발로 시장수급의 영향을 받고 있다.

설탕은 사탕수수 또는 사탕무를 압착하거나 침출시켜 얻어진 즙액을 농축시킨 다음 결정화하여 얻는다. 즙액에 석회수를 첨가하여 가열하면서 교반함으로써 인산화합물을 중화시킨다. 여기에서 생기는 인산석회를 침전시키고, 착즙박(bagasse)의 절편, gum질, 색소 등 불순물을 흡착시켜 제거한 다음 여과한다. 여과액은 다중효용증발관에서 55~77°Brix로 농축한 다음 결정관에서 결정화시켜 원심분리기로 분리한다.

이와 같이 얻어진 원당은 정제과정을 거쳐 여러 가지 형태로 상품화한다. 정제하는 과정에서 당밀을 제거하지 않은 흑설탕, 가공정도를 높인 각설탕과 분(粉)설탕으로 구분된다. 빙(氷)설탕은 큰 결정이 이루어지도록 한 다음, 캐러멜 색소를 첨가하여 커피슈가를 만들기도 한다.

국내에서 생산되는 제품으로는 백설탕(white sugar), 갈색설탕(brown sugar), 흑설탕(dark brown sugar), 분당(powdered sugar), 굵은 정백당(crystal sugar), 각설탕(cube sugar), 빙당(rock sugar), 과립당(frost sugar), 커피슈가(coffee sugar)가 있다.

설탕용액에 invertase 또는 묽은 산에 의해 가수분해시켜 만든 전화당(invert sugar)은 선광성이 우선광에서 좌선광으로 변하게 되어 용해성이 커지고 감미도가 커진다. Neosugar로 불려지는 fructo-oligo당은 설탕에 *Aureobasidium pullulans* 등이 생산하는 전이효소(β-fructosyltransferase)를 작용시켜 얻어지며, 설탕의 과당 부위에 1~3개의 과당을 β-1,2 결합시킴으로써 저칼로리, 충치예방, 비피더스균의 생육 촉진 효과가 있는 것으로 알려져 있다.

2) 벌 꿀

양봉가들에 의해 생산되는 벌꿀(honey) 제품은 채밀하는 꽃의 종류에 따라 색깔, 결정화의 상태에 따른 형상, 풍미 등이 다르다. 벌집을 원심분리하거나 압착하여 벌꿀을 채취하며, 여과한 다음 제품화한다. 풍미를 개선할 필요가 있을 경우는 활성탄이나 이온교환수지를 거치기도 한다. 벌꿀에는 약 38%의 과당과 31%의 포도당으로 구성되어 있으며, 직접 식용으로 이용하거나 제과 등에 사용하고 있다.

3) 인공감미료

벌꿀을 제외하고는 천연감미당질의 이용은 농산물 세포 중에 존재하는 단당류 또는 이당류를 분리시키는 것이다. 당은 일반적으로 물에 녹고 유기용매에 녹지 않으므로 많은 양의 물을 사용하여 당을 추출하여 분리한 다음 당 외로 같이 녹아 있는 물질을 제거하게 된다. 그리고 당질의 물에 대한 용해성, 결정성 등을 이용하여 정제한다.

설탕을 대신하여 사용하는 감미자원은 앞에서 설명한 대로 녹말의 분해생성물인 전분당, 당알코올, polydextrose 등이 있다. 천연감미료로는 스테비아(*Stevia rebau-*

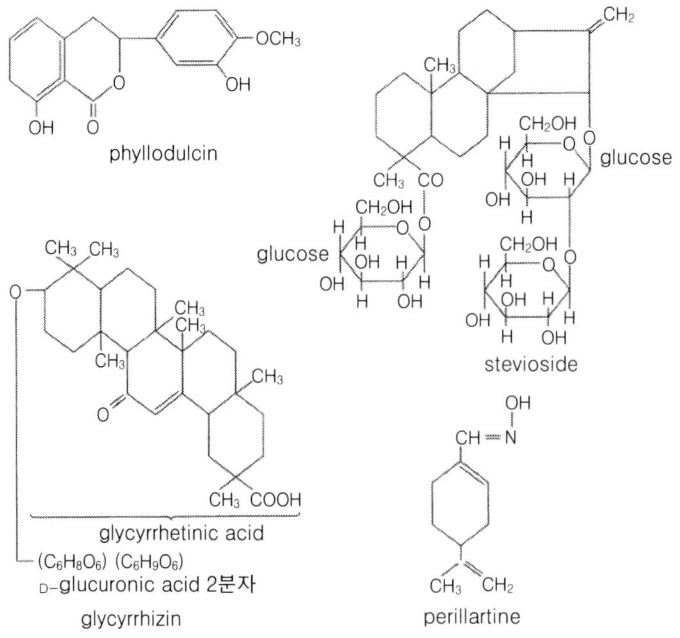

그림 3-46. 인공감미료의 화학구조

표 3-19. 인공감미료의 종류

인공감미료	상품명 또는 성분	감미도*	사용 허가제품	비 고
Acesulframe-K	Sunette	130～200	건조식품, 껌	1988년 개발
Alitame	dipeptide-amide	2,000	캔디, 껌	1986년 개발
Aspartame	Nutrasweet	180～200	껌, 음료	
Glycyrrhizin	triterpene glycoside	50～100	코코아, 초콜릿	향기 증진제
Saccharin		300～400	껌	아스파탐으로 대체
Sucralose		600～800	껌	
Thaumarin	Talin	400～2,000	껌	

* 설탕에 대한 비율로 나타냄.

diana)에서 얻어지는 스테비오사이드(stevioside), 삼초(甘草)에서 얻어지는 glycyrrhizin, 감차(甘茶)에서 얻어지는 phyllodulcin 등이 있다. 이들의 화학구조는 그림 3-46에서 보는 바와 같다. 이 외로 소화·흡수가 어려워 다이어트용으로 이용되는 인공감미료가 있다. 인공감미료에는 여러 가지가 있다. 예전에는 사카린을 주로 사용해오다가 표 3-19에서 보는 바와 같이 새로이 개발된 감미료로 대체되고 있는 실정이다.

이 중에서 아스파탐(aspartame)은 aspartic acid와 phenylalanine으로 구성된 아미노산계 감미료로 감미도는 설탕의 200배 정도이다. 국내에서 시판하고 있는 감미료 중에 설탕과 가장 비슷한 단맛을 가지고 있으며, 뒷맛으로 쓴맛이 남지 않는 장점이 있다. pH 3～5에서 안정하나 pH 2～2.5에서 단맛이 없어지며, 열에 약한 단점이 있다. 1965년 미국의 Serale사에서 발견되었고, 국내에서는 1985년 제일제당(CJ)에서 기술개발로 시판하기 시작하였다.

미국의 대형 청량음료업계에서 다이어트 음료의 감미료로 사카린에서부터 아스파탐 등으로 대체하였으며, 국내의 경우도 청량음료와 소주제조에도 첨가하기 시작하여 사용량이 많아졌다. 미국의 경우 감미자원의 소비경향을 보면 1960년에 설탕이 98%를 차지하였으나, 1989년에 55%로 감소한 반면 이성화당이 43%를 차지하여 많이 바뀌었다.

제 4 장

유지자원의 이용

유지(油脂, oils and fats)는 탄수화물, 단백질과 함께 식품의 3대 영양소의 하나이다. 인체에 효율적인 칼로리를 공급하는 동시에 필수지방산을 공급한다. 식사 후에 만복감(滿腹感)을 주고 지용성 비타민의 운반체 역할을 한다. 또한, 유지는 각종 식품의 맛과 향기에 관여할 뿐만 아니라 식품의 독특한 기능적 특성을 부여하는 데도 중요한 역할을 하기 때문에 여러 가지 가공식품의 제조에 중요한 식품소재가 된다.

유지의 명칭은 화학적으로 중성유지, 즉 트리글리세리드(triglyceride)의 의미로 사용되는 경우가 많다. 관습적으로 실온에서 액체인 기름을 유(油, oil)라고 하며, 고체인 기름을 지(脂, fat)라고 하여 이를 합한 말로서 유지(油脂)라고 한다. 유지의 분류방식은 여러 가지가 있으나, 일반적으로 그림 4-1과 같이 나눈다.

유지자원의 이용은 주로 농산물인 식물성 기름에 의존하고 있으며, 크게는 유지의

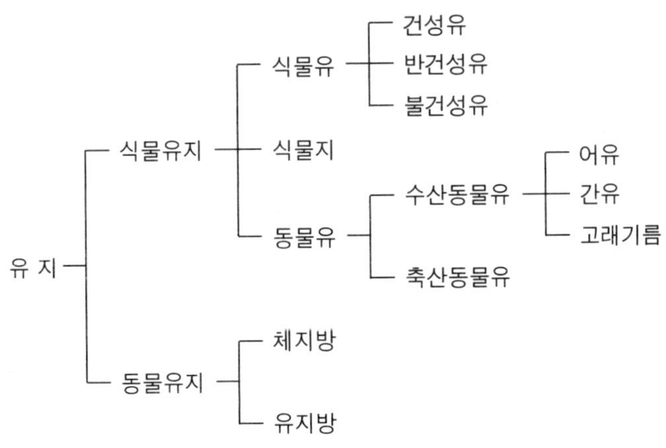

그림 4-1. 유지의 분류

제조분야와 유지의 이용분야로 나눌 수 있다. 여기에서는 채유원료의 특성, 유지의 제조, 유지의 정제, 유지의 가공 등에 대하여 알아보자.

1. 유지자원의 이용

유지의 수급에 있어서 미국, 캐나다 등에서 1940년 후반부터 40년 이상 단위면적에 따른 생산량의 증가, 재배면적의 확대, 품종개량, 시장개척 등의 노력에 힘입어 매년 3% 정도씩 증가하여 세계의 유지생산량은 1억 톤을 넘고 있다. 아시아, 북미, 유럽 등이 유지 생산국으로서의 역할을 담당하고 있다. 특히 말레이시아 등지에서 팜유(palm oil)와 팜핵유를 2천만 톤 정도 생산하고 있어서 콩기름 다음으로 중요한 유지자원이 되고 있다.

해바라기, 면실의 생산국이었던 러시아와 동구권은 정치적 불안, 농업정책의 실패, 기후불순 등으로 생산량의 확대를 기대하기 어려워졌다. 아프리카 국가들은 계속되는 내란과 정치적인 불안, 가뭄 등으로 식량 부족이 심해져 유지원료의 공급국가로서의 지위를 잃었다. 따라서 유지수급은 주로 대두의 증산 가능성과 팜유의 증산에 기대하고 있다. 유지자원의 이용공업은 크게 제유공업(製油工業)과 유지이용공업(油脂利用工業)으로 나눌 수 있다.

제유공업은 원료유지의 채취와 정제를 행하여 식용이나 공업용에 알맞은 유지를 생산하는 공업이다.

유지이용공업은 유지를 분해하여 필요로 하는 성분을 분리 또는 정제하거나, 유지에 화학적 변화를 일으키거나, 다른 화합물로 합성하는 등 유지를 가공하여 부가가치를 높이는 공업이다.

세계 유지생산량 중에서 약 80%가 콩기름, 팜유, 유채기름(rapeseed oil 또는 carola oil), 면실유 등의 식물성 기름이며, 유지생산량의 80%가 식용유 또는 식품가공 원료로 이용된다. 나머지 20% 정도는 가축사료, 비누제조, 지방산 유도체의 제조 등 유지이용 공업의 원료로 이용된다.

국내의 유지생산량은 4만 톤 정도로, 이 중에 90% 이상이 참기름, 유채기름, 쌀겨기름, 들기름 등 식물성 기름이다. 국내농업은 국제경쟁력을 잃어 국내에서 유지원료의 생산이 위축되었으며, 특히 대두와 팜유 수입증가로 유채기름의 생산이 크게 감소하였다. 유지수요가 매년 증가함에 따라 국내 자급률이 크게 떨어져 유지 총수요량 중에서 90% 이상을 수입하는 원료에 의존하고 있다.

외국에서 수입되는 기름은 콩기름, 팜유가 대부분을 차지한다. 콩기름은 대부분 식용유로 이용된다. 팜유의 경우는 값이 저렴할 뿐만 아니라 포화지방산 함량이 많아 다른 기름에 비하여 안정성이 있어서 마가린과 쇼트닝의 제조원료로 이용된다. 또한, 라면제조용 튀김기름으로 이용범위가 확대되어 수입량이 계속 증가하여 왔다. 이에 따라 상대적으로 쇠기름(牛脂), 돼지기름(豚脂) 등 동물성 기름의 수입은 감소하였다.

2. 채유원료와 기름의 특성

채유원료(採油原料)가 되는 유지자원은 식물의 종자나 과육(果肉), 또는 육상동물, 수산동물이다. 식물성 유지는 주로 유지의 채취를 목적으로 생산하여 유통되는데 비하여, 동물성 유지는 육제품 또는 유제품의 부산물로서 생기는 특징이 있다.

식물유지의 채유원료는 대두(콩), 유채, 면실, 낙화생(땅콩), 해바라기, 참깨 등이다. 이 외로 코코넛기름(coconut oil)의 원료가 되는 야자, castor oil의 원료가 되는 피마자 등이 유량종자(油量種子, oilseeds)로 취급된다. 대표적인 유량종자의 화학성분 조성은 표 4-1에서 보는 바와 같다. 지질함량은 대두와 면실을 제외하고는 건물량의 30% 이상이다. 코코넛과 팜핵(palm kernel)을 제외하고는 단백질 함량이 많으며, 특히 대두에는 단백질 함량이 많아 단백질자원으로도 이용된다. 이 중에서 제유공업의 원료로서 주로 이용되는 대두, 유채, 팜나무(oil palm)의 특성을 살펴보면 다음과 같다.

2.1 대 두

대두(콩, soybean, *Glycina maxima*)의 주생산지는 미국, 브라질, 중국, 아르헨티나

표 4-1. 유량종자의 화학조성(%)

	수 분	단백질	지 질	조섬유
대두	10	33.2(44.7)	17.5	4.1
면실	9	17.8(24.3)	19.3	19.9
땅콩	6	26.8(51.7)	44.9	2.1
코코넛	45	4.0(10.9)	36.0	2.0
참깨	6	20.4(50.3)	46.9	6.3
피마자	7	14.8(23.5)	32.5	28.2
팜핵	8	8.5(18.2)	49.0	5.8

( )은 탈지 후 건물량을 기준으로 한 값

등으로 세계 대두생산량은 1억 9천만 톤이 넘는다. 이 중에서 미국이 7,000만 톤 이상을 생산하고 있다. 세계 수출량에서 미국이 36.1%, 브라질이 38.4%, 아르헨티나가 17.9%의 비중을 차지하여, 이들 3국의 수출비중이 92%가 넘는다.

국내에서 생산되는 대두는 주로 콩나물, 두부, 장류 제조용으로 이용한다(제 5장 참조). 농산물 수입자유화에 따라 국내산 대두의 국제경쟁력이 떨어져 수입에 의존함으로써 유지제조, 사료 등 공업용 원료가 되는 대두는 연간 약 150만 톤 정도를 수입하고 있다. 다른 식물성 유지원료는 대개 유지함량이 35~40%인데 비하여, 대두는 유지함량이 20% 정도이다.

대두에는 40% 정도의 단백질을 함유하고 있어서 유지추출 후에 생기는 탈지박(탈지대두박, 脫脂粕)은 단백질자원(제 5장 참조)으로도 이용된다. 브라질의 대두 증산에 힘입어 다소 생산량이 증가할 것으로 기대된다. 탈지박의 수요가 증가함에 따라 대두의 생산도 이의 소비추세에 따를 것으로 보인다. 따라서 대두는 유지자원인 동시에 단백질자원으로 활용되고 있다. 콩기름은 표 4-2에서 보는 바와 같이 높은 리놀레산(linoleic acid)을 함유하고 있어서 식용유로서는 보존안정성이 떨어지기 쉽다. 따라서 고도불포화 지방산(polyunsaturated fatty acid) 함량이 적은 품종의 육종을 시도하고 있다. 콩기름은 식용유로 이용되거나, 마가린 등의 제조원료 또는 페인트, 인쇄

표 4-2. 주요 유지 종류별 지방산 조성

지방산	팜유	올리브 기름	콩기름	유채기름	해바라기 기름	땅콩기름	면실유	옥수수 기름
12 : 0	0.2	-	-	-	-	-	-	-
14 : 0	1.1	-	0.1	-	0.2	0.1	0.9	-
16 : 0	44.0	13.7	11.0	3.9	6.8	11.6	24.7	12.2
16 : 1	0.1	1.2	0.1	0.2	0.1	0.2	0.7	0.1
18 : 0	4.5	2.5	4.0	1.9	4.7	3.1	2.3	2.2
18 : 1	39.2	71.1	23.4	64.1	18.6	46.5	17.6	27.5
18 : 2	10.1	10.0	53.2	18.7	63.7	31.4	53.3	57.0
18 : 3	0.4	0.6	7.8	9.2	0.5	-	0.3	0.9
20 : 0	0.4	0.9	0.3	0.6	0.4	1.5	1.0	0.1
20 : 1	-	-	-	1.0	-	1.4	-	-
22 : 0	-	-	0.1	0.2	-	3.0	-	-
포화지방산	50.3	17.1	15.4	6.8	12.1	20.3	28.2	14.5
불포화지방산	49.7	82.9	84.6	93.2	87.9	79.7	71.8	85.5
요오드가	53.3	79.9	132	111	127	94	108	124

잉크 등의 공업용으로 이용된다.

2.2 유 채

식물유 중에서 유채기름은 세계 유지생산량의 15% 정도를 차지한다. 유럽과 캐나다에서 생산되는 유채(rapeseed, *Brassica oleifeira*) 품종은 에루크산(erucic acid) 함량이 적은 품종으로 개량되었으며, 제주도를 중심으로 국내에서 생산되는 유채도 개량품종으로 바뀌었다. 그러나 중국은 아직도 재래종 품종이 많이 재배되는 것으로 여겨지고 있다.

재래품종에 많이 들어 있는 에루크산은 인체에 유해할 수도 있다. 특히 탈지박에 들어 있는 glucosinolate는 유채 중에 있는 효소작용에 의하여 분해되면 독성물질을 생성하므로 가축사료로 이용할 수 없어 유기질비료로 사용된다. 에루크산 함량이 적은 품종은 재래품종에 비하여 지질과 단백질 함량이 조금 떨어진다. 개량품종의 유채 탈지박은 대두박과 더불어 단백질자원으로 활용이 기대된다. 그러나 유채재배는 단위면적당 경제성이 다른 작물에 비하여 떨어지므로 가격경쟁이 어렵기 때문에 국내에서는 점차 생산량이 감소하고 있다.

2.3 팜나무

팜유(palm oil)는 야자과에 속하는 다년생 식물인 팜나무(oil palm, *Elacis guineensis*)의 과실에서 얻어진다. 과실은 그림 4-2에서 보는 바와 같이 1개당 직경 3~6 cm 내외의 계란모양으로, 과육에는 45~50%의 기름이 들어 있다. 팜유는 주로 압착법(壓搾法)에 의하여 채유되어 정제한다.

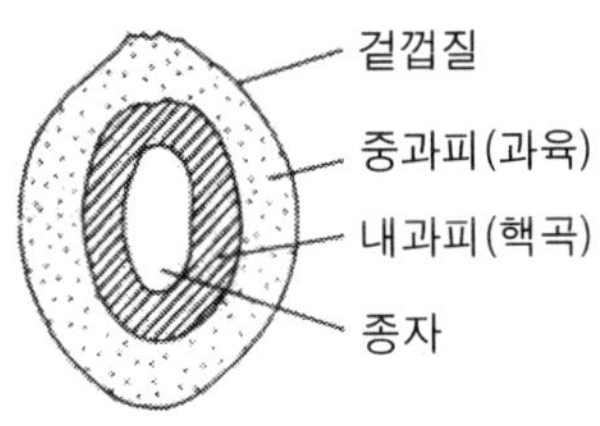

그림 4-2. 팜나무의 과실 단면도

표 4-3. 유지원료의 생산성 비교

유지의 종류	원료의 생산량(kg)	유지 함량(%)	유지의 생산량(kg)	비율※	생산국가
팜유	2,700	20.7	540	1,636	인도네시아
팜핵유	-	1.8	49	148	인도네시아
콩기름	186	17.7	33	100	미 국
유채기름	162	38.0	62	188	캐나다
쌀겨기름	144	1.8	8	24	일 본

※ 콩기름을 기준

종자의 배유에서 채취하는 팜핵유(palm kernel oil)는 팜유에 비하여 포화지방산 함량이 높다. 과실의 생산량은 팜나무를 심은 후 3년부터 10년까지 계속 증가하여 25년 동안을 수확할 수 있다. 식물성 기름 중에서 팜유와 팜핵유는 세계 유지생산량의 24% 정도를 차지한다. 수확량이 11.25~27.50 톤/ha로서, 표 4-3에서 보는 바와 같이 현재 식물유지 원료 중에서 생산성이 가장 높은 것으로 알려져 있다. 팜유는 과육의 취급에 따라 자체 효소에 의한 가수분해로 유지의 품질이 떨어지므로 채유원료로 유통되지 않고 생산지에서 채유하기 때문에 수입국가에서는 부산물 이용이 고려되지 않는다.

팜유의 지방산 조성을 보면(표 4-2) 포화지방산과 불포화지방산이 절반씩 들어 있어, 일반적인 식물성 기름에 비하여 포화지방산 매우 함량이 높다. 포화지방산은 심장질환을 일으키는 콜레스테롤의 혈중농도를 높이기 때문에 일반적인 식물성 기름에 비하여 팜유를 비롯한 열대산 식물유의 높은 포화지방산 함량에 대하여 우려를 나타내고 있다. 따라서 포화지방산 함량이 낮은 품종으로 개량하고 있다. 말레이시아를 중심으로 팜유 생산량이 증가추세이며, 국내에서도 연간 20만 톤 이상을 수입하여 튀김용 기름 등 가공용으로 이용함으로써 유지자원으로 크게 주목받고 있다.

3. 유지의 제조

제유공업에 있어서 품질이 좋은 식용유를 제조하기 위하여 원료의 선택이 매우 중요하다. 원료의 품질을 결정하는 요인으로는 수분, 이물질(異物質)의 혼입, 손상된 채유원료 등을 들 수 있다. 채유원료의 품질은 수확하거나 저장할 때의 환경조건에 따라 다르다. 수분함량이 높아지면 호흡작용이 커지고, 미생물의 번식 등으로 경제적인 손실이 크다. 여러 가지 물리적 충격에 의하여 생기는 손상된 채유 원료에서는 효소 또는 미생물 등에 의한 생물적인 손실 외에도 화학적인 성분변화 등으로 채유수율과 품질이 떨어진다. 또한 잡초씨, 흙, 모래 등 이물질의 혼입이나 잔류농약 등도 유지제조에 많은 영향을 끼치므로 이에 대한 대책이 있어야 한다.

3.1 유지의 채취

유지의 채취법은 용출법(溶出法)・추출법・압착법으로 크게 나눌 수 있다. 용출법은 동물성 원료를 가열하여 원료 중에 들어 있는 고체지방을 액체상태로 흘러나오도록 하여 채취하는 방법으로서, 식물유지의 채취에는 거의 이용하지 않는다. 유지원료의 종류와 성질, 유지의 함량, 유지의 채취 규모 등에 따라 알맞은 채유법을 선택한다. 국내에서는 주로 대두를 채유원료로 사용한다.

보통 대두를 분쇄한 다음 압착법에 의한 전처리 공정을 거치거나, 또는 분쇄 후 바로 유기용매에 의한 연속추출법을 이용한다. 압착법의 경우에 있어서도 연속화, 대형화, 자동화 등의 경향을 띠고 있다. 채유의 목표는 유해한 불순물을 함유하지 않은 좋은 품질의 유지를 얻고, 채유수율을 높이며, 가능한 부가가치가 높은 탈지박을 부산물로 얻는 데 있다. 이를 위하여 채유법에 많은 주의를 기울이고 있다.

3.2 전처리 공정

품질이 좋은 유지와 채유박을 얻고, 채유량과 채유수율을 높이기 위하여 유지원료와 채유방법에 따라 각종 전처리를 한다. 전처리 공정은 매우 중요하며, 채유 전에 실시하는 대표적인 대두의 전처리 공정의 예를 들면 그림 4-3과 같다.

1) 정선과 탈피

원료 중에는 흙, 모래, 잎이나 줄기, 금속조각, 잡곡 등 불순물이 들어 있어 이를

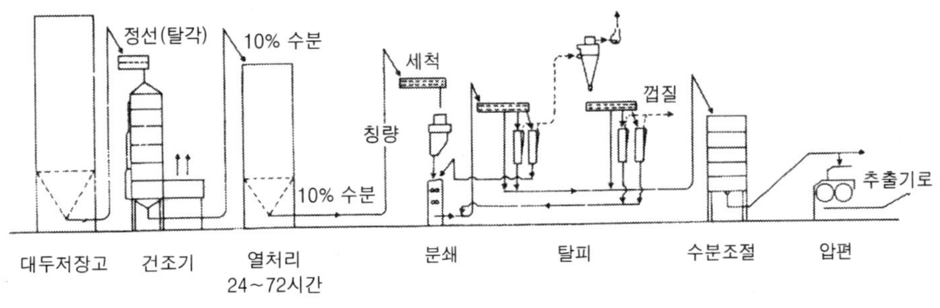

그림 4-3. 대표적인 대두의 전처리 공정

제거하여야 한다. 우선 자석정선기(그림 3-10)에 의해 금속조각을 제거하며, 바람을 불어넣어 가벼운 불순물을 제거하고 체로 쳐서 큰 불순물을 제거한다(그림 3-9). 불순물이 채유과정에 혼입되었을 때는 유지의 품질에 영향을 주거나, 경제적 손실을 준다. 그리고 탈지박을 식품으로 이용할 경우에 품질저하를 가져오므로 정선과정을 중요하게 여긴다.

예전까지는 채유 후에 탈지박에 남아 있는 유지가 많았으며, 수율이 떨어지는 것을 방지하기 위하여 탈피(脫皮) 공정이 이루어졌다. 그러나 점차 채유수율의 향상과 더불어 좋은 품질의 탈지박을 제조하기 위한 목적으로 참깨·유채 등 종자의 입자가 작은 원료를 제외하고는 대부분 탈피공정을 도입하고 있다.

예를 들어, 대두의 경우 탈피공정을 원활히 하기 위하여 수분함량을 9～10%로 조절하는 것이 좋다. 수분이 많은 원료를 건조시킨 직후에는 탈피가 잘 이루어지지 않으며, 수분함량을 조절하는 숙성기간이 10일에서 한 달 정도 걸린다. 따라서 외국으로부터 수입되는 원료가 입하하는 과정에 수분함량을 조절하여 저장하는 것이 보통이다.

2) 분쇄와 열처리

채유 원료의 세포막을 파괴시켜 세포 중에 들어 있는 유지가 유출되기 쉽도록 엷은 조각(flake)으로 만든다. 그리고 유지의 유출속도를 증가시키기 위하여 조쇄(粗碎), 분쇄(粉碎), 또는 압편(壓片) 조작을 실시한다.

정선된 원료는 그림 4-4에서 보는 바와 같은 보통 2개의 로울(roll)을 사용하여 조쇄하며, 로울 표면의 피치(pitch)에 의하여 원료인 대두입자는 1/4～1/6 정도로 부서지게 된다. 조쇄하기 전에 열처리하는 것은 추출용 원료의 압편을 쉽게 하고, 분쇄할 때 미세한 가루가 생기는 것을 방지하기 위하여 이루어진다.

분쇄한 대두를 압편하기 전에 수분함량이 10% 정도가 되도록 조정한다. 이 조작을 수분조절(conditioning 또는 tempering)이라고 하며, 수분조절 처리를 끝낸 다음에 분쇄기에서 분쇄하는 것이 보통이다. 그리고 원료에 들어 있는 산화효소를 불활성화시키고 착유를 쉽게 하기 위하여 실시하는 열처리(cooking)는 보통 60～75℃에서 20～30분간 처리한다. 특히 압착법으로 착유하는 경우에는 일반적으로 90℃ 정도에서 15～20분간 열처리한다. 열처리로 다음과 같은 효과를 얻을 수 있다.

① 원료의 수분함량을 조절한다.

② 유지의 점도를 낮추어 착유를 쉽게 한다.

③ 원료에 들어있는 효소를 불활성화시켜 채유 중에 유리지방산의 생성을 억제한다.

④ 착유 후 미생물의 오염을 방지한다.
⑤ 세포막을 파괴시키고, 단백질을 응고시켜 유지분리를 쉽게 한다.
⑥ 면실에서의 고시폴(gossypol)과 같은 채유 원료 중에 들어 있는 유해성분을 불용화(不溶化)시킨다.

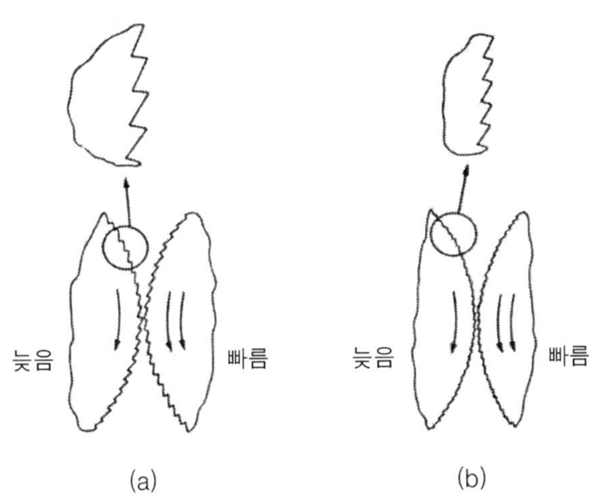

그림 4-4. 조쇄기 로울의 단면도

(a) 상단 로울 : 톱니수가 100개로 25.4 mm에 대해 3.234개로 잘린다.
(b) 하단 로울 : 톱니수가 160개로 25.4 mm에 대해 5.1746개로 잘린다.

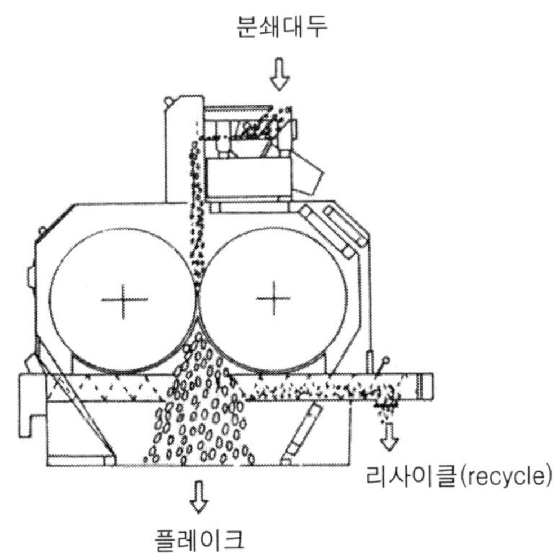

그림 4-5. 대두 압편기의 단면도

열처리를 하면 착유율을 높일 수 있는 효과가 있으나, 경우에 따라서는 품질이 조금 떨어지는 경향이 있다. 따라서 보통 증자 후 110～130℃에서 건조시킨 후, 착유원료에 따라 다르지만 수분함량을 3% 내외로 하여 압편을 한다. 압편은 그림 4-5에서 보는 바와 같이 원료에 열이 있는 부드러운 상태에서 2개의 고무로울이 한 조로 되어 있는 압편기에서 이루어진다. 압편된 대두의 두께는 추출기의 형태, 추출시간에 따라 다르나 0.2～0.3 mm가 보통이다.

3.3 유지추출법

1) 압착법

압착법은 식물성 유지원료에 압력을 가하여 채유하는 방법으로서 오래 전부터 사용되었다. 그러나 참기름이나 유채기름의 일부 등 보통 정제하지 않는 유지의 채유에 한정된다. 규모가 큰 공장에서는 대형 압착기에 의해 연속적으로 처리함으로써 용제(溶劑) 추출법에 대응하고 있으나, 일반적으로 용제추출을 위한 예비압착 수단으로서 중요한 역할을 한다. 대표적인 예비압착용 추출기는 그림 4-6에서 보는 바와 같다. 팜유 또는 습식법에 의한 옥수수 배아에서의 유지추출 등 수분함량이 많은 원료로부터의 채유법으로서 매우 효과적인 방법이다. 압착기술은 앞으로 기술과 기계의 개발로 발전이 기대된다.

2) 용제추출법

용제추출법은 유지원료를 휘발성 유기용매로 처리하여 원료 중의 유지성분을 용해시킨 후 채유하는 방법이다. 예전에는 유지 함량이 높은 원료는 압착법을 사용하고,

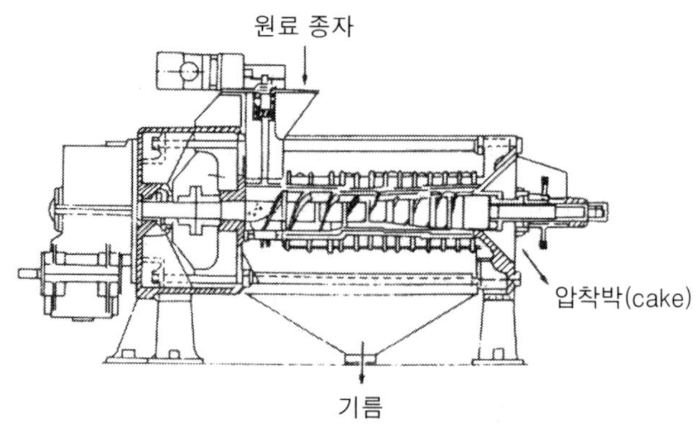

그림 4-6. 예비압착용 추출기

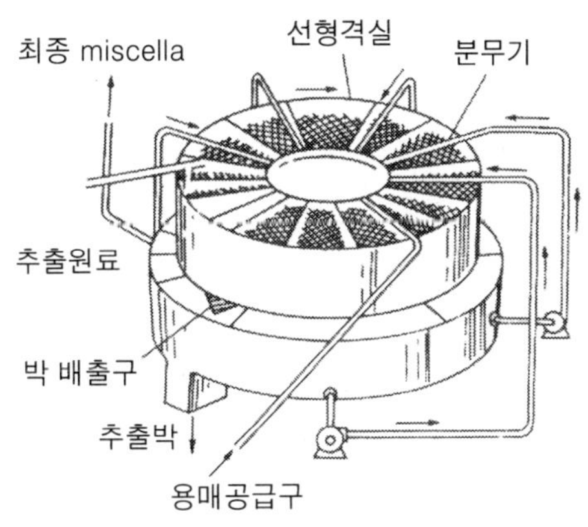

그림 4-7. Rotocell형 추출기

비교적 유지 함량이 적은 원료는 전처리를 끝낸 후 용제추출을 하는 방법으로 이루어졌다. 여과-추출법(filtration-extraction method)이 개발되어, 유지 함량이 높은 원료도 직접법에 의해 처리할 수 있게 되었다.

압착법으로는 탈지박(脫脂粕) 중에 유지성분을 3～6% 이하로 하는 것이 어려웠으나, 추출법으로는 유지성분을 0.5% 이하로 낮출 수 있는 이점이 있다. 또한, 탈지박에 대한 영양가의 손실을 줄이고, 탈지박의 활용이 중요하게 여겨짐에 따라 효소의 불활성화로 소화율의 향상에 목적을 두기 때문에 용매추출법이 일반화되고 있다. 그리고 식품용으로 이용하는 탈지박은 가용성 질소의 변성이 적은 것을 제조할 필요가 커짐에 따라 저온에서 수분함량이 낮은 상태로 짧은 시간에 용매를 제거하는 공정이 이루어지고 있다.

추출기(extractor)를 선택하는 데는 용매 사용량이 적고, 원료입자의 미분화(微粉化)가 적으며, 맑은 추출용액(micella)을 얻을 수 있어야 한다. 추출기 중에 많이 이용되는 것은 Rotocell 형으로 그림 4-7에서 보는 바와 같다. 완전 밀폐된 원통형 추출기 내에 부채꼴 모양의 격실이 7개 있으며, 중심축이 회전할 때 같이 돌게 된다. 추출용 용매에는 비점이 65～69℃인 헥산(hexane)이 널리 이용된다. 이밖에 헵탄(heptane), 헥산-헵탄 혼합물, 펜탄(pentane), 아세톤(acetone) 등이 일부 사용된다. 석유벤젠 등은 헥산으로 대체되었고, 에탄올은 가격과 설비 등에 어려움이 있어 실용화되지 않았다.

이 외로 단백질 변성도가 낮은 농축대두단백질을 제조할 목적으로 유기용매 대신 물에 의한 추출법이 검토되었다. 그러나 물에 의한 추출법은 채유 수율이 떨어지는 등 여러 가지 문제점이 있어서, 탈지박에 들어 있는 단백질을 이용하기 위한 경우에

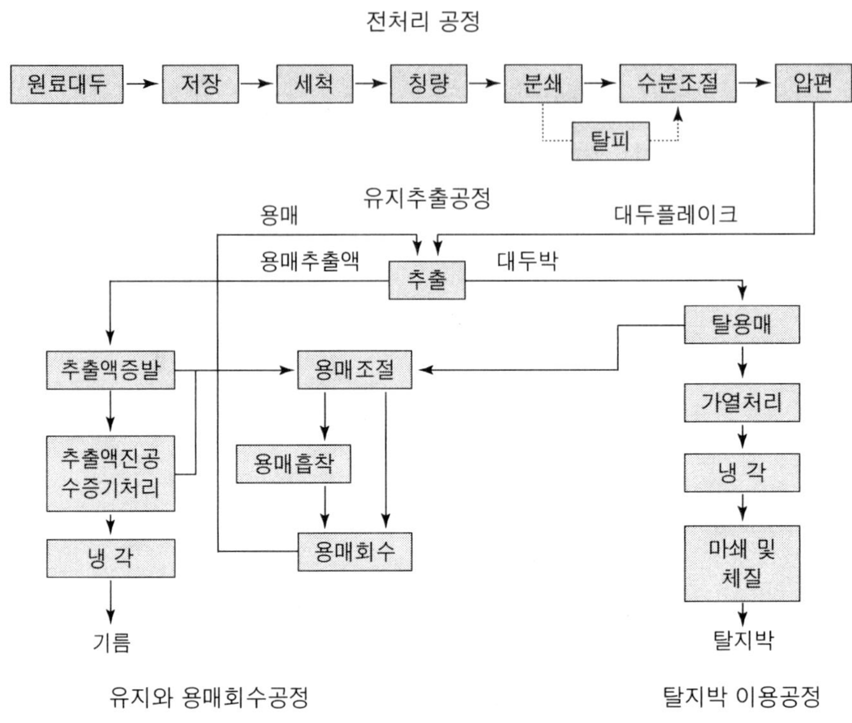

그림 4-8. 대두유 제조의 전처리 및 용매추출 공정도

한정된다. 용매추출법에 의한 대표적인 대두유의 제조공정도는 그림 4-8과 같다.

4. 유지의 정제

채유되어 정제하지 않은 원료유지(crude oil)에는 유지의 주성분인 트리글리세리드(triglyceride) 외에 여러 가지 불순물이 들어 있다. 유지의 품질을 떨어뜨리는 원인이 되는 불순물로서는 수분, 흙이나 모래, 섬유질, 단백질, 탄수화물, 인지질, 유리지방산, 색소, 냄새물질 등이 있다. 유지의 품질을 높이기 위하여 이들 불순물을 제거하여야 하며, 이 공정을 유지의 정제라고 한다.

유지에 들어 있는 불순물 중에서 흙이나 먼지, 원료의 분쇄물 등 부유(浮遊) 또는 침강이 쉽게 일어나는 것들은 기계적 처리로 분리가 쉽지만 유리지방산, 색소, 냄새물질 등은 분리가 어렵다. 유지의 종류와 채유방법에 따라서 유지는 그의 성분뿐만 아니라 성분의 양이 다르므로 정제방법도 원료유지의 종류나 용도에 따라 다르다. 식용유지의 정제에 대하여 Kaufmann 등은 다음 5단계로 구분하였다.

① 여과 또는 원심분리에 의한 유지 중의 불용성 물질의 제거(전처리)
② 수화(hydration) 등에 의한 유지 중의 가용성 물질의 제거(탈 gum)
③ 알칼리 또는 증류에 의한 유리지방산의 제거(탈산)
④ 흡착제, 화학처리 또는 열처리에 의한 색소물질의 제거(탈색)
⑤ 진공 수증기증류에 의한 휘발성 물질의 제거(탈취)

4.1 전처리

채유할 때 유지원료의 조직 등이 혼입되었을 때는 수분함량이 많을 경우 효소작용에 의해 원료유지의 가수분해가 일어나 유리지방산 함량이 증가한다. 이에 따라 유지의 산패가 빨리 일어나기 쉽다. 원료유지 중에 들어 있는 불용성 불순물을 제거하고, 정제공정을 쉽게 하기 위하여 침전탱크에서 불순물을 침강시키는 정치법 외에도 여과법, 원심분리법 등이 이루어지고 있다. 일반적으로 노동력의 절감, 작업성의 향상, 연속처리를 위하여 원심분리법이 많이 이용되는 경향이다.

4.2 탈 검

유지 중에 들어 있는 인지질(phospholipid), 단백질, 탄수화물 등의 콜로이드성 불순물을 검질(gums)이라고 하며, 이를 제거하는 공정을 탈검(degumming)이라고 한다. 탈검공정은 산에 의한 방법, 수화(水和, hydration)에 의한 방법, 흡착제에 의한 방법, 물리적 방법 등 여러 가지가 있다.

일반적으로 유지에 물을 가하여 열처리하거나, 또는 산을 첨가함으로써 gum질이 팽윤되면서 응고가 일어난다. 응고된 gum질은 유지에서 유리되어 물층(水層)에 침전이 생성되므로 원심분리에 의하여 제거가 가능하다. 그리고 수화공정에서 인산, 구연산 또는 주석산 등의 수용액을 이용하면 gum질의 분리가 훨씬 쉬워진다.

예를 들어 콩기름에 약 20%의 물을 가한 후 70℃에서 30분~1시간 동안 기계적인 혼합을 시켜준 다음 원심분리기로 분리하면 레시틴(lecithin)을 부산물로 얻을 수 있다. 또한, 직접 증기를 불어 넣어 탈검하는 연속장치도 고안되었다. 이 외로 무수아세트산(acetic acid)을 가하여 gum질을 완전히 제거함으로써 알칼리 정제를 생략하는 정제법 등도 있다.

콩기름의 탈검공정에서 얻어지는 부산물인 레시틴의 화학적 조성은 표 4-4에서 보는 바와 같다. 3종류의 포스파티드(phosphatide)가 전체의 약 40%를 차지하며, 이들은 계면활성작용과 유화작용을 가지고 있다. 레시틴은 제빵, 제과, 아이스크림 제조 등 식품첨가물로서 널리 이용되고 있을 뿐만 아니라 농약, 페인트, 섬유, 화장품 제조

표 4-4. 대두 레시틴의 화학적 조성(%)

Phosphatidyl coline	10～20
Phosphatidyl ethanolamine(cephalin)	14～15
Inositol phosphatides	10～20
기타(phosphatides, sugar, sterols)	10～25
콩기름(triglyceides)	35

등 공업용으로도 사용된다.

레시틴은 화학합성에 의하여 생산되는 계면활성제에 비하여 값이 싸고, 여러 분야에 사용이 가능한 천연물이라는 이점을 있다. 그러나 특유한 냄새가 있고 열에 약하며, 산화안정성이 약하고, 물에 대한 분산성이 나쁜 결점을 가지고 있어서 사용량이나 용도가 제한되는 경우도 있다.

4.3 탈 산

원료유지에 들어 있는 유리지방산(free fatty acid)은 최종제품의 품질과 가격에 영향을 준다. 공업적인 탈산(脫酸, deacidification) 방법은 다음과 같다.

① 알칼리 정제
② 탄산알칼리를 이용하는 방법
③ 가성소다와 석회를 이용하는 방법
④ 용매 또는 추출용액(miscella)에 의한 방법
⑤ 수증기 정제
⑥ 이온교환수지에 의한 방법

탈산은 주로 알칼리 수용액을 원료유지에 가하여 유리지방산을 비누의 형태로 침강시켜 분리하는 방법으로서, 탈검공정에서 충분히 제거되지 않은 불순물이나 미량금속, 색소 등도 제거된다.

스웨덴에서 개발된 제니스(Zenith)법은 묽은 알칼리로 채운 중화탑의 밑부분으로부터 직경 0.5～2 mm의 기름방울을 상승시켜 알칼리와 접촉시킴으로써 정제가 이루어지는 방법이다(그림 4-9). 제니스법은 유지의 산화를 방지할 수 있어 품질이 좋은 정제유를 얻을 수 있을 뿐만 아니라 설비의 유지가 쉽다. 또한, 위생적이며 인원이 적게 들고, 소음이나 악취가 없는 등 공해문제의 해결에도 유리한 점이 있다.

알칼리 정제에는 회분식과 연속식이 있다. 연속식이 많이 이용되며, 수율과 품질에서 회분식보다 유리하다. 연속식에서는 원심분리기를 사용함으로써 알칼리와 유지 사

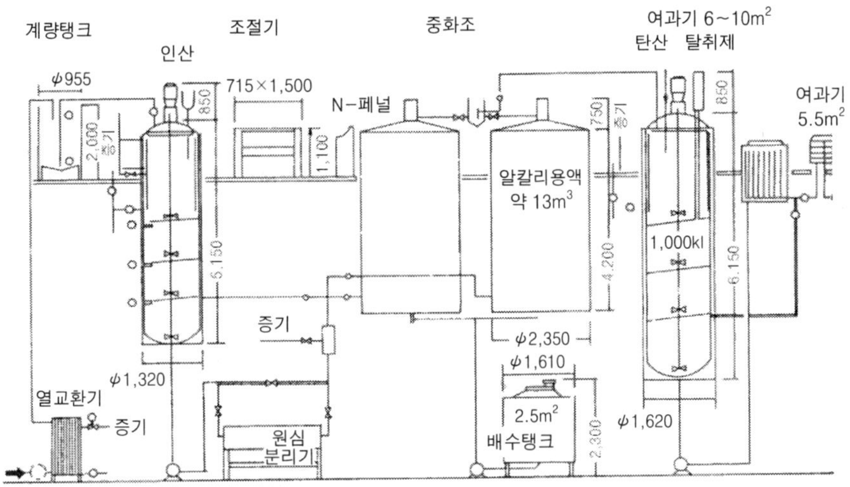

그림 4-9. 제니스법에 의한 유지의 정제

이에 접촉시간을 단축시켜 유지의 가수분해를 적게 할 수 있다.

원료기름과 알칼리용액은 배합조절기에 의해 일정 비율로 혼합기에 주입되면 가열기에서 60~70℃로 가열되어, 고속원심분리기에 의해 정제된 기름과 비누성분(soap stock)으로 분리된다. 그 다음에 10~20%의 뜨거운 물을 가하여 혼합하면 비누성분이 물층(水層)에 녹게 되는데, 이를 원심분리기로 분리하게 되며, 유지는 진공건조기에서 탈수하여 정제한다.

4.4 탈 색

정제되지 않은 식물성 기름 중에는 carotene, xanthophyll, gossipol, chromanquinone, diketone 등 여러 가지 색소물질이 들어 있다. 이와 같은 착색물질을 제거하는 공정을 탈색(脫色, bleaching)이라고 한다. 탈색방법으로는 다음과 같은 방법이 있다.

① 흡착탈색
② 대기 중에서 산소 또는 과산화물에 의한 탈색
③ 혐기상태에서 가열에 의한 방법

공업적으로는 활성백토 또는 활성탄(active carbon)을 사용하여 색소물질을 흡착하여 제거하는 흡착탈색법이 많이 이용된다. 회분식은 감압상태에서 유지를 70~80℃에서 탈수한 후 흡착제를 1~2% 가한 다음, 다시 감압시켜 80~130℃에서 10~60분간 가열처리를 하고 가압여과기(filter press)로 여과한다. 연속방식에서는 그림 4-

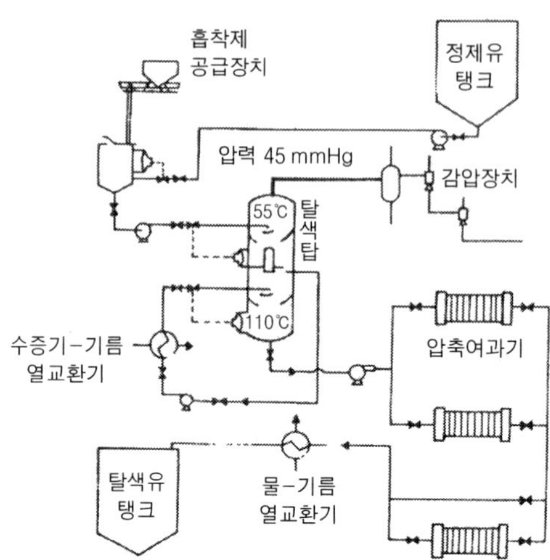

그림 4-10. 연속식 탈색법

10에서 보는 바와 같이 유지와 흡착제의 혼합물을 감압된 가열탈색관에 보내어 분무시킨 다음 여과하게 된다.

4.5 탈 취

채취한 원료유지에는 유지가 가지고 있는 불쾌한 냄새성분이 들어 있으며, 이를 제거하기 위하여 탈취(deodorization) 공정을 실시한다. 이와 같은 냄새성분은 유지원료가 가지고 있는 성분, 유지제조 중에 생성되는 성분, 유지의 변패 등에서 오는 성분 등으로 매우 다양하다.

유지의 냄새는 저급 카르보닐(carbonyl) 화합물, 저급 지방산, 저급 알코올, 유기용매, 경화취(硬化臭), 흡착제 등에서 유래된다. 이와 같은 물질을 제거하는 탈취공정은 유지정제의 최종단계이므로 최종제품의 품질을 결정하는 요인이 된다. 냄새성분을 완전히 제거하기 위하여 가능한 높은 진공상태에서 고온처리를 하여야 한다. 그러나 너무 고온으로 하면 기름이 변질되고, 수율이 나빠질 우려가 있으므로 기름의 종류에 따라 탈취조건을 변화시켜 주어야 한다.

탈취공정은 보통 진공수증기증류(vacuum steam distillation) 방식으로 실시한다. 탈취 후에 색깔은 엷어지고, 과산화물은 제거되며, 냄새성분뿐만 아니라 지방산도 제거된다. 탈취장치에는 회분식과 연속식이 있으며, 연속식은 반연속식과 완전연속식으로 구분된다. 회분식으로 처리할 경우는 유지를 2～20 mmHg의 감압상태에서 220～250℃에서 수증기증류를 실시함으로써 냄새성분을 제거할 수 있다.

반연속식 장치에는 그림 4-11에서 보는 바와 같이 Girdler 방식이 많이 이용된다. 탈취탑 내에는 스테인리스 스틸로 된 쟁반이 밑으로 5~6개가 연결되어 있고, 각 쟁반은 같은 진공도(2~6 mmHg)로 유지된다. 기름은 일정한 간격으로 자동적으로 탈

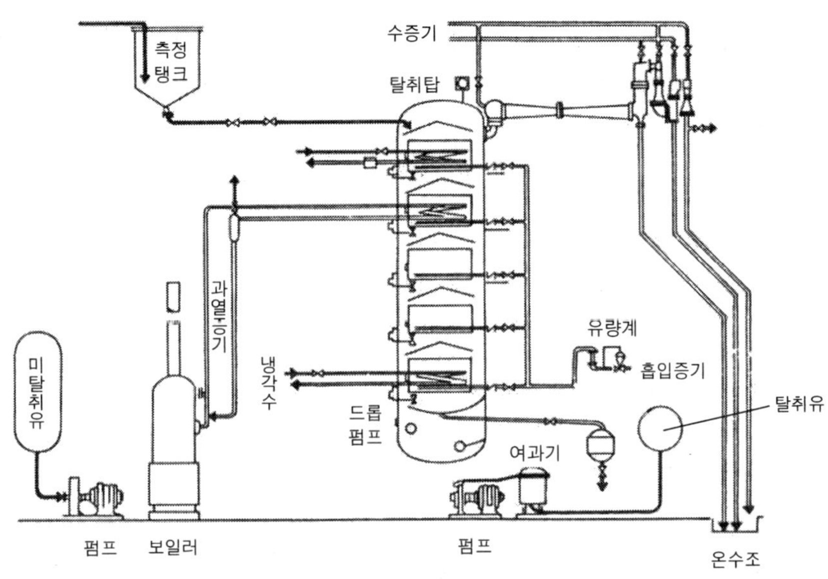

그림 4-11. Girdler식 반연속 탈취장치

표 4-5. 대두유의 정제공정별 제거되는 물질

원유의 성분	정제공정			
	탈gum(수화)	탈산(알칼리처리)	탈색(백토 흡착)	탈취(감압수증기증류)
Glyceride	Glyceride	Glyceride ↓	Glyceride	Glyceride
Stearine류	Stearine류	Stearine류	Stearine류	Stearine류 ⋯⋯▶
유취성분	유취성분	유취성분	유취성분	유취성분 ──▶
착색성분	착색성분	착색성분	착색성분 ⋯⋯▶	
유리지방산	유리지방산	유리지방산 ──▶		
레시틴류	레시틴류 ⋯⋯▶	레시틴류		

↓ 일부분 제거, ⋯⋯▶ 대부분 제거, ──▶ 완전 제거

취탑 상부로부터 아래에 있는 쟁반으로 보내지면서 탈취가 이루어진다.

탈취공정에서 냄새성분 뿐만 아니라 토코페롤(tocopherol), 스테롤(sterol) 등 유용한 미량성분도 제거되며, 유리지방산의 함량을 0.02~0.05% 이하로 낮출 수 있다. 탈취 후에는 토코페롤 등 천연항산화제의 상당 부분이 분해되어 감소되므로, 유지의 보존 안정성을 향상시키기 위하여 정제 후에 각종 항산화제를 첨가하는 경우도 있다. 그러나 참기름, 올리브기름 등 식용유로서 향미를 보존해야 하는 유지는 탈취를 하지 않는다. 앞에서 설명한 여러 가지 유지의 정제공정별로 제거되는 물질은 여러 가지가 있으며, 대두유의 경우를 예로 하여 이를 종합하면 표 4-5와 같다.

5. 유지의 가공

유지는 여러 가지 지방산으로 이루어진 트리글리세리드(triglyceride)의 혼합물이다. 용도에 따라서 특정한 트리글리세리드 부분은 필요하고, 이 외의 부분은 불필요한 경우가 생기게 된다. 또한, 이용목적에 알맞지 않은 부분을 이용목적에 맞는 성질을 갖도록 유지를 가공할 필요가 있다. 이와 같은 유지가공 분야에 많은 관심을 끌고 있다. 유지의 가공공정에는 일반적으로 수소첨가에 의한 경화유의 제조, 에스테르 교환반응에 의한 유지 성질의 변화, 유지의 분별(fractionation) 등을 기본으로 한다. 이밖에 배합(blending), 유화(emulsification) 등의 기술도 넓은 의미에서는 유지의 가공이라고 할 수 있다. 대표적인 식용 가공유지의 제조공정도는 그림 4-12와 같다.

5.1 수소첨가

유지를 구성하는 불포화지방산의 이중결합은 촉매의 존재에서 수소를 작용시키면 불포화결합 부위에 수소가 첨가되어 포화유지가 되며, 이로 인하여 융점이 상승하고 고체화한다.

$$-CH{=}CH- \xrightarrow{\text{수소, Ni, 180℃}} -CH_2{-}CH_2-$$

예를 들어 탄소수가 18에 해당하는 불포화지방산인 리노렌산(linoleic acid), 리놀레인산(linoleic acid) 또는 올레산(oleic acid)에 수소첨가반응을 시키면 최종적으로 모두 포화지방산인 스테아르산(stearic acid)이 생긴다. 이러한 반응을 수소첨가(hydrogenation)라고 하며, 여기에서 생성된 유지를 경화유(硬化油)라고 한다. 수소첨가는 다음과 같은 목적에서 이루어진다.

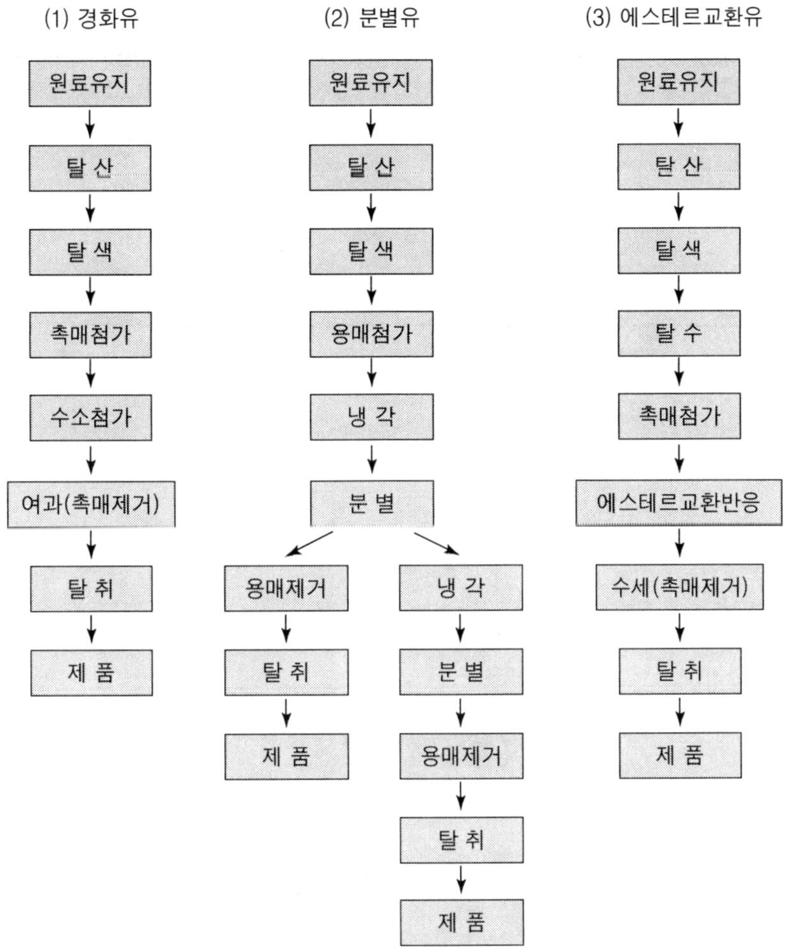

그림 4-12. 식용유지의 가공 제조공정도

① 유지의 융점상승
② 고체지방량의 증가
③ 산화안정성과 열안정성의 향상
④ 색깔이나 냄새, 맛의 개량 등 물리적 또는 화학적으로 용도에 알맞은 제품을 얻음

수소첨가는 대부분 회분식으로 이루어진다. 이는 반응 종점을 엄밀히 정해야 하는 등 연속식에 비하여 장점이 있기 때문이다. 즉, 식용 경화유 제조에서 수소첨가를 할 경우 반응물의 혼합은 물론 온도의 조절, 촉매의 종류와 사용량, 촉매의 활성 등이 중요한 요인이 된다. 따라서 반응조건을 탄력적으로 설정하기 쉬운 회분식을 주로 이

표 4-6. 각종 촉매의 사용조건

촉매의 종류	사용량(%/기름)	온도(℃)	수소압(kg/cm^2)
Cu, Cr	0.1～0.26(산화 Cu기준)	170～200	0.2
Cu	0.3(산화 Cu기준)	170	0.2
Cu, Ni	0.1～1	200	상압
Cu, Cr, Mn	1～2	100～200	상압
Pd	0.00015～0.00055	65～185	상압～3.1

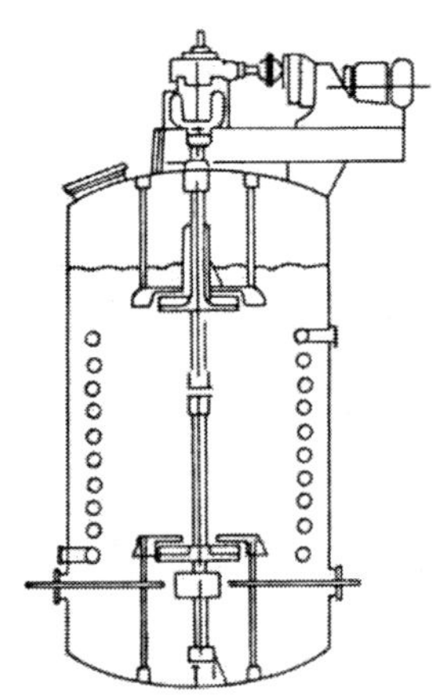

그림 4-13. 회분식 경화장치

용한다.

수소첨가를 시킬 때는 일반적으로 니켈, 구리 등 촉매량을 0.05～0.1%, 온도 140～200℃, 압력은 보통 상압에서부터 5 kg/cm^2의 범위에서 이루어진다. 수소첨가 반응은 촉매 표면에 흡착된 이중결합의 양에 비해 수소의 양이 매우 적은 경우에는 보다 선택적으로 일어난다. 그러나 교반속도가 빠르고 촉매 표면의 수소 농도가 증가하면 선택성은 떨어진다.

수소첨가 공정 중에 이성화반응(異性化反應) 등 부반응(side reation)의 발생이나, 부반응으로 생기는 이성체(isomer)의 영양과 대사과정 중의 유해성 문제, 그리고 콩기름을 수소첨가시켰을 때의 부반응, 또는 저장 중에 발생하는 포화알데히드, 메틸케톤(methyl ketone) 외에도 고급 알코올, 케톤, 락톤(lactone) 등의 성분에서 생기는 수소취(水素臭, 또는 경화취) 등이 문제된다. 각종 촉매의 사용조건과 경화장치는 표 4-6과 그림 4-13에서 보는 바와 같다.

5.2 에스테르 교환반응

유지의 에스테르 교환반응(esterification)은 그림 4-14에서 보는 바와 같이 크게 나눌 수 있다.

① 유지와 지방산의 반응(acidolysis)
② 유지와 알코올의 반응(alcoholysis)
③ 유지와 유지의 반응(interesterification)

식용유지 가공에 있어서는 유지의 분자 내에서 또는 분자 사이에서 지방산기의 교환에서 일어나는 에스테르 교환반응이 공업적으로 많이 이용된다. 유지의 에스테르 교환방법으로는 random ester 교환과 directed ester 교환이 있다. Random ester 교환은 유지의 융점 이상의 용융상태에서 이루어지는 반응으로, 지방산기는 글리세리드에 재배열된다.

한편, directed ester 교환반응은 융점 이하의 온도에서 이루어지므로 반응계 중에

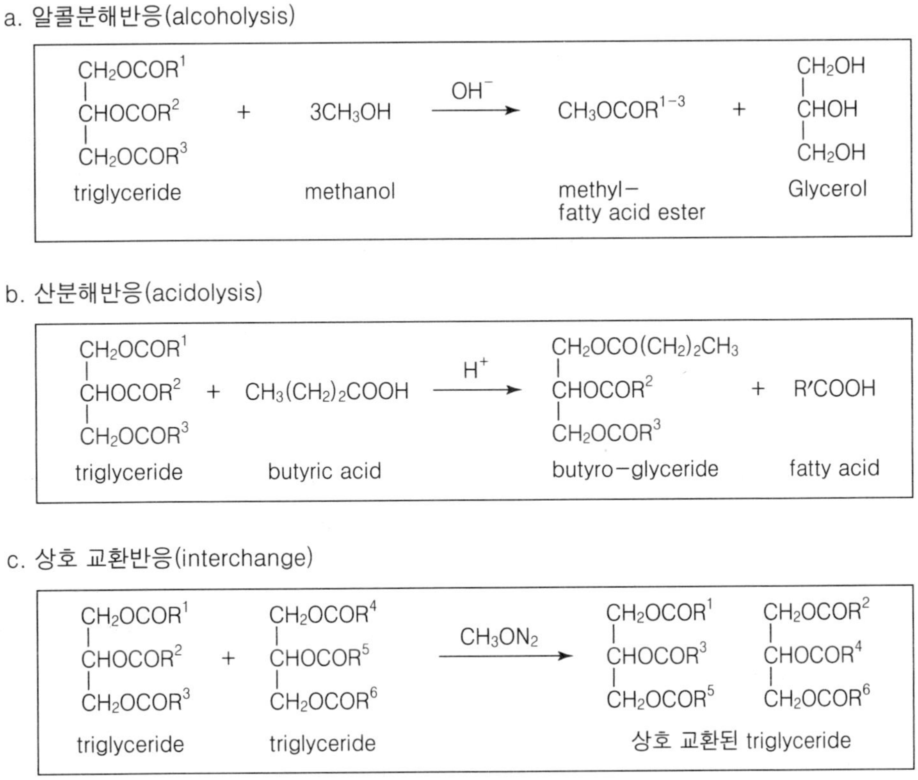

a. 알콜분해반응(alcoholysis)

$$\begin{matrix} CH_2OCOR^1 \\ | \\ CHOCOR^2 \\ | \\ CH_2OCOR^3 \end{matrix} + 3CH_3OH \xrightarrow{OH^-} CH_3OCOR^{1-3} + \begin{matrix} CH_2OH \\ | \\ CHOH \\ | \\ CH_2OH \end{matrix}$$

triglyceride　　methanol　　methyl-fatty acid ester　　Glycerol

b. 산분해반응(acidolysis)

$$\begin{matrix} CH_2OCOR^1 \\ | \\ CHOCOR^2 \\ | \\ CH_2OCOR^3 \end{matrix} + CH_3(CH_2)_2COOH \xrightarrow{H^+} \begin{matrix} CH_2OCO(CH_2)_2CH_3 \\ | \\ CHOCOR^2 \\ | \\ CH_2OCOR^3 \end{matrix} + R'COOH$$

triglyceride　　butyric acid　　butyro-glyceride　　fatty acid

c. 상호 교환반응(interchange)

$$\begin{matrix} CH_2OCOR^1 \\ | \\ CHOCOR^2 \\ | \\ CH_2OCOR^3 \end{matrix} + \begin{matrix} CH_2OCOR^4 \\ | \\ CHOCOR^5 \\ | \\ CH_2OCOR^6 \end{matrix} \xrightarrow{CH_3ON_2} \begin{matrix} CH_2OCOR^1 \\ | \\ CHOCOR^3 \\ | \\ CH_2OCOR^5 \end{matrix} \quad \begin{matrix} CH_2OCOR^2 \\ | \\ CHOCOR^4 \\ | \\ CH_2OCOR^6 \end{matrix}$$

triglyceride　　triglyceride　　상호 교환된 triglyceride

그림 4-14. 유지의 에스테르 교환반응

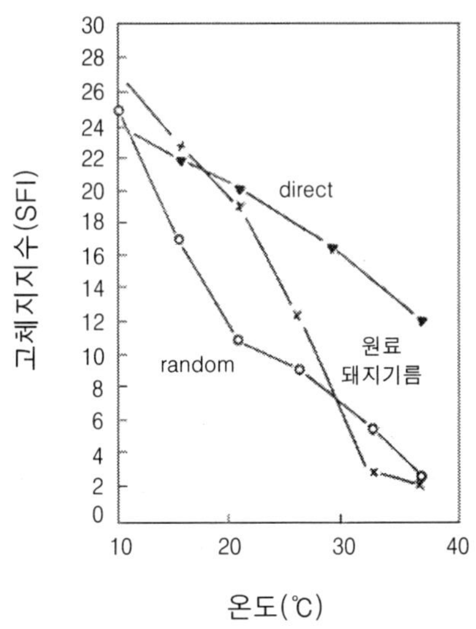

그림 4-15. 돼지기름의 에스테르교환에 의한 고체지지수의 변화

서 우선 포화지방산만으로 구성된 트리글리세리드가 석출된다. 나머지 액상부가 다시 반응함으로써 반응 종료 후에는 고체부분과 액체부분으로 나눌 수 있다.

Sodium methylate, NaOH 등의 촉매 0.1%를 60~80℃로 가열된 유지에 첨가하면 하얗게 현탁되었던 유지가 갈색으로 변하면서 에스테르 교환반응이 일어난다. 반응속도는 사용한 촉매의 종류와 사용량, 반응온도에 따라 다르다. 알칼리 금속을 촉매로 하는 경우에는 3~5분 정도로 충분하다. 일반적으로 금속의 알킬레이트(alkylate)를 촉매로 하는 경우에는 50~120℃에서 5~120분간 반응시키고, 반응 후 물로 씻어 촉매를 제거하고 정제한다.

돼지기름의 예를 들면, 먼저 탈수시킨 다음 0.2%의 Na와 K의 촉매를 첨가하여 37~38℃에서 교반하여 분산시킨다. 이것을 21℃까지 냉각하여 결정화를 계속 시킨 다음, 목표로 하는 3포화글리세리드의 석출량이 이루어질 때까지 반응시킨다. Directed ester 교환을 시킨 것은 그림 4-15에서 보는 바와 같이 고체지지수(固體脂指數, solid fat index, SFI)가 저온에서는 감소하고 고온에서는 증가하여 가소성(plasticity)을 보이는 온도범위가 넓어져 쇼트닝으로서 바람직한 물성을 보이고 있음을 알 수 있다. 에스테르 교환반응은 마가린이나 쇼트닝과 같은 가소성 유지의 제조나 팜유의 이용을 높이기 위하여 공업적으로 많이 이용된다.

5.3 분 별

유지는 트리글리세리드의 혼합물이므로 그 혼합물의 성분을 분별하여 그 성질에 알맞은 용도로 이용하거나, 불필요한 미량 성분을 제거하는 분별법(fractionation)이 오래 전부터 사용되어 왔다. 이러한 분별법으로 다음의 3가지가 알려져 있다.

1) 자연분별법

일반적으로 탈납(winterization)이라고도 한다. 완전히 용해시킨 유지를 서서히 냉각하면서 생성하는 결정부분을 액체로부터 여과하여 분리하는 방법이다. 면실유, 콩기름, 쌀겨기름 등의 식물성 기름에서 미량의 고융점 글리세리드, 왁스를 제거하여 샐러드기름을 제조할 때 이용된다. 자연분별법(dry fractionation)은 일반적으로 시간이 오래 걸리고 결정부분에 액체가 혼입되어 분리되는 등의 결점이 있으나, 비교적 설비비용이 적게 들어 널리 이용된다.

2) 계면활성제 분별법

유화분별법(乳化分別法)이라고도 하며, 자연분별법을 개량한 방법이다. 냉각시켜 결정화하는 과정에 계면활성제의 수용액을 첨가하여 수용액 중의 결정부를 분산시킨 후 원심분리하는 방법이다. 결정을 함유하는 유지에 계면활성제 수용액을 첨가하여 혼합시키면 계면활성제의 효과로 수용액이 결정부분에 습윤된다. 이로 인하여 결정부분에 부착되어 있는 액체부분인 기름을 밀어내어 서로의 비중 차이가 커지고 결정은 침강하기 쉬운 상태가 되어 원심분리기로 간단히 분리할 수 있다. 분별장치로는 lipo frac(Alfa-Laval)이 많이 알려져 있다(그림 4-16). 유지의 결정화 탱크, 유화기, 원심분리기가 조합된 반연속식 장치이다.

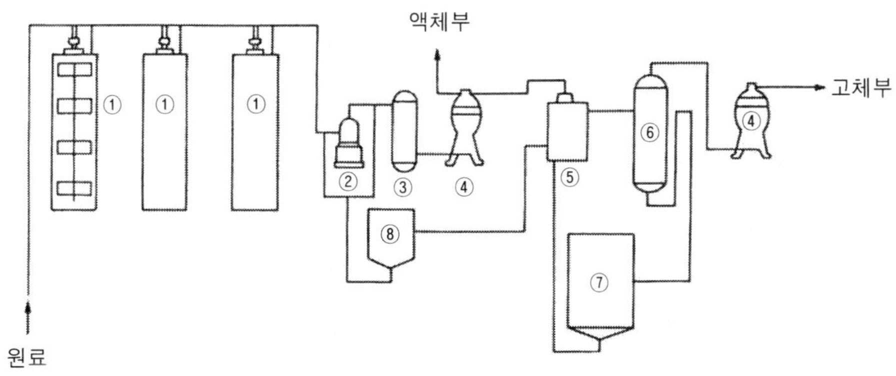

그림 4-16. Alfa-Laval법에 의한 유지의 분별공정

① 결정석출통, ② 나이프믹서, ③ 페달믹서, ④ 원심분리기, ⑤ 열교환기
⑥ 중간 탱크, ⑦ 계면활성제 수용액 탱크, ⑧ 계면활성제 공급액 탱크

3) 용매분별법

유기용매에 유지를 용해시키면 용해도가 낮은 포화형 트리글리세리드로부터 차례로 석출된다. 여과와 결정을 석출하는 조작을 반복함으로써 유지를 분획하는 방법을 용매분별법(solvent fractionation)이라고 한다. 용매(solvent)에는 헥산, 아세톤, 메틸에틸 케톤(methylethyl ketone) 등의 탄화수소계, 알코올계, 케톤계가 많다. 용매분별법은 안정된 결정이 얻어져 여과가 쉽고, 혼합물의 점도가 낮아지므로 연속화가 가능한 장점이 있다. 그러나 용매 사용에 따른 시설이나 안전관리에 어려운 점이 많아 공업적으로는 잘 이용되지 않는다.

유지분별의 선택성은 용매분별, 계면활성제분별, 자연분별의 순서이다. 그러나 경제성은 이와 반대가 되므로 유지의 품질, 용도에 맞추어 분별법을 선택할 필요가 있다. 팜유의 경우 생산지인 열대지방에서는 액체상태이지만, 소비지인 수입국가에서는 기온이 낮아 굳어지므로 식용유로서 이용하는 데 제한을 가져온다. 따라서 분별법에 의하여 고체부분(palm stearin)과 액체부분(palm olein)으로 나누어 정제된다.

6. 유지의 보존안정성

유지의 보존안정성이란 일반적으로 유지를 저장하거나 가공 중에 일어나는 자동산화, 열안정성, 가수분해에 대한 안정성 등을 말한다. 유지의 분해과정은 그림 4-17에

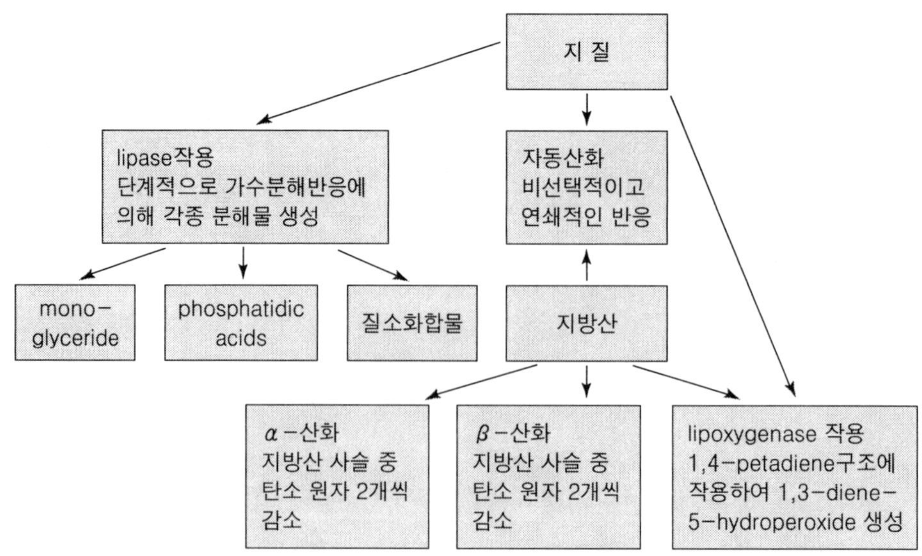

그림 4-17. 지질의 분해과정

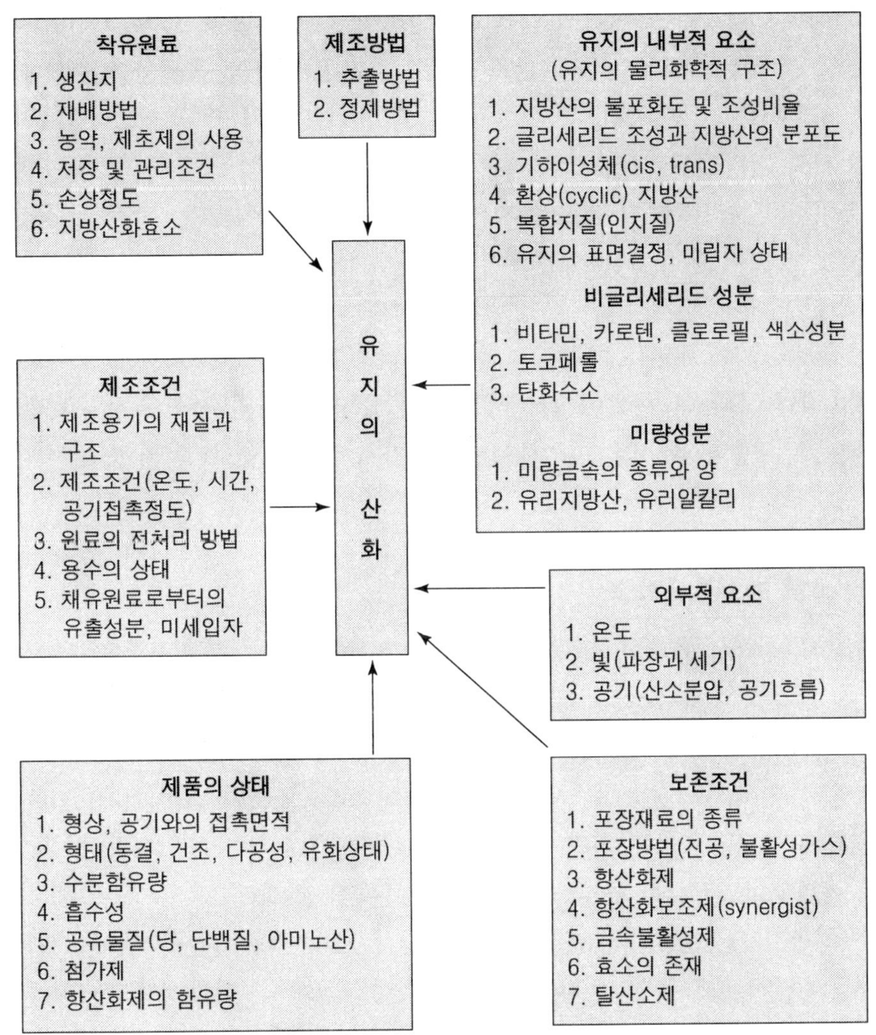

그림 4-18. 유지와 유지식품의 보존안정성에 영향을 주는 요인

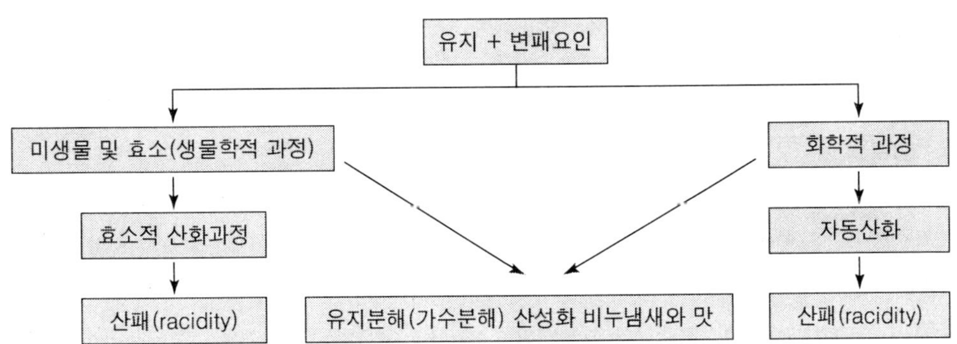

그림 4-19. 유지의 산화

서 보는 바와 같이 각종 효소(lipase)에 의해 분해생성물이 발생하거나, 자동산화(auto-oxidation)에 의해 저분자 화합물이 생성되어 유지의 품질을 떨어뜨린다.

유지의 자동산화는 포화지방산 또는 불포화지방산을 비선택적이고 연쇄적으로 산화시켜 유지의 저장성을 떨어뜨린다. 특히 유지의 자동산화에 의하여 보존 중에 착색되거나 풍미가 떨어지는 등 각종 유지의 품질 저하가 발생한다. 따라서 유지의 자동산화로 품질이 떨어진 유지를 사용하여 만드는 과자 또는 튀김식품의 경우 보존안정성과 경제성 등에서 문제가 되는 경우가 많다.

유지 또는 유지를 사용한 가공식품의 안정성에 미치는 변동요인은 그림 4-18에서 보는 바와 같다. 유지의 산화에 관여하는 요인이 매우 다양하여 유지의 변질 방지가 결코 쉽지 않음을 알 수 있다. 유지는 여러 가지 변패요인에 의해 산화가 일어나며, 이를 크게 생물학적 과정과 화학적 과정으로 나눌 수 있다(그림 4-19).

6.1 생물학적 유지산화

생물학적인 유지의 산화로서는 미량의 수분, 단백질, 탄수화물, 미량원소 등 불순물이 함유된 유지를 방치하였을 때 미생물이나 효소작용에 의해 가수분해가 일어나 지방산이 생성된다. 지방산은 α-산화에 의하거나 β-산화에 의해 분해가 더 진행이 되면 메틸케톤 등의 냄새물질이 발생되며, 특히 고도불포화 지방산(polyunsaturated fatty acid)에 잘 일어난다. 버터나 마가린 등에 흑색 또는 녹색의 반점 등이 발생하는 것은 미생물의 생육에 의한 것으로서, 생물학적 과정에 의해 일어나는 대표적인 유지의 산패라고 할 수 있다. 효소작용에 의한 유지의 산화는 0℃ 이하에서도 계속되기 때문에 냉동식품의 품질 유지를 위하여 가급적 -20℃ 이하에서 저장하도록 권장하고 있다.

6.2 화학적 유지산화

1) 유지의 자동산화

생물학적 유지의 산화와는 달리 화학적 산화과정은 불포화지방산을 함유하는 유지가 공기중에 노출하였을 경우 일어나는 자동산화(auto-oxidation)를 말한다. 유지의 자동산화 반응에는 여러 가지 학설이 있으나, 그림 4-20에서 보는 바와 같이 우선 불포화지방산에서 수소원자가 떨어져 나가 반응성이 큰 유리기(free radical)가 생성되는 데에서부터 시작된다.

여기에서 분자상태의 산소가 결합하여 과산화물(peroxide)이 된다. 과산화물은 불포화지방산에서 떨어져 나오기 쉬운 수소원자와 결합하여 히드로과산화물(hydroper-

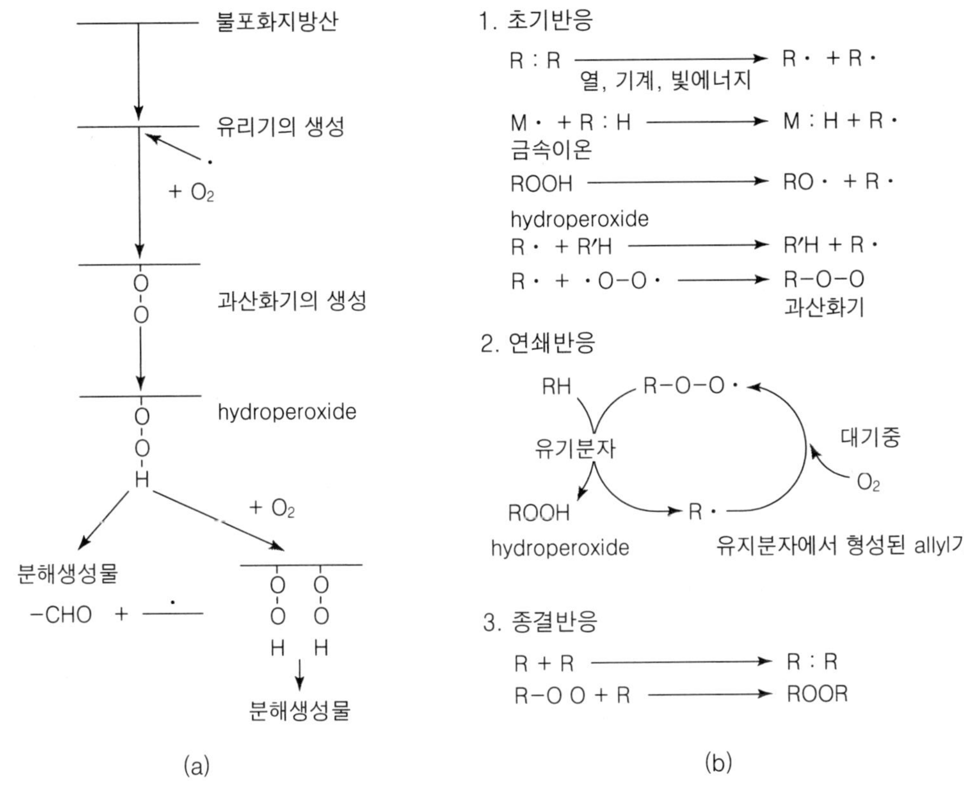

그림 4-20. 유지의 자동산화와 불포화지방산의 산화분해과정

oxide)이 되며, 또 다른 유리기를 남게 한다. 이러한 반응은 연속적으로 진행되며, 히드로과산화물이 축적되면서 한편으로는 서서히 분해가 일어나 알데히드, 케톤, 에스테르, 락톤(lactone), 푸란(furan), 알코올 등 2차 생성물이 발생하여 산패취가 나게 된다.

라면, 감자튀김, 튀김과자 등 튀김식품의 소비량이 늘어나고 있으며, 특히 지방 함량이 16~18%인 라면의 소비량은 연간 30만 톤을 훨씬 넘고 있다. 이와 같은 튀김식품들은 일반적으로 140~200℃의 가열된 기름에서 수분간 튀겨서 만들어진다. 튀김과정에서 자동산화가 빠르게 일어나며, 가열산화에 의한 복합적인 변화를 가져오게 된다.

또한, 이러한 변화는 과산화물의 생성, 카르보닐(carbonyl) 화합물의 형성, 유지분자의 열분해, 이중결합의 공액화(conjugation), 이성화반응인 cis형의 trans화 등이 급속히 촉진된다. 이로 인하여 유지분자의 중합반응과 더불어 점성이 증가하고, 지용성 비타민이 파괴되며, 소화흡수율이 떨어지고, 과산화물의 생성과 더불어 이들 과산화물의 분해로 발생하는 독성물질이 증가한다.

튀김용 기름의 수명연장을 위하여 여러 가지 항산화제를 첨가하거나, 또는 사용하고 난 튀김기름의 재활용을 검토하고 있다. 그러나 튀김 중에 첨가한 BHA, BHT 등 페놀계 산화방지제는 큰 효과가 없는 것으로 밝혀졌으며, 디메틸폴리실옥산(dimethyl polysiloxane)의 첨가로 수명이 약간 연장된다.

대부분의 튀김공정이 연속식이기 때문에 매일 15～25%의 신선한 기름으로 대체하여 기름의 품질저하를 방지할 수 있다. 튀김에 사용한 기름은 일단 품질이 떨어졌기 때문에 어떤 정제공정을 거치더라도 좋은 품질의 기름으로 전환시키는 것은 어렵다. 튀김식품은 제조과정 중에 과열에 의해 심한 산화과정을 거쳤기 때문에 저장성에 한계가 있다.

가정에서 튀김용으로 사용하는 식용유의 경우를 생각해 보자. 보통 식물성 기름인 콩기름 또는 옥수수기름을 사용한다고 하면, 이들 기름에는 불포화지방산이 많아 튀김 중에 고온에서 산소와의 접촉으로 산화반응이 일어난다.

튀김 후에 사용했던 기름을 버리기가 아까워 보관하는 경우, 밀폐된 용기에 넣고 가능한 공기의 접촉을 피하고 어두운 곳에 제대로 보관해야 한다. 그렇지 않을 경우 자동산화 반응이 계속되기 때문에 다음에 이 기름으로 튀긴 식품을 먹을 때는 자신도 모르게 다량의 산화생성물을 섭취하는 셈이 된다. 이러한 피해를 방지하기 위하여 자동산화에 영향을 주는 요인을 이해하고, 이를 억제할 수 있는 조건을 갖추도록 해야 한다.

2) 유지의 자동산화에 영향을 주는 요인

유지의 산화를 촉진하는 요소에는 그림 4-18에서 보는 바와 같이 여러 가지가 있다. 이 중에서 몇 가지 중요한 요인으로는 온도・빛・촉매 등을 들 수 있다. 우선 온도의 영향은 일반적인 화학반응과 마찬가지로 온도 상승에 따라서 반응속도가 증가하나, 유지는 특수온도에 대한 민감성을 가지고 있다. 100℃ 이상에서는 과산화물이 축적되지 않고 쉽게 분해가 일어나며, 0℃ 이하에서는 동결에 의한 빙결정의 석출로 금속촉매의 농도가 높아져 오히려 반응이 촉진된다.

유지의 산화를 가장 촉진시키는 것은 빛이며, 특히 자외선이나 방사선의 영향이 크다. 따라서 유지를 어두운 장소나 착색병에 보관하는 것이 좋다. 점포에서 햇빛이 닿는 곳에 오랫동안 진열해 놓은 튀김식품, 인스턴트라면 등은 위험하다. 또한, 수분은 유지산화를 촉진하나, 단분자층의 물로 쌓여 있을 때는 오히려 억제하게 된다.

구리・주석・아연・철 등의 금속이온은 미량으로도 산화를 촉진시키므로 유지와 접촉하는 용기는 스테인리스 스틸제품을 사용하는 편이 좋다. 생물학적 물질로서는 클로로필, 헴(heme) 등 색소화합물도 산화를 촉진하므로 참기름 등 정제를 하지 않는 기름이나 튀김식품 또는 유지가공제품은 저장 중에 주의하여야 한다. 리폭시다아제(lipoxidase) 등의 효소도 산화를 촉진한다. 스낵식품의 발달로 다공성(多孔性) 식품이 많아지고, 포장용기도 공기유통이 많은 플라스틱필름으로 되어 있어 주의하여야 한다.

이와 같이 앞에서 설명한 변패요인을 가능한 줄이거나, 토코페롤, 향신료, 레시틴, 페놀성 물질 등 천연항산화제나 구연산, 비타민 C 등 항산화보조제, BHA(butyl hydroxy anisole), PG(propyl gallate), BHT(dibutyl hydroxy toluence), NDGA(nor dihydro guaiaretic acid) 등 인공항산화제를 첨가함으로써 과산화물의 생성과 유지의 산패를 어느 정도 방지할 수 있다.

3) 유지제품의 품질측정

유지 또는 유지제품의 품질을 측정하는 방법으로는 물리적인 측정방법과 화학적인 측정방법이 있다. 물리적인 측정방법은 향미, 색깔, 융점 또는 응고점 등의 냉각시험, 어떤 온도에서 시료 전체에 대해 고체화되어 있는 유지의 정도를 나타내는 고체지지수(solid fat index), 비중, 점도, 굴절률, 발연점, 인화점 등을 측정하는 것이다. 화학적인 품질 측정법에는 여러 가지가 있다. 산가(acid value), 검화가(saponification value), 아세틸가(acetyl value), 요오드가(iodine value), 불검화물가, 과산화물가(peroxide value), 카보닐가(carbonyl value) 등을 측정함으로써 유지의 품질을 판정하게 된다.

7. 유지가공제품

7.1 튀김용 기름과 샐러드기름

튀김용 기름과 샐러드기름은 제조공정에서의 차이점은 없다. 대부분의 식물성 기름은 이와 같은 용도에 알맞지만, 글리세리드 중에 불포화지방산 함량이 너무 많은 것은 좋지 않다. 샐러드기름은 생식용이므로 색깔이 엷고 냄새가 없어야 하며, 풍미의 변화가 없어야 한다. 저온에서 투명해야 하므로 고체지방의 제거 등 정제과정에서 세심한 주의가 필요하다. 튀김용 기름은 산화안정성과 열안정성이 좋아야 한다. 이와 같은 안정성은 튀김온도와 튀김시간 또는 튀김기구의 재질과 구조에 따라 결정된다. 가능한 튀길 때 연기와 자극취가 없고 물리화학적인 변화가 적어야 한다.

7.2 마가린

'마가린(margarine)은 정제한 식용, 동식물성 유지, 식용 경화유 또는 이들의 혼합물에 물 등을 가하여 유화, 급냉, 연합하여 버터와 비슷하게 만든 것'으로 하고 있다. 즉, 식용 유지에 물과 첨가제를 가하여 유화시킨 후 급냉하여 숙성시켜 만든 가소성(plasticity)과 유동성을 갖는 버터 유사품으로서 유지 성분이 80% 이상, 수분함량이 17% 이하이어야 한다. 미국 등지에서는 유지 성분이 40%인 저칼로리 마가린도 시판되고 있다.

조리용이 아닌 테이블 마가린은 체온보다 약간 낮은 온도에서 완전히 녹아야 왁스(wax) 같은 느낌을 갖지 않는다. 냉장고에 막 꺼낸 상태에서 빵에 바를 때 고르게 펴지도록 하기 위하여, 지방의 양을 줄이고 유화제의 양을 약간 늘린 스프레드(spread)가 있다.

1) 제조원료

원료의 배합비율은 용도와 종류에 따라 다르다. 경화유, 콩기름, 팜유, 면실유 등 원료유지가 80.0, 물 또는 발효유 16～18, 식염 2～3, 유화제 0.3～0.8과 이 외에 소량의 보존료, 산화방지제, 부향제, 착색제, 비타민 등을 첨가하여 만든다. 발효유에는 디아세틸(diacetyl)이 들어 있어서, 마가린의 풍미를 강화하거나 비타민의 산화를 방지하는 데 이용된다. 대표적인 마가린 원료의 배합비율은 표 4-7에서 보는 바와 같다.

식염은 풍미뿐만 아니라 항균작용을 가지고 있어서 쓴맛이 없는 정제염을 사용한다. 유화제로서는 레시틴, 글리세롤지방산 에스테르 등을 사용한다. 이는 유지와 물이 유화작용 뿐만 아니라 마가린에 요구되는 물성, 예를 들면 기름방울이 분리되는 현상

표 4-7. 마가린의 원료

원 료	배합량	원 료	배합량
유지	80～82%	보존료	0.01～0.05%
수분	16～20	산화방지제(BHA 등)	0.01～0.02
우유고형분	0～2	향료	0.001～0.002
소금	0～2	착색료(β-carotene 등)	0.06～0.1
유화제		비타민 A	1.5～3.0만 IU/450 g
Monoglyceride	0.2～0.5		
Lecithin	0.1～0.3		

을 방지하고 기포성의 향상 등의 목적에서 첨가된다.

마가린에 사용하는 산화방지제에는 BHA(butyl hydroxy anisole), PG(propyl gallate), BHT(dibutyl hydroxy toluence), NDGA(nor dihydro guaiaretic acid), 토코페롤 등이 있으며, 사용량은 유지 1 kg당 0.2 g 이하이다.

2) 마가린의 제조

마가린의 제조는 그림 4-21에서 보는 바와 같다. 기름에 녹는(油溶性) 원료는 유지에 용해, 배합하여 유상(油相)으로 하고, 수용성 원료는 물에 용해시켜 수상(水相)으로 한 후 이들을 유화시켜 W/O형의 에멀션을 만든다. 유화된 원료는 급냉과 강력한 교반에 의해 균일한 조직을 형성하도록 하여 안정화시킨다.

마가린은 유지를 다량 함유하고 있어서 100 g당 729 kcal가 발생하여 우수한 에너지공급원이다. 식물성 마가린에는 콜레스테롤이 거의 없을 뿐만 아니라 혈중의 콜레스테롤 농도를 낮추는 효과가 있는 리놀레산과 리노렌산의 함량이 높아 동맥경화를 예방할 수 있는 영양적인 특성을 가지고 있다. 그러나 마가린에는 포화지방산 함량이 많아 완전한 버터 대용품은 아니라는 지적도 나오고 있어서, 다량으로 섭취하는 일은 피하는 것이 좋다.

3) 식품첨가용 유화제와 에멀션

유화제의 종류와 용도는 다양하며, 수화성과 유화성의 정도에 따라 사용용도가 달라진다. 유화제 중에 소수성기와 친수성기의 함유량에 따라 구분되는 HLB 값(hydrophile lipophile balance value)이 4～6인 유화제는 W/O(water in oil)형 에멀션을 만들 때에 사용되며, HLB 값이 8～18 범위의 유화제는 O/W(oil in water)형 에멀션을 만들 때에 사용된다.

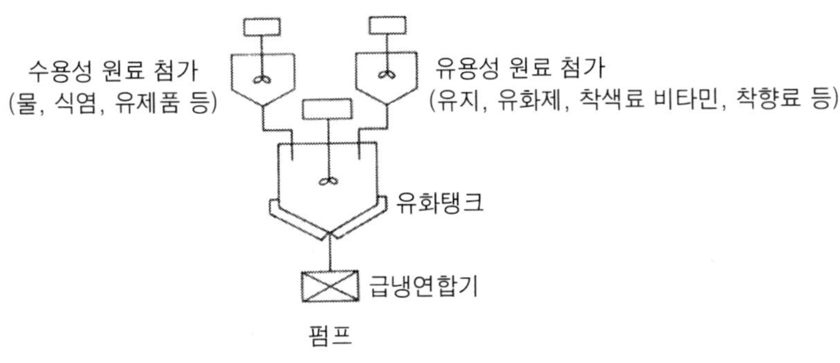

그림 4-21. 마가린의 배합과 유화

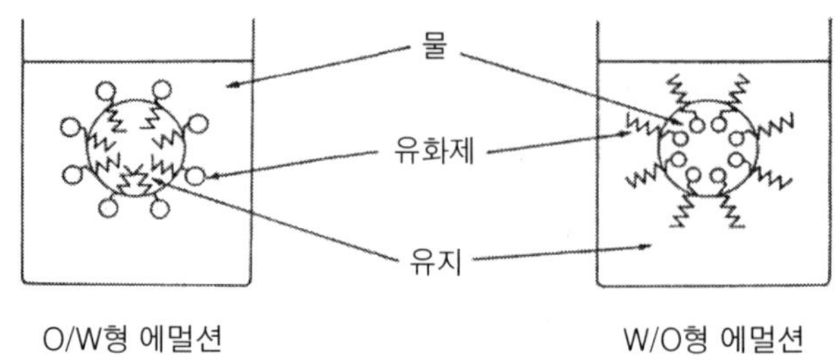

그림 4-22. 안정화된 에멀션의 모형

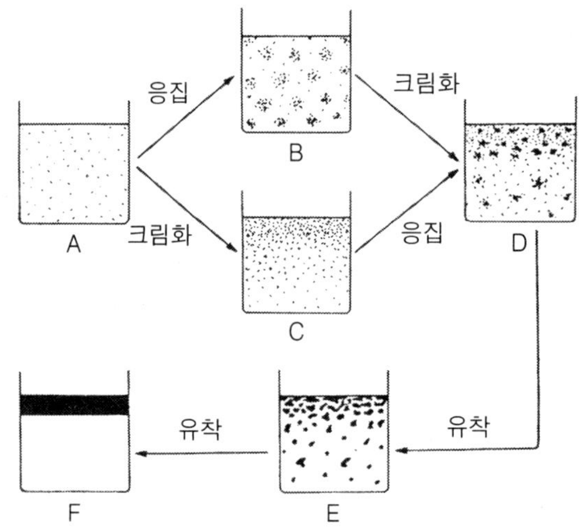

그림 4-23. 에멀션이 불안정하여 유지와 물이 분리되는 과정

유화제를 사용하여 안정화된 에멀션의 형태는 그림 4-22와 같이 물 또는 유지입자가 유화제에 의해 잘 분산되어 있는데 비하여, 크림(cream)화되었거나 응집이 일어나면 에멀션은 불안정하게 된다. 그림 4-23에서는 시간이 경과함에 따라 기름과 물이 분리되는 현상을 보여 준다. 따라서 유지가공제품을 제조하는 경우에는 유지가 분리되지 않도록 안정된 에멀션을 만들어야 한다.

7.3 쇼트닝

쇼트닝(shortening)은 '정제한 식용 동식물성 유지, 식용 경화유 또는 이들의 혼합물을 급냉, 연합하여 가공한 크림상태 또는 고형상태'라고 정의하고 있다. 쇼트닝에 사용하는 기름은 경화유, 쇠기름, 돼지기름 등이 이용되며, 원료의 용도에 따라 원료의 종류와 배합비율이 다르다. 쇼트닝은 가소성 유지로 비스킷, 크래커 등 제과에 부

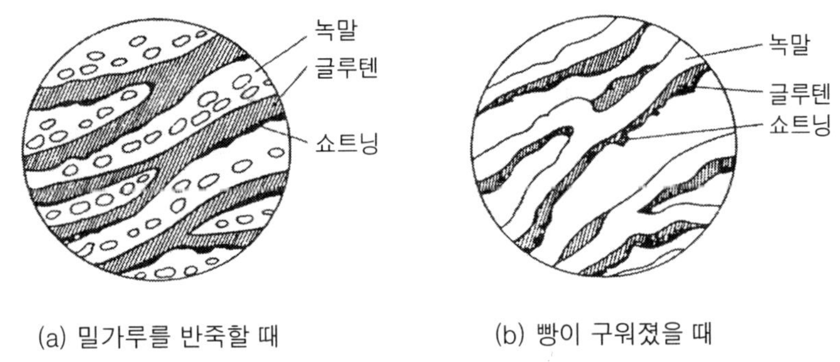

(a) 밀가루를 반죽할 때 (b) 빵이 구워졌을 때

그림 4-24. 빵을 만들 때 쇼트닝의 역할

스러지는 것을 방지할 수 있으며, 제빵, 튀김기름 등에 널리 이용된다. 원료유지로는 식물유지의 사용량이 많아지고 있으며, 이 중에서 팜유의 사용이 크게 증가하고 있다.

쇼트닝은 가소성, 크림성, 유화와 분산이 잘 이루어지는 성질을 가져야 한다. 예를 들어 빵을 만들 때 쇼트닝을 첨가하여 반죽하면 그림 4-24 (a)에서 보는 바와 같이 글루텐은 막을 형성하여 반죽의 골격을 형성하고 녹말입자는 흡습하면서 팽윤되어 글루텐 층에 분산된다. 쇼트닝은 글루텐 막과 녹말입자 사이에 막 상태로 넓게 퍼져 있다가, 빵을 굽게 되면 그림 4-24 (b)에서처럼 녹말입자는 가열에 의해 막이 파괴되고 상호 결합하여 빵의 골격을 이루게 한다.

그리고 글루텐은 탈수되어 축소되면서 녹말의 벽에 부착되어 고체화되는데, 이 과정에서 탄산가스와 수증기를 보유하게 된다. 빵을 만들 때에 쇼트닝의 작용은 글루텐에 가스 보유력을 높여 주며 녹말 벽에 부착하여 윤활작용을 하므로 유연한 맛을 준다.

7.4 마요네즈

마요네즈(mayonnaise)는 '식용 식물유, 식초, 난황, 조미료, 향신료 등을 혼합하여 O/W형으로 유화시킨 점조한 반고형 상태의 제품'이다. 이에 비하여 샐러드 드레싱(salad dressing)은 마요네즈에 녹말, 유화제를 첨가한 것이다. 또한, 프렌치 드레싱(french dressing)은 마요네즈와 달리 난황을 첨가하지 않은 것이다. 마요네즈가 상품화되어 산업적으로 생산하여 판매되기 시작한 것은 불과 60여 년 전에 불과하다. 그러나 국민소득의 증가와 더불어 식생활이 서구화됨에 따라 수요가 크게 늘어나고 있다.

마요네즈의 성분은 수분이 12～16%, 조단백질이 2～3%, 조지방이 70～80%, 회분

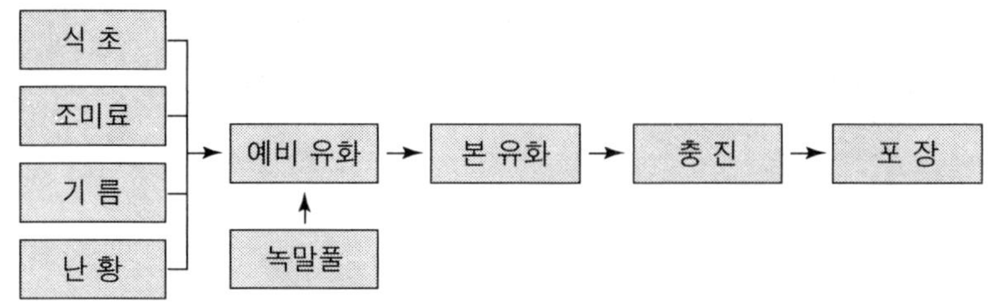

그림 4-25. 마요네즈, 샐러드 드레싱의 제조공정

이 1~2%로 되어 있다. 원료 식용유로는 면실유・옥수수기름・콩기름 등이 쓰이는데, 국내에 서는 콩기름이 가장 많이 사용되고 있다. 마요네즈가 응고성과 점성을 나타내는 것은 난황에 의한 것으로, 목적에 따라서는 난황의 균일화를 위해 식염, 당류를 첨가하거나 살균처리를 한다. 또한, 양조식초를 사용하여 pH를 3~4로 낮추어 방부효과를 얻게 되며, 향신료로 겨자를 첨가하여 유화시킨다.

제조공정의 예는 그림 4-25에서 보는 바와 같다. 제품의 종류에 따라 원료의 배합 비율이 다르다. 대표적인 배합 예를 들면 식용유 75%, 식초(5% 아세트산) 10%, 난황 10%, 설탕 2%, 식염 1.5%, 겨자분말 1%와 조미료 0.2%를 사용한다.

표 4-8. 유지 분해생성물의 이용

생성물	화학식	주요 용도
Fatty acid (stearic acid)	R-COOH	윤화유, 화장품 등 크레용, 초 등
Fatty acid salt	R-COONa	비누, 세탁제 등
Fatty acid ester	R-COO-R'	알코올, 화장품 등
Fatty alcohol	R-OH	세탁제, 계면활성제 등
Fatty acid chloride	R-COOCl	알데히드, 케톤, 산아미드 등
Fatty aldehyde	R-CHO	향료, 화장품 등
Fatty ketone	R-CO-R	계면활성제, 윤활유 등
Fatty acid amide	$R-COONH_2$	계면활성제, 윤활유, 폴리아미드 수지 등
Fatty nitrile	R-CN	아민 등
Fatty amine	$R-CH_2NH_2$	계면활성제, 역성비누 등
Glycerol	$C_3H_8O_3$	감미료, 화장품, 니트로글리세롤, 폴리글리세롤, 알킬수지 등
Nitroglycerol	$C_3H_5-(ONO_2)_3$	다이너마이트
Ploylgycerol	$H(C_3H_8O_3)_nOH$	잉크, 색소 등
Alkyl resin	-	접착제 등

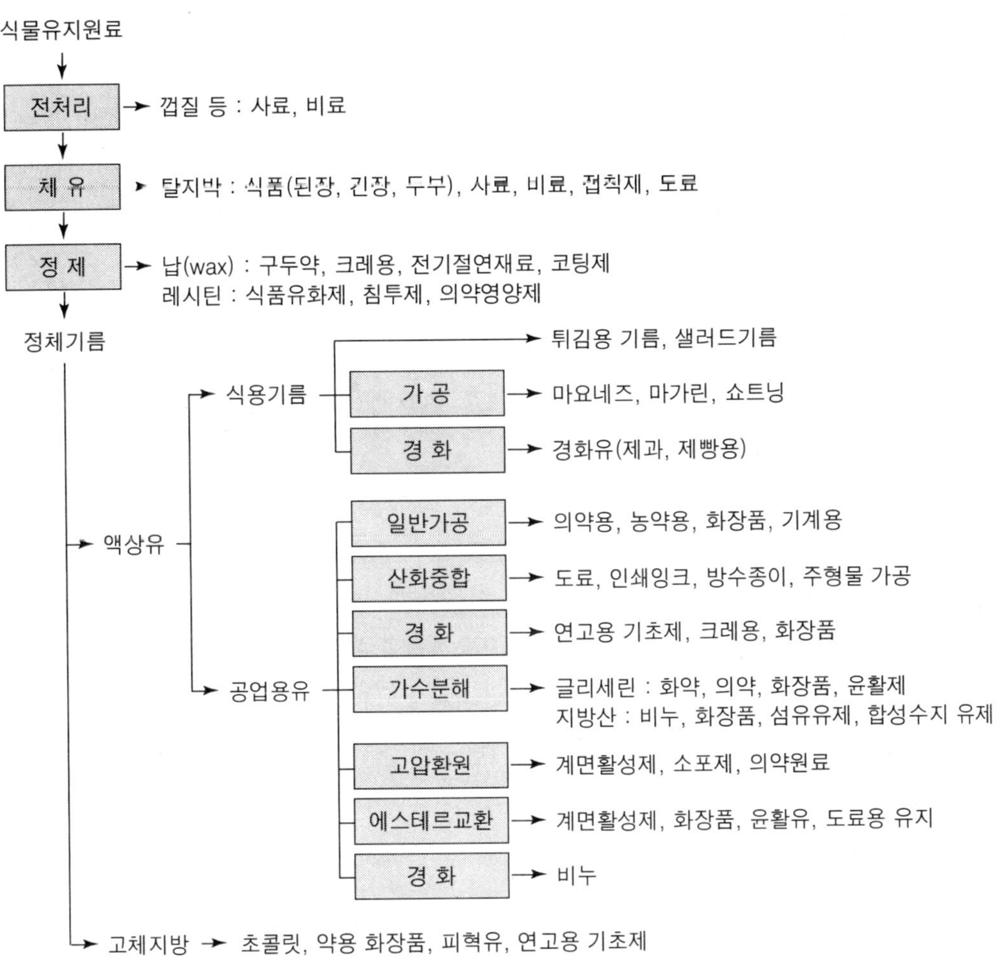

그림 4-26. 식물유지자원의 이용과 유지공업제품

7.5 기타 유지이용 제품

유지공업에 있어서 식물 유지원료로부터 식용유지 외에도 여러 가지 제품이 생산되어 여러 분야에 이용된다. 유지성분이 주로 이용되는 분야를 정리하면 표 4-8과 그림 4-26과 같다.

8. 유지산업에 있어서의 생명공학

생명공학(Biotechnology)의 개념이나 정의는 다양하지만, 일반적으로 '미생물이나 조직배양한 식물세포나 동물세포의 능력을 기술적으로 응용하기 위한 생화학, 미생물학, 화학공학 등의 종합적인 이용'이라고 할 수 있다. 농업이나 의학공학(Medical Engineering)을 포함하여 미생물의 산업적인 응용이 강조되고 있다.

넓은 의미의 생명공학은 미생물세포, 식물세포, 동물세포, 효소 등 생물체의 독특한 성질을 바탕으로 한 응용을 들 수 있다. 이는 전통적인 발효기술인 고전적인 기술(old technology)을 기반으로 하여 식품, 의약품, 새로운 대체연료, 가축사료 등의 생산에 있어서 새로운 기술로서 커다란 역할을 하며, 어느 정도 실용화되어 있는 실정이다. 생물공학의 기본적인 개념을 알기 쉽게 나타내면 그림 4-27과 같다. 생명에 대한 여러 가지 현상을 해명하는 기초학문 분야인 생명과학(Life Science)에서 얻어지는 결과를 토대로 하여, 생물이 가지고 있는 기능을 활용하는 기술개발과 이를 산업화시키는 분야가 생명공학이라고 할 수 있다.

지금까지는 자연계에서 우수한 미생물 균주를 분리하거나, 분리한 균주에서 변이주을 얻거나, 또는 우수균주의 육종기술을 활용하여 유용물질의 생산성을 높이려는 방향에서 연구가 진행되고 있다. 미생물세포, 식물세포, 동물세포가 가지고 있는 유전자를 조작하거나 세포융합기술 등을 도입함으로써 새로운 유전적 형질을 고정화시켜 이를 대량 배양하는 기술의 개발을 통한 산업적인 활용방안이 모색되고 있다.

특히 관심을 끌고 있는 혁신적인 기술이라고 할 수 있는 분야는 유전자조작, 세포

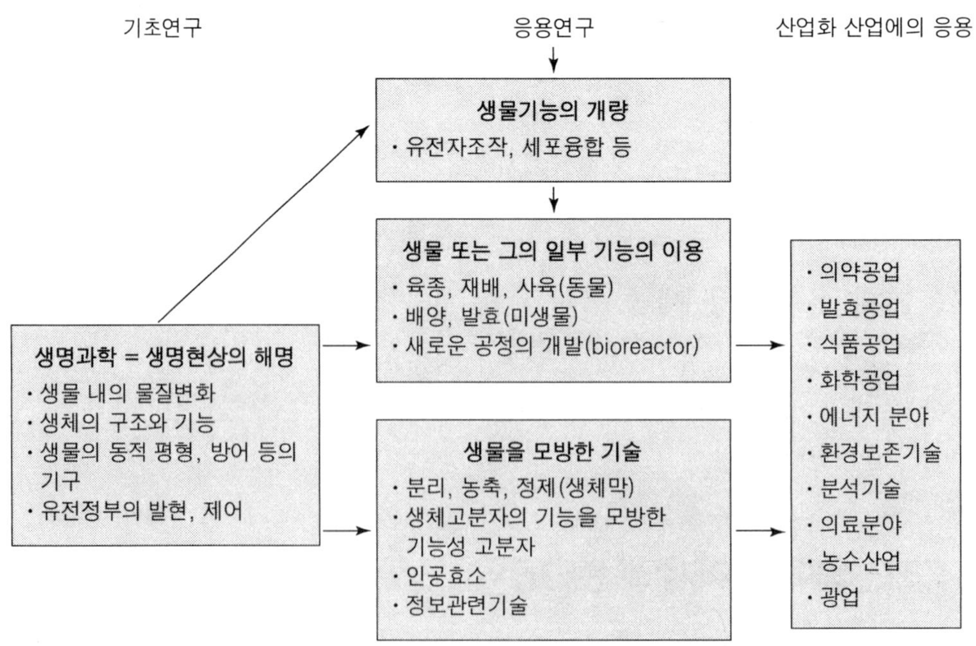

그림 4-27. 생명공학의 기본적인 개념

표 4-9. 생명공학의 산업에의 응용

산업분야	활용 부분
발효공업	· 아미노산, 핵산관련 물질, 유기산, 다당류, 효소, 비타민, 항생물질 등의 생산성 향상 · 새로운 항생물질, 생리활성물질, 정미성분의 개발
식품공업	· 식품의 풍미, 물성의 개량, 안전한 식품첨가물의 개발 · 미생물단백질, 대체유지
의약, 의료산업	· 생리활성물질(인터페론, 호르몬, 백신, 면역관련 물질 등) · 임상진단용 시약(분석용 효소, 항체 및 항원의 생산) · 인공장기, 새로운 형태의 의약품
화학공업	· 종래의 화학공업제품의 생화학적 과정에 의한 생산(에너지 절약, 효율 향상, 저공해형 화학공정의 개발), 효소법에 의한 정밀화학 제품의 생산
에너지관련신업	· 바이오매스에서부터 바이오에너지 생신(알고올, 메탄, 수소의 생산) · 광합성 세균, 수소세균에 의한 유용물질 생산
환경관련산업	· 산업 및 생활폐수의 생화학적 처리
농업, 축산업	· 미생물농약, 미생물비료, 사료의 단백질 강화(SCP 등)
광업	· 미생물 정련(bacteria leaching)

융합 등의 기술에 의한 새로운 형질의 동식물세포의 육종과 이들의 대량 생산할 수 있는 배양법을 포함하는 upstream process 기술이 있다. 그리고 고정화 효소(immobilized enzyme) 또는 고정화 미생물(immobilized cell)을 이용하는 생물반응기(bioreactor), 바이오센서(biosensor)의 개발과 더불어 유용물질을 경제적으로 회수하거나, 정제하는 down-stream process 기술을 혁신적으로 개선함으로써 이를 산업화시키는 데 있다. 이들 기술의 산업적인 이용분야를 요약하면 표 4-7과 같다.

생명공학기술의 응용은 생물산업(Bioindustry)을 형성하게 되었다. 특히 부가가치가 높은 생물학적 치료제를 비롯한 의약산업을 중심으로 진행되고 있으며, 농업분야에서는 유전자변형 농산물의 실용화를 가져왔다. 유지산업 분야에 있어서 생명공학의 응용은 다른 분야에 비하여 다소 뒤떨어진 느낌이 있으나, 많은 분야에서 연구되고 있다. 분야별로 그 내용을 간단히 살펴보면 다음과 같다.

1) 식물조직 배양에 의한 유량식물의 육종

유지 함량이 높고 수량이 많은 유량식물의 육종과 같이 유채종자에 있어서 에루크산(erucic acid) 함량이 적은 품종의 육종 등 어떤 특수 성분의 함량을 감소시키거나 증대시킬 수 있는 방안을 모색하는 일이다. 일부 품종에 대하여 어느 정도 실용화 단계에 와있다.

2) 미생물 유지의 생산

처음에는 값싼 탄수화물로부터 미생물 유지(single cell oil, SCO)의 대량생산으로 유지자원의 안정적인 확보를 목적으로 연구가 진행되었다. 석유가격의 상승과 유지가격의 하락으로 실용화되지 못하였다. 그러나 천연유지에 널리 분포되어 있지 않은 특수한 지방산의 대량생산을 목적으로 활용될 것으로 기대된다.

3) 효소의 이용

효소(lipase)에 의한 지방산, 모노글리세리드(monoglyceride)와 디글리세리드(diglyceride)의 대량생산이나 스테로이드(steroid)의 변환, 또는 에스테르교환 반응에 의한 코코아버터와 비슷한 성질을 갖는 부가가치가 높은 대용유지(代用油脂)의 생산을 들 수 있다. 유기용매를 사용하거나 고압에서 유지를 용해시킴으로써 균일계에서의 효율적인 효소반응에 대한 시도가 이루어지고 있다.

4) 유용물질의 생산

저자 등에 의해 연구되어 온 바와 같이, 팜유 또는 값싼 유지를 탄소원으로 미생물 단백질을 생산하여 가축사료로 이용하는 문제나, 유지 자화성(資化性) 유용균주를 이용한 식품공업의 폐수처리를 시도함으로써 환경오염 문제를 해결하려는 연구가 시도되고 있다.

그리고 화학합성에 의한 계면활성제는 식품 또는 특수한 목적에 이용이 어려운 경우가 있다. 미생물의 특수한 능력을 이용하여 글루코리피드(glucolipid) 등과 같은 다양한 종류의 계면활성물질을 생산하는 문제, 값싼 유지를 발효원으로 이용한 구연산, 디카르복시산(dicarboxlyic acid), 아미노산 등 유용물질의 생산, 석유유출 등으로 오염된 해양의 수질을 정화하는 데 미생물의 이용 등 매우 다양한 분야에 생물공학의 활용이 가능하리라 기대된다. 따라서 유지공업의 발전에는 지금까지 이용되어 왔던 화학공학적인 감각뿐만 아니라 생화학적인 생체 내의 영양문제, 미생물공업의 발효원료, 효소반응의 활용 등 유지자원을 보다 유효하게 활용하는 방향으로 추진될 것으로 기대된다.

제 5 장

단백질자원의 이용

계속적인 세계인구의 증가로 식량의 생산과 수요 사이에 점차 격차가 벌어지고 있어 장래 식량난은 더욱 커질 전망이다. 세계인구의 절반은 주로 단백질 부족으로 인한 영양결핍에 시달리고 있다. 인구증가율의 감소와 농업생산성의 증대로 기아문제는 점차 해결될 수 있으리라는 기대도 있다. 그러나 이는 칼로리의 부족을 충족시킬 수는 있지만, 식량의 질적인 면에서 오는 영양결핍 문제는 남게 될 것으로 보인다. 영양결핍은 특히 단백질 부족에서 오는 문제라고 할 수 있다.

세계의 식량문제 중에 단백질자원을 증가시키기 위한 여러 가지 새로운 가공방법이 개발되고 있다. 여기에는 유량종자(油量種子, oilseeds)에서 착유하고 난 탈지박을 이용한 단백질 농축물을 직접 식량화하는 일도 포함된다. 식용 또는 사료용으로 이용되는 유량종자로서는 대두(콩), 유채, 면실, 땅콩, 해바라기, 참깨 등 여러 가지가 있다. 이 중에서 대두는 생산량이 1억 9천만 톤을 넘고 있어서 중요한 단백질 자원으로 관심을 끌고 있다. 또한, 대두를 직접 식용 또는 가공용으로 이용하거나 된장, 간장 등 발효식품의 소재로서 오래 전부터 이용되어 왔다.

우리가 섭취하고 있는 동물성 단백질은 사료 중에 들어 있는 식물성 단백질을 전환한 것이라고 할 수 있다. 그러나 그의 변환율은 육류의 경우 12%, 우유의 경우 35%에 불과하여 매우 낮은 편이다. 따라서 단백질 자원을 우회 생산하는 것보다도 유량종자 단백질을 직접 동물성 단백질과 비슷한 식용 단백질로 제조하는 방법이 어느 정도 실용화되고 있다. 새로운 단백질 자원의 활용에 있어서 다음과 같은 점이 고려된다.

① 단백질 성분 함량이 높고, 품질이 좋아야 한다.

② 단백질의 유효영양이 높아야 한다.

③ 독성이 없어야 한다.

④ 기호성, 소화성, 가공성, 안정성 등 가공적성이 좋아야 한다.

여기에서는 단백질자원 원료의 생산량, 단백질의 함량과 질적인 면 등을 고려할 때, 식물성 단백질로 활용이 가능한 대두단백질과 소맥단백질의 특성, 제조방법, 이용방법 등을 살펴보고, 이 외에 유채단백질을 비롯하여 식물성 단백질에 대하여 알아보자. 그리고 대두를 이용한 각종 가공식품과 전통발효식품으로서 간장과 된장의 제조에 대하여 살펴보자.

1. 단백질의 특성, 분리와 가공

1.1 대두단백질

대두(콩)는 다른 식용작물 종자와 비교할 때, 표 5-1에서 보는 바와 같이 약 40%의 단백질을 함유하고 있다. 또한, 유지 함량이 높고, 녹말이 거의 없으며, 회분함량이 높은 특징을 가지고 있다. 따라서 채유를 끝낸 탈지대두박을 물 또는 식염으로 추출하면 약 90%의 단백질을 얻을 수 있다.

대두단백질의 조성은 표 5-2에서 보는 바와 같다. 초원심 분석에 의한 침강정수(sedimentation constant)에서 2S, 7S, 11S, 15S의 4성분으로 구분된다. 추출단백질의 수용액을 pH 4.5～4.8의 산성으로 조절하면 단백질의 약 75%가 등전 침전되며, 이를 산침전단백질 또는 대두글로불린이라고 한다.

항원항체 반응에 따른 면역학적 분류에 의하면 글로불린(globulin)은 α-, β-, γ-globulin과 conglobulin의 4성분으로 나눌 수 있다. 산에 침전되지 않는 단백질은 호웨이(whey) 단백질이라고 불리며, 2S와 7S 단백질의 주가 된다. 2S 단백질은 트립신 억제제(trypsin inhibitor)의 활성을 가지고 있다. 대두글로불린의 주성분은 glycinine (11S 성분)과 conglycinine(7S 성분)으로서 두 성분의 합은 대두글로불린의 약 70%

표 5-1. 대두의 부위별 화학조성(%)

부위(%)	수 분	조단백질	조지방	탄수화물	회 분
전체(100)	5～17(9)	36～50(40)	13～24(18)	14～24(17)	3～6(4.6)
자엽(90)	10.6	41.3	20.7	14.6	4.4
종피(8)	12.5	7.0	0.6	21.0	3.8
배아(2)	12.0	36.9	10.5	17.3	4.1

( )은 평균값

표 5-2. 대두단백질의 조성

침강성분	함 량	주요 단백질	분자량
2S	22%	2S globulin Trypsin inhibitor Cytochrome	18,200～32,600 8,000～21,000 12,000
7S	37%	β-conglycinine 염기성 7S globulin γ-conglycinine Lipoxygenase Hemaglutinine β-amylase	180,000～210,000 168,000 150,000 102,000 110,000 61,000
11S	31%	Glycinine	300,000～350,000
15S	11%	-	600,000

이며, 두 성분의 비율은 품종에 따라 다소 차이가 있다.

탈지대두박의 이용은 오래 전부터 많은 연구가 되어 왔다. 탈지대두박에서 얻어진 대두단백질 중에서 분리대두단백질과 농축대두단백질 제품은 1960년대 초에 생산되기 시작한 이래 계속 증가하고 있다. 대두단백질 제품을 식품에 이용하게 된 배경은 단백질자원의 확보를 위한 노력과 더불어 각종 식품가공제품의 증량제 또는 대체용으로서 이용되었기 때문이다. 이는 대두단백질이 가지고 있는 여러 가지 기능적 성질이 가공식품의 품질을 유지하거나 향상시키며, 영양가의 개선 등에 기여한다는 것이 인정되었기 때문이다.

1.2 대두단백질 제품

대두단백질 제품은 보통 탈지대두, 또는 탈지대두를 원료로 하여 가공한 제품을 말한다. 성분에 따라 탈지대두분[1](defatted soy flour/grits), 농축대두단백질(soy protein concentrate, SPC), 분리대두단백질(soy protein isolate SPI)로 구분된다. 대두단백질 제품의 화학성분은 표 5-3과 같다. 콩냄새가 적은 전지대두분(全脂大豆粉)이 개발되어 비교적 값싼 단백질과 유지(油脂)의 기능을 갖는 제품으로 주목되고 있다.

1) 보통 대두를 '콩', 대두분(大豆粉)을 '콩가루'라고도 한다. 그러나 콩(bean)의 종류가 매우 다양하기 때문에 정확한 품종을 나타내는 용어로 알맞지 않다. 따라서 이 책에서는 용어를 통일시키고, 편의에 따라 알기 쉽게 표시하였다.

1) 전지대두분

대두를 그대로 분쇄하면 특유의 풋콩 냄새가 난다. 이 외에도 대두에 들어 있는 유지산화효소인 lipoxygenase의 작용에 의한 과산화물의 생성은 물론 불쾌한 냄새 성분인 알데히드, 케톤, 알코올 등이 생겨 식용으로 직접 이용하기가 어렵다. 또한, 대두를 가열하여 효소를 불활성화 시킨 후 분쇄하면 콩을 태운 냄새인 배초취(焙炒臭)가 강한 결점이 있다.

대두 또는 껍질을 벗긴 대두를 입상(粒狀)인 상태로 120～150℃의 과열수증기로 1분 정도 부유(浮遊) 이동시킴으로써 콩냄새를 없애고 효소를 불활성화시킨다. 이 경우 약간 발생할 수 있는 배초취는 압력을 급히 낮추어 방출시키거나, 필요에 따라 감압하여 탈취함으로써 콩냄새를 없앤다. 이와 같이 제조한 전지대두분(全脂大豆粉)은 풍미(風味)가 떨어지는 일이 적다. 37℃, 습도 70%에서 6주간 보관한 후에도 과산화물가(peroxide value)가 3 이하로 안정성을 나타낸다.

2) 탈지대두분

탈지대두분(脫脂大豆粉)은 유기용매를 사용하여 대두 중의 유지를 추출하고 난 깻묵(粕, residue)이다. 건물량 중에 단백질 함량이 50% 이상이고, 유지성분이 2% 이하인 것을 말한다.

원료 대두를 정선한 다음, 단백질의 순도를 높이기 위하여 필요에 따라서는 껍질을 벗긴다. 70～75℃로 가열하여 수분을 11% 정도로 유지하며, 조쇄(粗碎)한 다음 롤러로 압편하여 제조한다. 탈지대두를 만드는 과정에 있어서는 전처리 공정으로서 유지를 효율적으로 추출하는 것이 중요하다. 압편한 플레이크(flake)에 헥산(hexane)으로 반복 순환시킴으로써 유지를 제거하기도 한다.

탈지대두를 대두단백질의 제조원료로 사용하는 경우에는 용매를 제거하는 공정에서 단백질의 변성을 최소로 줄일 수 있도록 해야 한다. 압편한 대두 플레이크를 냉각한 후 분쇄한 것을 저변성 탈지대두분이라고 하며, 탈피 후에 60 mesh 이하의 미세한 분말을 제거한 것을 두부분(豆腐粉)이라고 한다.

탈지대두분의 제조과정 중에 단백질의 변성도에 따라 각각 고변성・중변성・저변성 대두분으로 구분하기도 하며, 물성(物性)의 차이에 따라 이용 용도도 달라진다. 단백질의 변성도가 높게 되면 가용성 질소가 적어질 뿐만 아니라 유독물질의 불활성화, 영양가의 향상, 밀도의 증가, 조직의 경화와 투명감을 갖게 된다. 또한, 특유한 풍미가 있어서 사료용으로 이용된다. 중변성 탈지대두분은 고변성 탈지대두분에 비하여 착색이 덜 되지만, 조직이 단단하여 간장이나 된장 제조를 위한 양조용으로 이용된다.

이에 비하여 저변성 탈지대두분은 두부의 원료, 분리단백질의 제조원료 등 식품가공용으로 이용되고 있다.

3) 농축대두단백질

농축대두단백질(濃縮大豆蛋白質)은 에탄올 또는 물을 사용하여 탈지대두분에 들어 있는 당과 가용성 성분을 제거한 후 건조한 것을 말한다. 단백질과 섬유질이 주성분이며 단백질 함량은 약 70%이다. 농축대두단백질의 제조법은 알코올추출법, 산추출법, 습열수세법이 있다. 제조방법에 따라서 단백질의 용해성, 기능적 성질, 풍미, 색깔, 입도 등에 차이가 있다(표 5-3).

탈지대두분을 보통 50～70%의 에탄올로 추출(抽出)하고 원료 중에 들어 있는 당류, 무기물, 미량성분을 제거한 다음, 건조하고 냉각한 후에 분쇄하여 제품화한다. 이 방법에 의하여 제조한 농축대두단백질은 제조과정 중에 알코올에 의한 변성으로 질소용해지수(nitogen solubility index, NSI)가 10 정도로 풍미와 색깔이 떨어진다. 또한, 산추출법으로 제조한 농축대두단백질은 수분흡수 등 기능적인 특성을 가장 잘 유지한다. 제조장치가 간단한 장점이 있으나, 다른 방법에 비해 수율이 낮은 결점이 있다.

산추출법(酸抽出法)은 그림 5-1에서 보는 바와 같다. 탈지대두분의 수용액을 pH 4.5로 조절하여 단백질의 용출을 최소화하면서 당류와 가용성 성분을 추출하여 제거하는 방법이다. 그러나 펩티드(peptide), 아미노산 외에도 영양가와 관계가 깊은 알부민이 함께 제거되는 결점이 있다. 다른 방법에 비하여 단백질의 변성을 적게 받으므

표 5-3. 대두단백질 제품의 표준성분 조성

성 분	전지대두분	탈지대두분	농축대두단백질			분리대두 단백질
			알코올세정법	산세정법	습열수세법	
수분(%)	5.0	7.0	6.7	5.2	3.1	7.0
조단백질(%)	40.8	56.0	70.9	71.1	72.2	96.0
질소용해지수(NSI)*	28.0	-	5.0	69.0	3.0	95.0
유지(%)	22.1	0.9	0.3	0.3	1.2	0.1
조섬유(%)	2.9	3.3	3.4	3.4	4.4	0.1
회분(%)	4.4	5.6	4.8	4.8	3.7	3.3
수용성 탄수화물(%)	11.8	13.0	2.8	2.8	2.6	0
불용성 탄수화물(%)	13.0	18.1	17.1	17.1	15.6	0.3

* 질소용해지수(Nitrogen Solubility Index, NSI)는 총질소 중 수용성 질소의 함량을 %로 나타낸 값이다.

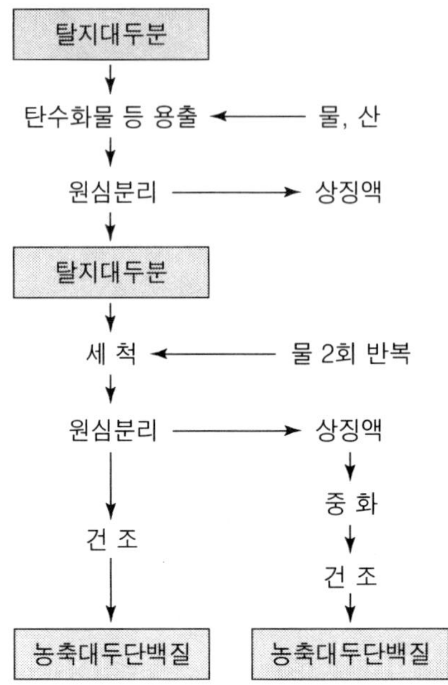

그림 5-1. 산추출법에 의한 농축대두단백질의 제조공정

로 NSI가 높은 단백질을 얻을 수 있으나 영양가는 떨어진다. 산추출법으로 제조한 농축대두단백질은 수분흡수 등 기능적 특성을 가장 잘 가지고 있다. 제조장치가 간단한 장점이 있으나, 다른 방법에 비하여 수율이 낮은 결함이 있다.

습열수세법은 탈지대두단백질을 수증기로 가열하여 단백질을 변성시킨 다음 물로 가용성 성분을 제거하는 방법이다. 따라서 이 방법에 의해 제조된 제품은 NSI가 떨어진다.

4) 분리대두단백질

분리대두단백질(分離大豆蛋白質)은 NSI가 90 이상인 탈지대두분을 원료로 한다. 물 또는 알칼리로 분산액의 pH를 7～9로 조절하여 가용성 성분을 용해시키고 불용성 성분은 원심분리기로 분리하여 제거한다. 단백질 추출액은 다시 산을 가하여 pH 4.5로 조절한 다음 단백질을 침전시킨다. 원심분리로 침전물을 분리하고, 침전물에 물을 첨가하여 이 조작을 반복한다. 물 또는 알칼리로 pH 7이 되도록 중화하여 용해시킨 후 분무건조법(spray drying)으로 제품화한다(그림 5-2).

탈지대두분의 30～40%가 분리대두단백질로 회수된다. 분리대두단백질은 단백질 함량이 90% 이상으로 물에 잘 녹고 여러 가지 기능적인 특성을 가지고 있다. 분리대두단백질은 불용성이고, 소화가 잘 안 되는 탄수화물과 냄새 또는 쓴맛을 나타내는

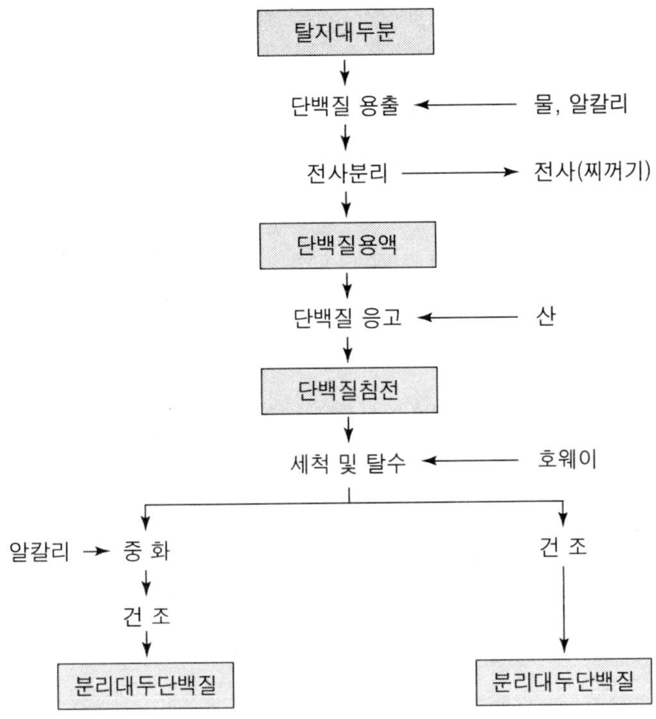

그림 5-2. 분리대두단백질의 제조공정

성분들, 그리고 트립신 억제제(trypsin inhibitor) 등 항영양학적 요소들이 거의 제거되므로 고단백식품소재로서 여러 가지 용도로 다양하게 이용될 수 있다.

5) 섬유상 대두단백질

섬유상 대두단백질(纖維狀大豆蛋白質)은 분리대두단백질, 농축대두단백질 또는 탈지대두분을 원료로 하여 물과 혼합한 다음, 가열하면서 압력을 가하여 작은 구멍이 뚫린 격막(膈膜)을 통하여 식염을 함유한 아세트산 용액 중에 압출(extrusion)한 제품이다.

섬유상 대두단백질을 응고시켜 실 모양으로 빼면서 신연(伸延)시키면 분자가 어느 정도 일정한 방향으로 배열되어 섬유를 형성하게 된다. 이와 같이 생성된 단백섬유 수천 본이 덩어리 상태로 식염용액에 담겨져서 경화되고 혼합가열통에서 색소, 조미료, 향료를 첨가한 후 압착하고 알맞은 형태로 재단(裁斷)한 다음 건조하여 가공한다.

이 외로 방사법, 섬유상법, 콜로이드밀(colloid mill)법 등도 있다. 섬유상 대두단백질은 냉동상태로 유통되며, 식육가공품 또는 육 유사제품(肉類似製品, meat analog)

의 원료로 쓰인다. 제품은 고기와 같이 씹히는 성질이 있어서 천연육과 비슷하게 만들어지나, 생산비가 다른 방법에 비하여 비싸다.

육 유사제품의 원료가 되는 대두조직단백 소재(textured soy protein products)를 만드는 방법은 여러 가지가 있으나, 압출법에 의한 제조방법이 가장 많이 이용된다. 그림 5-3은 방사법에 의한 제조공정의 한 예이다. 저변성 탈지대두를 알맞은 양의 물과 혼합한 상태로 가열하면서 교반·압출·압연 등의 강력한 물리적인 처리를 함으로써 어느 정도 단백질의 방향성을 갖도록 하여 조직감을 부여한 제품이다.

미국에서는 햄버거, 소시지, 각종 육류가공품에 일정량을 혼합하는 증량제로 많이 이용되고 있다. 맛과 향을 잘 조합하여 'Soy-Meat'로 시판되는 것도 많다. 대두단백육은 냉장할 필요가 없이 건조상태로 저장, 운반할 수 있으므로 저장성이 좋다. 지방 함량이 적고 콜레스테롤 함량이 거의 없어 영양적으로 유리하며, 세균에 대한 오염이 적은 장점을 가지고 있다.

대두단백육에는 표 5-4에서 보는 바와 같이 함유황아미노산을 제외하고는 필수아미노산을 충분히 함유하고 있다. 곡류에 부족한 리신(lysine), 트레오닌(threonine)이 풍부하므로 곡물을 주식으로 하는 우리나라 사람들에게는 알맞은 단백질의 보완효과(補完效果)를 줄 수 있다.

대두단백질의 기능적 성질과 식품에의 이용관계를 요약하면 표 5-5와 같다. 기능적 성질 중에서도 흡수성, 유화성, 유화안정성, 겔형성 능력 등이 좋은 것으로 평가되고 있다. 그러나 식품은 일반적으로 물, 식염, 지방, 단백질, 탄수화물 등의 복잡한 혼합물이며, 이들의 상호작용에 의해 이루어지므로 간단한 시험으로 종합적인 판단을 내릴 수는 없다.

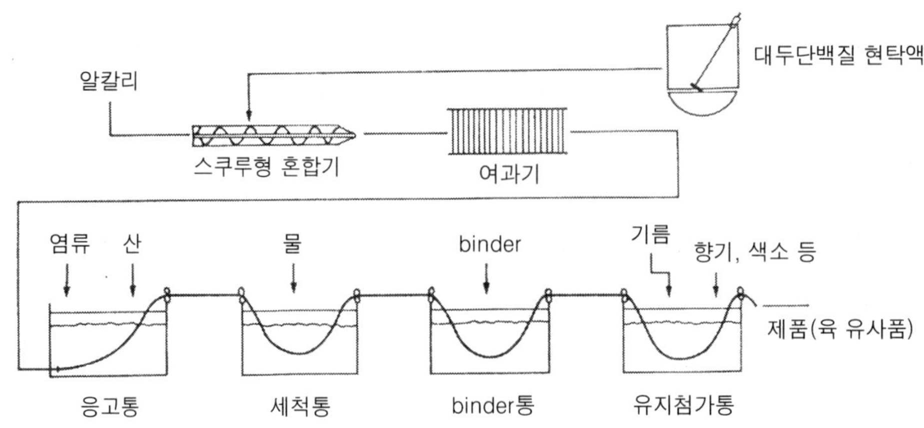

그림 5-3. 방적과정(spinning process)에 의한 대두조직단백질의 제조

표 5-4. 대두단백질육과 쇠고기의 영양성분 비교

성 분	대두단백질	쇠고기	FAO 기준값
열량(kcal/100 g)	334	146	
수분(%)	8～10	71.6	
단백질(%)	51	21.0	
지질(%)	0.7～1.5	6.0	
당질(%)	33.5	0.3	
필수아미노산(g/16 g N)			
Isoleucine	5.24	4.82	4.2
Leucine	7.54	8.11	4.8
Lysine	5.88	8.90	4.2
Methionine	1.09	2.70	2.2
Cystine	1.47	1.28	2.0
Threonine	3.78	4.59	2.8
Tryptophan	1.36	1.40	1.4
Valine	5.74	4.20	4.2

표 5-5. 대두단백질의 기능적 성질과 식품에의 이용

기능특성	중요한 작용기작	식품의 예	사용제품*
용해성	단백질의 수화	수프, 두유, 간장	분말, 농축, 분리
응집성	단백질분자의 random 회합	두부	분말, 농축
보수성과 수분 흡착성	수분의 유지, 유리수의 방지	육류, 소시지, 빵, 과자	분말, 농축
점 성	진한 맛, 수화	수프, 육즙	분말, 농축, 분리
gel형성능력	수화와 2차 결합에 의한 회합	육류, 소시지, 두부, 면류	농축, 분리
결착성	점착성	육류, 소시지	분말, 농축, 분리
탄 성	S-S결합과 2차 결합	빵, 면류	분리
유화성	에멀션의 형성과 안정성	육류, 빵	분말, 농축, 분리
지방흡착성	소수기에 의한 결합	소시지, 도넛	분말, 농축, 분리
거품특성	거품형성과 그 안정성	디저트	분리, 호웨이, 가수분해
신전성	가열에 의한 공기의 팽창과 유지	튀김두부	농축, 분리
조직화 섬유형성	알칼리에 의한 random화와 2차 결합	인조육	분리
향기 결합성	흡착, 유지, 향기	인조육, 빵	농축, 분리, 가수분해
색깔의 조제	lipoxigenase에 의한 표백	빵	분말

* 분말(대두분), 농축(농축단백질), 분리(분리단백질), 가수분해(가수분해단백질), 호웨이(대두 whey 단백질)

표 5-6. 주요 식품단백질의 필수아미노산 조성과 단백가

단백질	Isoleu-cine	Leucine	Lycine	Phenyl alanine	함유황 아미노산	Threo-nine	Trypto-phan	Valine	단백가
표준단백질	0.27	0.31	0.27	0.18	0.27	0.18	0.09	0.27	100
달 걀	0.43	0.56	0.40	0.37	0.34	0.31	0.11	0.46	100
우 유	0.41	0.63	0.50	0.31	0.21	0.29	0.09	0.44	78
쇠고기	0.33	0.51	0.54	0.26	0.24	0.27	0.08	0.34	83
생선(평균)	0.32	0.47	0.55	0.23	0.26	0.28	0.06	0.33	70
쌀	0.32	0.53	0.24	0.31	0.22	0.24	0.07	0.41	72
옥수수	0.35	0.83	0.18	0.42	0.21	0.22	0.07	0.38	66
밀가루	0.26	0.44	0.13	0.32	0.19	0.17	0.07	0.26	47
콩가루	0.33	0.48	0.40	0.31	0.20	0.25	0.09	0.33	73

대두는 단백질 40%, 지방 20%, 탄수화물 30%, 섬유질 5%, 회분 5%로 구성하고 있어서 대두단백질 제품의 성분도 이에 따르게 된다. 대두단백질은 8종류의 필수아미노산 중에서 메티오닌(methionine)이, 아미노산 중에서는 리신(lysine)이 풍부하므로 곡류단백질에 부족한 리신을 보완할 수 있는 식품소재로서 이용할 수 있다. 따라서 옥수수나 밀의 혼합물을 만드는 단백질소재로 이용되고 있다. 주요 식품에 대한 아미노산 조성은 표 5-6과 같다.

대두를 이용한 새로운 기술 또는 제품의 개발 분야를 살펴보면 다음과 같다.

① 초음파처리에 의한 대두단백질의 추출기술
② 풍미・색깔의 개량에 관한 기술
③ 결착성・유화성・기포성이 강화된 고기능성 대두단백질 제품의 개발
④ 대두의 불쾌한 냄새의 개선을 위한 신기술, 즉 대두품종의 개량 또는 효소처리에 의한 불쾌한 냄새의 개선
⑤ 건강 이미지에 알맞은 제품
⑥ 새로운 조직화법에 의해 물성을 개량한 제품
⑦ 값싸고 보존성이 있는 제품
⑧ 새로운 두유(soy milk)의 제조기술
⑨ 치즈 analog와 같은 단백질 변형제품

1.3 밀단백질

밀(小麥)은 세계적으로 연간 약 4억 5천만 톤 정도가 생산되며, 밀의 이용에 관한

연구는 오래 전부터 이루어졌다. 제분 후 밀가루는 제빵 · 제면 · 제과 등 2차 가공식품의 원료로 이용되고 있다(제 3장 참조).

단백질자원으로서 밀단백질의 이용은 여러 가지 분리방법으로 밀가루에서 분리한 글루텐의 독특한 성질을 이용하는 것이다. 즉, 글루텐의 물리화학적 성질, 단백질의 변성, 산, 알칼리, 유기용매에 대한 분산성 등을 조합하여 글루텐이용 공업으로 발전하였다. 밀단백질은 크게 분말상, 입상(粒狀), 섬유상, 페이스트(paste)상 밀단백질로 구분된다. 각각의 제조방법, 특성과 용도에 대하여 알아보자.

1) 밀단백질의 제조

밀단백질의 분리법은 크게 습식법과 건식법으로 구분되며, 이 외로 유기용매 처리로 분리하기도 한다. 이 중에서 주로 습식법(wet milling)에 의해 공업적으로 글루텐이 제소된다. 습식법은 물에 글루텐을 형성시켜 분리하는 물리적인 방법, 알칼리 또는 암모니아를 사용하여 pH를 조정하고 단백질을 분리하는 화학적인 방법, 펩신(pepsine) 또는 아밀라아제 등 효소에 의해 단백질과 녹말을 용해시켜 분리하는 효소분리법이 있다.

제조방법에 따라 각각 장단점이 있다. 이 중에서 밀가루에 물을 0.6~0.85배 첨가하여 반죽을 만들고, 세척기로 녹말을 분리한 다음 글루텐을 얻는 물리적 분리법인 Martin process가 널리 이용되고 있다. 분리된 글루텐으로부터 밀단백질 제품을 제조하는 공정은 그림 5-4에서 보는 바와 같다.

(1) 분말상 밀단백질

분말상 밀단백질을 제조하는 방법은 크게 나누어 직접 건조하는 방법과 글루텐을 변성시켜 조합한 다음 건조하여 제조하는 방법이 있다. 미국 등지에서는 직접건조법을 주로 이용하는데 비하여, 일본에서는 분산건조법을 이용한다. 햄, 소시지, 어육연제품(어묵), 밀가루의 개질제(改質劑) 등으로 이용된다.

(2) 입상 밀단백질

입상(粒狀) 밀단백질은 밀단백질 생산량의 약 60%를 차지한다. 생글루텐에 식품용 색소와 조미료를 첨가하고, 기계적 처리에 의해 입상으로 만들거나 보존성을 높이기 위하여 팽화시켜 건조한 것이다. 식감(食感), 겉보기, 입도 등에 따라 종류가 다양하며, 냉동업의 성장과 더불어 육류제품의 증량제로 이용된다. 또한, 보수성 · 응집성 · 흡유성(吸油性)이 좋고 육류와 비슷한 맛을 가지고 있어서 육류 가공제품과 비슷한 조립식품(組立食品) 등의 분야에 이용이 확대되리라 기대된다.

(a) 밀단백질의 분리정제

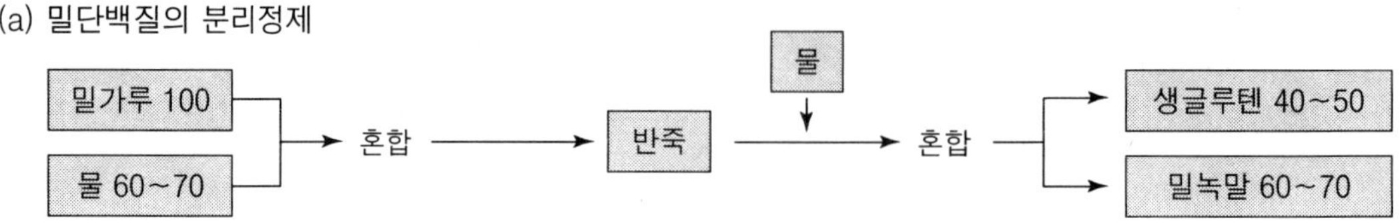

(b) 생글루텐에서 각종 제품까지

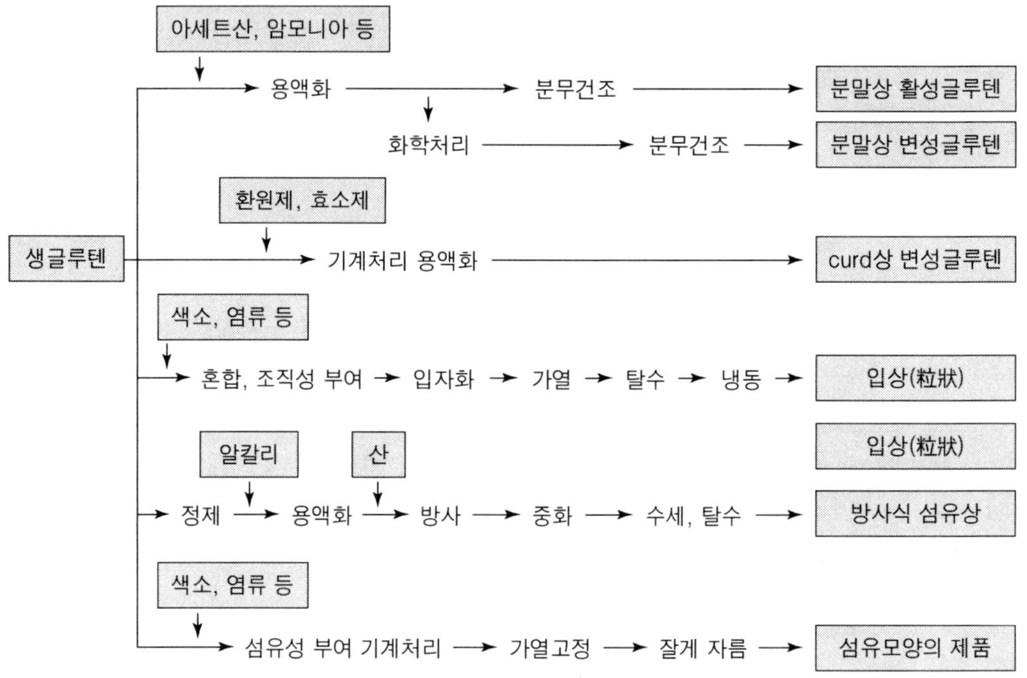

그림 5-4. 밀단백질의 제조공정도

(3) 섬유상 밀단백질

글루텐에 식품첨가물을 가한 다음 기계적으로 섬유성을 부여한 후에 열을 가해 고정화시키거나, 대두에서 직접 섬유상 단백질을 제조하는 경우와 비슷한 방법을 이용하고 있다. 겉보기나 식감을 새우나 게살과 비슷하도록 만든 제품도 있으며, 값비싼 어육제품을 대체할 수 있는 요소를 가지고 있다.

(4) 페이스트상 밀단백질

점탄성이 강한 생글루텐에 효소, 환원제 또는 물리적인 처리를 하여 글루텐의 구조를 변형시킨 것이다. 냉장품, 연제품 등에 그대로 첨가하여 사용하기도 한다. 제품에 쉽게 혼합할 수 있고, 분말상에 비해 날리거나 부착하는 일이 없어 사용에 편리하다.

겔 형성이 우수하여 식육 또는 어육연제품의 부원료로서 이용이 기대된다.

2) 식품에의 이용특성

각종 밀단백질(gluten)이 식품에의 이용특성을 살펴보면 다음과 같다.

(1) 조직감이 좋다

식육의 조직감과 비슷하여 양식(洋食) 형태의 각종 제품에 사용할 수 있고, 특히 냉동식품에 이용 가능성이 높다.

(2) 맛과 냄새가 없다

식품소재로 이용되고 있는 일반적인 식품원료는 각각의 독특한 맛과 향기를 가지고 있다. 이에 비하여 밀단백질은 맛과 향이 없기 때문에 조미료, 동물성 지방, 이 외로 식품소재의 정미성분을 조합하여 첨가함으로써 맛을 자유롭게 변화시킬 수 있으므로 이용용도를 확대시킬 수 있는 장점이 있다.

(3) 고단백질 식품소재이다

(4) 다이어트(diet) 식품소재로서 알맞다

조직감이 좋고 고단백질인데 비하여 콜레스테롤이 없고 지방 함량이 낮아 다이어트식품으로 이용가치가 있다.

(5) 탈수제로 이용이 가능하다

건조상태의 밀단백질은 열탕에 넣었을 때 2～3배로 물을 흡수하여 복원되는 성질이 있다. 예를 들어 가공식품을 제조할 경우 채소에서 다량의 유출액(drip)이나 즙이 나올 때 건조밀단백질을 이용하면 탈수제로서 효과를 얻을 수 있다.

(6) 식품소재로서 가공적성을 갖추고 있다

식품소재로서 필요한 조건은 대량 안정공급, 품질규격의 명확성, 품질의 균일화, 위생성 그리고 저렴한 가격 등이라고 할 수 있다. 밀단백질은 이러한 요소를 고루 갖추고 있어 식품소재로 알맞다.

3) 식품에 이용

글루텐을 식품분야에 이용하는 것으로는 수산연제품, 육류 가공품, 냉동식품, 레토르트식품 등 다양하다. 수산연제품에 있어서는 제품의 탄성을 보강하거나 수분분리 방지와 보수성의 향상, 증량효과 뿐만 아니라 고온살균 후에도 탄력 저하를 방지할 수 있어 다양하게 이용되고 있다. 육류 가공품에 있어서도 원료의 2~4% 정도를 첨가함으로써 육질을 개량하거나 지방의 분리를 방지한다. 또한, 수분분리의 방지, 고기의 결착성 향상, 맛의 개량, 증량 효과 등을 얻을 수 있다. 이밖에 햄버거나 인스턴트 라면의 인조육 등으로 사용되며, 밀가루의 품질 개량제로 사용되기도 한다.

1.4 기타 단백질 자원

1) 유채단백질

품종개량이 안 된 유채종자 중에는 glucosinolate 화합물이 들어 있다. 이 화합물은 종자 중에 들어 있는 thioglycosidase(myrosinase) 효소에 의하여 분해가 일어나면 중간생성물인 goitiogenic substances를 거쳐서 최종적으로 isothiocyanate가 생성된다. 효소분해로 생성되는 이 물질은 갑상선 질환을 유발하는 것으로 알려져 있다.

표 5-7. 유채단백질과 대두분의 아미노산 조성(g/16 g N)

아미노산	유채단백질	대두분	FAO 기준값
Isoleucine	4.2	4.2	4.0
Leucine	7.3	7.0	7.0
Lysine	5.8	5.8	5.5
Phenylalanine	4.1	4.5	
Tyrosine	3.1	3.1	6.0
Cystine	2.6	0.7	3.5
Methionine	2.3	1.1	
Threonine	4.5	3.8	4.0
Valine	5.2	4.3	5.0
Tryptophan	1.4	1.3	1.0
Histidine	2.7	2.4	
Arginine	6.6	7.0	
Aspartic acid	7.1	10.2	
Glutamic acid	17.9	16.5	
Serine	4.7	5.0	
Proline	6.1	4.8	
Glycine	5.3	3.8	
Alanine	4.6	3.9	

채종박인 탈지유채박에는 7종 이상의 glycosinolate 화합물이 10∼12 mg/g 들어 있다. 따라서 유채단백질(rapeseed protein concentrate, RPC)의 이용에 관한 연구는 다른 식물성 단백질에 비해 잘 이루어지지 않았다. 그러나 세계적으로 유채의 생산량이 많고 주생산지로 알려져 있는 캐나다 등에서 glucosinolate가 거의 없는 유채품종의 개량과 더불어 이를 활용하려는 시도가 많이 이루어졌다. 육류 가공품이나 빵에 유채단백질을 첨가하여 영양강화 등을 목적으로 한 산업적 이용이 이루어지고 있다.

유채단백질은 조단백질 함량이 65% 정도이며, 아미노산 조성에 있어서 대두단백질보다 우수한 편이다. 특히 유채단백질에는 함유황아미노산 함량이 많은 것이 특징이다(표 5-7).

유채단백질의 기능적 특성을 보면 유화성, 겔 형성능력 등은 조금 떨어지나 지방결합성은 매우 우수하다. 캐나다, 중국 등지에서 유채생산량이 증가하는 추세이다. 채유 후의 부산물을 이용하여 식물단백질원으로 활용하려는 연구가 많이 이루어져 새로운 식품소재로서의 활용이 기대된다.

2) 기타 식물단백질

대두, 밀, 유채 외의 식물단백질 자원으로는 식물종자에서 채유 후에 얻어지는 채종박에서 단백질을 추출하여 이를 활용하려는 시도가 부분적으로 연구되었다. 즉, 참깨, 해바라기, 땅콩, 옥수수 등 유지를 추출하고 난 후에 생기는 부산물인 추출박에서 단백질을 분리한 다음 이를 활용하는 것으로, 주 생산국가 또는 수입국가에서 검토되고 있다. 따라서 국내에서 단백질자원으로서 활용이 기대되고 있는 것은 채유 후에 생기는 대두박과 옥수수에서 녹말을 제조할 때에 생기는 부산물인 옥수수 글루텐 밀, 그리고 개량된 유채품종에서 유지를 추출하고 난 유채박 등을 들 수 있다.

잎단백질(leaf protein concentrate, LPC)에 관한 연구도 생산성이 매우 높은 알팔파(alfalfa)를 중심으로 진행되었다. 알팔파에서 얻어지는 LPC는 카세인(casein)과 비슷한 영양가를 가지고 있다. pH 3∼8 사이에서 용해도가 떨어지고 유용성분만을 추출하기 위한 제조공정에 여러 가지 문제점 등이 아직 해결되지 않았다. 그러나 알팔파는 단위면적당 생산성이 높고 영양가가 높다. 따라서 LPC의 제조공정과 이용에의 기능성을 보완한다면 새로운 단백질자원으로서 활용가치가 있다.

2. 대두가공식품

대두를 식품으로 이용하는 비율은 세계적으로는 평균 10%인데 비하여 중국이 58%

로 가장 높고, 한국이 23%, 일본이 17%이며, 미국은 1%에 불과하다. 대두는 좋은 단백질원으로서 뿐만 아니라 isoflavone 등 여러 가지 생리활성물질을 함유하고 있어서 가공식품 용도로 이용이 확대되고 있다.

대두는 대부분 제유원료(製油原料)로 사용되며, 착유 후에 생기는 탈지대두박은 주로 사료로 이용된다. 그러나 동양에서는 옛날부터 다양한 대두가공식품을 만들어 먹었다. 발효식품으로는 간장, 된장, 납두(natto), 템페(tempeh), 수푸(sufu) 등이 있다. 비발효식품으로는 두유(豆乳, soy milk), 두부, 동결건조두부, 압착두부, 튀긴두부, 유부(油腐), 콩나물, 채소용 콩, 볶은 콩(soynuts) 등이 있다.

템페는 인도네시아에서 껍질을 벗겨 삶은 콩에 *Rhizopus oligosporus*균을 접종하여 발효시킨 제품이다. 납두는 일본에서, 그리고 수푸는 동남아시아 국가에서 콩을 이용한 발효식품으로 제조되고 있다. 또한, 앞에서 설명한 탈지대두박의 이용 외에도 두유를 발효시켜 만든 치즈나 요구르트와 비슷한 대체 낙농제품을 만들기도 한다.

2.1 두부가공제품

1) 두 부

두부(豆腐)는 가격이 싼 좋은 품질의 단백질 식품으로 우리나라를 비롯하여 일본, 중국에서 널리 소비되고 있다. 수분함량이 80～88%로 부패하기 쉽기 때문에 제조 후 즉시 소비해야 하는 단점이 있다. 따라서 압착, 건조, 튀김 등에 의해 수분함량을 줄임으로써 보존성이 향상되고 독특한 조직을 갖는 다양한 두부제품을 만들 수 있다.

두부를 만들 때는 대두를 물에 충분히 불려(대두 : 물 = 1 : 9), 마쇄한 다음 체로 친다. 여액을 몇 분간 끓이고 나서 여과하여 불용성 성분을 제거한다. 여기에서 얻어진 두유(豆乳)에 응고제를 넣어 20～30분 동안 응고시킨 후 훼이(whey)를 제거하기 위하여 압착한 것이다. 훼이를 제거하지 않고 만든 두부가 연두부(soft tofu)이다.

응고제에는 염화칼슘, 황산칼슘, 글루코노락톤(glucono-δ-lactone) 등이 있다. 응고제로서 글루코노락톤을 사용하였을 경우, 단백질의 망상구조(network structure)가 균일하여 조직이 부드러우며 보수력이 좋아 수율을 높일 수 있다. 그러나 조직이 너무 연하고 응고제가 분해되면서 생기는 글루콘산으로 인하여 약간 신맛이 있는 단점이 있다. 이러한 단점을 보완하기 위하여 글루콘산칼슘(calcium gluconate)을 사용하면 좋은 효과를 볼 수 있으며, 황산칼슘과 혼용이 가능하여 앞으로 이용범위가 확대될 것으로 기대된다.

두부가공제품의 성분은 표 5-8에서 보는 바와 같다. 수분함량이나 튀김 등에 따른 조직 특성은 그림 5-5에서 보는 바와 같다. 두부의 가공 정도에 따라 망상구조의 농

표 5-8. 두부가공제품의 일반성분(%)

제 품	수 분	단백질	지 방	탄수화물	회 분
두 부	88.0	6.7	3.5	1.9	0.6
튀김두부(abrage)	44.0	20.4	31.4	2.8	1.4
동결건조두부	10.4	58.8	26.4	7.0	2.6
유바(yuba)	8.7	57.6	24.1	11.9	3.0
압착두부	61.6	22.0	11.0	6.1	1.9
압착건조두부	28.0	39.6	19.7	8.7	4.0

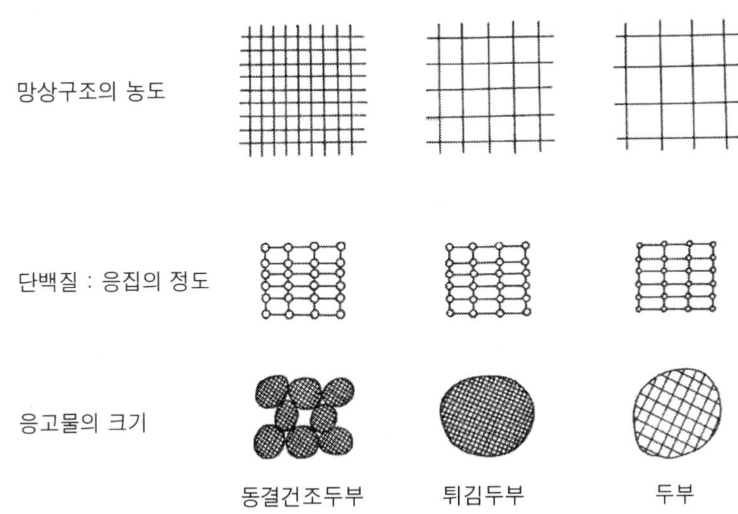

그림 5-5. 두부가공품의 미세구조와 조직 특성

도, 단백질의 응집 정도와 응고의 크기가 다름을 알 수 있다.

2) 동결건조두부

동결건조두부는 응고제로 황산칼슘보다 염화칼슘을 사용하여 일반두부를 제조한 다음, 수분함량이 약 78%가 되도록 압착한다. -10～-20℃에서 동결하고, -3℃ 정도에서 약 3주일 동안 유지시킨 후 건조시켜 제품화한 것이다. 동결비용이 많이 들고 제조기간이 긴 것이 단점이다.

3) 압착두부

일반두부를 여과포에 넣고 수분이 약 62%가 되도록 압착하여 탈수시킨 제품이 압착두부이다. 설탕용액에 침지하여 색깔과 풍미를 부여하고 보존성을 개선시키거나 간장, 식용유, 향신료 등을 혼합한 조미액에 침지하여 조미압착두부를 제조하기도 한다.

중국에서는 이를 더욱 압착시켜 조직을 단단하게 만든 두건(doufukan)을 제조한다. 또한, 여기에 간장, 기름, 조미료에 담갔다가 건조시킨 배향건(wu-hsianng kan) 두부도 제조한다.

4) 튀긴두부

튀긴두부는 두부를 얇게 절단한 다음 식용유에 튀겨서 만든다. 색상은 황색을 띠고, 표면 조직이 견고하며, 지방 함량이 높다. 또한, 튀기는 과정에서 수분이 증발되어 제품의 보존기간이 길어진다. 이 외의 두부제품으로는 다음과 같은 것들이 있다.

① 두유를 건조시켜 분말화한 다음 응고제를 혼합하여 편의성을 부여한 인스턴트 두부
② 두유를 가열할 때 표면에 생기는 얇은 막을 건져내어 건조시킨 유바(yuba, soymilk film)
③ 일본에서 제조되며, 두유를 85℃～90℃로 가열한 뒤 응고제를 넣고 저어 준 후 20～30분간 방치하였다가 냉장하여 응고시킨 기누고시(kinugoshi) 두부
④ 두부를 발효시켜 만든 발효두부
⑤ Actinomucor elegans와 Penicillium candidum 등을 접종시켜 발효시킨 콩 치즈(soybean cheese)

2.2 두 유

두유(豆乳, soybean milk)는 콩국 형태로 먹어 왔던 식품이다. 동물성 우유에 많이 들어 있는 유당(lactose)을 소화할 수 없는 데에서 생기는 알레르기성 체질(milk-intolerance symptom)인 유아의 대용식이나, 우유의 대체용으로 소비가 늘어감에 따라 생산량이 많아지고 있다.

두유의 화학적 성분은 표 5-9와 같으며, 단백질 함량이 높은 것이 특징이다. 우유에 비해 아미노산 중에서 메치오닌이 부족하므로 이를 첨가하기도 한다. 체내 흡수가 가능한 형태의 Ca 성분을 보충하거나 식물유를 첨가하여 지방 함량을 보충시키고, 유화제를 첨가하여 유화시키는 경우도 있다.

두유를 제조할 때에 가장 문제가 되는 것은 콩냄새로서, 향미성분 중에서 n-hexanol이 가장 크게 작용하는 것으로 보인다. 단백질분자 속에 소수결합으로 둘러싸여 있어서 일반적인 정제방법으로 제거하기가 어렵다. 대두를 침지한 다음 마쇄할

표 5-9. 두유, 우유, 인유의 성분비교(%)

성 분	두 유	인 유	우 유
단백질	4.0	1.48	3.25
지 방	2.1	3.16	3.50
당 분	2.0	7.11	4.60
회 분	0.5	0.91	0.75
수 분	91.4	87.34	87.90

때 대두 중에 있던 lipoxygenase가 대두유와 반응하여 여러 가지 산화생성물을 만드는데, 이 중에서 냄새에 크게 관여하는 ethyl vinyl ketone 등이 생성된다. 이 물질이 두유 속에 0.5 ppm만 존재해도 콩의 비린 냄새가 나게 된다. 콩냄새를 masking하거나 제거하기 위한 여러 가지 탈취법이 고안되었으나 완전하지 못하다. 입상 활성탄을 이용하여 냄새성분을 흡착제거하거나, 효소처리에 의한 방법 등이 고안되어 일부 이용된다.

3. 대두발효식품

대두를 이용한 우리나라 고유의 발효식품으로는 간장(soy sauce), 된장(soy paste), 고추장, 청국장, 담수장(막장) 등이 있다. 이들 중에서 간장, 된장, 고추장은 천연발효식품인 반면 청국장, 담수장은 속성 발효된 장류에 속한다.

우리나라는 전통적으로 가정에서 장류를 담가 먹었고 그 양은 매우 많다. 그러나 젊은 세대의 핵가족화 추세, 식생활의 변화 등 사회적 환경의 변화로 가정마다 특색이 있는 전통적인 장류의 제조는 점차 줄어들고 있다. 개량식 장류가 본격적으로 생산된 것은 한국전쟁 이후 군납이 이루어지면서부터였다. 1960년대 이후 경제성장으로 공장생산이 완만한 증가를 보였다. 점차 공장생산에 의한 장류 제품의 다양화와 품질의 고급화 등으로 소비가 증가하고 있다.

3.1 간장의 제조

간장은 전통적으로 각 가정에서 만드는 재래식 간장과 공장에서 생산되는 개량식 양조간장, 산분해 간장, 혼합간장으로 구분되며, 각각 특유한 맛과 향기를 낸다. 장류는 미생물에 의한 발효식품이므로, 제조방법도 재래식과 개량식 방법 사이에 차이가 있으며, 품질관리 면에서도 많은 차이점이 있다.

1) 양조간장과 산분해간장의 차이점

양조간장과 산분해간장의 차이점을 요약하면 표 5-10과 같다. 공장에서 생산되는 양조간장은 조절된 발효조건에서 우수한 균주를 사용하여 발효시킨 것이다. 따라서 맛이 부드럽고 품질이 우수하지만, 많은 시간과 경비가 소요되며 원료의 이용률이 떨어지는 단점이 있다. 이에 비하여 산분해간장은 맛은 단조롭지만, 발효기간이 짧고 원료이용률이 높아서 값싸게 제조할 수 있는 장점이 있다. 공장생산에 의한 간장제조는 양조간장과 산분해간장을 알맞게 조합한 혼합간장이 기호이나 가격에서 유리하기 때문에 널리 이용된다. 그러나 아무리 식품공업이 자동화하고 식생활이 다양화되더라도 재래식 장류는 그 특이성과 전통적인 식습관으로, 그 위치가 상당히 오래 유지될 것으로 보인다.

2) 재래식 간장

각 가정에서 만들던 된장이나 간장은 공기중에 있던 미생물이 메주에 부착하여 생육함으로써 대두단백질이나 탄수화물이 분해되어 펩티드(peptide), 아미노산, 환원당 등을 생성한다. 따라서 각 가정마다 환경조건에 따른 미생물군이 다르고, 지역에 따라서도 제조방법이 조금 차이가 있어서 된장이나 간장 맛이 약간씩 다르게 된다.

재래식 된장이나 간장을 제조할 때에는 개량식처럼 순수한 균주를 사용하지 않고 메주를 발효시키는 동안 공기중에 있는 곰팡이, 효모, 세균 등이 부착하여 번식한 것

표 5-10. 양조간장과 산분해간장과의 비교

구분 \ 시료	양조간장	산분해간장	혼합간장
원 료	탈지대두, 밀, 식염	식물성 단백질(탈지대두, 밀 글루텐), 식염, 기타	양조간장과 산분해간장을 일정한 비율로 혼합하여 양조간장과 산분해간장의 장점과 단점을 보완하여 제조한 것
제조방법	원료 중의 단백질원과 탄수화물원을 코오지의 효소에 의해 아미노산과 당으로 분해하는 방법	원료 중의 단백질원을 산에 의해 아미노산으로 분해하는 방법	
장 점	향기와 풍미가 우수하다	원료의 이용률이 높아 구수한 맛이 강하다.	
단 점	원료성분의 이용률이 낮다. 시설비가 많이 든다.	식물성 단백질 분해 중 향기가 부드럽지 못하다	
제조기간	6개월	70～80시간	

을 사용하기 때문에 복합적인 맛을 낸다. 그러나 경우에 따라서는 이취(異臭)를 형성하고 맛을 떨어뜨리는 수도 있다. 또한, 메주를 제조할 때에 온도가 높으면 *Bacillus natto*와 같은 고초균이 번식하기 쉽고, 품온이 낮으면 *Rhizopus*, *Mucor*, *Penicillium* 계통의 미생물이 번식하여 간장의 품질을 떨어뜨리므로 품질관리에 주의하여야 한다.

3) 간장의 제조

여기에서는 공장생산을 중심으로 한 개량식 간장의 제조에 대하여 알아보자. 간장의 제조공정은 그림 5-6에서 보는 바와 같이 양조간장, 산분해간장, 혼합간장에 따라 차이가 난다. 된장이나 간장 양조에 많이 쓰이는 균주는 전분 당화력과 단백질 분해력이 강한 *Aspergillus oryzae*, *Asp. sojae* 등이다. 이들 국균(麴菌)은 효소작용으로 단백질이 분해되어 구수한 맛을, 그리고 녹말이 분해되어 단맛을 낸다. 그리고 균체가 생성하는 비타민 B군 등이 함유되어 간접적인 영양원이 되기도 하고, 각종 유기산의 생성으로 간장의 향기를 부여한다.

재래식 간장이나 개량식 간장 모두 발효에 관여하는 미생물이 분비하는 효소에 의하여 탄수화물과 단백질을 분해하여 펩티드, 아미노산, 포도당 등을 만듦으로써 맛을 낸다. 또한, 각종 내삼투압성 효모에 의해 알코올과 유기산이 만들어진다. 내염성 젖

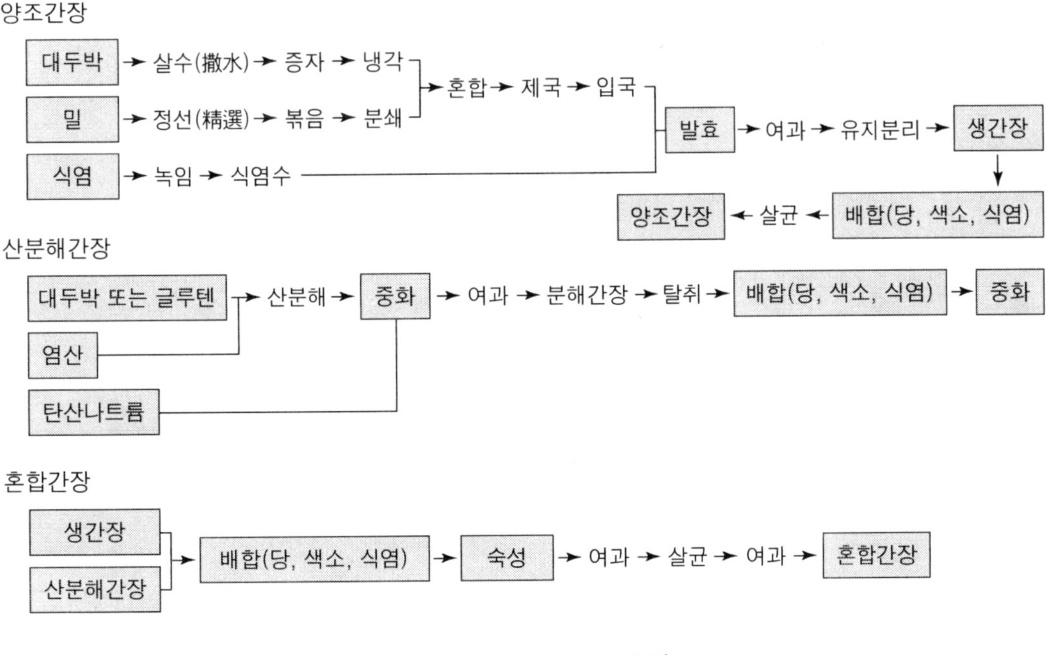

그림 5-6. 간장의 제조공정도

표 5-11. 간장의 식품규격

항 목	내 용
성 상	고유한 색깔과 향미를 갖고 이취가 없어야 한다
비중(15℃)	1.142 이상
pH	4.0～5.5
총질소(w/v%)	0.7 이상
Extract(w/v%)	8.0 이상
타르색소	검출되어서는 안 된다

산균인 *Pediococcus sojae* 등의 작용으로 간장의 풍미를 부여한다. 숙성 중에는 *Torulopsis versatilis* 등의 효모가 간장의 풍미를 더해 준다.

간장을 담그는 동안의 성분은 담그는 시기에 따라 달라지지만, 전체적으로 유기산, 총질소, 유리아미노산이 증가하고 환원당과 pH는 감소한 후 증가하는 경향을 나타낸다. 또한, 저장 중에는 일반적으로 오래 저장할수록 유기산, 유리아미노산, 유리환원당이 증가한다. 유기산의 경우, 휘발성 유기산 중에서 lactic acid, malic acid, tartaric acid, citric acid는 증가한다.

숙성이 끝난 간장덧은 압착하여 생간장을 만든다. 여기에 캐러멜색소, 과당시럽, 방부제 등을 첨가한 후 살균, 여과하여 제품으로 포장한다. 간장의 성분은 제조방법에 따라 많은 차이가 있어서 한 가지로 규정하는 일은 곤란하다. 식품규격에 명시된 간장의 성분은 표 5-11과 같다.

3.2 된장의 제조

된장은 쌀을 주식으로 하는 우리나라 사람들이 오래 전부터 애용해 왔던 발효조미식품으로서 단백질을 보강해 주는 부식으로 큰 비중을 차지하여 왔다. 공장생산에 의해 된장의 수요가 점차 증가하면서 위생적이고 체계적인 품질관리가 요구된다.

1) 원 료

된장용 대두로는 황색종이 사용되며, 국내에서 생산되는 것으로는 부족해 주로 미국산 수입대두를 많이 사용하고 있다. 된장용 대두는 증자 후에 색이 밝고 결정이 미세하며, 씹을 때 탄력이 좋고 흡수력이 좋으며, 탄수화물 함량이 많은 것이 좋다. 대두 외에 효모증식을 촉진하고 숙성을 빨리 하기 위하여 탈지대두를 사용하거나, 당질원료로서 보리 또는 밀가루를 첨가하기도 한다. 소금과 양조용수에는 철분과 구리성분이 적은 것을 사용하는 것이 좋다.

2) 제조방법

원료 대두를 보통 15～20℃의 물에서 8～9시간 침지를 시킨다. 물을 빼고 1시간 이상 방치한 다음 증자관에서 30분 정도 예열하고, 1 kg/cm^{2}에서 1시간 반 정도 증자한다. 증자를 시키는 목적은 다음과 같다.

① 대두단백질의 열변성
② 대두조직의 연화
③ 생콩 냄새의 제거
④ 살균작용
⑤ 독성물질인 트립신 억제제(trypsin inhibitor)와 hemaglutinin에 의한 독성을 습열변성에 의해 불활성화

종국(種麴)은 황곡균인 *Aspergillus oryzae*를 이용하여 양조에 필요한 녹말당화효소를 생산하기 위하여 제국(製麴)을 하게 된다. 처리된 원료에 0.1～0.15%의 종국을 접종한 후 잡균의 오염을 방지하기 위하여 습도 90%, 온도 30℃로 조절하여 40～43시간 정도 배양하여 출국(出麴)한다.

출국과 증자대두, 식염 등을 혼합통에 넣고 수분이 48～50%가 되도록 혼합한 다음 숙성을 시킨다. 된장의 숙성은 국균, 효모, 세균 등이 상호작용에 의하여 느리게 일어나며, 녹말은 아밀라아제에 의해 덱스트린과 당으로 분해된다. 여기에서 생긴 당은 다시 알코올발효에 의해 알코올이 생성되며, 일부는 세균에 의해 유기산을 생성한다. 또한, 이들 사이에 결합이 이루어져 에스테르가 생성됨으로써 된장의 향기가 나게 된다.

단백질은 국균 중의 단백질 분해효소에 의해 아미노산으로까지 분해되어 구수한 맛을 내게 된다. 보통 숙성실의 온도는 28～30℃로 하고, 된장의 품온(品溫)을 25～30℃가 되도록 하여 2개월 이상 숙성시킨다. 내염성 효모의 알코올발효가 끝나고 프로테아제(protease)에 의한 단백질 분해가 끝나 아미노태질소(amino態窒素)가 충분히 형성될 때를 숙성 종료시기로 한다.

3) 제품화

숙성이 끝난 된장은 제품규격에 맞도록 조합하거나, 마쇄한 다음 효소의 불활성화와 살균을 위하여 가열처리를 한 다음 제품화한다. 살균조건은 보통 50℃에서 60분간, 55℃에서 30분간, 60℃에서 10분간, 또는 70℃에서 5분 정도 실시한다.

된장을 제조할 때의 위생적인 처리와 품질관리 외에도 유통과정 중에 변질을 방지하기 위하여 세심한 주의가 필요하다. 된장의 품질관리는 여러 가지 물리학적인 변화가 많기 때문에, 특히 원료의 선택과 제조과정 중에 특별한 품질관리가 요구된다. 소비자의 기호에 맞도록 관능적인 면이나 화학성분의 조절, 그리고 위생적으로 여러 가지 문제점을 검토하여 품질개선과 위생처리 등을 통해 질적 향상이 이루어져야 한다.

제 6 장

원예자원의 이용

원예생산물인 과일[2)]과 채소는 수확 후에 여러 가지 생리작용(제2장 참조)에 의해 성분변화가 심하고 비교적 짧은 기간에 품질이 떨어진다. 유통 중에 성분변화를 최소화하고 생체식품(生體食品)으로서 품질을 유지하기 위하여 짧은 기간 동안 저장하는 경우가 많다. 원예가공(post-harvest horticulture)은 적극적인 원예생산물의 저장수단으로서 다음과 같은 이점을 갖는다.

① 소비기간을 연장함으로써 생산시기에 출하량을 조절할 수 있으며, 가격안정을 유지할 수 있다.
② 겉보기가 불량하여 생식용으로 상품가치가 없는 것도 활용할 수 있다.
③ 생식으로 이용하는 것과 다른 풍미가 있는 제품을 만들 수 있어서 소비자의 기호를 충족시킬 수 있다.
④ 규격화가 곤란한 원예생산물을 가공함으로써 공업제품과 같이 규격화가 가능해진다.
⑤ 수송이 편리해지고 소비 범위를 확대할 수 있다.

이와 같은 여러 가지 점에서 원예가공에 대한 중요성이 높아지고 있다. 지금까지는 주로 생식용 판매에서부터 남는 원예생산물을 이용하여 왔다. 그러나 가공제품의 품질을 높이기 위하여 가공적성에 맞는 원료를 재배하려는 경향도 높아지고 있다. 원예가공에 있어서는 다른 농산물과 달리 여러 가지 가공특성을 가지고 있어(제2장 참조), 이를 고려하여 가공공정 중의 비타민, 방향물질(芳香物質), 색소 등 원료가 가지고 있는 성분을 최대한 유지할 필요가 있다.

2) 보통 과실(果實)이라고 표현하기도 하지만, 이는 모든 나무의 열매를 말하기 때문에 구분하기가 모호하다. '식용으로 사용하는 과일'은 과일로 정의하기 때문에 이 책에서는 식품가공을 목적으로 사용하므로 대부분의 용어를 '과일'로 표기하였다.

예를 들어 비타민 A, D는 지나친 열처리를 하지 않을 경우 보통의 가열조작이나 통조림 등을 제조할 때에 20% 이내의 손실이 일어난다. 비타민 B는 수용성으로 물로 씻거나, 침지 조작 등에 의해 20～50%가 용해되어 손실된다. 특히 과일과 채소에서 가장 중요하게 여기는 비타민 C는 불안정하여 손실이 많은 편이다. 물에 용해되어 손실되거나 원료 중에 들어 있는 산화효소에 의한 손실이 일어나므로 보통 80℃ 정도에서 데치기(blanching)를 하여 효소를 불활성화시킨다. 또한, 금속이온이나 pH에 영향을 받게 되므로 가공용기의 선택, 공업용수 등에도 주의할 필요가 있다.

과일과 채소의 방향물질은 각종 유기산의 에스테르(ester), 알코올 등으로 이루어졌다. 휘발성이고 불용성 물질인 경우가 많으므로 필요 이상의 교반, 가열, 가공조작을 피해야 한다. 특히 과일에는 유기산 함량이 높아 제조용기의 선택이 매우 중요하며, 좋은 품질의 스테인리스 스틸 용기를 사용하는 것이 좋다. 원예가공의 주요 제품은 여러 가지가 있으나, 이 중에서 생산량이 많은 주스(juice), 통조림(canning), 잼(jam) 등 원예가공식품에 대하여 살펴보자.

1. 주스의 제조

1.1 주스의 분류

주스(과즙, fruit juice)는 생과에 가장 가까운 풍미와 영양가를 가지고 있어서, 생활수준의 향상에 따라 점차 소비량이 늘고 있다. 원료의 종류에 따라 주스를 구분하는 경우도 있으나, 일반적으로 다음과 같이 4종류로 나눈다.

1) 천연주스

천연주스(natural fruit juice)는 과일을 착즙하여 제품화한 것으로 투명주스와 불투명주스로 구분된다. 사과・포도 등은 대부분 투명주스로 제조하며, 감귤・토마토・당근 등은 불투명주스로 제조한다. 천연주스는 일반적으로 신맛이 강하여 보통 pH 2～5 사이이다. 특히 감귤과 같이 신맛이 강한 주스에는 기호성을 높이기 위하여 3～5%의 설탕 또는 이성화당을 첨가하는 것이 보통이다.

2) 스쿼시

스쿼시(squash)는 주스 중에 미세한 과육 조각이 들어 있는 제품으로 마시기 전에 잘 흔들어 주면 균일하게 된다. 이러한 균일성을 지속시키는 것이 제조과정에서 중요한 요소이다. 상품화된 제품으로는 레몬스쿼시, 오렌지스쿼시가 있다.

3) 시 럽

시럽(syrup)은 주스농축액 또는 주스에 당용액이나 향료 등을 혼합한 것으로 딸기시럽, 포도시럽 등이 있다.

표 6-1. 청량음료 분류표

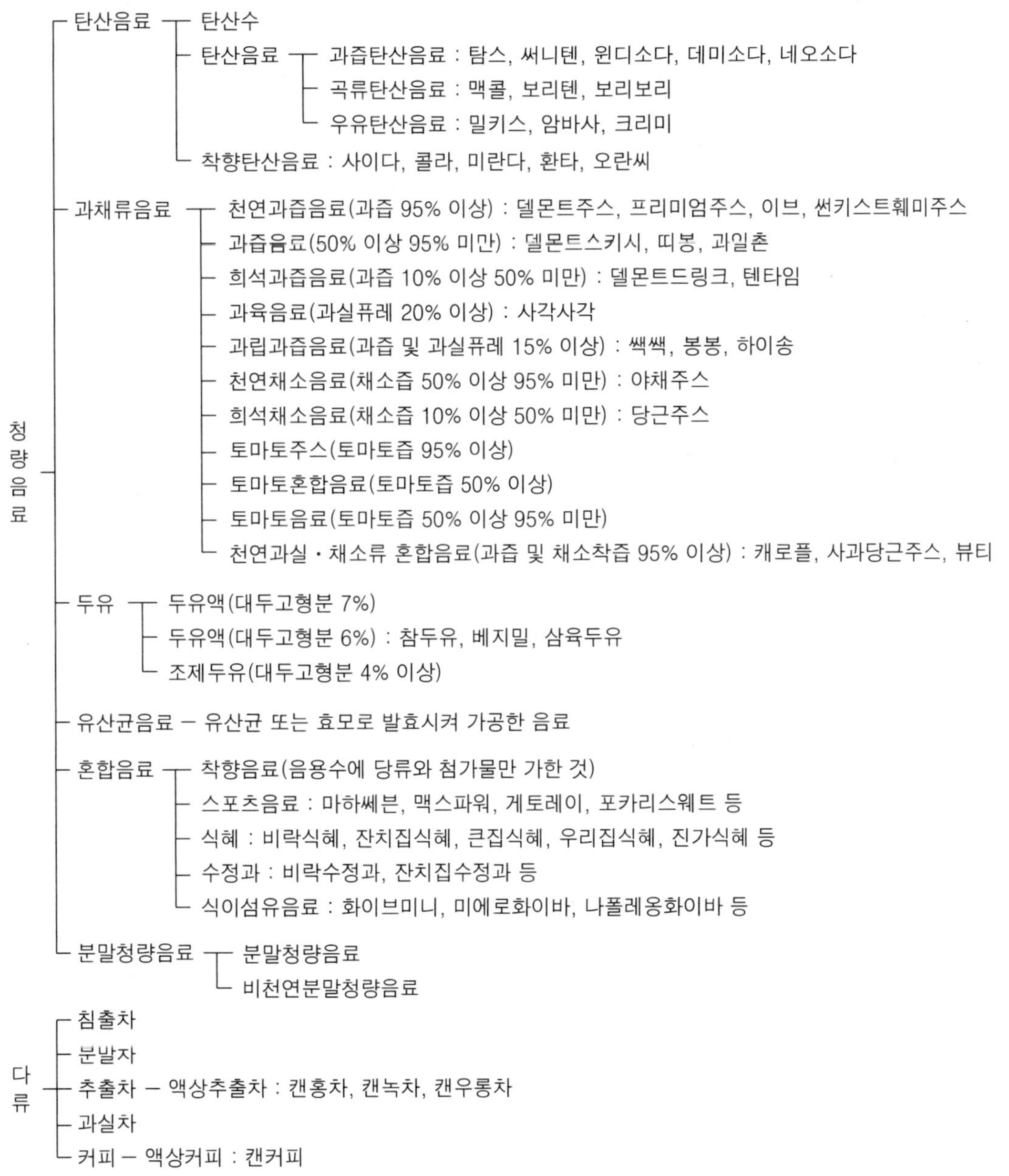

먹는 샘물 – 삼다수, 풀무원샘물, 진로석수, 설악생수, 신덕샘물, 에비앙 등

4) 넥 타

넥타(nectar)는 복숭아 등 핵과의 퓌레(puree)를 당액에 2배 희석하여 만든 것이다.

이밖에 천연주스를 여러 가지로 희석하고 당분이나 산을 첨가하거나, 영양성분을 보강하는 방법에 의하여 제조한 제품이 있다. 탄산가스를 주입하여 만든 제품, 알코올을 첨가하여 만든 제품, 또는 주스를 농축한 후 분말로 만든 분말주스 등이 생산된다.

주스의 종류를 분류하면 표 6-1과 같다. 과일과 채소 음료는 분류하는 기준에 따라서 여러 가지로 나눌 수 있다. 원료 과일의 종류와 특성에 따라 과일주스와 채소주스로 크게 나누어지며, 한 가지 원료만을 사용하여 만드는 단일주스(single juice)와 몇 가지를 혼합하여 만드는 혼합주스(mixed juice)로 분류하기도 한다. 또한, 주스와 과육의 함량에 따라 천연주스(과즙 100%), 주스음료(과즙 60～90%), 과육음료(과즙 20～60%), 주스함유 청량음료(과즙 10～50%)로 분류하는 방법도 있다. 그리고 주스를 제조할 경우 농축, 환원, 배합 등의 여러 공정으로 이루어진다.

과일로부터 착즙한 천연주스나 과육을 농축시켜 만든 농축주스(concentrated juice), 농축하지 않은 상태의 착즙주스(single strength juice 또는 straight juice), 그리고 농축주스를 당분과 유기산 등을 가하여 희석시켜 만든 환원주스(reconstituted juice), 여러 원료의 주스를 배합하여 조정한 다음 만든 배합주스(blended juice) 등

표 6-2. 과일음료의 종류와 품질기준

구분 / 항목	천연주스	주스음료	희석 주스음료	과육음료
성 상	특유의 색깔을 가지고 향미가 좋으며, 다른 맛과 냄새가 없어야 한다.	왼쪽과 같음	왼쪽과 같음	왼쪽과 같음
성분 함량	가용성 고형물, 아미노태질소, 회분, 비타민 C 함량이 기준 이상이어야 한다.	가용성 고형물이 기준 이상이어야 하며, 아미노태질소와 회분함량은 표시과즙 또는 과일퓌레 함량을 곱하여 얻은 양 이상이어야 한다.	왼쪽과 같음	가용성 고형물이 기준 이상이어야 하며, 아미노태질소, 회분, 불용성 고형물 함량은 표시과즙 또는 과일퓌레 함량을 곱하여 얻은 양 이상이어야 한다.

으로 분류하고 있다. 과일음료의 품질은 표 6-2의 기준에 맞아야 하며, 인공감미료를 사용하지 않고 식품위생법에 맞아야 한다.

천연주스의 비중은 1.05 정도이다. 엑스분(extract)은 10~15% 들어 있으나, 20% 이상 많이 들어 있는 것도 있다. 당류와 유기산 외에 gum질, 펙틴질, 단백질, 색소, 방향성분 등이 소량 들어 있다. 천연주스에 있어서 가장 중요한 요소는 비타민, 유기산, 향기성분으로 품질을 나타내는 기준으로는 다음 사항이 고려되어야 한다. 따라서 천연주스의 상품가치를 유지하기 위하여 과즙제조 과정에 이러한 점을 충분히 고려해야 한다.

① 과일 특유의 향기성분
② 비타민, 특히 비타민 C의 함량
③ 당과 산 함량의 비율(당산비)
④ 색깔

1.2 주스의 제조방법

1) 제조공정

주스의 제조법은 원료에 따라 다소 차이가 있으나, 일반적으로 다음과 같은 순서에 의해 이루어진다(그림 6-1). 또한, 대표적인 주스에 해당되는 감귤주스와 사과주스의 제조공정은 각각 그림 6-2, 그림 6-3, 그림 6-4에서 보는 바와 같다. 주스를 제조하는 원료에 따라 제조공정은 약간씩 차이가 있다. 이를 원료별로 구분하여 자세히 설명할 수 없어서 공통되는 부분을 편의상 나누었다. 원료의 종류에 따라서는 다음에 설명하는 공정 중의 일부를 생략하기도 한다.

2) 원료의 선택

원료 과일은 겉보기와 풍미가 좋은 것을 선택하는 것이 좋다. 가공용 원료는 품종과 숙도(maturity)가 알맞으며 신선한 향기가 있는 것이 좋다. 덜 익은 과일(未熟果)

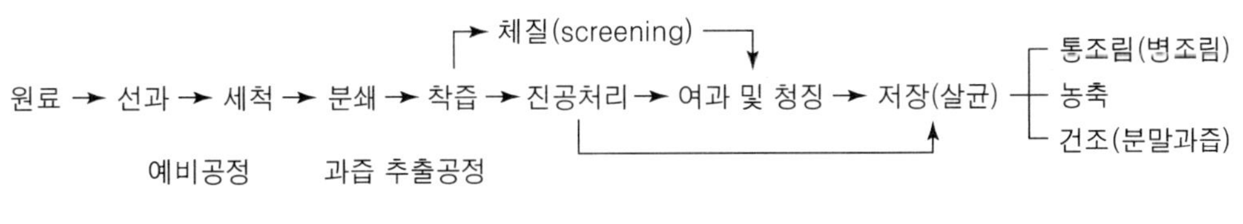

그림 6-1. 주스의 제조공정

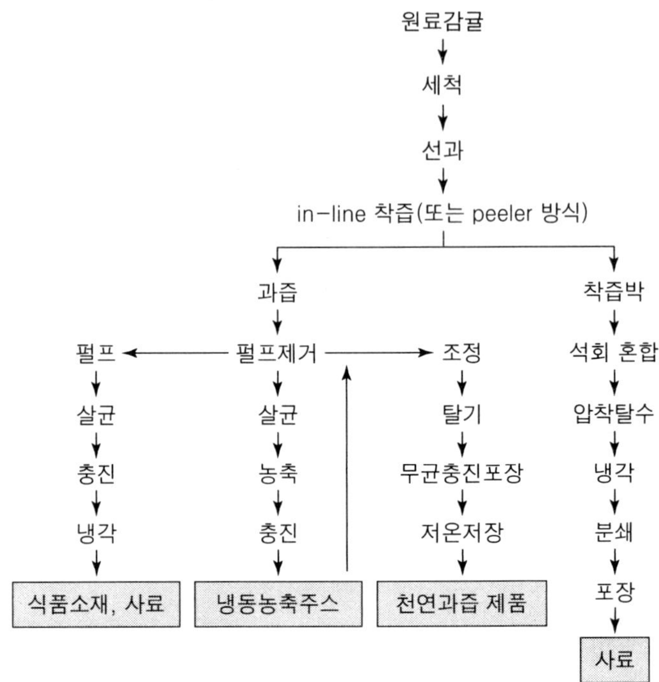

그림 6-2. 감귤과즙 제조공정

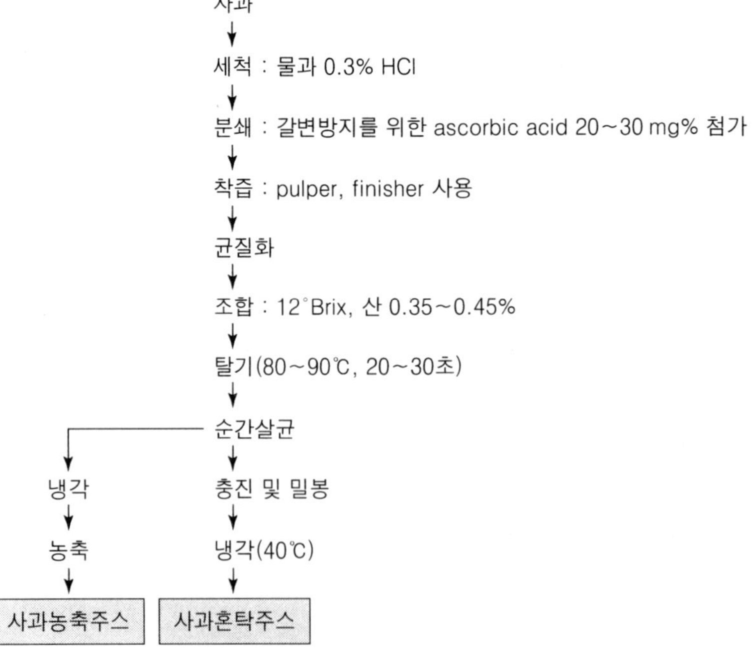

그림 6-3. 사과 혼탁주스 제조공정

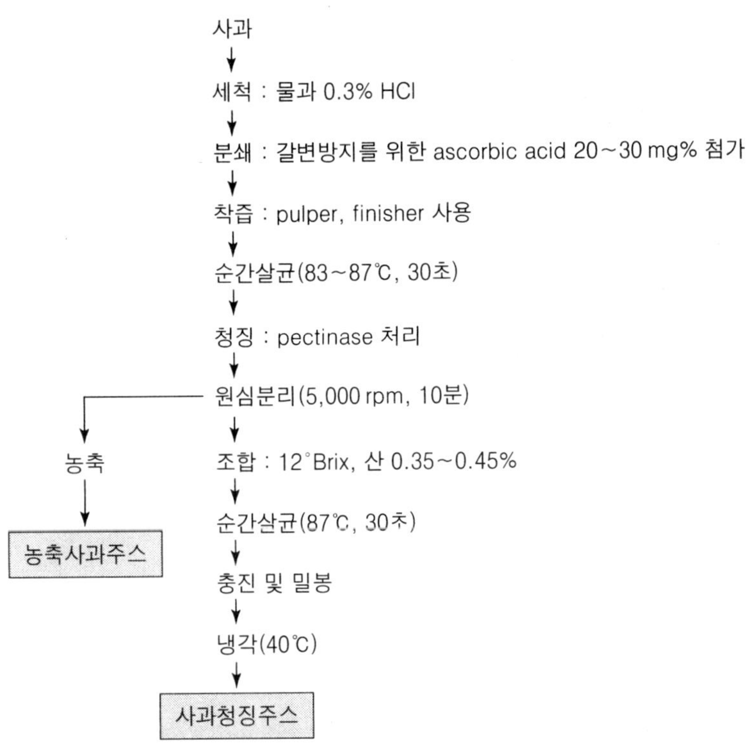

그림 6-4. 사과 청징주스 제조공정

과 부패과, 손상된 과일은 주스품질을 떨어뜨린다. 원료 과일은 일반적으로 크기와 겉보기는 크게 문제되지 않으며, 신선하고 좋은 것이면 된다. 또한, 껍질이 얇고 과즙량이 많고 성분농도가 높으며 색깔, 향기, 맛이 좋은 것이라야 한다. 불량과일이 혼입되면 품질저하는 물론 오염된 미생물 수가 많아 살균효과를 떨어뜨리고 저장성이 나빠진다.

3) 전처리

가공원료가 공장에 입하하여 일시적으로 저장하면서, 공장의 가공능력에 따라서 선과(選果)를 끝낸 과일은 오물이나 과일 표면에 묻어 있는 약제, 부착되어 있는 미생물 등을 제거하기 위하여 깨끗한 물로 씻어낸다. 일반적으로 사과·배 등은 수중동요법으로, 딸기 등은 분무법에 의하여 세척한다.

예를 들어 감귤의 경우 착즙기의 처리속도와 효율을 높이기 위하여 크기별로 3단계로 선과한 다음 원료 box(hopper)에서 컨베이어로 이송되며, brush roller 위를 통과하면서 5~10 ppm의 염소를 함유한 물로 3 kg/cm^{2}의 압력으로 분무세척한 다음

선별기로 이송된다.

과즙의 추출효과를 높이기 위하여 사과·배 등은 절단하는 공정을 거친다. 분쇄기나 압착기는 원료에 따라 알맞은 것을 선택하여 사용한다. 주스 중에 들어 있는 유기산에 의한 부식과 비타민의 파괴를 방지하도록 제조기계와 제조방법을 선택한다. 과일의 종류에 따라서는 세척 후 직접 착즙하지 않고 데치기(blanching)함으로써 효소를 불활성화시켜 효소작용에 의한 변질을 방지하기도 한다.

4) 착 즙

착즙기에는 수압압착기, 리이머(reamer), 압연식 착즙기, 주스 추출기(juice extracter), 원심분리식 착즙기, 회전형 착즙기 등 여러 가지가 있다. 예를 들어 FMC 인라인(in-line)식 착즙기에 의한 감귤과즙의 제조는 그림 6-5와 같다. 벨트 위에 정렬된 상태로 옮겨진 감귤이 하나씩 착즙기 중 A에 떨어지면 C, D에서 보는 바와 같이 과즙과 감귤박이 분리되며, 착즙이 연속적으로 이루어진다.

착즙률은 껍질을 벗긴 다음 스크루식 압착법으로 착즙하는 peeler 방식에서 조생온주밀감이 63%, 보통온주밀감이 50～55%이지만, in-line 방식에 의한 착즙률은 45～50% 수준으로서 수율이 낮다. 그러나 in-line 방식에 의한 착즙은 peeler 방식에 비해 데치기(blanching)와 박피(peeling) 공정이 필요가 없으며, 수율이 조금 떨어지나 제품품질이 좋아지고, 자동화 공정을 통하여 인건비를 줄일 수 있는 이점이 있다.

착즙 중에 산화를 방지하기 위하여 공기가 혼입되지 않도록 주의한다. 착즙한 주스 중에는 공기를 다량 함유하고 있어서, 그대로 처리하게 되면 색소, 비타민, 탄닌 등의 산화가 일어난다. 그리고 제품의 색깔·풍미 등이 떨어질 뿐만 아니라 비타민의 감소가 일어난다. 특히 감귤주스에는 이러한 현상이 심하며, 착즙한 과즙을 감압상태에서

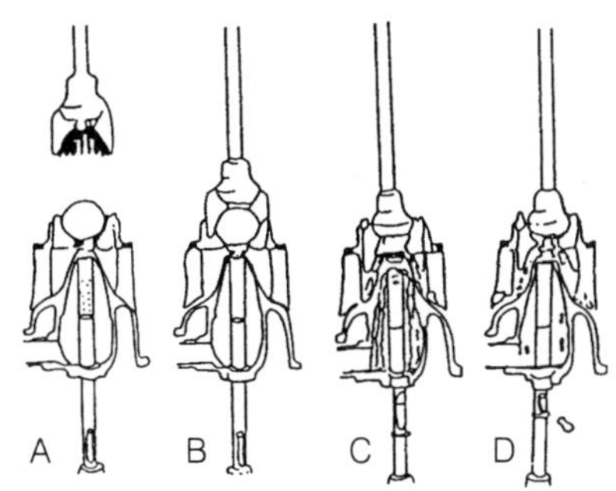

그림 6-5. 인라인식 감귤착즙기

분무하거나 교반하여 공기를 제거한다. 그리고 탄닌성분이나 색소성분을 많이 함유하는 과일을 착즙하는 경우에는 착즙과정에서 철분과 작용하면 산화작용으로 암갈색으로 변하기 때문에 사용하는 기계는 스테인리스 스틸로 제작한 것을 이용한다.

5) 체 질

착즙이 끝나면 평면진동체, 원통회전체, 피니셔(finisher) 등을 사용하여 체질(篩別, screening)하거나, 또는 원심분리기, 균질기(homogenizer) 등을 사용하여 펄프를 제거하고 균질화하는 공정을 거치게 된다. 과즙을 체(screen)로 치는 것은 주로 불투명 과즙의 제조에 많이 이용된다. 이 조작에 의해 주스 중의 종자, 껍질의 부스러기 또는 입자가 큰 고형물(pulp)을 제거한다.

불투명과즙은 투명과즙과는 달리 여과와 청징조작을 실시하는 것이 곤란하여 착즙 후에 보통 2회에 걸쳐 체질을 한다. 체질 후 주스 중에는 미세한 펄프, gum질, 단백질, 펙틴질을 콜로이드 상태로 유지시킨다. 이는 불투명과즙의 혼탁한 성질과 더불어 과일의 향기와 색깔을 유지하고 영양가의 감소를 방지할 수 있다.

토마토 · 감귤 등에서 색소성분과 향기성분은 주로 주스 중의 불용성인 펄프(juice sac) 또는 액포의 색소체(plastid) 중의 정유(essential oil 또는 peel oil)에 존재한다. 만일 이를 완전히 제거하면 담황색으로 되면서 향기와 맛이 없어진다. 특히 감귤의 색소는 비타민 A의 전구체인 카로티노이드로 주스 중의 펄프에 존재하므로, 이를 제거하면 영양가의 손실을 가져온다.

6) 여 과

감귤 등 불투명주스를 제외한 나머지 주스의 제조에는 여과공정을 거치거나 청징화(clarification)를 시켜 겉보기를 향상시킬 수 있다. 딸기 · 포도 등의 색소는 안토시아닌(antocyanin)으로 수용성이기 때문에 투명한 주스를 얻을 수 있다. 이와 같은 과일은 투명주스로 제조하더라도 불투명과즙과는 달리 색깔, 향미와 영양가의 손실이 많지 않다.

과즙이 혼탁되는 원인은 단백질, 펙틴질, 또는 미세한 과육조각이 콜로이드 상태로 부유하기 때문이다. 이를 제거하기 위하여 주스를 70～80℃로 가열하여 단백질을 응고시킨 후, 그림 6-6과 같은 압착여과기(filter press) 등을 이용하여 여과시킨다. 그러나 대부분의 과일주스에는 펙틴이나 이 외의 점질물을 다량 함유하고 있어서 여과만으로는 투명한 주스를 얻기 어려운 경우가 있다. 부유물을 제거하기 위하여 침전보조제를 첨가하거나, 또는 혼탁의 원인이 되는 물질을 pectinase와 같은 효소로 처리하여 점질물을 분해시킨 다음 가열처리하여 첨가한 효소를 불활성화시킨다.

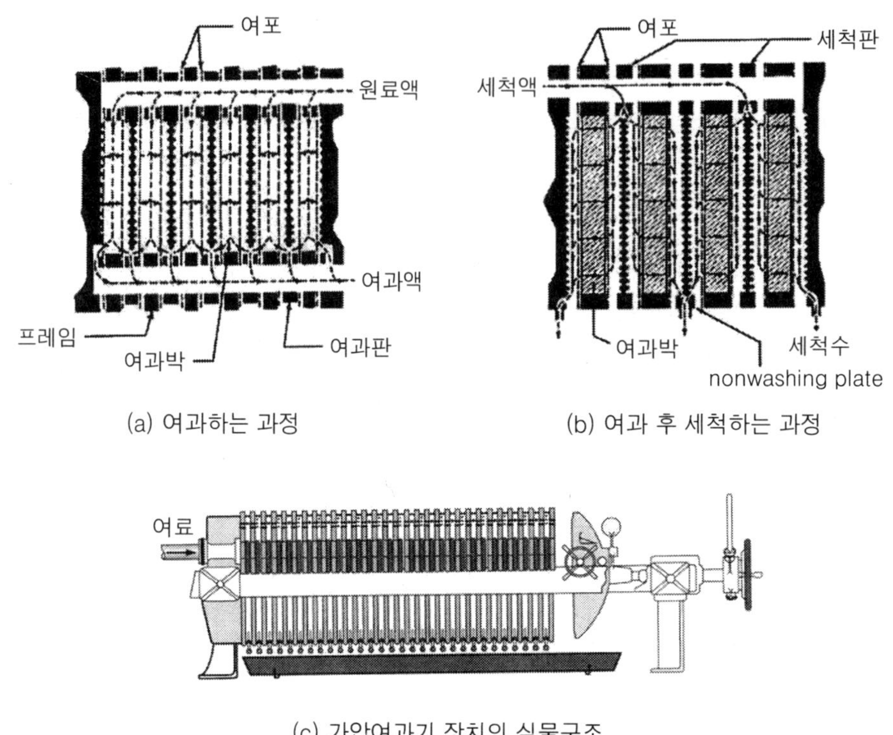

(a) 여과하는 과정

(b) 여과 후 세척하는 과정

(c) 가압여과기 장치의 실물구조

그림 6-6. 가압여과기로 여과하는 과정과 세척하는 과정

과일주스의 종류에 따라서는 여과효율을 높이기 위하여 난백(egg albumin), 카세인(casein), 젤라틴(gelatin), 규조토 등의 여과보조제를 사용하기도 한다. 시판하는 분말 형태인 난백의 경우 포도주스 100 L에 알부민 200 g을 섞어서 71～79℃로 가열처리하면 저장 중에 침전이 쉽게 일어난다. 규조토를 사용하는 경우 5% 수용액을 만든 후 5～6일간 정치한 다음 사용한다. 주스 1 L당 2～3 g의 규조토에 해당되는 용액을 첨가한 다음, 60℃로 가열한 후에 저장하면 침전이 잘 이루어진다.

펙틴분해효소를 사용하여 청징하는 방법도 실용화되었다. 효소제를 사용하는 경우 주로 *Aspergillus niger* 등의 사상균이 생산하는 효소인 pectinase, polygalacturonase 등을 0.05～0.1% 첨가하여 40～50℃로 가온한 과즙에 작용시키고 난 후 여과기로 여과하여 투명과즙을 얻는다.

과즙제조 중에 금속이온의 영향으로 갈변이나 품질변화가 일어나는 경우가 있다. 과일 중에 들어 있는 폴리페놀성 물질이 산화효소에 의해 갈변물질을 생성하거나 Cu, Fe 등의 금속이 아스코르브산(ascorbic acid)의 산화를 촉진시켜 영양가의 손실을 가져오기도 한다. 따라서 항산화제의 첨가나 스테인리스 스틸용기의 사용으로 금속이온의 접촉을 가능한 피해야 한다.

7) 탈 기

사별과 청징여과가 끝난 과즙에는 많은 양의 공기가 들어 있다. 감귤주스의 경우 체질이 끝났을 때 주스 1 L 중에 33～35 ml의 공기가 들어 있어서, 이를 제거하기 위하여 탈기(脫氣, exhausting)를 실시한다. 탈기공정을 통하여 다음과 같은 효과를 볼 수 있다.

① 비타민 C의 손실을 방지한다.
② 산소 존재로 인한 휘발성 방향성분과 주스 중의 지질 등의 산화를 억제함으로써 풍미를 유지시킨다.
③ 색깔을 유지할 수 있다.
④ 호기성 세균의 발육을 억제할 수 있다.
⑤ 펄프 등 현탁물질의 부유로 인한 겉보기의 나쁜 영향을 줄인다.
⑥ 순간살균이나 주스를 용기에 담을 때 거품이 나지 않는다.
⑦ 통조림 제조에서는 주석(Sn)의 용해량과 용해속도를 감소시킨다.

탈기방법에는 주스를 엷은 막상(膜相)으로 하여 진공관 속을 흘러내리게 하는 박막식(薄膜式) 방법과 진공관 속으로 분무시켜 탈기하는 분무식(噴霧式) 방법이 있다.

8) 살 균

탈기가 끝난 과즙의 저장성을 높이기 위하여 가열살균, 여과살균, 방부제 첨가, 저온처리, 탄산가스 주입 등의 여러 가지 저장법을 실시한다. 이 중에 가열살균법이 주로 이용된다. 가열에 의한 향기성분의 손실을 줄이기 위하여 산업적인 막여과법이 일부 이용된다.

착즙액에는 원료과일, 기구, 용기 등에서 비롯된 많은 종류의 미생물이 존재하므로 부패 또는 발효가 진행된다. 또한, 주스에 들어 있는 효소작용에 의해 품질이 떨어진다. 가열처리에 의한 미생물의 살균이나 효소의 불활성화는 과즙의 조건에 따라 달라진다. 대부분의 천연과즙은 산성이므로 100℃ 이하에서 살균할 수 있다. 보통 과즙살균은 순간살균(flash pasteurization)을 실시하며, 90～98℃에서 6～10초간 처리한다. 과즙의 당분 농도가 높으면 열전달을 방해하며, 10% 가당할 때에 비해 30% 가당할 경우 살균시간이 5배 정도 길어진다.

열처리에 의한 살균법 이외에 포도과즙에 아황산가스의 처리나 효모의 발육억제를 위하여 벤조산(benzoic acid)을 첨가하는 경우가 있다. 사용하는 첨가물에 따라서는 독성이 있거나, 맛의 변화를 초래할 수 있어서 사용량이 제한된다. 이밖에 곰팡이의 생육을 억제하기 위하여 탄산가스를 주입하는 방법이 있으며, 이는 저온살균법과 병용하면 풍미를 손상하지 않고 저장이 가능해진다.

9) 농 축

착즙하여 여과가 끝난 천연과즙은 경우에 따라서 이를 농축(concentration)하여 농축주스로 만들기도 한다. 농축과즙은 부피와 무게가 줄어들기 때문에 저장과 수송에 유리하고, 당 농도가 높아 미생물에 의한 변질 우려가 적어 저장성을 향상시킬 수 있다. 또한, 품종이나 생산시기 등에 따라 성분이 일정하지 않은 것을 농축 후에 일정한 규격의 제품으로 만들 수 있는 장점이 있다. 농축공정에서는 가능한 천연의 향기성분, 풍미, 색깔 등을 손상시키지 않아야 하며, 비타민 C의 손실이 없도록 한다.

농축주스의 제조방법에는 개방증발법, 진공농축법, 동결농축법, 막농축법 등이 있으나, 대부분 경제적인 이유로 진공농축법에 의해 산업적으로 많이 제조된다. 일반적으로 사용되는 농축기는 농축관, 진공장치, 응축기(condenser)로 구성된다(그림 6-7).

감귤주스의 경우 과즙온도 20℃, 가열온도 38℃에서 진공도 17 mmHg인 감압상태에서 얇은 막을 만들거나 거품(foam)을 형성시킴으로써 표면적을 증대시켜 농축효율을 높인다. 농축이 시작되면 처음에는 휘발성 방향성분이 나오고, 점차 수분증발로 당 농도가 50~60%가 되도록 농축시킨다. 처음에 나온 10%의 증류분에는 향기성분

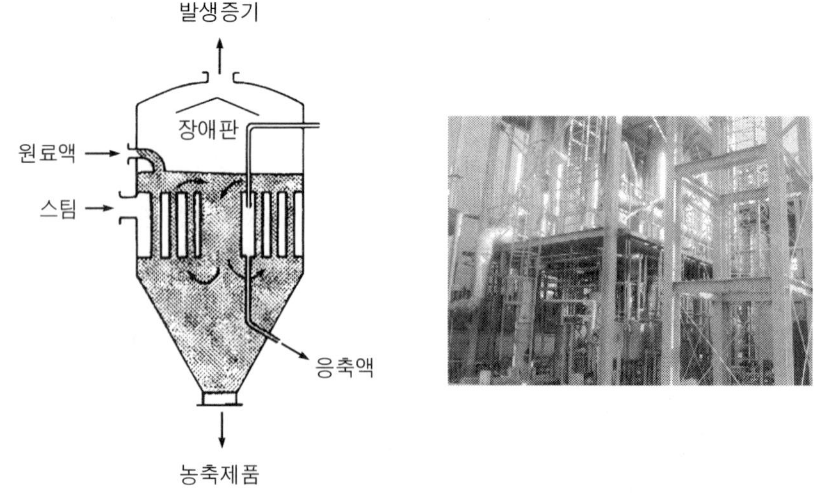

그림 6-7. 농축장치

이 들어 있기 때문에 이를 회수하여 원액에 첨가한다.

개방증발법은 과즙의 흑변이 일어날 수 있으며, 맛이 나빠질 우려가 있어서 잘 이용되지 않는다. 동결농축은 주스 중의 수분을 동결시킨 다음 원심분리로 이를 제거하여 농축하는 방법으로서, 휘발성 성분과 가열에 의한 영양성분의 손실을 감소시킬 수 있는 이점이 있다. 그러나 제조비용이 많이 들고, 과즙성분이 어느 정도 얼음결정과 함께 손실되는 등 기술적인 문제가 있다. 소비자들이 점차 품질이 좋은 과즙제품을 선호함에 따라 제품의 차별화를 위하여 온주밀감주스의 농축에서도 일부 동결농축법이 도입되었다.

이밖에 역삼투압법(reverse osmosis)을 이용한 주스의 농축도 이루어지고 있다. 사과주스와 오렌지주스의 경우 176 kg/cm^{2}에서 40°Brix까지 농축하는 기술을 실용화함으로써 품질이 좋은 주스의 생산이 기대된다.

10) 건 조

농축주스를 건조시켜 분말주스를 만들기도 한다. 건조방법에는 분무건조법(spray drying), 박막증발관법, 진공건조법, 동결건조법(freeze drying), 거품건조법(foam mat drying) 등 여러 가지가 있다. 1～0.01 mmHg 정도의 높은 진공도에서 주스를 동결시켜 승화에 의해 건조시키면 색깔・향기・맛 등의 변화가 적고 용해성이 큰 분말주스를 얻을 수 있다. 건조제품의 수분함량은 3% 내외로 흡수성이 강하고 덩어리지기(caking)가 쉬우므로 습도가 40% 이하인 건조된 실내에서 포장한다.

11) 혼합과 제품화

살균이 끝난 주스는 바로 순간살균 후 살균된 용기에 무균충진하여 포장하거나(fresh juice), 또는 유기산이나 당분을 첨가하여 배합한 다음 순간살균하고 별도로 살균된 병, 캔, 종이팩, PET용기 등에 무균충진(aseptic sealing) 방식에 의해 포장한다. 일정 기간동안 저장하면서 수요에 따라 포장하여 상품화한다.

예를 들어, 주스함유 오렌지음료의 경우 천연주스 20～50%에 당분, 유기산 또는 향료 등을 조합한 시럽을 가하여 당 농도가 12～13°Brix, 유기산 농도가 0.4～0.8% 되도록 한 후 순간살균을 실시하여 공관(empty can)에 충진하여 포장한다. 또한, 농축주스를 환원시킨 다음 당류, 향료, 색소, 유화제 등을 조합하여 soft drink로 종이팩 또는 PET병에 충진하기도 한다.

과일음료공업의 60～70%는 감귤이며, 이 외로 사과, 배, 포도, 토마토, 당근 등이 이용된다. 점차 100% 과즙음료의 소비가 증가하고 있으며, 신선주스 형태의 품질이 좋은 제품이 요구된다. 따라서 음료제품의 품질을 향상시키기 위하여 원료에서부터 제조방법에 이르기까지 여러 가지 문제를 고려해야 한다.

2. 통조림의 제조

'통조림(canning)은 양철관이나 유리병 등의 용기에 식품을 채우고 탈기, 밀봉한 후 가열살균하여 장기간 변패하지 않도록 만든 저장식품의 하나'이다. 원예식품 뿐만 아니라 축산물, 수산물, 농산물 등 다양한 분야에 이용되고 있다. 통조림의 장점은 다음과 같다.

① 장기간 보존이 가능하다.
② 운반과 수송이 편리하다.
③ 바로 먹을 수 있도록 조리된다(ready to eat food).
④ 풍미가 좋고 영양가 높다.
⑤ 비교적 값이 싼 위생식품이다.

1804년 Nicolas Appert에 의해 병조림이 창안된 이래 1810년 Peter Durand가 양철관을 사용하여 실용성을 향상시켰고, 이후 여러 가지 통조림기계의 출현과 더불어 통조림산업이 발달하였다. 국내에서는 1892년 전남 완도에서 전복통조림이 제조된 것이 시초이며, 이후 수산물통조림 제조가 주도되었다. 1968년을 전후하여 구미지역에 양송이통조림이 수출되기 시작했으며, 특히 월남파병에 따른 급식용 김치통조림, 고추장통조림, 수산물통조림 등의 수요증대로 수산물 중심에서 농산물 중심의 통조림 체제로 전환되었다.

2.1 통조림 용기

1) 용기의 종류

통조림 용기에는 여러 가지가 있다. 0.3 mm 정도로 압연한 얇은 철판에 주석으로 전기도금한 양철판이 가장 많이 이용된다. 통조림통이 갖추어야 할 조건으로는 다음과 같은 점을 들 수 있다.

① 고온에 견딜 수 있어야 한다.
② 내압 등 물리적 강도가 커야 한다.
③ 밀봉이 가능해야 한다.
④ 가벼워야 한다.

⑤ 산성 또는 알칼리성에 견딜 수 있어야 한다.
⑥ 가격이 싸야 한다.

양철판 외로 과일통조림 제조에는 각종 유기산에 견딜 수 있도록 한 도장관(lacqured can)이나, 주로 맥주용으로 이용되는 알루미늄관(aluminium can), 유리병, TFS관(tin free steel can) 등이 이용된다. 그리고 여러 겹의 복합필름을 사용한 레토르트 파우치(retortable pouch)가 개발되어 간편하고 인쇄적성이 뛰어나 여러 가지 살균된 식품의 보존에 널리 이용된다. 그리고 과일과 채소의 가공식품에 있어서는 유리병의 이용이 많아지고 있다. 유리병의 장점은 다음과 같다.

① 투명하여 내용물을 볼 수 있다.
② 화학적으로 안정하여 유리의 성분이 식품의 품질변화에 미치는 영향이 적고 위생적인 문제가 잘 일어나지 않는다.
③ 사용 후 회수하여 2~50회 정도 다시 사용할 수 있다.
④ 원료자원이 국내에 풍부하며, 제조비용이 비교적 적어 경제적이다.

그러나 유리병은 다음과 같은 결점이 있어서 반드시 좋은 포장용기라고는 할 수 없다.

① 내열성과 내한성(耐寒性)이 약하다.
② 중량이 무겁다. 내용물에 대한 중량비가 유리는 40~100%이며, 양철관은 10~25%, 플라스틱은 4~10%로서 유리가 무겁다.
③ 열전도도가 낮아 열처리가 어렵고, 살균하는 데 에너지 비용이 많이 든다.
④ 깨지기 쉽고, 장력(tensile strength)이 약하다.

2) 내면도료

통조림 용기와 내용물 사이의 화학적 반응을 방지하기 위하여 사용하는 내면도료(can coatings)에는 유성도료(oil vanish)와 에나멜수지(enamel resin)가 있다. 천연건성유나 합성건성유에 송진, 코우펄(copal) 수지 등을 200~210℃에서 용해시켜 만든 유성도료는 내산성이 강하여 과일과 채소 통조림에 이용된다.

에나멜수지에는 여러 가지가 있다. 색소성분이 많은 과일의 경우 색소를 보존하기 위하여 사용하는 R-에나멜(corn enamel에서 유래), 과일통조림이나 유지 함량이 많은 식품에 이용되는 내열성 에폭시에나멜(epoxyenamel), 과일주스나 음료용 등 부식성이 강하거나 향미를 중요하게 여기는 식품에 이용하는 비닐에나멜(vinyl enamel) 외에 페놀수지(phenolic resin) 등이 있다.

3) 통조림관의 제조

통조림 공관은 주로 원통형 2중 밀봉관(cylindrical double seamed can)으로 위생관(sanitary can)이라고도 불린다. 원통형 외에 사용되는 통조림관으로는 타원관(oval can)과 각관(square can)이 있다. 통조림관의 제조공정도와 side seam의 제조공정은 그림 6-8과 그림 6-9에서 보는 바와 같다. 또한, 국내에서 사용되고 있는 통조림 공관(空罐, empty can) 중에는 주스 200그램관, 4호관, 각 3호 B관 등의 순위로 이용된다.

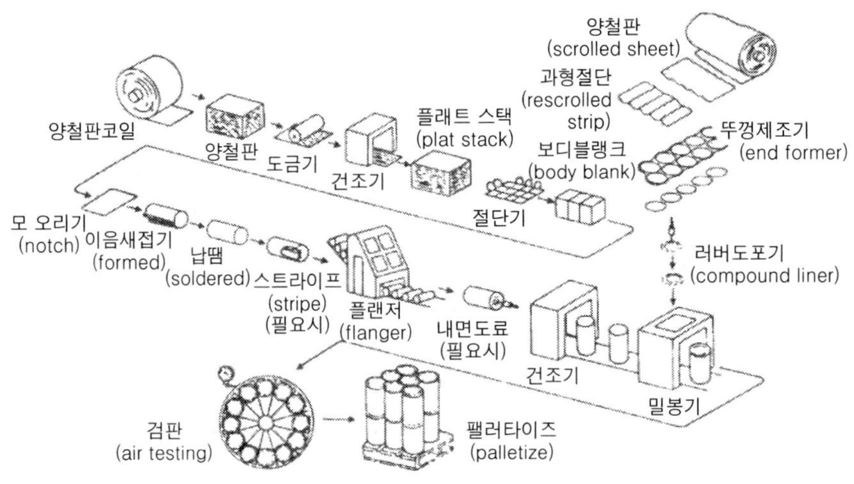

그림 6-8. 통조림 공관의 제조공정

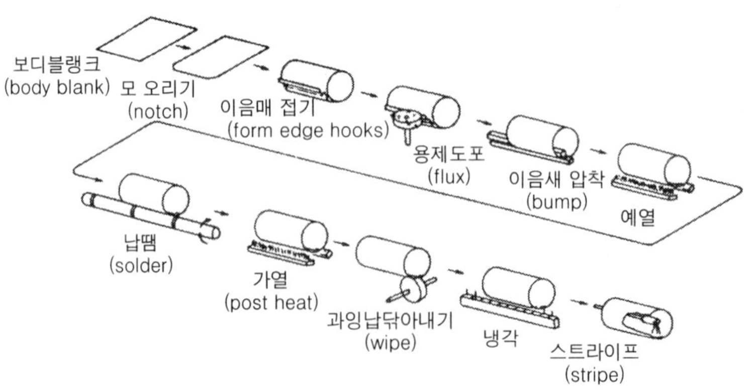

그림 6-9. Soldered side seam의 제조공정

2.2 원료의 처리

통조림용 가공원료의 선택과 처리는 매우 중요하다. 가공방식에 따라 알맞은 원료의 선택은 물론 수확시기와 저장방법도 제품의 색깔·향기·품질 등에 영향을 준다. 원료에 따라서는 먹을 수 있는 부분을 분리한 후, 작업능률을 향상시키기 위해 선별(選別)하거나 선과(選果)한다. 선별은 품종, 숙도, 불완전한 과일, 크기, 색깔 등에 의해 이루어진다. 입지조건과 재배방법 등에 의한 원료조직의 경도와 화학적 성분도 고려된다. 선별이 끝난 원료는 모래, 흙, 미생물, 약제 등을 제거하기 위하여 세척한다. 세척기로는 물 속에서 교반을 시켜 세척하는 회전식 세척기(rotary washer)가 많이 사용되며, 분무식으로 세척하는 회전식 살수세척기(revolving spray-washing machine) 등이 이용된다. 원료의 전처리 중 하나로 중요하게 다루는 공정은 데치기(blanching)로서, 보통 88～99℃의 뜨거운 물에 1～5분간 침지를 하거나 증기로 중심온도가 70 ～75℃가 되도록 처리한다. 열처리로 다음과 같은 효과를 얻을 수 있다.

① 산화효소를 불활성화시킨다

원료 자체가 가지고 있는 산화효소에 의해 식품성분의 산화가 일어나는 것을 방지함으로써 가공 중의 색깔·향미의 손실을 방지할 수 있고, 비타민의 환원방지, 품질, 영양가를 보존할 수 있다.

② 과일과 채소 내부의 공기를 줄인다

과일과 채소에는 대기 조성보다 많은 산소와 탄산가스를 함유한다. 이를 데치기로 방출시킴으로써 통조림제조의 경우 진공도를 높이고, 관(can)의 부식을 방지하며, 제품의 향미를 유지할 수 있다.

③ 조직의 연화로 가공조작을 쉽게 한다

④ 껍질 벗기기, 절단 등 가공공정의 예비조작의 효과를 갖는다

⑤ 원료를 청결히 할 수 있다

⑥ 원료에 따라서는 원료 중에 함유하고 있는 색소를 고정시키며, 원료가 가지고 있는 불쾌한 냄새를 제거할 수 있다

2.3 껍질 벗기기

복숭아·배 등 핵과는 껍질을 벗기는 박피(剝皮, peeling) 공정에 앞서서 씨를 제

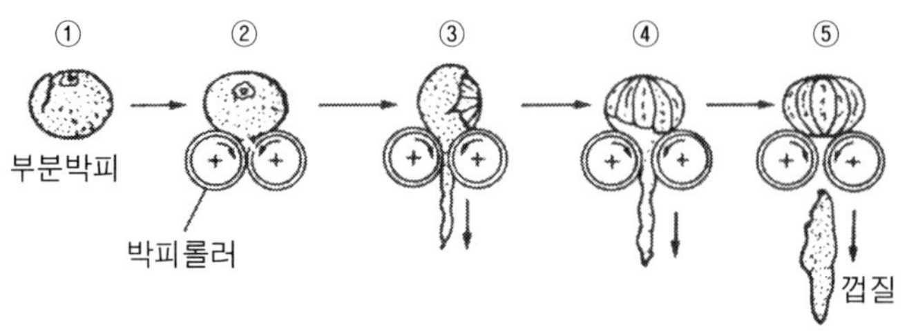

그림 6-10. 감귤박피기에 의한 박피순서

거하게 된다. 박피는 소규모일 경우에는 열탕에서 열처리를 한 다음 손으로 벗기는 수박피(手剝皮, hand peeling)를 한다. 그러나 대부분 박피기에 의한 기계박피(mechanical peeling)를 하거나 산박피(acid peeling), 또는 알칼리박피(lye peeling)를 한다.

증기박피(steam peeling)를 할 경우 복숭아는 2～3분, 토마토는 1분 정도 스팀처리를 한 후 박피한다. 감자 등은 연마롤러와 솔(brush)을 조합하여 만든 연마박피기(abrasive peeler)에 의해 이루어진다. 감귤・사과・배 등은 기계박피기로, 구근류의 채소는 알칼리박피를 실시하는 것이 보통이다.

박피기(peeler)에서 박피롤러에 의한 온주밀감의 처리는 그림 6-10에서 보는 바와 같다. 알칼리박피는 90～95℃로 가온한 1～3%의 NaOH 용액에 20～120초간 침지한 다음 물로 씻고 박피한다. 알칼리처리로 비타민 C의 손실이 우려되며, 사용용기 중에 금속 재질이 가성소다에 의해 부식되는 것을 방지해야 한다. 산박피는 80℃ 이상으로 가온한 1～2%의 염산 또는 15%의 황산용액에 1분간 침지한 다음 박피한다.

2.4 충 진

데치기(blanching), 박피, 조리과정 등에서 손상을 입은 것을 제거하고, 형태와 크기 등에 따라 선별한 다음 통조림 용기에 충진(filling)한다. 통조림 용기에 일정한 공간(head space)을 유지하고, 특히 병조림에는 내용물을 보기 좋게 넣는다. 불순물의 혼입을 방지하고, 고형물량이 규격에 맞도록 하여야 한다.

주입액은 소금물 또는 당액을 사용하게 된다. 채소통조림 등에 사용하는 소금물은 철분이나 칼슘염이 없는 99% 이상의 순도를 갖는 소금으로 1～2%의 용액을 만들어 주입한다. 과일통조림에 사용하는 당액은 설탕 또는 이성화당을 사용하며, 65% 정도의 당액을 만든 후 40～50%가 되도록 희석하여 첨가한다.

탄산염, 황산염 등이 들어 있는 물을 사용하면 백색 침전이 생기며, 철분이 있는 물은 흑색으로 변색되므로 주의해야 한다.

2.5 탈 기

통조림 또는 레토르트(retort) 식품을 제조할 때는 식품 중에 들어 있는 가스와 용기 내에 들어 있는 공기를 제거해야 한다. 이 조작을 탈기(脫氣, exhausting)라고 한다. 보통 통조림 용기에 내용물을 충진한 후 다음과 같은 목적에서 탈기를 한다.

① 열처리 중에 내용물의 팽창으로 인하여 용기 내에 생기는 내압을 낮게 하여 sea- ming 부위의 파손을 방지한다.
② 산소농도를 낮추어 내용물의 화학적 변화를 감소시키고, 관 내면의 부식을 억제한다.
③ 유리 산소량의 감소로 호기성 세균의 발육을 억제한다.
④ 뚜껑과 밑바닥을 오목하게 만들어 변패관의 검출을 쉽게 한다.
⑤ 내용물의 향미, 색깔, 영양가의 손실을 방지한다. 산화로 인한 퇴색, 지방의 산화, 비타민 등 영양가의 파괴를 방지할 수 있다.

탈기의 방법은 가열탈기법, 진공탈기법, 수증기분사법(steam flow closure)으로 구분된다.

1) 가열탈기법

가열탈기법은 뜨거운 내용물을 용기 내에 넣고 곧 밀봉하거나, 탈기상자(exhau- sting box)를 이용하여 실시한다. 탈기상자를 이용하는 방법은 액상식품이나 염수(brine)를 사용한 제품 등에는 효과가 있으나, 고체식품은 열팽창률이 적어 효과가 적다. 내용물의 가열팽창 후 냉각하면서 수축으로 인한 진공도를 이용하는 방법이다. 내용물에 들어 있던 공기와 주입액에 녹아 있던 공기가 제거되고, head space의 공기도 팽창되면서 일부가 제거된다.

2) 진공탈기법

진공탈기법은 육류·생선 등 고형식품의 통조림 제조에 많이 이용되는 방법으로 감압상태에서 밀봉조작도 같이 할 수 있다. 소요면적이 적게 들고 증기가 절약되며, 효율적으로 대량처리가 가능하다. 가열에 의한 나쁜 영향도 줄일 수 있을 뿐만 아니라 위생적인 처리가 가능한 장점이 있다. 그러나 이 방법은 갑자기 감압상태가 되기 때문에 액즙이 많고 용해된 기체가 많은 식품에서는 내용물이 분출(flushing)할 우려가 있다. 진공충진기(prevacuumerizer syrupper)를 이용하여 내용물 중의 기체를 제거한 다음 진공상태에서 시럽을 첨가하고 밀봉하여야 한다. 진공탈기법은 통조림 내의 head space의 공기만 빼기 때문에 밀봉 후 내용물 조직 중에 들어 있던 공기가 빠져 나와 시간이 경과한 후에는 진공도가 떨어지는 결점이 있다.

3) 수증기 분사법

수증기 분사법은 head space 중의 공기를 수증기 분사에 의해 대체함으로써 내부의 진공을 얻는 방법이다. 조직 중에 들어 있거나 용해된 공기가 적은 고체식품에 이용한다.

4) 통조림 내의 진공도에 영향을 주는 요인

통조림 내의 진공도는 통조림 내부압력과 외부압력의 차이를 말한다. 이는 저장이나 유통에 관여하는 중요한 요소로서 다음과 같은 여러 가지 요인에 영향을 받게 된다.

(1) 가열온도와 가열시간

탈기효과만을 고려하면 온도가 높을수록, 시간이 길수록 진공도가 높아진다. 진공밀봉기를 사용하는 경우는 감압 정도와 밀봉시간에 관계된다.

(2) Head space와 충진상태

Head space가 클수록 진공도가 커서 제품이 좋아지나, 이 경우 용기에 비해 고형물 함량이 적어져 상품판매에 제한을 받는다. Head space가 같을 때는 내용물의 종류, 충진 상태, 온도 등에 영향을 받는다.

(3) 내용물의 신선도

신선도가 떨어진 원료는 가열살균할 경우 가스의 발생으로 고진공도를 얻을 수 없다.

(4) 내용물의 산성도

과일과 채소 등 가공원료의 산성도가 높으면 용기의 부식 등으로 수소가스가 발생하여 진공도가 떨어지므로 내면도료관을 사용한다.

(5) 기온과 기압

온도가 상승하면 내용물이 팽창하여 진공도가 낮아진다.

(6) 살균온도

살균온도가 높을수록 식품 중에 들어 있던 산소가 빠져 나와 진공도를 떨어뜨린다.

2.6 밀 봉

식품을 통조림 용기에 충진하여 탈기를 끝난 다음 미생물이나 공기의 접촉을 방지하고, 식품을 안전하게 보존하기 위하여 밀봉기(closing machine 또는 double seamer)를 이용하여 밀봉(closing)한다. 밀봉기의 주요 부분은 그림 6-11과 같으며, 척(chuck), 제 1로울(1st roll), 제 2로울(2nd roll)과 리프터(lifter)로 구성된다. 밀봉이 이루어지는 순서는 다음과 같이 순차적으로 이루어지며, 대규모 공장에서는 자동식에 의해 연속적으로 이루어진다.

통조림관에 내용물을 충진하여 뚜껑을 얹힌 용기를 리프터 위에 올려놓으면 리프터가 상승하여 관을 chuck과 리프터 사이에 고정시킨다. 용기가 고정되는 동시에 제 1로울이 왼쪽으로 수평운동을 하여 chuck에 접근하여 뚜껑이 구부러진 부위인 curl을 압착하면서 관 주위를 회전한다. 이때 curl이 관의 동체 위쪽 부분에 휘어진 부위인 flange 밑으로 말려 들어가 제 1단계 밀봉이 이루어진다. 다음으로 제 2로울이 밀봉부위를 압착하여 이중 밀봉을 완성시킨다. 제 2단계의 밀봉이 끝나면 제 2로울이 후퇴하는 동시에 리프터가 내려오고 관이 밀봉기 밖으로 나오게 된다.

밀봉기는 원동력에 따라 수동식(home seamer), 반자동식(semitro seamer), 자동식으로 구분하며, 로울(roll) 수 또는 스핀들(spindle) 수에 따라 분류하기도 한다.

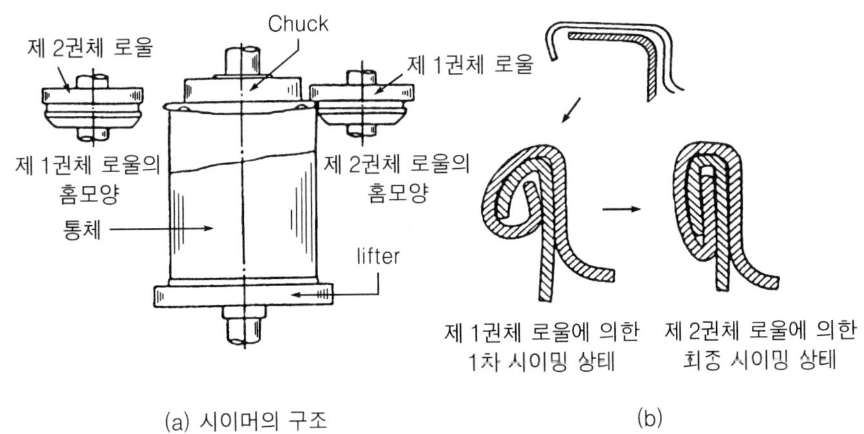

그림 6-11. 밀봉기의 구조와 밀봉부분의 모양

2.7 살 균

밀봉이 끝난 통조림은 내용물 중에 들어 있는 미생물을 사멸시키거나, 번식능력을 상실시켜 부패의 원인을 없애기 위하여 살균을 실시한다. 주스 중의 효모 등 변패미생물의 열저항성이 크지 않은 경우이거나, pH 4.5 이하의 산성식품인 경우는 100℃ 이하에서 저온살균(pasteurization)을 한다. 그러나 보통 통조림의 살균에서는 고온살균(sterilization)을 실시한다.

1) 살균장치

고온살균에 사용되는 대표적인 살균기(retort)의 구조는 그림 6-12와 같다. 대량처리를 하는 경우는 연속적 살균장치를 이용하며, 대표적인 연속식 회전레토르트의 내부구조는 그림 6-13에서 보는 바와 같다.

2) 통조림 살균에 영향을 주는 요인

통조림 살균에 영향을 주는 요소로는 내용물에 들어 있는 미생물의 종류와 수, pH, 열전달 방식과 형태 등이다. 세균과 효모는 열에 비교적 약하다. 부패균이나 병원균

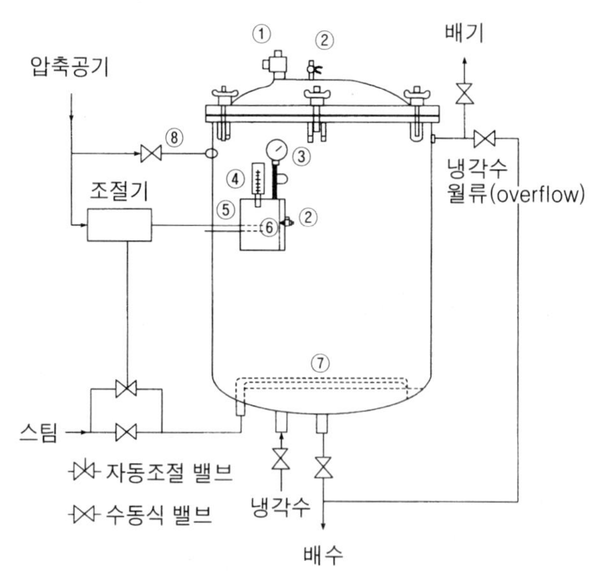

그림 6-12. 회분식 살균기(retort)의 구조

① 안전밸브 ② 코크 ③ 압력 게이지 ④ 온도계 ⑤ 센서
⑥ 온도계 상자 ⑦ 스팀 분사장치 ⑧ 냉각공기 주입구

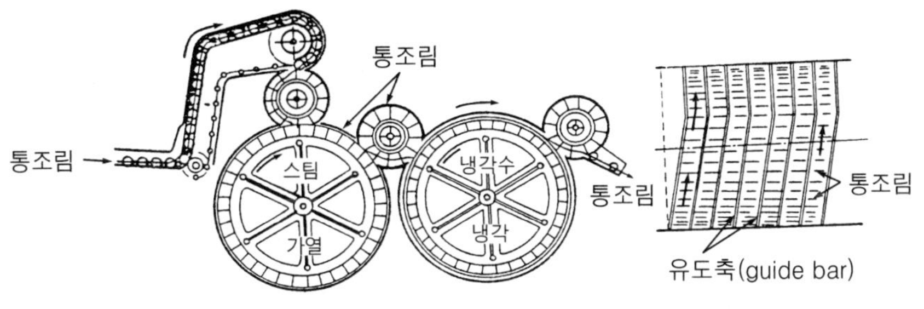

(a) 가열부 (b) 냉각부 (c) 드럼의 측면과 통조림의 이동상태

그림 6-13. 회전식 살균기

등 포자를 형성하지 않는 세균은 70~80℃에서 수분간 처리하면 사멸된다. 그러나 포자를 형성하는 내열성 세균은 100℃ 이상에서 열처리를 해야만 살균이 가능해진다. 또한, 미생물의 수가 많을수록 살균에 소요되는 시간은 길어지며, 통조림 원료의 오염 정도와 신선도에 따라 차이가 있으므로 제조공정 중에 위생처리를 해야 한다.

내용물의 pH는 살균에 영향을 준다. 과일과 채소 중에 매실·살구·감귤 등 pH 4.5 이하인 산성식품은 75℃에서 10분 정도 처리로 살균효과를 얻을 수 있다. 그러나 아스파라거스·완두 등 pH 4.5 이상인 식품은 100℃에서 4시간 이상 살균해야 한다. 따라서 내용물의 산도(酸度)가 높으면 살균시간을 단축할 수 있다. Bigelow 등(1921)은 pH 2.7인 오렌지는 82℃에서 3분, pH 3.53인 사과는 102℃에서 10분, pH 6.97인 배는 115℃에서 38분이 소요된다고 하였다.

3) 열전달 형태

통조림 살균의 열전달 형태는 주로 전도와 대류에 의해 이루어진다. 그리고 용기의 종류와 크기, 회전속도, 내용물의 온도와 레토르트의 온도에 관계된다. 유리병은 양철판의 1/4~1/8 정도의 열전도율을 가진다. 대부분 용기의 중심부에 위치하는 부위로서 열침투가 가장 늦은 냉점(cold point)에 열이 전달되는 데 소요되는 시간은 대체로 용기 직경의 제곱에 비례한다. 냉점의 측정은 온도감지장치(thermocouple 또는 thermister)를 통조림 식품이나 레토르트식품의 냉점에 장치한 다음 가열하면서 온도분포 등을 측정한다(그림 6-14).

통조림 내용물에 따라 열전달 방식이 다르므로 냉점의 위치가 달라진다(그림 6-15). 살균 중 통조림을 회전시킬 때, 특히 액체식품에 있어서는 열전달 효과가 크다. 내용물의 물리적 특성으로서는 조미액의 밀도와 점도, 내용물의 종류와 상태 등이 열

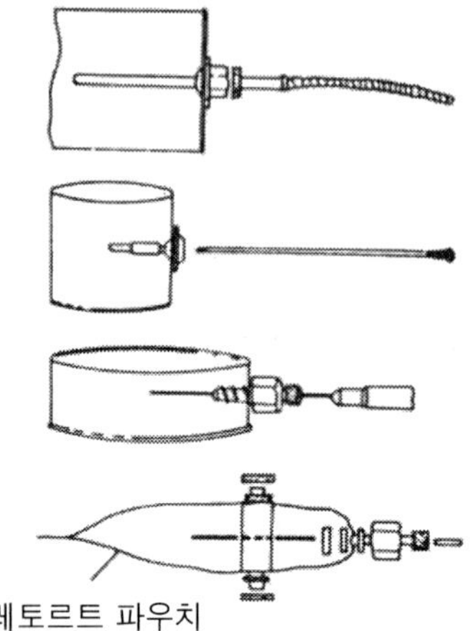

그림 6-14. 온도계 sensor에 의한 레토르트식품의 온도 측정장치

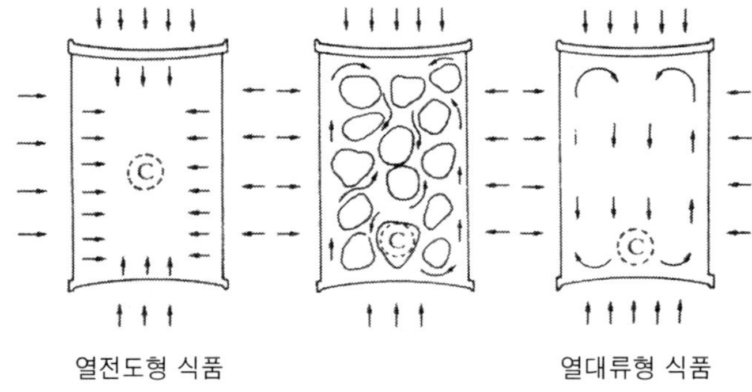

그림 6-15. 통조림식품의 열전달 방식에 따른 냉점의 위치

전달에 관여한다. 대두 · 완두 · 죽순 · 송이 등 주입액이 많은 것은 주로 대류에 의해 열전달이 잘 이루어진다. 호박이나 옥수수 등은 녹말의 호화로 점착력이 강하고, 대류가 어려운 식품은 열전달이 늦어져 살균시간이 길어진다.

2.8 냉 각

살균 후에 통조림이 고온에서의 머무는 시간이 길어지면 과열에 의해 내용물의 조직이 연화되고, 황화수소(H_2S) 가스의 발생으로 통조림이 변색될 우려가 있다. 그리고 호열성 세균(thermophiles)이 발아하거나, 수산물 통조림인 경우는 유리모양의 결정질을 형성하는 스트루바이트(struvite)가 생기게 되므로, 이를 방지하기 위하여 냉각(cooling)한다. 특히 냉각 중 50~55℃에서 머무는 시간이 길어지면 내열성 세균의 포자가 발아하여 변패가 일어날 우려가 있다.

통조림 살균 후 냉각수가 들어 있는 수조(water bath)에 담가 두는 수중침지법과 소규모인 경우는 흐르는 물에 냉각시키는 유수냉각법을 사용한다. 그러나 대량 처리를 할 경우는 레토르트의 내압을 유지하면서 상부로부터 냉각수를 살포하거나, 또는 증기와 냉각수에 의한 가압냉각법을 이용한다.

통조림 뚜껑에는 세 줄로 압인(押印)되어 제품의 품명, 제조회사, 제조년월일이 표시되어 있다. 윗줄에는 제품의 품명으로서 처음 두 자는 원료의 종류를 나타내며, 다음 한 자는 조리방법을, 그리고 마지막 한 자는 크기와 모양을 나타낸다. 가운데 줄은 제조회사 이름을 기호로 나타낸다. 밑줄은 제조일자로 서기연호의 마지막 두 자리 숫자, 월수는 9월까지는 숫자 그대로, 10월은 0, 11월은 Y, 12월은 Z로 나타낸다. 넷째와 다섯째는 일수를 표시한다.

2.9 통조림의 검사

통조림 제조가 끝나면 이상 유무를 검사하고 제품화한다. 통조림 검사법에는 외관검사, 개관검사, 가온검사, 세균검사, 화학적 검사법, 물리적 검사법이 있다.

1) 외관검사

통조림의 외관검사는 스테인리스 스틸, 대나무, 또는 상아로 만든 타검봉으로 때려보아 맑은 소리가 나면 이상이 없는 것으로 판정한다. 둔탁한 소리가 나는 것은 불량관으로, 다음과 같은 원인에서 일어난다.

① 탈기가 불충분한 경우
② 지나치게 많은 양을 충진하였을 경우
③ 미생물의 생육이나 용기의 부식 등에 의해서 용기 내에 가스가 발생하였을 경우
④ 밀봉이 잘못되어 외부의 공기가 들어갔을 경우
⑤ 기온이나 기압

2) 개관검사

개관검사는 통조림 검사법의 규정에 의해 이루어진다. 개관하기 전에 진공검관계를 사용하여 진공도를 측정하고 나서 개관한다. 개관 후 head space의 높이, 고형물의

양 등을 칭량하며, 관능검사를 실시한다. 관능검사에는 냄새, 색깔, 육질, 맛, 액즙의 상태, 불순물의 유무 등을 검사한다.

3) 가온검사

가온검사는 일종의 저장성 시험으로 36～37℃에서 내용물의 종류에 따라 일정한 기간 동안 가온하여 품질의 유지 상태를 점검한다. 액즙이 많은 것은 1～2주간, 적은 것은 2～3주간, 산성식품인 경우는 2～3주간 동안 수시로 관찰하여 팽창관이 발생할 때는 방냉(放冷)한 다음 자세한 검사를 한다.

4) 세균검사

군수용 통조림인 경우는 세균검사를 필수적으로 하며, 무균적으로 개관하여 직접 검경하거나 배지에 접종한 후 세균수를 측정한다. 만일 세균이 발생했을 때는 내열성과 독성을 시험한다.

5) 화학적 검사

특수한 경우, 또는 연구용으로 실시한다. pH, 내용물과의 반응생성물, 인돌(indol) 등 부패 생성물이나 분해 생성물의 정량, 중금속의 검출, 방부제와 인공감미료 등 첨가물량의 조사, 통조림 내의 가스조성 등을 분석한다.

6) 물리적 검사

X-ray를 사용하여 용기의 상태, head space의 크기와 상태, 내용물의 상태 등을 검사한다.

2.10 통조림의 변패

미생물의 작용이나 내용물과 용기 사이의 화학반응, 제조과정에서 잘못된 처리, 좋지 않은 저장조건 등에 의해 통조림의 변패가 일어나게 된다. 대표적인 변패현상은 다음과 같다.

1) 내용물의 성상으로 본 변패

(1) Flat sour

살균부족 등으로 *Bacillus* 속의 호열성 세균의 발육으로 인한 유기산 생성이 원인이 된다. 겉보기로는 정상관과 구분하기 어렵고, 개관 후 pH 측정이나 세균검사를 통하여 알 수 있다. 채소통조림 또는 육류 통조림에 많이 나타난다.

(2) 흑변

내용물 중에 들어 있던 단백질 성분 중에서 -SH기가 환원되면서 황화수소가 발생하여 용기에서 용출한 금속 또는 내용물 중의 금속성분과 결합하여 FeS 등 황화금속이 생성되어 일어나거나, 내열성 세균이 원인이 되어 일어나는 현상을 흑변(sulfide spoilage 또는 black stain)이라고 한다. 육류 통조림, 수산물통조림, 옥수수통조림에서 볼 수 있다.

(3) 주석의 이상 용출

주석(Sn)은 독성이 심하지 않으나 다량 섭취하면 권태감이나 구토증세를 나타낸다. 오렌지주스, 토마토주스의 경우 내용물에 들어 있는 질산이온에 의해 용출이 촉신된다. 통조림 개관 후에는 내용물이 공기와의 접촉으로 주석 용출이 급속히 증가하기 때문에 먹다 남은 내용물은 유리그릇이나 사기그릇에 옮겨서 보관해야 한다.

2) 외관으로 본 변패

(1) Flipper

내압이 없고, 거의 정상관과 같으나 한쪽 면이 약간 부풀어 있다. 미생물의 증식, 지나친 충진, 탈기 불충분, 밀봉 후 살균까지 오랜 시간 동안 방치 등이 원인이 된다.

(2) Springer

한쪽 면이 튀어나오는 상태로서 미생물의 증식, 지나친 충진, 탈기 부족, 관내 수소 발생 등의 원인에 의해 일어난다. 과일통조림의 경우 저장온도가 높을 때 발생하기 쉽다.

(3) Swell(blower)

양면이 팽창된 관을 말하며, 손으로 눌러서 조금 들어가는 것은 연질 팽창관(soft swell), 반응이 없는 단단한 상태의 것은 경질 팽창관(hard swell)이라고 한다. 수소가스의 발생에 의한 swell과 달리 미생물 증식에 의한 가스발생에서 일어난다.

(4) 돌출변형관

돌출변형관(buckled can)은 살균공정에서 많이 발생한다. 용기의 내압이 외압보다 커져서 통조림 용기의 탄성한계를 넘어설 때 생기는 변형관이다.

(5) Leaker

미세한 구멍(pinhole)이 발생하거나 밀봉조작이 잘못되었을 때 생긴다.

3) 기 타

(1) Stack burning

과일과 채소 통조림의 저장온도가 너무 높을 때에 내용물이 연화되거나, 또는 퇴색되는 경우이다. 토마토통조림 등에 나타나는 불쾌한 냄새가 발생되는 현상이다.

(2) 탈색(discoloration)

금속이온이 많을 때나, 고온에서의 방치 또는 미생물 증식에 의해 일어나는 탈색현상이다.

(3) Glass-like deposits

채소통조림 등이 부분적으로 너무 농축되었을 때 용액의 침전으로 유리모양의 결정이 생기는 현상으로서 독성은 없다.

(4) 변향(off-flavor)

채소통조림의 신맛, 과일통조림의 곰팡이 냄새 등으로 일어나는 변패관이다.

2.11 통조림 용기의 부식

1) 관 외면의 부식

도금 중에 미세한 구멍이 생기거나 제관공정 중에 충격으로 인해 주석으로 도금한 면이 균열되어 Fe 면이 노출되었을 경우, 공기중의 산소와 수분에 의해 부식이 일어난다. 이러한 부식이 계속 진행되면 용기에 작은 구멍(pinhole)이 뚫리는 천공(perforation)이 일어난다. 이를 방지하기 위하여 외면도료를 사용하여 방지하거나, 기온변화에 따른 이슬이 맺히는 일이 없도록 해야 한다. 냉장고에 보관했던 통조림을 꺼내 물기를 닦지 않고 그대로 두었을 때, pinhole 부위에 녹이 생기는 현상을 흔히 볼 수 있다.

관 외면의 부식을 촉진하는 요인으로는 다음과 같은 경우에 발생하기 때문에 주의할 필요가 있다.

① 살균기나 통조림을 담은 용기에 녹이 생겼거나, 녹이 옮겨질 때
② 가열살균 후에 지나친 냉각이 이루어질 때
③ 부식성이 있는 용수를 사용할 때
④ 용기 표면에 흠 또는 균열이 생겼을 때
⑤ 라벨(label)용 호료의 영향

2) 관 내면의 부식

관(罐, can) 내면에는 유리산소 양이 적어 관 외면의 부식과는 다르다. 탈기 후에 관 내면에 생긴 수소가스는 산소와 결합하여 물이 되면서 통조림 내에 산소의 부족으로 수소가스가 축적되고, Fe의 용해가 억제되기 때문이다. 과일통조림 중에서 과일원료가 적색인 통조림은 무색 통조림에 비해 적색색소가 수소와 결합하여 환원작용으로 퇴색된다. 이에 따라 통조림 내에 발생한 수소가스가 소비되면서 관의 부식을 촉진하게 된다.

관 내면의 부식에 영향을 주는 요인은 여러 가지가 있다. 과일과 채소의 통조림은 일반적으로 부식성이 강하여 내면도료를 사용하는 것이 좋으며, 내용물의 산성도도 영향을 준다. pH와 유기산의 종류에 따라 부식의 정도가 다르다. 초산은 산소가 없으면 부식하지 않는데 비하여, 구연산은 산소의 존재에서 Sn, Fe를 구분하지 않고 부식한다. 스테아르산(stearic acid)은 주석과 염을 형성하여 계속 부식이 일어나며, 내용물이 알칼리성인 경우에 암모니아 이온이나 아민(amine)은 Sn을 용해하여 흑변이 일어난다.

산소는 부식에 직접적인 영향을 주므로 탈기하여 제거해야 한다. 주입액으로 첨가한 당류는 관의 부식을 억제한다. 이 외로 시금치·완두 등의 녹색을 유지하기 위하여 황산구리 용액을 사용하는데, 물로 잘 씻어내지 않았을 경우 구리 이온이 남아 있을 때 Sn의 용출을 촉진하게 된다. 또한, 안토시아닌(antocyanin) 색소는 통조림관 내에 용해되어 있는 Sn, Fe와 작용하여 복염을 형성하여 급속한 부식이 이루어지므로 내면 도료관을 사용하여야 한다.

2.12 통조림 식품의 성분변화

1) 복숭아통조림의 자변

백도(白桃) 통조림의 경우 유기산이 많으면 관 내면으로부터 용출한 Sn이 안토시안계 색소인 chrysathemine과 금속의 복염을 형성하여 자색을 띤다. 0.5%의 아황산 또는 차아황산용액을 50～60℃로 가온하여 껍질을 벗긴 복숭아를 10～30분간 침지

하여, 탈색한 후 물로 씻어내면 착색을 방지할 수 있다. 또한, 산화방지제로서 50~200 mg%의 에리토르브산(erythorbic acid)을 첨가한 후에 밀봉하거나, anthocyanase 효소를 처리하여 안토시안을 무색인 아글리콘(aglycon)으로 분해시키면 변색을 방지할 수 있다.

2) 감귤통조림의 백탁

감귤통조림에 하얀 침전물이 생성되는 것으로서, 감귤의 플라보노이드 성분인 헤스페리딘(hesperidin, 그림 6-16)에 의해 일어난다. 이와 같은 현상은 다음과 같은 경우에 발생하기 쉽다.

① 일찍 수확한 감귤(미숙과)을 원료로 했을 때
② 껍질조각이 남아 있을 때
③ 수세가 충분히 이루어지지 않았을 때
④ 과립이 부서지거나 과립 외면이 거친 것을 많이 사용하였을 때

이는 알칼리박피를 하는 경우에 과육 표면에 침투해있던 잔류 NaOH에 의해 과육 중의 헤스페리딘이 용출되는 것이다. 밀봉 후 살균까지의 머무는 시간이 길어지면 용출량이 늘어나고, 살균이나 냉각공정의 초기에 온도와 pH가 높아지면 용출이 계속된다. 이후 과육성분이 액즙 중으로 용출됨에 따라 액즙의 pH는 낮아지고, 온도가 내려가므로 용해도의 감소로 헤스페리딘이 빠져 나와 백색 침전물을 형성한다. 따라서 남

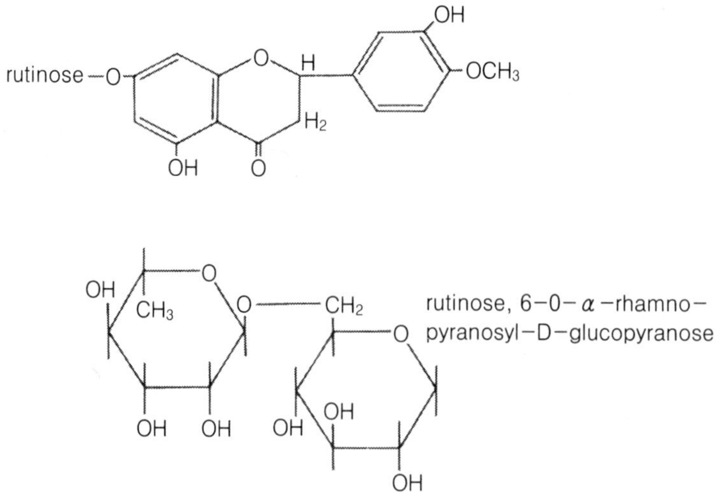

rutinose—O
OH
H
OCH_3
H_2
OH
O
OH
CH_3
O
CH_2
O
rutinose, 6-0-α-rhamno-pyranosyl-D-glucopyranose
OH OH OH
OH
OH

그림 6-16. 헤스페리딘(hesperidin)의 구조식

아 있는 알칼리를 물로 잘 씻어내고, 껍질을 잘 벗겨 알칼리의 처 리시간을 단축함으로써 pH가 너무 높지 않도록 해야 한다. 또한, 밀봉 후 곧 살균하거나 시럽 중에 구연산, 아스코르브산(ascorbic acid), 또는 과즙을 첨가하여 pH가 3.0이 되도록 하여 헤스페리딘의 용출을 억제하는 방법도 있다.

이 외로 색깔과 품질이 다소 떨어질 우려가 있으나, 85~90℃로 재가열하면 3개월 후에도 백탁이 일어나지 않는다. CMC나 젤라틴 등 고분자 물질을 첨가하여 백탁을 줄이는 방법, *Aspergilllus* 속이 생산하는 hesperidinase와 같은 효소를 처리하는 방법 등이 있다.

3) 버섯통조림의 백탁과 결정성 물질

원료의 숙도와 생산지 등에 따라 다르며, 버섯통조림의 경우 통조림의 액즙이 흐려져 겉보기가 좋지 않을 때가 있다. 백탁의 원인은 확실하지는 않으나, 티로신(tyrosine) 외에 펙틴, 헤미셀룰로오스, 녹말, 단백질 등이 Ca 등의 무기물을 함유하고 있어 콜로이드 상태로 엉기게 된 것으로 보인다. 40~60분간의 알칼리로 끓여 주는 방법으로 방지할 수 있다.

3. 원예가공식품

3.1 젤리, 잼, 마멀레이드

1) 정 의

(1) 젤리(jelly)

주스(juice)에 설탕을 가한 후 농축한 것으로서 투명하고 빛깔이 있으며, 원료 과일 특유의 향기와 색깔을 갖는다. 절단하는 경우 연하고, 예리한 가장자리와 매끄럽고 빛나는 절단면을 형성한다.

(2) 마멀레이드(marmalade)

젤리 속에 과일 또는 껍질의 조각을 넣은 것으로서, 주로 감귤을 이용한다.

(3) 잼(jam)

과육(fruit pulp)에 설탕을 가하여 끓인 다음 농축한 것으로, 알맞은 점조성을 갖는다.

(4) 프리저브(preserve)

잼과 비슷하며, 진한 설탕액에 과일을 자르거나 그대로 넣고 끓여서 농축한 것이다. 캐러멜화를 방지하여 과일의 형태를 보존하고 신선한 색을 띠어야 한다.

(5) 과일버터(fruit butter)

체로 친 과육에 설탕, 과즙, 향신료를 가한 후 반고체 상태로 농축한 것이다.

2) 젤리의 응고이론

젤리, 잼, 마멀레이드의 응고는 과일 중에 들어 있는 펙틴의 젤리화를 이용한 것이다. 그러나 젤리화는 펙틴뿐만 아니라 유기산과 당분의 조합에 의해 이루어진다. 하나의 성분이 일정할 때 다른 성분의 함량에 따라 젤리화가 결정된다. 표 6-3과 표 6-

표 6-3. 펙틴 함량이 일정하였을 경우(1.5%)의 젤리화에 필요한 산과 당 함량

번호	첨가하는 구연산량(%)	총산량(g)	젤리화에 필요한 당분량(g)	젤리량(g)
1	0.00	0.05	75.0	100
2	0.12	0.17	64.0	100
3	0.25	0.30	61.5	100
4	0.50	0.55	56.5	100
5	0.70	0.75	56.5	100
6	1.00	1.05	53.5	100
7	1.25	1.30	53.5	100
8	1.50	1.55	52.0	100
9	1.70	1.75	52.0	100
10	2.00	2.05	50.5	100
11	2.50	2.55	50.5	100
12	3.00	3.05	50.0	100
13	3.50	3.55	50.0	100
14	4.00	4.05	50.0	100

표 6-4. 일정한 산 함량에서 젤리화가 일어나는 당 농도에 대한 펙틴 농도의 영향

제품 중의 펙틴 함량(%)	0.75	0.90	1.00	1.25	1.50	1.75	2.00	2.75	4.20	5.50
젤리화에 필요한 당분량(%)	-※	65.0	62.0	54.0	52.0	51.0	49.5	48.0	45.0	43.0

※ 당분을 증가시켜도 젤리화가 일어나지 않는다.

4는 당분, 펙틴, 유기산과의 관계를 나타낸다.

표 6-4에서 보는 바와 같이 젤리화를 이루는 데는 3가지 성분이 알맞게 들어 있어야 한다. 펙틴이 일정한 경우는 산이 많을 때 첨가하는 당분은 적어도 되며, 산이 적을 때는 설탕의 첨가를 늘려야 한다. 또한, 산이 일정한 경우는 펙틴 함량이 많을 때 당분이 적어도 젤리화가 일어나지만, 펙틴이 적을 때는 많은 양의 설탕을 가하더라도 젤리화가 일어나지 않는다.

제조비용을 줄이기 위하여 이와 같은 원리를 이용하여 산 또는 펙틴의 농도를 높이고, 첨가하는 설탕을 50% 이하로 하는 것이 유리하다. 그러나 실제로는 기호도, 젤리의 강도 등 제품의 품질을 고려하여 다음과 같은 성분 함량비가 좋다.

제품 100 g 중에

- pectin 함량 1.0~1.5%
- 유기산 함량(황산으로서) 0.3%(pH 3.46 내외)
- 당 함량 60~65%

※ 산 함량을 환산할 때 구연산의 경우는 위의 숫자에 대하여 1.306배, 능금산은 1.367배, 주석산은 1.530배를 각각 곱하여 계산한다.

일반적으로 과일 중에는 젤리화에 충분한 당분이 들어 있지 않으므로 설탕을 첨가해주어야 한다. 또한, 펙틴과 유기산의 경우 충분히 함유하고 있는 과일이 많지만, 과일의 종류, 품종, 숙도 등에 따라 부족할 때는 이를 첨가한다. 과일이 가지고 있는 3가지 성분에 대하여 알아보면 다음과 같다.

(1) 유기산

과일 중에는 사과산(malic acid), 구연산(citric acid), 주석산(tartaric acid), 젖산(lactic acid) 등의 유기산이 들어 있으며, 부족할 때는 첨가한다. 그러나 유기산이 지나치게 많으면 제품의 수분분리(syneresis) 현상이 일어나므로 원료의 산 함량을 측정하여 조절해야 한다. 젤리화에 필요한 산 함량은 0.27%로서 5%가 넘으면 좋지 않다. 보통 pH 3.2~3.5로서 pH 2.8 이하가 되면 가열처리나 저장 중에 펙틴의 변화가 일어나 젤리화가 떨어지고 수분분리 현상이 일어난다. 또한, pH가 너무 높으면 펙틴 함량이 많고, 당분이 알맞아도 젤리화가 안 된다.

(2) 당

과일 중에 들어 있는 당은 포도당, 맥아당, 자당, 과당 등으로 보통 12% 내외로 가당(加糖)을 해주어야 한다. 보통 설탕을 첨가하지만 제품의 향기, 과육에 대한 당의 침투성, 당의 결정화 방지, 색깔 유지 등 제품의 풍미와 가격을 고려하여 설탕의 20% 정도를 포도당 또는 물엿으로 대체하는 경우가 많다. 당 농도가 높으면 젤리화의 성질은 커지나 결정이 생길 우려가 있으며, 50% 이하로 낮아지면 품질이 떨어지고 저장성이 나빠진다.

(3) 펙틴

덜 익은 과일에는 불용성인 프로토펙틴(protopectin) 형태로 들어 있다. 과일이 성숙함에 따라 수용성 펙틴이 되고, 과숙(過熟)하면 펙트산(pectic acid)이 된다. 프로

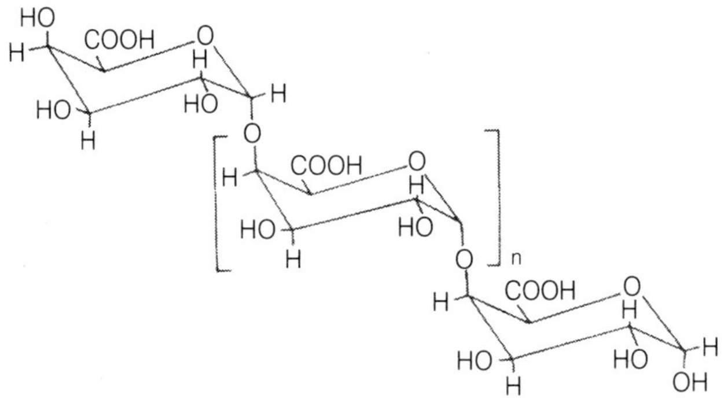

그림 6-17. α-D-polygalacturonic acid

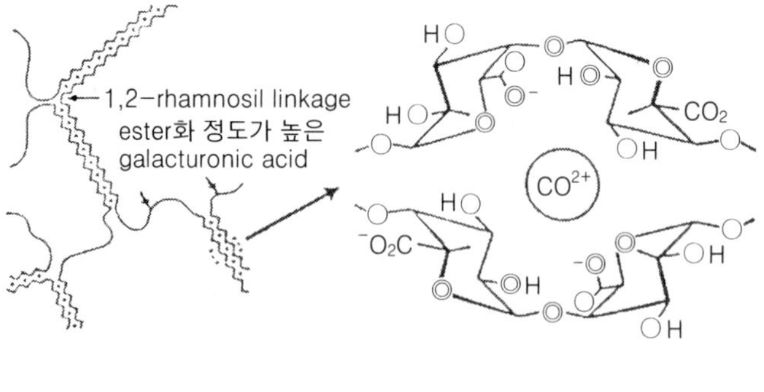

(a) 저메톡실펙틴의 겔화기구의 모식도 (b) 배위결합 형태

그림 6-18. 메톡실펙틴의 겔화 모형도

· Ca^{+2}와 같은 2가 금속이온, ◎ O와 Ca^{+2}와의 결합위치, ○ O의 위치

토펙틴은 끓이거나 효소작용에 의해 수용성 펙틴이 되는데 비하여, 과숙하거나 과열에 의해 펙틴이 펙트산이 되면 응고력을 잃게 된다. 젤리화에 필요한 것은 보통 1% 정도의 펙틴 또는 프로토펙틴이며, 0.2% 전후에서 응고하기 시작하여 0.6～1.9%에서 젤리화가 일어난다.

펙틴(pectin)은 갈락투론산(galacturonic acid)의 중합체이며(그림 6-17), 곁사슬에 카르복시기를 가진 펙트산이 메틸에스테르화한 것이다. 따라서 펙틴은 메톡실(methoxyl) 함량이 7% 이상인 고메톡실펙틴(high methoxyl pectin)과 7% 이하인 저메톡실펙틴(low methoxyl pectin)으로 구분한다.

단맛이 적은 잼에 대한 소비자의 수요가 증가함에 따라 메톡실 함량이 낮은 펙틴을 이용하는 경우도 있다. 고메톡실펙틴을 산, 효소 또는 암모니아를 처리하여 메칠화 정도를 조정하거나, pH 2.6～6.5 범위에서는 Ca^{2+} 등의 금속이온을 첨가하면 당이나 산이 없더라도 이온결합에 의해 겔을 형성한다(그림 6-18).

이와 같이 젤리화를 일으키는 성분으로서 펙틴을 이용하는 방법 이외에도 젤라틴, 한천, 알긴산나트륨(sodium alginate), low methoxyl pectin 등을 첨가한다. 젤리화제의 첨가는 당 함량이 적은 상태에서 젤리화 제품을 제조함으로써 기호성을 높일 수 있다. 식이섬유(dietary fibre)를 이용한 건강식품의 수요가 증가함에 따라 젤리화 식품을 제조하는 데도 당 함량을 낮추고 식이섬유인 식물성 다당류를 첨가한 혼합젤리화제를 사용함으로써 기호성이 좋고 알맞은 물성을 지닌 제품을 생산하려는 경향이 있다.

3) 젤리의 제조

젤리의 제조는 당・유기산・펙틴과 같은 3가지 성분의 상호작용에 의해 이루어진다. 원료과일 중에 유기산과 펙틴이 풍부한 것으로는 사과・포도・딸기・감귤 등으로 건물량의 5～8%를 함유하고 있다. 감귤의 껍질에는 35～40%가 들어 있다. 또한, 젤리의 강도에 관여하는 인자로는 펙틴의 분자량과 농도, 펙틴의 에스테르화 정도, 당 농도, pH, 염류 농도 등이다. 젤리제조는 원료 과일에서 과즙을 추출한 후 여과하여 청징화시킨다. 과즙의 pH를 측정하여 pH 3.46 내외로 조절한 다음, 가당량을 결정하여 설탕을 첨가하고 농축한다. 농축하는 도중에 젤리점(jellying point)을 결정하는 경우 온도와 농도에 의한 방법과 경험적인 방법이 있다.

① 온도계로 104～105℃가 되는 때를 결정하는 온도계법
② 굴절당도계를 사용하여 당도가 55% 이상이 되는 때를 결정하는 방법
③ 물이 들어 있는 컵에 그림 6-19와 같이 젤리를 떨어뜨려 응고 여부에 의해 판

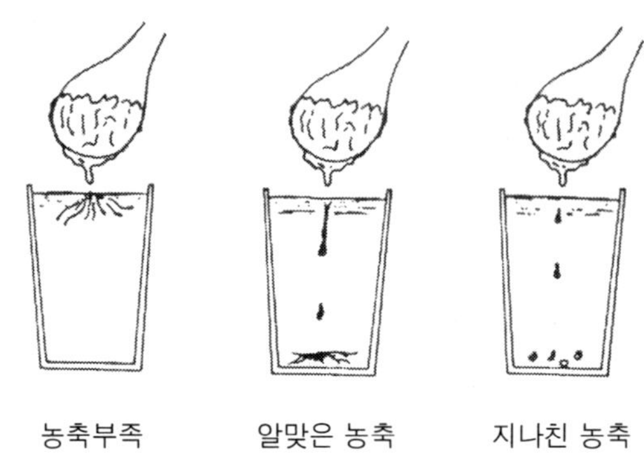

그림 6-19. 스푼테스트에 의한 젤리점 결정방법

정하는 경험적인 방법(spoon test)

그리고 젤리제조 중에 다음과 같은 실패요인이 발생할 우려가 있으므로 주의하여야 한다.

① 설탕을 지나치게 많이 첨가하거나, 유기산의 부족, 장시간 가열 또는 제품포장의 지연으로 장기간 방치하였을 때 젤리에 결정이 생길 수 있다.
② 적색색소가 많은 주스 등을 원료로 하는 경우 여과가 불완전하면 젤리가 현탁(cloudy)되기도 한다.
③ 성분조성의 부족, 과열농축에 의한 펙틴의 파괴, 불충분한 농축, 지나치게 많은 물의 사용 등에서 젤리화가 일어나지 않는 경우가 있다.
④ 과즙량에 비해 당 함량이 부족하거나, 젤리점 이후에도 가열을 계속하면 젤리가 거칠어져 품질이 떨어진다.

4) 마멀레이드의 제조

마멀레이드(marmalade)는 펙틴, 유기산, 당분의 상호작용에 의해 젤리화가 일어나는 것을 이용한 제품이다. 젤리제조와 비슷하지만, 감귤의 껍질을 첨가하는 점이 특징이다. 사용하는 껍질은 온주밀감을 원료로 하는 경우는 적다. 겉껍질이 두껍고 색이 농후하며, 향기가 좋고, 알맞게 쓴맛을 나타내는 감귤로서 하귤・오렌지・감하귤, 팔삭 등의 만감류를 사용한다. 감귤 외의 부원료는 설탕・물엿・이성화당 등을 사용하며, 첨가물로는 펙틴・구연산, 보존료로 sorbic acid를 0.5 g/kg 이하로 사용한다.

(1) 원료용 과일

과일 고유의 향기성분이 제품의 품질에 크게 영향을 주기 때문에 잘 익은 감귤을 선택할 필요가 있다. 덜 익은 감귤(미숙과)에는 펙틴 함량이 높으나 향미가 부족하고, 너무 익은 감귤(과숙과)은 산 함량과 펙틴 함량이 낮아 젤리화가 잘 일어나지 않는다.

(2) 껍질의 처리

감귤을 물로 씻은 다음 껍질을 4등분하여 벗긴다. 껍질을 폭 3～4 cm가 되도록 자른 다음 슬라이서(slicer)를 이용하여 0.8～1.0 mm 두께로 얇게 자른다. 산을 처리하거나 증자과정에서 껍질이 부서지기 쉽다. 1% 염산용액에 4～5시간, 또는 3% 식염수에 15시간 정도 침지한 다음 여러 번 물로 세척하고, 약한 불로 40～50분간 증자하고, 흐르는 물에 1～3시간 담가 쓴맛성분을 제거하여 사용한다.

(3) 펙틴액과 과즙의 조제

겉껍질의 하얀 부분, 속껍질 등을 원료로 하여 산용액으로 원료 중에 들어 있는 프로토펙틴을 분해시켜 가용성 펙틴을 얻는다. 즉, 원료 분쇄물을 1% 염산용액에 하룻밤 침지한 다음 물로 여러 번 씻고 쓴맛성분을 제거한다. 고형물을 압착하여 얻어지는 액즙에 0.2～0.3% 구연산을 가하여 20～30분간 끓인 다음 여포(濾布)로 여과하면 조펙틴을 얻을 수 있다. 그러나 대량으로 생산할 경우 펙틴액을 추출하여 이용하는 것이 번거롭기 때문에 시판하는 식품첨가물용 펙틴을 이용하는 경우가 많다.

펙틴의 제조는 감귤 가공박(加工粕) 또는 사과 가공박으로부터 제조되며, 제조원료와 제조방법 등에 따라 물성의 차이가 크다. 따라서 사용하기 전에 펙틴의 점도를 측정하여 그 특성을 확인한 다음 용도에 맞는 펙틴을 선택할 필요가 있다. 국내에서는 펙틴이 생산되지 않고 주로 미국, 이스라엘, 덴마크 등에서 수입하여 이용하고 있다.

펙틴을 제조할 때는 염산 또는 황산으로 pH 2.0～2.5로 조정한 산용액 중에서 80～100℃, 30～60분간 가열추출한다. 용출된 펙틴용액은 암모니아성 알칼리로 pH 3.5 정도로 중화시킨 후 여과하여 얻어지는 투명한 여액을 저온에서 농축한다. 농축액을 pH 4.0 정도로 조정하고 알루미늄 등의 염류를 가하여 침전시켜 조펙틴을 얻게 된다. 이것을 탈수하고 정제하여 분말형태로 만든다. 저메톡실펙틴은 산, 효소 또는 알칼리처리에 의해 탈메틸화를 시킨 제품이다.

과즙은 원료를 박피한 다음 착즙기로 압착하여 착즙한 다음 여과시켜 이용한다. 온주밀감의 경우 보통 과육분쇄물을 20 mesh 정도의 체를 통과하도록 하여 이용하면 된다.

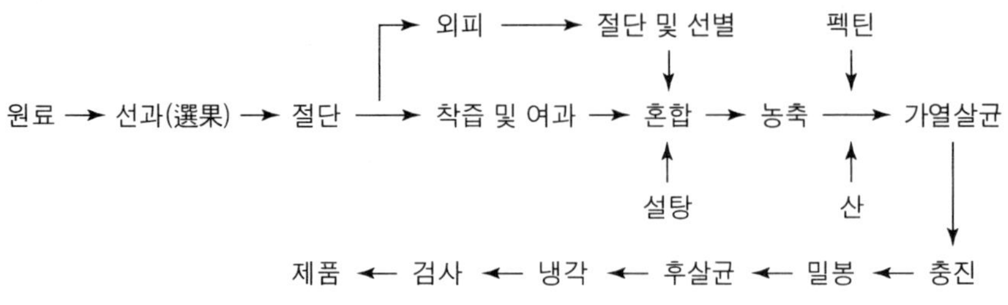

그림 6-20. 마멀레이드 제조공정

(4) 제조공정

마멀레이드의 제조공정은 그림 6-20과 같다. 온주밀감은 껍질을 벗긴 다음 착즙하여 이용한다. 오렌지 등 만감류는 절단기에 의해 반으로 나누어 리이마(reamer)로 과육과 겉껍질을 분리하고, 과육은 펄퍼(pulper)와 피니셔(finisher)로 속껍질과 과즙으로 나눈 다. 외피는 슬라이서(slicer)에 의해 0.8～1.0 mm의 크기로 절단하여 앞에서 설명한 대로 처리하거나, 가정에서 수제품을 제조할 경우는 약 15분간 끓인 후 쓴맛을 없애는 동시에 조직을 연하게 하여 첨가한다.

가) 원료의 배합

우선 젤리화에 필요한 3가지 성분인 당, 유기산, 펙틴 함량을 조절한다. 즉, 유기산이 부족할 때는 구연산을 첨가하며, 산 함량이 너무 많을 때는 수분분리 현상(syneresis)이 일어나 품질이 떨어질 수 있으므로 구연산나트륨(sodium citrate)을 사용하여 pH를 조절한다. 감귤에 들어 있는 당은 주로 포도당, 과당, 맥아당, 자당이다. 여기에 이성화당, 물엿, 설탕 등 당을 첨가하여 이를 농축하였을 때 최종 당 농도가 60～65%가 되도록 첨가량을 계산하여 넣어 준다. 가당량의 결정은 다음과 같은 방법으로 계산할 수 있다. 그러나 제조조건에 따라 달라질 수 있기 때문에 실제에 있어서는 최적 제조조건을 구한 다음, 이에 알맞은 방법을 이용하는 것이 바람직하다.

$$\text{A(원료량)} + \text{S(설탕량)} = \frac{100\text{(제품량)}}{0.80\text{(농축율)}}$$

예를 들어, 감귤 중의 당 농도가 8%인 경우는

$(125 - S) \times 0.08 + S \times 0.99$(설탕의 순도) $= 100 \times 0.50$(제품 중의 당 함량)

S = 44.0 g, A = 81.0 g으로 주스 81.0 g에 설탕을 44.0 g을 첨가하면 된다.

보통 첨가하는 당(糖)은 설탕을 사용하며, 설탕 첨가량이 20% 정도를 이성화당(異性化糖)으로 대체하면 풍미가 좋아진다. 저분자 당류일수록 과육에 대한 당의 침투성, 당의 결정화 방지, 색깔 유지 등에 유리하다. 당 농도가 높으면 젤리화의 성질은 커지나 결정이 생길 우려가 있다. 당 농도가 50% 이하로 낮아지면 젤리강도가 떨어지고, 저장 중에 표면에 곰팡이의 생육 등으로 저장성이 나빠진다.

펙틴의 경우 온주밀감 착즙박에서 얻어지는 펄프를 묽은 산으로 끓이면 프로토펙틴이 가용화된다. 이를 여과시켜 잼을 제조할 때 원료로 이용하기도 한다. 온주밀감 펄프에는 수용성 펙틴이 0.4%이지만 껍질 중에 많이 들어 있어서 총 펙틴 함량은 2.5%이다. 그리고 온주밀감 펄프가 젤리화를 이루는 데 필요한 최적 pH는 2.8～3.1로서, 하귤의 최적 pH 3.5～3.6과 다르다.

나) 농축

농축할 경우 과열을 피하기 위하여 보통 이중솥(steam jacket, 그림 6-21)을 사용하며, 원료를 솥에 넣고 교반하면서 당을 서서히 가한다. 보통 110℃에서 20～30분간 가열하여 농축시킨다. 고온에서 가열시간이 길어질수록 유기산에 의하여 펙틴이 분해가 일어나 젤리화가 약해진다. 또한, 원료에 들어 있는 색소의 분해와 더불어 갈변반응(amino-carbonyl 반응), 또는 설탕의 캐러멜화(caramelization)에 의해 색깔과 향기가 나빠진다. 그리고 향기성분이 날라 가고, 설탕의 전화(轉化)가 진행되어 물엿 냄새가 나는 등 여러 가지 좋지 않은 결과가 일어나기 때문에 농축시간을 짧게 할수

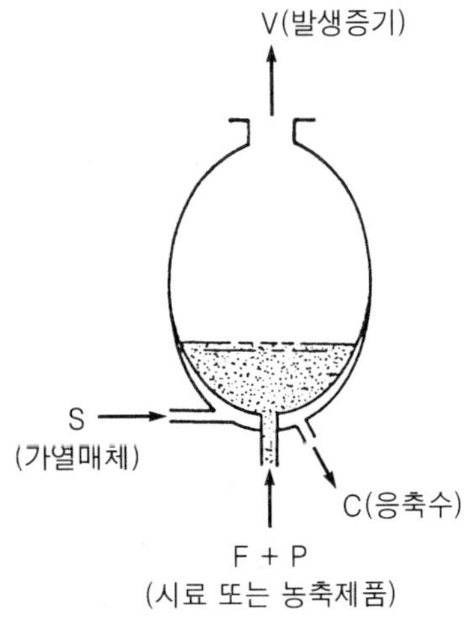

그림 6-21. 솥형 증발농축기

록 좋다.

가능한 15～20분간 농축하여 제품화하는 것이 좋다. 가열하는 동안 응고된 물질이 액면에 떠오르면 이것을 건져 준다. 특히 딸기와 같이 농축 중에 거품발생이 심한 원료를 사용하는 경우는 가열을 일시 중단하거나, 또는 표면에 떠오른 거품을 제거할 필요가 있다. 그리고 솥의 용량과 원료 사용량과의 관계를 검토하여 조절할 수도 있다. 매우 심한 경우는 실리콘수지와 같은 발포방지제를 사용할 수도 있다.

설탕을 사용할 경우 농축이나 이 외의 가공조작 또는 제품보관 중에 절반 이상이 전화당으로 바꾸어지기 때문에 설탕의 용해도는 실온에서 67.5%로서 결정이 생기지 않는다. 그러나 물엿을 사용할 경우는 구성하고 있는 포도당과 덱스트린 함량에 따라 제품에 영향을 준다. 물엿 중의 덱스트린은 제품의 점조성(粘稠性)에 영향을 준다. 설탕에 비하여 pH 차이에 의한 겔 강도의 영향도 적어 넓은 범위에 안정한 장점이 있으나 수분분리 등이 일어나기 쉽다.

다) 첨가제

제품의 품질 향상을 위하여 유기산, 염류, 향료, 색소, 비타민 등을 첨가하는 경우도 있다. 첨가제의 사용은 농축하는 최종단계, 또는 농축 후 냉각공정에서 첨가하는 것이 바람직하다. 처음부터 첨가할 경우는 가열 중에 성분의 분해, 변질, 갈변, 이취, 변색 등이 일어나 품질을 떨어뜨릴 우려가 있다.

유기산으로는 구연산, 주석산, 사과산, 푸말산(fumaric acid) 등이 젤리강도를 높이고 풍미를 향상시키기 위하여 사용한다. 구연산은 산뜻한 신맛을 나타내며, 주석산은 해리도가 높은 수렴성이 있는 유기산이며, 사과산은 약간 쓴맛을 느끼게 하는 산뜻한 신맛을 갖는다. 원료의 상태에 따라 이와 같은 유기산을 혼용하여 풍미를 개선하는데 이용된다.

염류 첨가는 급속히 젤리화가 일어나는 일을 조절함으로써 온화한 젤리 형성이 이루어지도록 하는 역할을 한다. 여기에는 구연산나트륨, 초산나트륨, 다인산염(polyphosphate salts) 등이 이용되며, 특히 다인산염은 색소의 안정을 위하여 사용하기도 한다.

증점제(增粘劑)로서 CMC(carboxy methyl cellulose), 카라기난(carrageenan), 알긴산나트륨(sodium alginate), 인산전분 등이 이용된다. 우리나라의 식품위생법에 녹말, 젤라틴의 함유를 규제하고 있어서 전분유도체 등의 사용은 주의할 필요가 있다. 증점제로 사용하는 물질은 일반적으로 산성에 약하고 가열에 의해 점도가 떨어진다. 따라서 젤리강도를 높이기 위하여 펙틴을 이용한다. 보통 증점제의 이용은 젤리의 경도(硬度, hardness), 탄성(彈性)에는 직접 관여하지 않고 점성, 신전성(伸展性), 색깔의 개선 등에 역할을 한다.

라) 냉각과 밀봉

가용성 고형물이 각각 40°Brix일 경우 비점은 101.5℃, 50°Brix일 경우 102.0℃, 60°Brix일 경우 104.0℃, 70°Brix일 경우 106.6℃가 되므로 최종 당농도를 고려하여 농축액의 온도를 측정하여 젤리점을 구할 수도 있다.

젤리점의 결정은 보통 농축액의 온도가 104℃ 전후가 되는 시기, 또는 굴절당도계에 의한 당도 측정으로 결정한다. 당도를 측정할 경우 뜨거울 때 측정하는 것은 상온에서 측정하는 것보다 2～3% 낮은 값을 나타낸다. 그리고 당도를 측정한 다음 제품이 이루어지는 동안 증발하는 것을 고려하여 목표로 하는 당도에 비하여 2～3°Brix 전에 농축을 중단한다.

농축이 끝나면 즉시 80℃까지 냉각하여 충진 후 밀봉한다. 끓은 마멀레이드를 직접 용기에 담으면 껍질조각이 용기의 표면에 떠오르는 경향이 있어서 균일한 분산이 어려워진다. 밀봉할 경우는 뜨거운 상태에서 탈기가 충분히 이루어지도록 하면 살균하지 않아도 된다. 무균상태로 조작이 이루어질 수 있도록 용기의 세척, 조작, 취급 등에 주의해야 한다. 그러나 안전을 위하여 80～90℃에서 7～8분간 살균하면 좋다. 플라스틱 포장을 하는 경우는 살균이 어렵기 때문에 미생물에 의한 변질을 방지하기 위하여 방부제로서 소르빈산 나트륨(sodium sorbinate)를 0.5 g/kg 첨가하기도 한다.

병포장의 경우 햇빛이나 자외선에 의해 색소성분이 퇴색되며, 고온에서는 설탕의 전화, 갈변반응의 진행 등으로 품질 저하가 일어나기 쉬워 가능한 어둡고 차가운 곳에 보관하는 편이 좋다. 마멀레이드는 과일 고유의 색깔과 향미를 가지며 점조성이 있어야 하고, 이취(異臭)가 없어야 한다. 보통 제품의 원재료 함량은 40% 이상으로서 수분함량은 35% 이하로서 총 당 함량이 40% 이하이면 저당도 제품이며, 55% 이상이면 고당도 제품이다.

3.2 토마토 가공품

1) 토마토 가공제품의 종류

토마토 가공제품에는 여러 가지가 있으며, 그 종류는 다음과 같다.

(1) 고형 토마토(tomato solid pack)

토마토를 원형 그대로 사용하거나 2등분하여 용기에 충진한 후 그대로 또는 조미액을 넣고 가열살균한 제품이다.

(2) 토마토주스(tomato juice)

토마토를 파쇄, 압착한 후 껍질과 종자 등을 제거하여 식염을 가하거나, 또는 그대로 용기에 충진 하여 포장한 제품이다.

(3) 토마토퓌레(tomato puree)

토마토 농축액 중에 가용성 고형분이 24% 미만인 것을 말한다. 고형분 함량에 따라 보통(common, 6.3% 이상), 중간(medium, 8.37% 이상), 진한(heavy, 12.0% 이상) 토마토퓌레로 구분하기도 한다.

(4) 토마토 페이스트(tomato paste)

토마토퓌레를 농축하여 전고형물의 24% 이상인 제품이다.

(5) 토마토케첩(tomato ketchup)

농축 토마토에 식염, 향신료, 식초, 당류, 마늘 등을 가하여 조미한 것으로 총고형분이 25% 이상인 제품을 말한다.

이 외에 식염, 향신료, 식초, 당류 등을 가하여 조미한 토마토소스(tomato sauce, 고형분 9~25%), 칠리소스(chili sauce) 등이 있다.

2) 토마토 가공제품의 제조

가공용 토마토는 적색색소인 리코펜(lycopene), 당, 비타민 C의 함량이 높고, 홍적색으로 육질까지 균일하게 성숙하고, 씨가 적고 신맛이 강하며 과즙이 농후한 것이 좋다. 토마토의 가공에 있어서 가장 중요한 요소는 색깔로서 홍적색이 선명해야 한다. 토마토는 성숙함에 따라 엽록소가 감소하면서 카로티노이드 계통의 색소가 증가하며, 홍적색을 띠는 것은 리코펜 색소에 의한 것으로 생산시기에 기온의 영향을 많이 받는다. 19~24℃에서 색소 생성이 가장 잘 이루어지며, 가공용 원료의 선택에 중요한 요인이 된다.

가공이나 저장 중에 엽록소의 퇴색으로 품질에 영향을 주므로 토마토의 푸른 부분을 제거한다. 케첩 등 향신료를 첨가하여 가공하는 제품은 원료 중에 들어 있는 탄닌이 가공용기 중의 철이온과 결합하면 탄닌철로서 흑자색이 된다. 따라서 토마토 가공용 용기는 스테인리스 스틸제품 등을 사용하며, 금속이온의 접촉을 피해야 한다.

가공제품을 만드는 데는 보통 증기로 가열처리하여 산화효소에 펙틴 분해효소를 불활성화시킨 다음, 펄퍼(pulper)에 의해 토마토퓌레를 만든 후(hot pulping) 농축하게 된다. 색깔이나 향기 등을 그대로 유지시켜 품질을 높이기 위하여 주로 진공농축

표 6-5. 토마토펄프, 착즙액의 비중과 총고형물의 관계

펄프 중의 고형물(%)	20℃에서의 비중		펄프 중의 고형물(%)	20℃에서의 비중		펄프 중의 고형물(%)	20℃에서의 비중	
	펄프	여액		펄프	여액		펄프	여액
3.42	1.1050	1.0133	6.95	1.0292	1.0270	10.52	1.0437	1.0409
3.53	1.0155	1.0138	7.06	1.0297	1.0274	10.64	1.0442	1.0413
3.64	1.0159	1.0142	7.17	1.0301	1.0279	10.70	1.0444	1.0415
3.76	1.0163	1.0146	7.28	1.0306	1.0283	10.80	1.0449	1.0419
3.87	1.0168	1.0151	7.34	1.0308	1.0285	10.91	1.0453	1.0424
3.98	1.0172	1.0155	7.45	1.0313	1.0290	10.97	1.0456	1.0426
4.09	1.0177	1.0160	7.56	1.0317	1.0294	11.08	1.0461	1.0430
4.20	1.0181	1.0164	7.62	1.0320	1.0296	11.20	1.0465	1.0435
4.26	1.0183	1.0166	7.74	1.0324	1.0300	11.25	1.0467	1.0437
4.37	1.0188	1.0170	7.85	1.0329	1.0305	11.36	1.0472	1.0441
4.48	1.0192	1.0175	7.90	1.0331	1.0307	11.47	1.0476	1.0446
4.59	1.0197	1.0179	8.02	1.0336	1.0311	11.59	1.0481	1.0450
4.71	1.0201	1.0183	8.12	1.0340	1.0315	11.70	1.0485	1.0454
4.82	1.0205	1.0188	8.24	1.0345	1.0320	11.81	1.0490	1.0459
4.93	1.0210	1.0192	8.35	1.0349	1.0324	11.93	1.0494	1.0463
5.03	1.0215	1.0196	8.46	1.0354	1.0328	12.05	1.0499	1.0467
5.10	1.0217	1.0198	8.57	1.0358	1.0333	12.10	1.0501	1.0469
5.23	1.0222	1.0203	8.68	1.0363	1.0337	12.21	1.0505	1.0474
5.33	1.0226	1.0207	8.74	1.0365	1.0339	12.32	1.0510	1.0478
5.44	1.0230	1.0211	8.86	1.0370	1.0344	12.43	1.0515	1.0482
5.55	1.0235	1.0216	8.96	1.0374	1.0348	12.55	1.0519	1.0487
5.66	1.0240	1.0220	9.14	1.0381	1.0354	12.65	1.0524	1.0491
5.77	1.0244	1.0225	9.25	1.0386	1.0359	12.77	1.0528	1.0495
5.88	1.0249	1.0229	9.36	1.0390	1.0363	12.88	1.0533	1.0500
5.94	1.0251	1.0231	9.47	1.0395	1.0368	12.91	1.0538	1.0504
6.05	1.0256	1.0235	9.58	1.0400	1.0372	13.10	1.0542	1.0508
6.16	1.0260	1.0240	9.70	1.0404	1.0376	13.22	1.0547	1.0513
6.22	1.0263	1.0242	9.80	1.0408	1.0381	13.32	1.0551	1.0517
6.33	1.0267	1.0246	9.92	1.0413	1.0385	13.44	1.0556	1.0521
6.45	1.0272	1.0251	10.02	1.0417	1.0389	13.55	1.0560	1.0525
6.50	1.0274	1.0253	10.14	1.0421	1.0394	13.66	1.0566	1.0529
6.61	1.0278	1.0257	10.25	1.0426	1.0398	13.78	1.0569	1.0533
6.72	1.0283	1.0261	10.35	1.0430	1.0402	13.89	1.0574	1.0537
6.84	1.0288	1.0266	10.41	1.0433	1.0404	14.01	1.0579	1.0541

기(vacuum evaporator)로 60℃ 이하에서 농축시킨다. 농축이 끝나는 점은 비중계나 굴절계에 의해 측정하여 결정한다(표 6-5).

3.3 건조과일과 건조채소

건조과일이나 건조채소는 오래 전부터 세계 각국에서 제조되어 왔던 가공식품의 하나이다. 부패가 쉽게 일어나 보존성이 약한 과일과 채소에 저장성을 부여하는 것 외에도 건조에 의해 특유한 풍미를 부여하거나 생체식품과는 다른 식품을 제조한다는 의의도 갖는다. 건조식품의 장점은 다음과 같다.

① 저장성이 약한 과일과 채소의 경우 건조 후에 저장성을 갖게 되어 영양가, 무기물, 비타민의 손실을 줄일 수 있다.
② 미생물이나 효소에 의한 변질을 방지할 수 있어서 저장성이 커진다.
③ 무게와 부피가 감소되어 취급과 수송이 편리하며 저장비용이 적게 든다.
④ 품질의 계절적 변동이 적어 시장성이 좋다.
⑤ 스낵식품 등으로 이용할 수 있다.

이와 같은 이유로 건조과일과 건조채소의 제조는 증가하는 경향이다. 건조제품의 대표적인 예로는 건포도(raisins), 건조푸린(purine), 건조살구(apricot), 건사과, 건조바나나 등의 건조과일과 절간고구마, 무말랭이, 건조당근, 건조양파 등의 건조채소 등 제품이 다양하다.

1) 가공에 기본이 되는 사항

(1) 식품 중의 수분

식품 중에 들어 있는 수분은 열역학적으로 분자운동이 자유롭고 식품을 건조할 때 쉽게 제거되는 자유수(free water)와 단백질, 당질 등 고분자화합물과 수소결합 등으로 밀접하게 결합되어 있는 결합수(bound water)로 구분된다.

결합수는 -20℃에서도 얼지 않는 물이라고 하지만, 자유수와 결합수의 엄밀한 한계를 규정하는 것은 어렵다. 식품은 습도가 높을 때에는 흡습하고, 습도가 낮을 때에는 건조되어 주위와 항상 평형을 유지하려고 한다. 따라서 식품의 수증기압은 식품 중에 들어 있는 수분량과 그 수분에 용해되어 있는 성분이 종류와 농도에 따라 다르다.

따라서 식품의 보존성을 표시하는 방법으로 증기압을 고려한 수분활성도(water activity)를 사용한다. 수분활성도는 다음과 같은 식으로 나타낸다.

$$A_w = \frac{P}{P_o}$$

P : 식품의 수증기압(용액의 증기압)

P_o : 같은 온도에 있어서의 순수한 물의 증기압(용매의 증기압)

과일과 채소의 수분함량은 과일이 80～90%, 채소가 90～95%로 자유수가 많아 미생물 번식이 잘 일어나고 부패가 쉽다. 건조는 자유수의 함량을 감소시켜 저장성을 높이는 가공법이다. 미생물은 생육에 필요한 최저 수분활성도를 가지고 있다(그림 6-22). 일반적인 식품의 수분활성도는 미생물의 발육 최저 수분활성도는 세균이 0.90, 효모가 0.88, 곰팡이가 0.80 정도로 건조식품인 경우 곰팡이에 의한 피해가 많다.

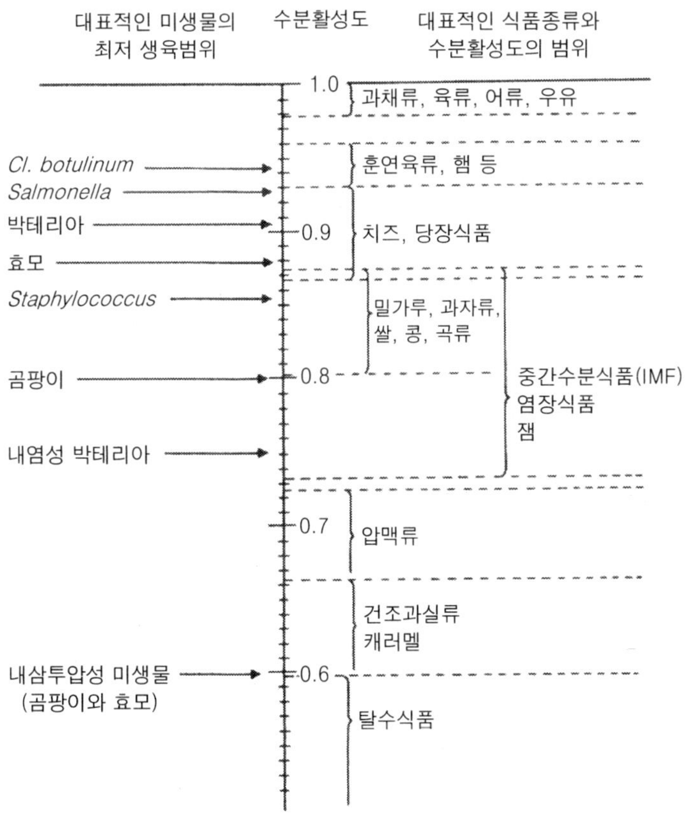

그림 6-22. 대표적인 식품의 수분활성도와 미생물의 최저생육 수분활성도 범위

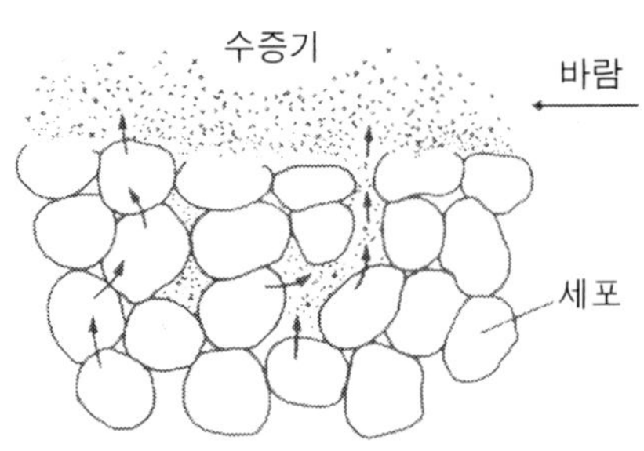

그림 6-23. 과일과 채소의 수분증발 모형도

(2) 과일과 채소에서의 수분증발

과일과 채소의 껍질조직은 수분증발을 억제하므로 껍질을 벗기거나 또는 알칼리처리 등 전처리를 실시하면 건조를 촉진시킬 수 있다. 청과물의 조직으로부터 수분이 증발하는 모형도는 그림 6-23과 같다. 내부에 있던 수분은 세포 사이를 통하여 확산이 이루어져 표면으로 이동하고, 껍질이 벗겨진 표면에서 대기 중으로 수분이 증발하면서 건조가 일어난다. 표면의 세포는 세포액의 농도가 커지고, 세포막의 삼투압에 의해 내부에 있던 낮은 농도의 수분이 표면으로 확산되면서 건조가 진행된다.

건조속도는 가열공기의 온도, 습도, 풍속, 건조물의 크기와 형태 등의 영향을 받으며, 수분의 내부 확산속도보다 표면 건조속도가 커지면서 점차 감소하게 된다. 그러나 급속히 건조시킬 경우에 표면 가까이는 건조가 강하게 일어나는데 비하여, 세포 내의 점성이 증가함에 따라 수분의 이동이 어려짐에 따라 표면이 딱딱해지거나 균열이 오는 경우가 있다. 이러한 현상을 표면경화(case hardening)라고 하며, 건조식품의 품질을 떨어뜨리는 원인이 된다.

2) 과일과 채소의 건조

(1) 전처리

과일과 채소를 건조하기 전에 전처리를 실시하는 것이 보통이다. 전처리 과정에는 먼저 크기·숙도 등에 따라 품질이 좋은 과일을 선별하고, 박피(peeling), 절단(cutting), 알칼리처리(alkali dipping), 데치기(blanching), 아황산 처리(sulfuring) 등이 이루어진다.

아황산처리를 하는 것은 아황산가스(SO_2)의 항산화작용으로 과일의 갈변을 방지하여 고유의 색깔을 유지할 수 있으며, 카로틴과 비타민 C의 손실을 방지하는 효과가 있다. 그러나 지나치게 많은 양을 사용하면 향미(香味)에 나쁜 효과(off flavor)를 가져오므로 사용할 때에 주의하여야 한다.

아황산의 사용량은 건조물의 크기, 형태, 숙도, 건조방법과 조건, 아황산의 사용방법 등에 따라 차이가 있다. 밀폐된 훈증실에서 원료과일 100 kg에 대하여 300～400g의 유황을 태워 처리실(chamber) 내의 가스농도가 1,000～4,000ppm이 되도록 하여 30～90분간 처리한다. 그러나 사용용기의 부식, 아황산 냄새의 잔류, 비타민 B 등 영양가의 손실을 가져올 수 있고, 법적인 규제 등으로 다른 첨가물이나 처리방법 등이 연구되고 있다. 즉, 구연산이나 다른 유기산을 사용하여 pH를 낮추거나, 급속건조, 아스코르브산, 토코페롤 등 다른 항산화제의 사용 등이 모색되고 있다.

(2) 건조방법

건조방법은 자연건조와 인공건조로 구분되며, 건조방법과 건조식품과의 관계는 표 6-6에서 보는 바와 같다. 최근에는 식품의 복원성과 향미(香味)를 보존하기 위하여 인스턴트커피 등 기호식품에 동결건조방식이 많이 이루어지고 있다.

건조방법은 원료의 초기 형태와 상태, 원료의 품질에 미치는 건조특성, 제품품질의 요구도, 건조비용 등에 따라 결정하게 된다. 자연건조(sun drying)는 건조비용이 적게 드는데 비하여 기후의 영향을 받으며, 균일하고 품질이 좋은 제품을 생산하기는 곤란하다. 또한, 건조 중에 먼지와 곤충 등의 오염이 많으므로 이를 개량하여 투명하

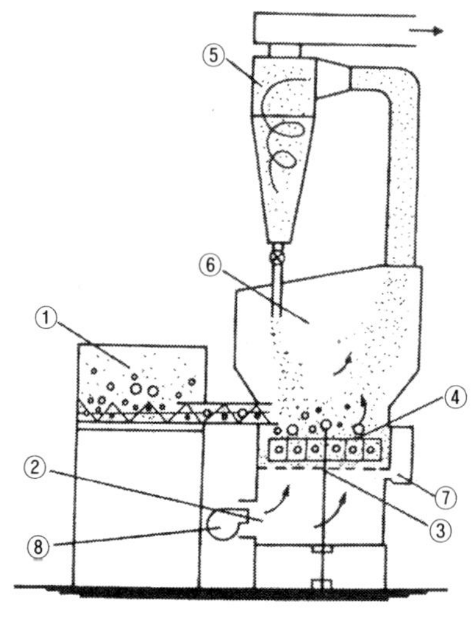

그림 6-24. 유동층 건조장치

① 원료 투입상자(hopper), ② 열풍흡입구, ③ 선회형판, ④ 교반날개,
⑤ 건조실, ⑥ 사이클론(cyclone), ⑦ 출구, ⑧ 송풍기

표 6-6. 건조방법과 건조식품과의 관계

건조방법	적용식품	특 징
열풍건조 분무식	인스턴트커피, 분유, 분말유지, spice류, 조미료, 수프, 분말음료, 코코아 등	액상의 상태를 분립상으로 제조하는 방식으로서 인스턴트식품에 많이 응용된다.
통기 벨트식	마카로니, 스파게티, 건면, 건조채소, 유아식, 홍차, 애완용 사료, 분말사료 등	고형물의 건조에 주로 사용하며, 연속처리가 가능하다.
유동층식	인스턴트 크림, 분말치즈, 분말주스, 소금, 밀가루, 착즙박(감귤, 사과) 등	분말상 식품의 건조에 응용되며, 조립기를 병용하여 이용하는 경우가 많다.
회전식	설탕, 포도당, 녹차, 홍차, 사료, 착즙박 등	분말상 식품에 주로 이용되며, 연속적으로 대량 처리에 유리하다.
기류식	밀가루, 분말전분, 코코아, 인스턴트 크림, 어분(魚粉) 등	분말상 식품에 응용된다.
상자형 (캐비닛형)	코코아, 분말젤리, 건조채소, 건조과일, 염장어류 등	정치식으로 가장 일반적인 형태로서 설치비가 적게 들고, 취급이 간단하다.
기타 (터널, 드럼 롤러식)	채소, 과일, 엿, 감자플레이크, 인스턴트 소스 등	여러 가지 형태의 건조기가 있으며, 드럼 건조기는 유동성이 좋지 않아 분무건조가 부적합 식품에 이용된다.
진공건조	분말주스, 분말커피, 글루텐, spice, 채소, 과일류, 분말된장, 분말연유 등	열에 의해 품질의 변화가 일어나기 쉬운 식품의 건조에 이용한다.
동결건조	인스턴트커피, 분말된장, 채소, 과일, spice류, 천연색소, 로얄젤리, 육류, 어패류 등	진공건조와 비슷하며, 고품질 유지를 요구하는 식품의 건조에 이용한다.

고 얇은 막을 씌우고, 내부에 검은색을 칠하고 통풍을 시키는 'hot box'를 이용하는 방법도 있다.

인공건조 방법의 경우는 다양한 건조장치가 개발되었다. 건조물이 고체인 경우에는 kiln dryer, cabinet dryer, tunnel dryer, 유동층 건조장치(fluidizer dryer, 그림 6-24) 등이 이용된다.

액상식품인 경우는 거품건조(foam mat drying), 분무건조(spray drying, 그림 6-25), 드럼건조(drum drying, 그림 6-26) 등이 이용된다. 건조제품의 품질을 중요하게 여기는 경우는 진공건조 또는 동결건조(freeze drying)를 실시한다. 실제 건조에 있어서는 원료의 생화학적, 식품물리적인 성질을 이해하고 식품의 품질변화가 가능한 적도록 해야 한다. 즉, 건조할 때 수분이동에 영향을 주는 원료의 구조와 조성, 수축

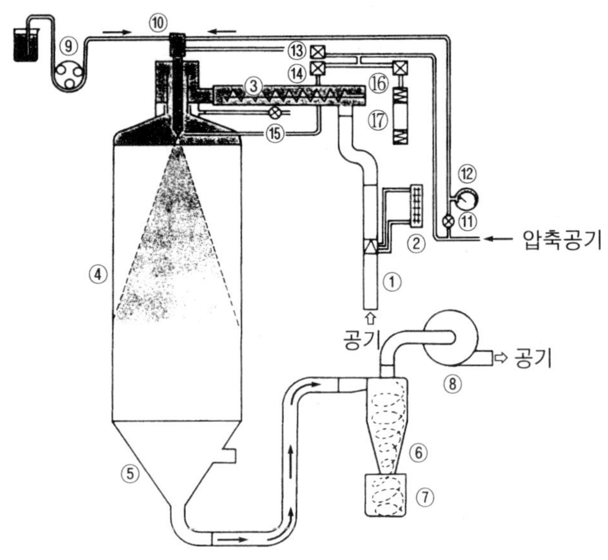

그림 6-25. 분무건조기

① orifice관, ② 건조공기 풍량계, ③ 가열기, ④ 건조실, ⑤ 하부 건조실, ⑥ 사이클론, ⑦ 분말포집용기, ⑧ aspirator, ⑨ 펌프, ⑩ 분무노즐, ⑪ 분무공기 압력조정밸브, ⑫ 분무공기 압력계, ⑬ 전자기밸브, ⑭ 전자기밸브, ⑮ 유량밸브, ⑯ 전자기밸브, ⑰ 공기실린더

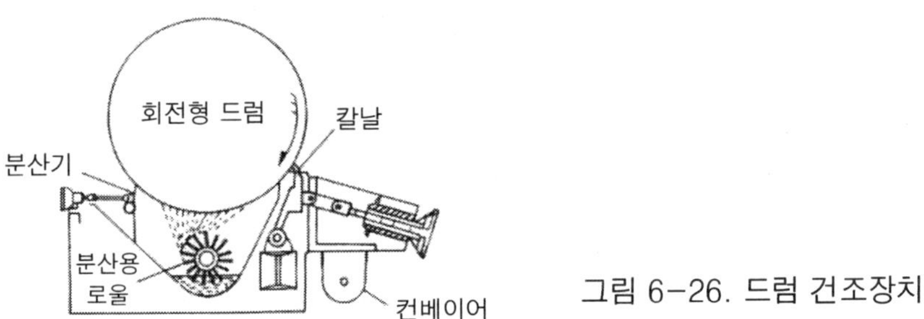

그림 6-26. 드럼 건조장치

(shrinkage)과 복원성, 효소적 또는 비효소적 갈변 등을 고려해야 한다. 또한, 피건조물의 표면적, 두께 등 형태적인 것과 건조조건 등도 고려하여 건조방법과 건조기 등을 선택한다.

3.4 감의 가공

감에는 단감과 떫은 감이 있다. 단감은 그대로 먹을 수 있으나, 떫은 감은 탈삽하여 식용으로 한다. 감의 떫은맛은 탄닌에 의한 것이다. 탈삽은 산소공급을 억제하면 분자간 호흡에 의하여 생기는 아세트알데히드, 아세톤, 알코올 등이 탄닌과 중합하여 떫은맛을 주는 수용성 탄닌을 불용화시킨다.

탈삽방법으로는 온탕법, 알코올법, 탄산가스법이 있다. 온탕법은 품종에 따라 다르나, 보통 35～40℃ 되는 더운물에 담가서 12～24시간 유지시켜 주는 방법이다. 온도가 너무 높으면 세포가 열에 의해 손상을 입어 분자간 호흡이 충분히 일어나지 않고, 과육의 연화로 상품가치를 잃게 된다.

알코올법은 용기 밑바닥에 천이나 짚을 깔고 감을 쌓아 놓은 후, 소주나 알코올을 뿌리는 것을 반복 처리한 후 밀봉하여 1주간 정도 방치하면 탈삽이 이루어진다.

탄산가스법은 용기 속의 공기를 탄산가스로 치환하여 탈삽하는 방법으로서, 저장성이 있는 감을 얻을 수 있다.

감을 건조시켜 곶감으로 만드는 경우에는 껍질을 벗길 때 쇠로 된 칼을 쓰면 탄닌철이 생겨 변색이 일어난다. 스테인리스 스틸제로 된 칼을 사용하여 껍질을 벗기고, 자연건조 또는 인공건조를 시켜 제조한다.

감에 들어 있는 탄닌은 오래 전부터 염료・도료 등으로 사용되어 왔으며, 청주를 제조할 때에 단백질 침전제거제로 사용되기도 한다. 미숙한 감을 분쇄・압착한 착즙액을 탱크에 저장해 두면 곧 발효가 일어나 당분이 소모되면서 아세트산 등 유기산이 생성된다. 약 6개월 후에는 당분이 거의 함유되지 않은 적갈색의 점성이 있는 투명한 탄닌이 얻어진다. 이를 젤라틴액과 같이 청주에 사용하면 효소단백질 등 침전물을 제거하는 청징제로 작용하여 투명한 청주를 얻을 수 있다.

3.5 채소발효식품

김치는 주원료인 절임배추에 고춧가루, 마늘, 생강, 파, 무 등 여러 가지 양념류를 혼합하여 제품의 보존성과 숙성도를 확보하기 위하여 저온에서 젖산생성을 통해 발효된 제품이라고 할 수 있다. 채소를 소금물에 담근다는 의미의 '침채(沈菜)'는 '딤채'로 발음되었으나, 구개음화(口蓋音化)로 '짐치'가 되었다가 오늘날의 '김치'가 된 것으로 추정된다.

한국의 김치는 세계적으로 알려진 대표적인 채소발효식품이다. 거의 모든 채소가 김치의 원료로 사용될 수 있다. 김치의 종류는 100여 가지 이상이지만 배추김치, 깍두기, 동치미가 가장 많이 소비되는 대표적인 김치이다. 김치는 고춧가루를 사용하는 보통김치와 고춧가루를 사용하지 않는 백김치 또는 물김치로 크게 나눌 수 있다.

두 가지 모두 3～5%의 식염을 함유하여 유해 미생물의 생육을 억제하는 염장식품이다. 유산균의 선택적 발효에 의하여 보존성이 연장된다. 그러나 김치는 유산균 발효에 의하여 pH 4.0 내외일 때 가장 좋은 맛을 낸다. 더 이상 발효가 진행되면 시어져 기호성이 크게 떨어진다.

이러한 점이 pH 2～3이 되도록 발효시키는 독일의 사우어크라우트와 다른 점이다. 따라서 김치의 주발효균은 *Leuconostoc mesenteroides*인 반면, 사우어크라우트의 주발효균은 *Lactobacillus plantarum*이라고 여겨진다. 김치와 비슷한 피클(pickle)은 산에 의해 채소의 저장성을 부여한 식품이다. pH가 낮은 초산, 젖산, 구연산 등을 이용하여 오이·마늘·죽순·양배추·무 등을 절임하고, 조미와 풍미를 갖도록 한 제품이지만 김치의 발효와는 다르다. 김치는 체내에서 다음과 같은 기능이 있는 것으로 알려졌다.

① 김치는 채소류의 즙과 식염 등의 복합작용에 의해서 숙성과정 중에 발생하는 젖산균에 의하여 유해균의 증식이 억제함으로써 장내 정장작용을 한다. 위장 내의 단백질 분해효소인 pepsin 분비를 촉진시키며, 장내 유해균에 의한 이상발효를 막아 장내 미생물 분포를 정상화시킨다.

② 김치는 육류나 산성식품을 과잉으로 섭취할 경우 혈액의 산성화로 발생되는 산중독증을 예방해준다. 주원료로 사용되는 채소에 함유된 칼슘·구리·인·철분·소금 등은 인체에 필요한 염분과 무기질을 함유하므로 체액을 알칼리성으로 만드는 중요한 역할을 한다.

③ 성인병 예방에도 도움을 주며, 비만·고혈압·당뇨병·소화기계통의 암 예방에도 효과가 있다. 채소에 풍부한 섬유소를 섭취하여 변비를 예방하고, 장염·결장염 등의 질병을 억제한다. 각종 비타민을 공급하며, 특히 비타민 C가 많고, 고추·갓·무청·파 같은 녹황색 채소가 많이 섞이면 비타민 A가 많아진다. 김치가 익으면서 새우젓·멸치젓 등의 단백질이 아미노산으로 분해되며 칼슘의 공급원이 된다.

④ 다 익은 김치는 유기산, 알코올, 에스테르를 생산하여 유산균 발효식품으로 식욕을 증진시킨다. 그리고 김치재료로 사용하는 동물성 젓갈로부터 곡류에서 부족한 단백질을 보완할 수 있으며, 비타민 B_1(thiamin) 등의 흡수에 도움이 된다.

김치의 산업화는 1970년대의 월남파병과 중동건설 붐을 타고 시작되었다. 이후 아파트 주거생활의 보편화와 산업체를 비롯한 단체급식의 수요증가로 이어져 김치산업은 꾸준한 성장을 하였다. 1980년대 이후에는 김치의 수출이 일본을 비롯한 세계 각국으로 확대되면서 저장성 향상과 유통체제 개선이 이루어지고 있다. 우리 국민은 하루 평균 100 g 이상의 김치를 소비하고 있다. 국내의 김치 생산량은 250만 톤에 이르며, 이 중에 많은 부분이 공장김치로 공급하고 있다.

3.6 부산물의 이용

과일과 채소의 가공공정에서 생기는 폐기물은 당분, 펙틴, 섬유질 등 유기물을 다량 함유하고 있어서 환경오염원이 되는 경우가 많다. 이러한 가공부산물을 이용한 유용물질의 추출과 이용, 그리고 미생물에 의한 발효원으로서의 이용은 오래 전부터 연구의 대상이 되어 왔다. 부산물을 biomass로서의 이용관계는 제 10장에서 다루었다. 여기에서는 감귤 가공부산물의 유효이용을 중심으로 중요한 과일폐기물의 이용에 관하여 알아보자.

1) 감귤가공 부산물

세계적으로 볼 때 과일 중에서 감귤의 생산량은 1억 톤 정도로 가장 많으며, 국내에서는 제주지역에서 생식용인 온주밀감이 연평균 60만 톤 정도가 생산된다. 감귤가

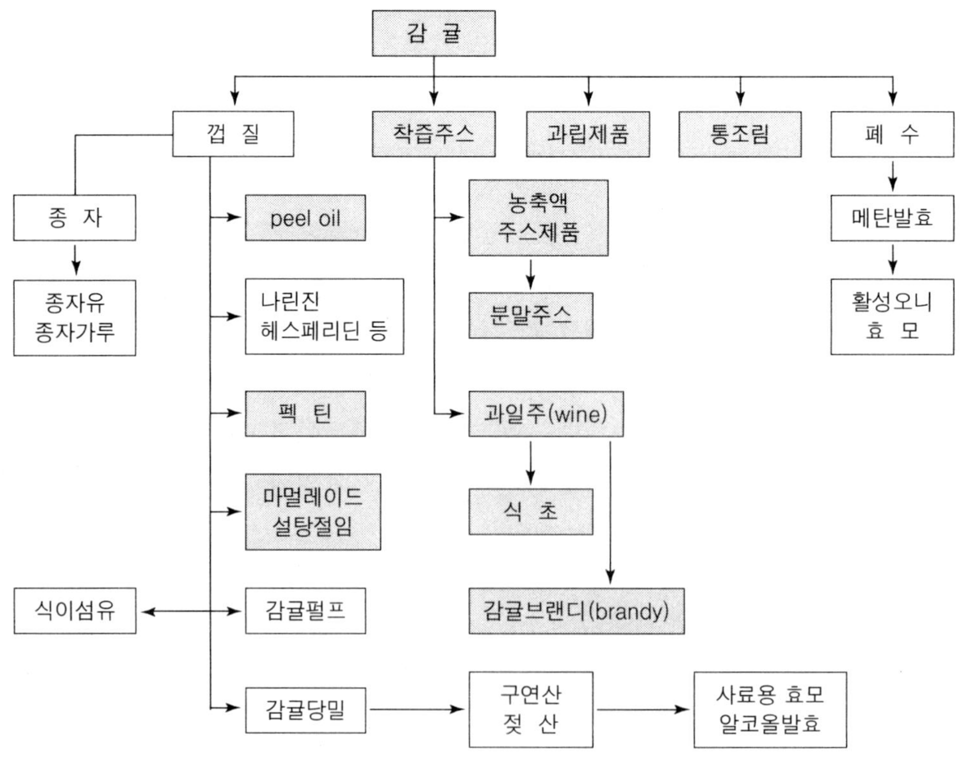

그림 6-27. 감귤을 이용한 가공제품의 종류

공에서는 주로 주스와 통조림을 생산하며, 가공처리 중에 원료감귤의 50% 정도가 부산물로 배출된다. 감귤착즙박 중에 들어 있는 유용물질의 이용관계는 그림 6-27에서 보는 바와 같다. 이 중에서 실용화되어 있는 것은 많지 않으나, 주스의 품질 향상을 위한 연구와 부산물의 유효이용에 대한 연구가 이루어지고 있다. 미생물의 이용에 관한 분야를 살펴보면, 저자 등에 의한 감귤발효주의 생산을 비롯하여 감귤식초, 미생물 단백질의 생산이나 버섯의 재배, 2.3-butylene glycol의 생산, 피루브산(puruvic-acid)의 생산, 에너지원으로서의 메탄가스의 생산 등 많은 연구가 이루어지고 있다.

또한, 감귤껍질로부터의 펙틴을 분리 제조하여 식품첨가물용이나 식이섬유로서 이용된다. 껍질에 많이 들어 있는 플라보노이드 성분을 추출 정제하여 건강보조식품으로 이용되고 있다. 그리고 온주밀감에 많이 들어 있는 헤스페리딘을 효소적 반응이나 화학적 반응을 통하여 neo-hesperidin dihydrochalcone을 제조하여 천연감미료로 이용하려는 연구가 이루어졌다. 일본에서는 가공공장에서 착즙박에 소석회를 처리하여 압착 탈수한 다음 600℃ 열풍에 의해 순간건조시킨 후에 사료로 이용하는 방법이 단기간에 대량처리에 알맞아 실용화되었다.

감귤 가공부산물의 유효이용은 국내에서 제주지역에 제한되고, 계절적으로는 생산시기에 한정되어 다른 농산가공 부산물과 마찬가지로 일시적인 환경오염원의 발생이 문제가 된다. 또한, 감귤 생산량의 증가에 따라 가공처리량이 많아질 것으로 예상되어 펙틴, 플라보노이드 등 유용성분의 추출, 이용도 검토할 필요가 있다.

2) 사과가공 부산물

사과가공공장에서 나오는 많은 양의 껍질과 속은 주로 사과식초 발효와 저급의 젤리용으로 이용된다. 또한, 건조분말로 만들어 배합사료로 이용하거나, 사과박은 발효시켜 엔실리지(ensilage)를 제조하여 가축사료로도 이용한다.

3) 핵과가공 부산물

가공 중에 폐기물로 나오는 살구·복숭아·앵두·자두 등의 씨(kernel)는 마쇄한 다음 압착법에 의해 기름을 분리한 후 정제하면 25～30%의 기름을 얻을 수 있다. 이 기름에는 유효한 성분이 들어 있어서 고급 화장품이나 의약품의 원료로 사용할 수 있다.

4) 포도가공 부산물

포도가공 부산물을 이용하여 주석(tartar)을 제조하거나 식초발효 원료, 씨를 이용한 유지제조, 착즙박의 사료용 등으로 제조하기도 한다. 또한, 과일이 대량 출하될 때에는 품질이 떨어진 과일을 이용하여 마쇄, 착즙한 다음 브랜디, 잼, 젤리를 제조하기도 한다.

제 7 장

기호식품

기호식품이란 생리적으로 필요한 영양소인 칼로리원이나 비타민 등의 섭취를 주목적으로 하는 것은 아니지만, 오래 전부터 기호품으로서 우리의 일상생활에 친숙한 식품이다. 식생활이 다양화함에 따라 이에 부응하는 각종 기호식품을 제조하여 시판함으로써 식품가공 분야에서 중요한 위치를 차지하게 되었다. 기호식품에는 커피음료, 홍차와 녹차를 포함한 우리나라의 전통차, 인삼음료, 과즙음료, 청량음료(soft drink), 알코올음료, 이온음료, 과자, 조미료 등이 포함된다. 알코올음료는 발효공학에서 다루며, 그리고 스낵식품을 포함한 즉석식품(instant food)은 제 8장에서 별도로 다루었다. 여기에서는 기호음료를 중심으로 몇 가지를 살펴보자.

커피, 차와 같은 기호음료의 원료에 공통되는 성분은 색깔과 풍미를 구성하는 탄닌과, 흥분작용을 하는 퓨린(purine)염기(그림 7-1)라고 할 수 있다. 퓨린염기는 일반적인 식품에서는 볼 수 없는 성분으로 약간 쓴맛을 낸다. 카페인은 중추신경을 자극하여 흥분작용을 나타내며, 혈액순환을 도와 강심(强心) 작용과 이뇨(利尿) 작용을 나타낸다. 또한, 차에 많이 들어 있는 탄닌은 몸 속의 알칼로이드, 니코틴, 중금속 등의 성분과 결합하여 불용화시킴으로써 해독작용을 나타낼 뿐만 아니라 살균작용, 항암효과, 노화억제 효과, 소염작용, 지혈작용 등을 나타내어 기능성식품의 소재로서 이용되기도 한다.

1. 커 피

국내에 커피가 들어온 것은 100년이 넘은 정도이지만, 한국전쟁 이후 서구문명의 전파로 인해 대중 기호음료로서 자리를 굳혔다. 특히 1960년 이후 커피를 마시는 인구가 급증하였고, 이를 계기로 하여 커피의 국산화가 이루어졌다.

1.1 커피의 품종

커피는 커피나무(*Coffea arabica*) 과실의 종자로부터 얻어진다. 커피는 주로 아라비아 지방의 모카, 아프리카 지방의 리베리아, 브라질의 산토스, 그리고 자바 등 적도를 중심으로 남북 25° 범위에 있는 열대지방에서 생산된다. 기후와 토양조건에 따라 중남미에서 생산되는 양이 전체 생산량의 60%가 넘는다.

커피품종은 50여 종으로 알려져 있으며, 크게는 아라비아(Arabica)종, 로부스타(Robusta)종, 리베리아(Liberica)종, 리베리아종과 아라비아종을 교잡시킨 교배종(*C. canephora*)으로 나눌 수 있다. 아라비아종이 세계 커피 생산량의 75%를 차지하며, 리베리아종은 1% 미만으로 매우 적다. 아라비아종은 에티오피아 원산으로서 2,000 m 고지까지 재배된다.

커피의 대표적인 품종으로 자메이카에서 생산되는 블루 마운틴(blue mountain)은 산맥의 이름에서 유래되었으며, 신맛・단맛・쓴맛・감칠맛이 어우러져 최고의 맛을

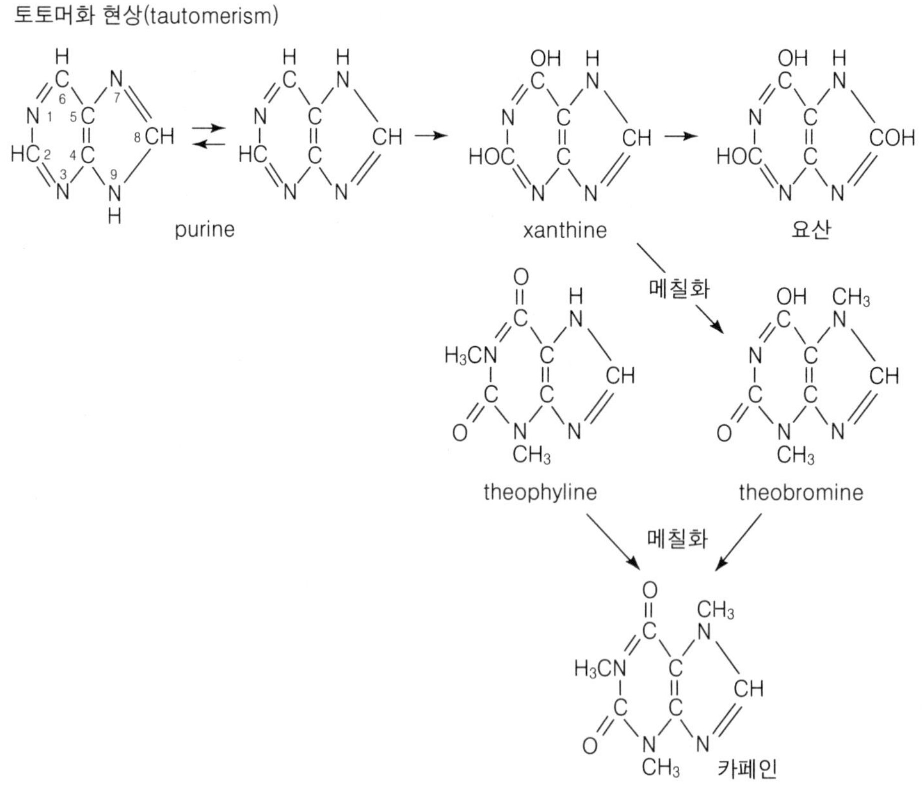

그림 7-1. 카페인과 관련물질의 화학적 구조

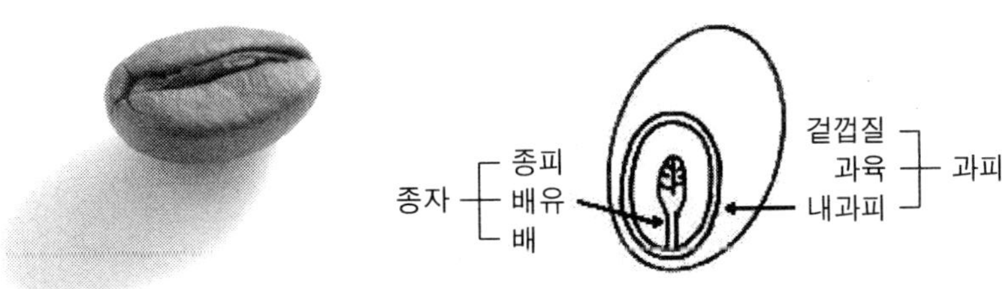

그림 7-2. 커피 과실의 단면도

만들어낸다. 예멘, 에티오피아에서 생산되는 모카커피는 부드러운 신맛과 독특한 향미가 어우러진 고급 커피이다.

커피는 6.3～10.4 mm의 종핵(種核)으로서 조직도 매우 단단하다. 브라질산 커피와 같이 성숙한 과실을 3주일 정도를 자연 건조한 다음 껍질을 파쇄하거나, 또는 물속에서 껍질을 벗긴 후 2일 정도 발효시키면 과육이 부패되어 종자(그림 7-2)를 빼낼 수 있다. 종자의 수분함량이 9～11% 정도 되도록 건조시킨다. 종자를 탈각한 다음 연마시켜 속껍질과 종피를 제거하면 커피 원두를 얻게 된다.

1.2 커피의 가공

건조한 커피원두를 회전 드럼형 열풍 배초기에서 220～230℃에서 4～15분간 볶거나, 또는 급속 배초기에서 1.5～6분간 볶게 되면 클로로겐산(chlorogenic acid)을 주성분으로 하는 탄닌이 산화 중합되어 특유한 색깔과 풍미를 갖게 되며, 수용성 성분이 증가하게 된다(표 7-1).

볶는 정도에 따라 커피 맛이 달라진다. 연하게 볶을 경우는 옅은 다갈색을 띠고 신맛이 남게 되며, 강하게 볶을 경우는 흑갈색이 되면서 쓴맛이 강하게 된다. 중간 정도의 볶음은 알맞은 다갈색으로 신맛과 쓴맛이 조화를 이룬다.

커피향은 500종 이상이 확인되었다. 이 중에는 acetic acid, acetaldehyde, acetone,

표 7-1. 커피 원두와 볶은 커피의 성분 비교

성 분	커피 원두	볶은 커피	성 분	커피 원두	볶은 커피
수분	8.26	0.36	카페인	1.10	1.03
지질	11.42	8.30	섬유질	42.36	44.96
당질	8.18	1.84	수용성 성분	14.06	26.28
단백질	10.86	12.03	무기질	3.79	5.17

methyl-ethyl-acetaldehyde, acetyl diacetyl, acetyl propionyl, furfural, furyl alcohol, pyridine, pyrazine 염기, methyl mercaptan, furyl mercaptan 등이 주로 들어 있다.

인스턴트커피(instant coffee)를 제조할 경우는 커피원두를 볶은 후 분쇄한 다음 150～180℃, 10～20 kg/cm^{2}의 고압에서 6～8단의 다단식 추출법에 의하여 1～2시간 추출하면 추출액의 농도가 20～30%가 된다. 이 추출액을 분무건조하거나 동결건조시켜 수분함량이 3% 정도가 되도록 만든 제품이다.

국내에서 생산되는 인스턴트커피의 종류로는 냉동건조커피, 과립커피, 분무건조커피, 탈카페인커피 등이 있으며, 배전두나 분쇄커피도 시판되고 있다. 카페인을 제거하기 위하여 methylene chloride, isopropyl chloride, ethylene chloride 등으로 추출하여 제조한다.

커피 원두의 수입량은 1981년에 9천 톤 정도였으나, 1985년에는 2만 2천 톤을 넘었으며, 계속 증가하여 2004년에는 베트남, 브라질 등지에서 8만 톤 이상을 수입하였다. 식생활의 서구화와 젊은 세대의 커피 음용의 증가로 소비가 계속적으로 증가할 것으로 예상된다. 커피산업에서 가장 큰 문제는 원료인 원두가 전량 외국에서 수입된다는 점이다. 앞으로의 소비추세도 쓰고 강한 맛을 내는 커피보다는 순하고 부드러운 맛을 선호하는 경향이 있으므로 좋은 원료의 안정적 공급에 대한 대책이 필요하다.

2. 차

차(tea)에는 크게 녹차(green tea)와 홍차(black tea)로 구분된다. 차나무(*Comellia sinensis L.*)의 어린 잎(幼葉)을 원료로 하여 제조한다. 차가 우리나라에 전래된 것은 신라 덕흥왕 3년(828년)으로 '당나라에서 종자를 가져다 지리산 일대에서 재배하였다'고 한다.

차나무는 연평균 기온이 14℃ 이상이고 강수량이 1,400 mm 이상인 곳에서 잘 자란다. 배수가 잘 되고 보수력이 강한 산 중턱의 경사지가 재배지역으로 알맞다. 중국·한국·일본 등에서 생산되는 온대산 차나무(*C. sinensis*)는 녹차용으로 알맞고, 인도·스리랑카 등지에서 재배되는 열대산 차나무(*C. assamica*)는 홍차 제조용으로 알맞다.

1980년 이후 제주도, 전남 보성 등지에서 본격적으로 차나무 재배를 시작하였다. 지역별로는 각각 전남 61%, 제주 23%, 경남 15%이다. 1990년에는 200톤 정도 생산

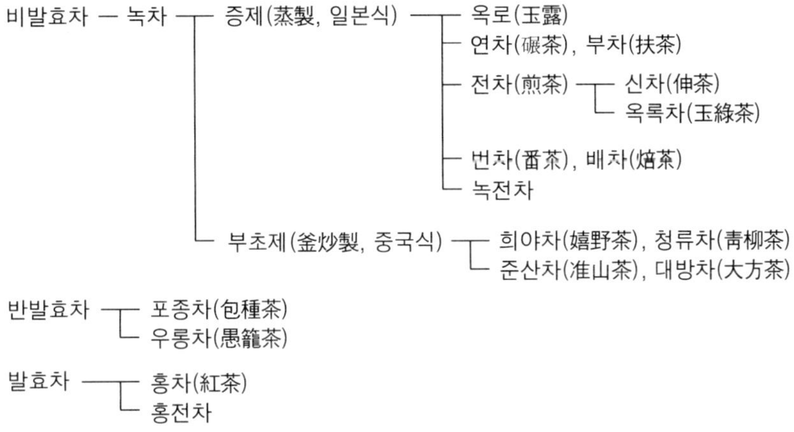

그림 7-3. 차의 종류

되던 것이 계속 증가하여, 1997년부터는 1,500톤 정도가 생산되었다. 1인당 녹차 소비량은 2000년에 60 g에서 2002년에 80 g으로 증가하였으며, 2011년에는 150 g으로 예상된다. 합리적인 가격과 품질 향상이 뒤따른다면 수요는 증가할 것으로 기대된다.

2.1 차의 분류

차의 종류는 생산지와 채엽시기에 의해 구분하기도 하지만, 제조방법에 따라 그림 7-3과 같이 분류한다. 차나무의 채엽시기에 따라 1번차, 2번차, 3번차로 나누거나, 또는 봄차, 여름차 등으로 구분하기도 한다. 이 외에도 체질(篩別, screening)에 따른 형태의 크기로 구분하기도 하며, 향미의 차이, 기계제품 또는 수제품(手製品) 등에 따라 나누기도 한다.

녹차를 가공할 경우 중국식은 화열(火熱)에 의하여 제조한다. 그러나 일본식은 증기에 의해 가열함으로써 차잎에 들어 있는 효소를 불활성화시켜 고유의 녹색을 보존한다. 녹차는 발효시키지 않은 비발효차인데 비하여, 우롱차(烏龍茶)는 차잎을 햇볕에 쪼여 약간 시들게 하여 산화작용으로 향기가 나도록 한 다음 볶은 반발효차에 속한다. 홍차는 차잎을 시들게 하여 잘 문질러 잎 속의 산화효소 작용에 의해 잎 성분의 산화를 일으켜 말린 발효차이다.

2.2 차의 성분

채엽시기가 늦어짐에 따라 탄닌과 카페인 함량은 증가한 다음 약간 감소하는 경향

표 7-2. 각종 차의 화학성분(%)

종류＼성분	탄닌	카페인	총질소	가용성성분	조섬유	회분	에테르 침출물
전차	12.64	2.84	5.88	46.62	10.64	5.38	4.56
번차	10.47	1.97	3.82	40.03	18.98	5.35	4.31
옥로	11.24	3.73	6.62	42.87	14.00	6.79	4.28
홍차	13.16	2.73	4.39	37.53	10.68	5.11	2.37

이 있다. 단백질과 펙틴 함량은 감소하며, 가용성 성분은 증가한다. 각종 차의 화학성분은 매우 복잡하여 아직까지 완전히 밝혀지지는 않았으나, 일반성분 등은 표 7-2에서 보는 바와 같다.

차의 성분은 기상조건 뿐만 아니라 품종, 시비관리 등에 따라 성분 함량이 달라진다. 녹차에는 특히 비타민 C가 많은데 비하여, 홍차에는 비타민 C가 거의 들어 있지 않다. 녹차는 탄닌의 쓰고 떫은맛을 주체로 하여 카페인의 온화한 쓴맛, 유리아미노산의 감칠맛과 당의 단맛 등이 조화를 이룬 특유의 구성패턴으로 독특한 맛과 향을 낸다.

차에 들어 있는 탄닌은 카테킨(catechin)류(그림 7-4)와 galate의 에스테르 혼합물이며, 녹차의 쓰고 떫은맛이나 홍차의 적색을 나타내는 역할을 한다. 따라서 탄닌 함량이 많을수록 홍차를 제조할 때에 유리하다. 홍차의 경우 차잎의 성분이 산화되면 thealubitin이란 적색 또는 갈색의 색소와 theaflavin이란 등적색의 색소성분으로 되어 홍차의 독특한 색깔과 맛을 내는 것으로 보인다.

차에 들어 있는 퓨린염기는 카페인, theophylline, theobromine 등이 알려져 있다. 중요한 성분은 카페인이며, theophylline은 차에서만 볼 수 있다. 차를 우린 물이 처음에는 맑았던 것이 시간이 지나면 혼탁하게 되는 것을 cream down 현상이라고 한다. 이는 카페인과 탄닌성분이 결합하여 온도가 낮아짐으로써 석출되는 것으로 알려져 있다.

2.3 차의 기능성

차에 들어 있는 폴리페놀 물질인 카테킨류는 모세혈관을 강인하게 하는 비타민 P의 효과, 항산화작용, 항균작용을 나타낸다. 이에 따라 차의 약리효과로서는 항암효과뿐만 아니라 혈중 콜레스테롤 함량을 낮춤으로써 고혈압과 동맥경화 예방에 효과가 있으며, 혈당을 낮추어 당뇨병 억제에도 효과가 있는 것으로 알려져 있다.

이 외에도 노화억제, 알칼리성 체질개선, 비만방지, 중금속, 담배의 니코틴, 식중독

catechin	구 조	함량(% tannin)
(±)-catechin	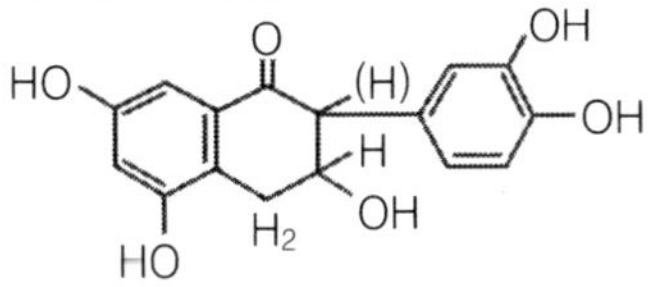	0.4
(-)-epicatechin	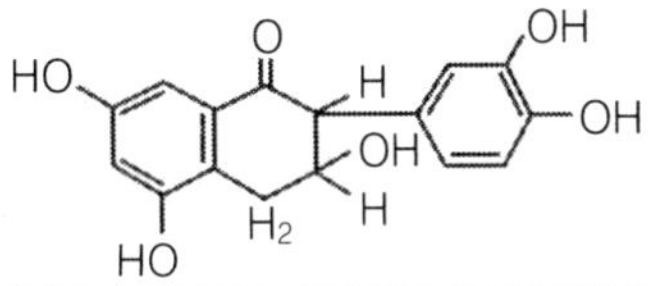	1.3
(±)-gallocatechin	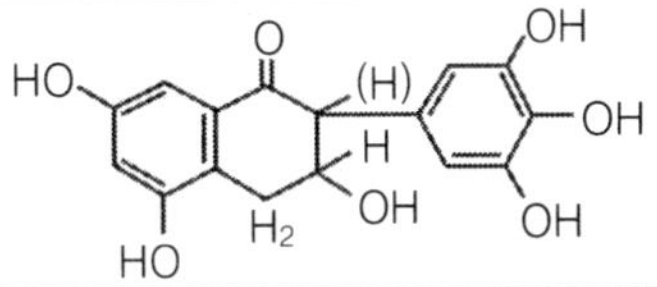	2.0
(-)-epigallocatechin	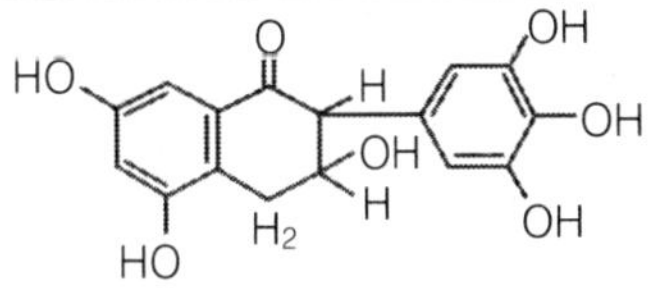	12.0
(-)-epicatechin gallate	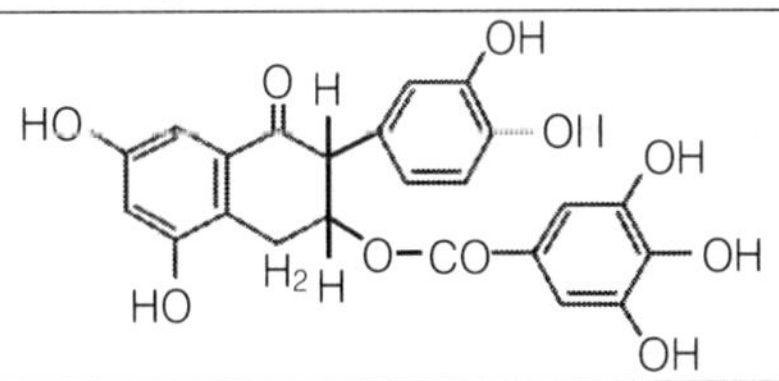	18.1
(-)-epigallocatechin gallate	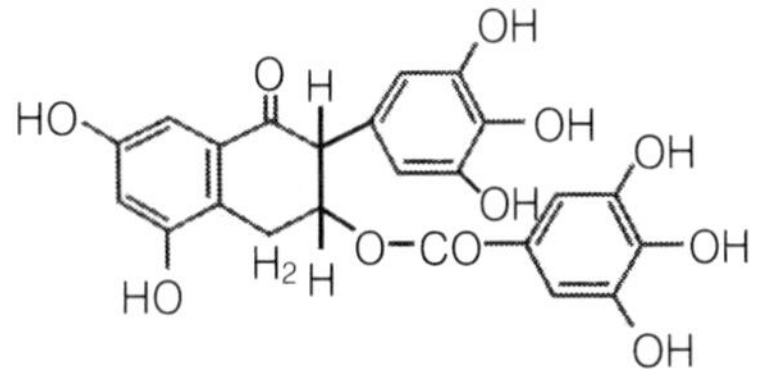	58.1
알려지지 않은 구조의 catechin gallic ester	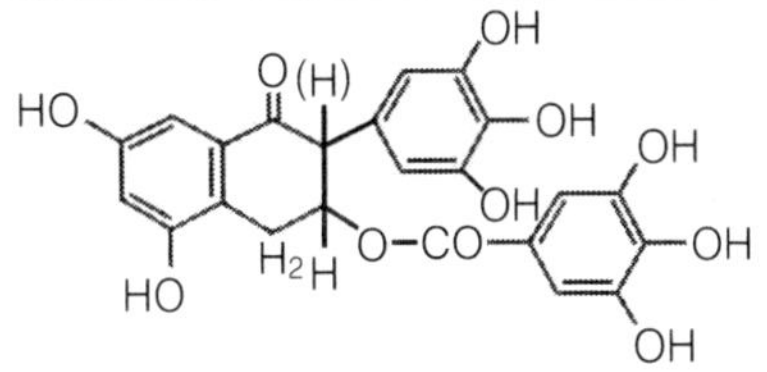	1.4
quercitrin	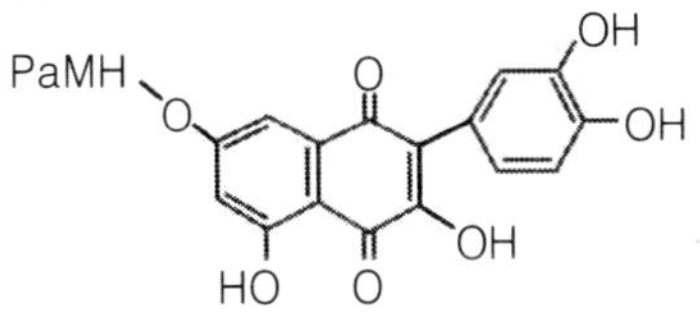	0.27
부수적으로 생기는 색소와 gallic acid		5.0
계		98.57

그림 7-4. catechin의 구조와 조성

등의 해독작용, 충치예방과 구취제거, 숙취제거, 피로회복, 항염작용과 항균작용, 변비작용과 천식방지, 강심작용, 이뇨작용 등에 대한 연구가 많이 이루어지고 있어서 기능성을 갖는 기호식품으로서의 소비가 늘어나고 있다.

이와는 반대로 차는 치아 표면에 얼룩을 만들거나, 너무 많이 마시는 경우 식물성 식품에 들어 있는 철분의 흡수를 나쁘게 하여 빈혈이 생길 수도 있다. 빈혈 발병률이 높은 아이들에게는 차를 많이 마시지 말도록 하고 있다. 차잎에는 중추신경을 자극하는 카페인이 많이 들어 있으나, 끓인 차에는 커피의 ⅓ 정도라고 한다.

2.4 차의 제조

녹차를 제조할 때는 제조방법에 따라 중국식인 배건차(焙乾茶)와 일본식인 증건차(蒸乾茶)로 구분된다. 대부분 대량생산이 쉬운 증건차를 기계로 생산하고 있으며, 고소한 향보다 풋내가 짙은 증건차의 결점을 보완하기 위하여 볶은 현미를 섞은 현미차(玄米茶)가 많이 제조된다. 대만에서는 증건하여 제조한 녹차의 향을 돋우기 위하여 정향을 섞은 화차가 유명하다.

홍차를 제조할 때에는 산화효소(polyphenol oxidase)의 작용에 의해 카테킨류를 산화, 중합시켜 제조한다(그림 7-5). 차나무 잎을 환기(換氣)시키면서 약간 건조하면

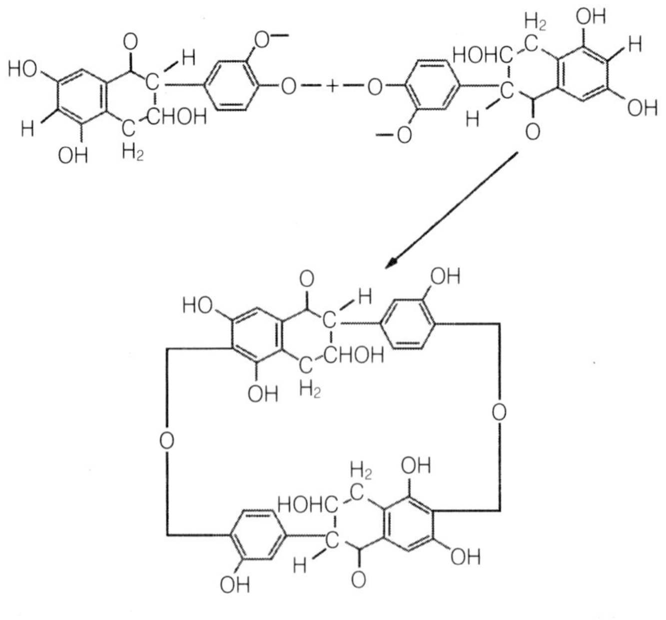

그림 7-5. 홍차를 제조할 때의 catechin의 중합반응

잎이 부드러워지면서 과실과 유사한 향기가 생기는 동시에 산화효소의 활성이 커지게 된다. 습도 95% 이상과 온도 20~25℃의 조건에서 1.5~3시간 발효시킨 후 예비건조시킨 다음에 수분함량이 4~5℃가 되도록 본 건조를 실시하여 제품화한다.

국내에서는 차의 생산량이 적어 주로 차를 재배하는 생산지에서는 열풍건조에 의하여 1차 가공을 한 다음 가공공장으로 운송하여 재제(refining) 가공을 실시한다. 그리고 녹차 또는 홍차를 추출한 후 캔음료로 제조하거나, 이를 농축한 다음 건조시켜 인스턴트차를 생산하기도 한다.

3. 국산차

국산차로는 곡류, 뿌리, 껍질, 잎 또는 과실 등 원료의 형태에 따라 분류하기도 한다. 차나무잎을 원료로 하지 않기 때문에 대용차(代用茶)로 불리기도 한다. 인삼차, 율무차, 땅콩차, 두향차, 쌍화차, 칡차, 생강차, 유자차, 감귤차, 솔잎차, 매실차, 오미자차, 둥글레차, 치커리차 등이 소비되고 있다. 국산차는 다음과 같은 가공형태로 제품화하고 있다.

① 분말차 : 곡류 등을 가루로 만들어 더운물에 타서 마실 수 있게 만듦
② 진액(extract) : 생약재 등의 유효성분을 추출하여 농축
③ 인스턴트차 : 추출한 성분을 분무 건조하거나 과립화
④ 액상차 : 과일을 으깨거나 절단하여 과육이 함유되도록 하여 당액에 절임
⑤ 티백(tea bag)
⑥ 캔음료

대부분 제조방법이 단순하여 많은 종류의 대용차(代用茶)로서 개발되어 시판되고 있다. 앞으로 국산차에 있어서 생산 질서의 정립뿐만 아니라 품질 등 많은 면에서 개선이 이루어져야 할 것이다.

4. 코코아제품

코코아(cocoa) 제품의 원료가 되는 카카오두(cacao beans)는 브라질, 가나, 에콰도르 등의 적도 부근에서 재배되는 카카오나무(*Theobroma cacao*, 그림 7-6과 그림 7-7)에서 얻어진다. 수령이 10년 이상 된 성과수에는 70~80개의 과실을 수확한다. 과실 1개에는 25~30개의 종자가 나온다. 종자를 2~3일간 발효시킨 후 건조시키면 점질물이 제거되어 농담색을 띤다.

그림 7-6. 카카오 나무

그림 7-7. 카카오 열매

표 7-3. 코코아제품의 일반성분

종류 \ 성분	수분(%)	지방(%)	단백질(%)	탄수화물(%)	회분(%)	열량(kcal/100g)
초콜릿액	1.0	53.0	12.0	25.0	3.2	615
코코아가루	4.0	10.0	22.4	46.7	6.0	375
다크초콜릿	0.6	31.0	3.0	58.8	1.3	536
밀크초콜릿	0.9	32.0	6.0	59.5	1.4	541
흰우유가루	2.0	30.5	25.2	36.7	5.6	513

카카오콩에는 알칼로이드 성분인 theobromine($C_7H_8O_2N_4$)이 들어 있어서 이뇨작용과 흥분작용을 갖는다. 건조한 카카오콩을 110~150℃에서 25~30분간 볶으면 탄닌이 산화 중합되어 쓰고, 떫은맛이 줄어들어 초콜릿색이 되며 특유한 향기를 갖는다.

코코아 열매를 롤러 사이에 넣고 빻으면 끈끈한 액체인 초콜릿 매스(chocolate mass)가 되며, 이 속에는 노란색 지방인 코코아 버터가 53% 들어 있다. 이것을 압착하면 10~25%의 지방을 함유한 코코아 분말(cocoa powder)이 얻어지며, 코코아 음료의 원료가 된다.

카카오 페이스트(cacao paste)에 분유, 설탕, 카카오 버터, 유화제(주로 레시틴) 등을 넣고 혼합·성형하여 냉각시키면 초콜릿(chocolate)이 되며, 제과 등에 널리 이용된다. 코코아제품의 일반 성분은 표 7-3과 같고, 이용되는 식품의 종류는 표 7-4와 같다.

'White day'에 사용되는 white chocolate는 cacao를 전혀 사용하지 않는 제품으로

표 7-4. 코코아제품이 이용되는 식품

1) 과자
- ① 초콜릿
- ② 비스킷과 케이크 : 초콜릿 비스킷, 초코칩 쿠키, 초콜릿 샌드위치, 초콜릿 웨이퍼, 초콜릿 케이크
- ③ 캔디, 캐러멜 : 캔디, 캐러멜, 누가 등
- ④ 정제 : 코코아 정제
- ⑤ 케이크와 과자 코팅, 장식용
- ⑥ 케이크와 과자 코팅

2) 아이스크림
- ① 아이스크림 바 코팅
- ② 초콜릿 아이스크림
- ③ 아이스크림 속의 초콜릿 시럽
- ④ 초콜릿 시럽 터핑

3) 유제품
- ① 초콜릿 탈지분유
- ② 초콜릿 크림(초콜릿액 10%)
- ③ 초코우유 : 코코아 1.0～1.5%

4) 음료 : 초콜릿, 코코아 음료

5) 제약 : 정제 코코아, 가루

서 쓴맛이 없고 우유의 맛과 흰 색깔이 특징이다.

5. 음료식품

음료식품은 크게 청량음료와 기호음료로 구분할 수 있다. 청량음료는 유리탄산 또는 유기산을 함유하고 있어서 마실 때 청량감을 주는 음료를 말한다.

기호음료는 음료 중에 특수한 성분이 들어 있어 사람들의 기호를 만족시켜 주는 음료로서 각종 알코올성 음료, 커피, 차 등이 포함된다. 이 중에서 청량음료는 탄산음료, 과일음료 및 채소음료, 유성음료(乳性飮料) 등으로 구분할 수 있다. 알코올성 음료(酒類)는 발효공학에서 다루고 있으며, 과일음료는 제6장에서 이미 설명하였다. 여기서는 탄산음료, 이온음료 등에 대하여 살펴보자.

국민 총생산에서 청량음료가 차지하는 점유 비중은 약 0.5%로서, 청량음료의 주종을 이루고 있는 것은 콜라, 사이다, 이온음료 등이다. 1975년부터 유색음료의 기피현상으로 수량 면에서 사이다가 콜라를 앞서고 있다. 2000년을 기준으로 음료시장에서 청량음료가 차지하는 비중이 절반이 넘는다. 또한, 계절적인 수요가 높아 5월에서 8월 사이에 생산량이 많다.

5.1 탄산음료

탄산음료는 일반적으로 설탕을 일정 양의 물에 용해시킨 다음, 향료를 첨가하고 기호에 따라 산미료(酸味料) 또는 무기염류를 첨가하여 혼합한 다음 탄산가스를 주입(carbonation)한 것으로서 알코올을 함유하지 않는 음료이다.

우리나라에서 주를 이루는 탄산음료로는 사이다, 콜라, 천연과즙 향기를 낸 감미탄산음료를 제조하고 있다. 감미료로는 설탕과 이성화당이 가장 많이 사용되며, 저칼로리용으로는 아스파탐, 스테비오사이드 등이 이용된다. 산미료에는 구연산이 가장 많이 사용되며, 이 외로 주석산, 사과산, 젖산, 인산 등이 사용된다.

탄산음료는 탄산가스를 함유하고 있어 상쾌한 기분을 주고 소화를 돕는 등의 장점을 가지고 있다. 그리고 미생물의 발육을 억제하므로 오랫동안 저장하더라도 부패할

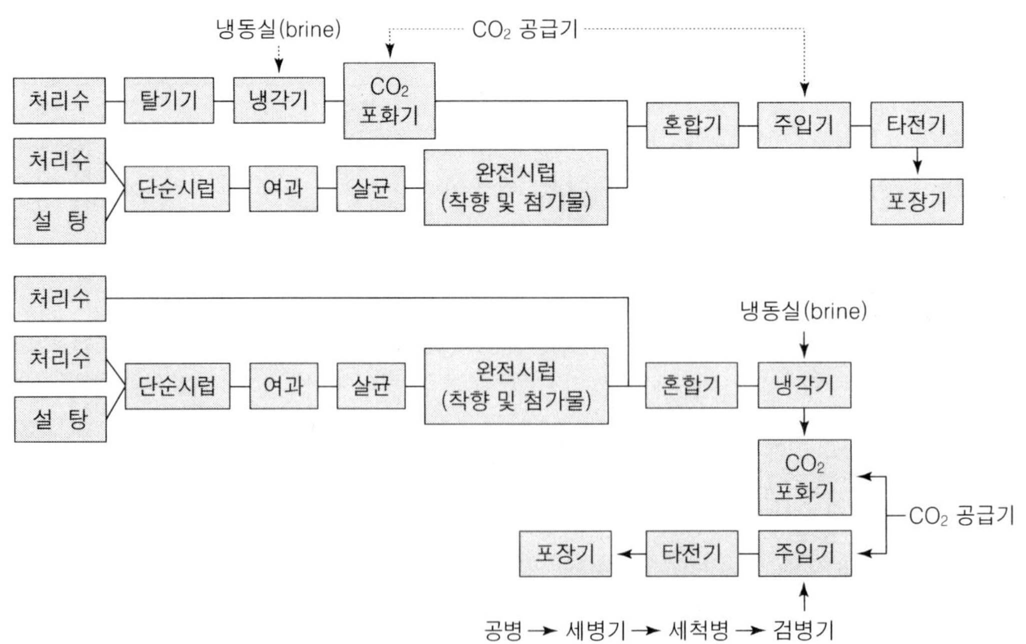

그림 7-8. 탄산음료의 제조공정도

표 7-5. 청량음료의 수질기준

항 목	한계점
색깔, 맛, 냄새, 탁도	무색, 무미, 무취, 투명
알칼리도(탄산칼슘 기준, ppm)	50 이하
경도(탄산칼슘 기준, ppm)	100 이하(50 이하 요구)
철	0.1 ppm 이하
망 간	0.1 ppm 이하
과망간산칼륨 소비량	10 이하
유리염소	0
대장균	상수도 기준 이내

우려가 거의 없다.

탄산음료의 일반적인 제조공정도는 그림 7-8에서 보는 바와 같다. 물 처리, 향료 배합, 설탕 용해, 유기산 첨가 등 첨가물의 조합기술과 이들의 선택이 탄산음료의 생명이라고 할 수 있다. 청량음료는 구성성분 중에 80% 이상이 물이기 때문에 품질에 영향을 주는 것은 물이라 할 수 있다.

사용하는 물은 상수도의 수질수준에 맞아야 함은 물론이고 탁도, 색깔, 맛, 냄새, 무기물, 유기물, 미생물 등의 함량에 유의하여야 한다. 일반적인 수질기준은 표 7-5에서 보는 바와 같다. 청량음료에 사용하는 수질을 개량하기 위하여 응집침전법이나 여과에 의한 방법 등이 이용된다.

이 외로 10% 미만의 과즙을 함유하거나, 또는 과즙을 첨가하지 않고 산미료, 감미료, 향료, 착색료로 조정한 음료인 과즙함유음료 등이 시판되고 있다. 그리고 첨가물 양을 줄여 물에 가까운 음료(near water) 또는 미음료(微飮料) 제품이 인기를 끌고 있다.

5.2 이온음료

이온음료(sports beverage 또는 isotonic beverage)는 심한 운동을 한 다음 에너지와 수분을 보충해 준다는 의미에서 갈증 해소제로 개발되었다. 이온음료는 체액에 가까운 전해질 용액인 나트륨이온(Na^+), 칼륨이온(K^+), 칼슘이온(Ca^{2+}), 마그네슘이온(Mg^{2+}), 염화이온(Cl^-)을 포함하는 용액을 주성분으로 한다. 운동 후 수분과 무기물 손실로 올 수 있는 심한 갈증, 근무력증, 호흡곤란 등 여러 가지 이상증세를 해소하는 데 도움을 준다.

표 7-6. 대표적인 이온음료의 성분

포도당	32.104 wt%	Sodium citrate	3.80
설탕	32.404	오렌지향	2.80
구연산	15.57	KCl	1.40
KH_2PO_4	5.76	비타민 C	0.41
NaCl	4.74	색소	0.07

탄산가스 함량이 청량음료에 비하여 낮은 1～1.3%이며, 6～8%의 포도당과 120mg/250 g 수준의 Na염을 첨가한 제품이다. 첨가하는 당류는 포도당, maltodextrin, 설탕이 사용되며, 설탕은 흡수속도가 늦은 결점이 있다. 대표적인 이온음료의 배합 예는 표 7-6과 같다.

5.3 생 수

생수는 보존음료수, 먹는 샘물, 포장 광천수(mineral water) 등으로 불리다가 '생수'로 불려지고 있다. 산업화, 도시화가 급속히 진행됨에 따라 수자원의 오염에 의한 수돗물의 불신이 커지고 있고, 국민소득의 증가로 인한 생활수준의 향상과 함께 건강에 대한 관심이 높아짐에 따라 생수의 생산업체가 증가하고 있다. 생수는 기호음료는 아니지만 그의 시판량이 늘어나면서 상업화에 이르게 되었으며, 수요가 점차 크게 증가할 것으로 여겨진다.

생수는 용존고형물의 총량이 500 ppm을 함유하는 병에 든 물이며, 천연광천수는 자연수의 요구에 따른 물이다. 포장 광천수의 제조공정은 그림 7-9와 같다. 원수(原水)는 지하 150 m 이상의 암반층 밑에 있는 물을 채수하여 침전조를 거쳐 원수탱크에 저장된다. 침전조에서는 살균·여과 등 불순물의 제거과정을 점검하여야 하며, 원수 저장조에서는 채수지 주변의 청결상태와 오염방지 여부를 확인하여야 한다. 원수에는 미생물이 거의 없지만 주위 토양에서 오염이 가능하기 때문에 제조공정 중에 살균에 이루어진다. 살균방법에는 UV살균, 오존살균, 염소소독, 이산화염소 소독, 가열

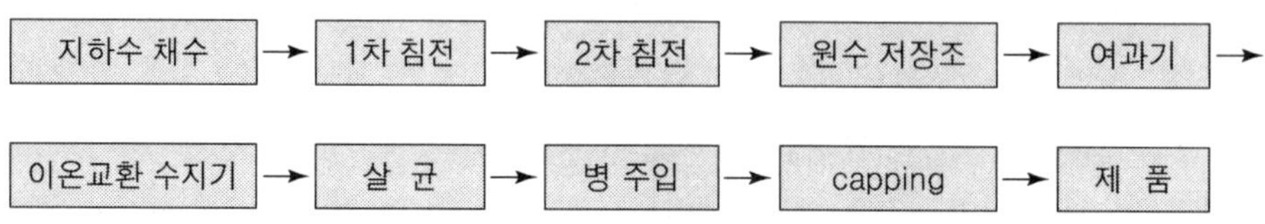

그림 7-9. 생수의 제조공정도

살균 등이 이용된다. 포장은 PC(polycarbonate)병 또는 PET병을 이용한다.

제 8 장

인스턴트식품

소득수준의 향상, 생활의 간편화, 식생활의 변화 등 사회변화에 따라 소비자의 기호에 부응하여 만든 가공식품으로는 냉동조리식품, 인스턴트식품, 건강식품 등의 발전을 들 수 있다. 인스턴트식품(instant food)은 즉석식품, 편의식품(convenient food), more-quickly prepared food, ready to eat food, ready to heat food 등 여러 가지로 불린다. 인스턴트식품은 다음과 같은 점에서 수요가 계속하여 증가하고 있다.

① 생활의 합리화 추세에 알맞다.
② 저장과 수송이 쉽다.
③ 사용법이 간단하다.
④ 소비자 기호성에 알맞다.
⑤ 영양조건을 갖추고 있다.
⑥ 식품의 지리적 · 계절적 · 경제적인 제약을 벗어날 수 있다.

이에 따른 제품의 다양화와 고급화가 이루어지고 있다. 특히 라면의 보급이 일반화되었고, 냉동조리식품의 수요가 크게 증가하였다. 인스턴트식품의 분류에는 종류와 형태에 따라 구분된다. 인스턴트식품의 종류에는 용도에 따라서 주식, 부식, 기호식으로 나눌 수 있다. 인스턴트식품의 가공형태는 통조림, 냉동식품, 건조식품, 튀김식품 등 여러 가지이다.

① 주식용

인스턴트라면, 찌기만 하면 되는 만두, 피자(pizza), 햄버거, 시리얼(cereal) 식품

② 부식용

육류와 채소 등의 냉동식품

③ 기호식품

커피, 차, 탄산음료, 과일주스, 채소주스, 과자, 스낵식품

1. 인스턴트 면류

1.1 역 사

1958년 일본의 일청식품(日淸食品)에서 라면 개발이 처음으로 이루어졌다. 이후 수프를 별도로 첨가한 라면의 생산은 1961년 일본 명성식품(明星食品)에서 시작되면서 급속한 발전이 이루어졌다.

국내에서의 라면 생산은 1963년 삼양식품에서 치킨라면을 생산하기 시작하여, 1965년 롯데공업(현재 농심)에서 롯데라면을 생산되면서 활성화되었다. 뒤이어 신한제분의 닭표라면, 동방유량의 해표라면, 풍년식품의 아리랑라면 등이 생산되면서 치열한 경쟁을 벌였다. 1969년에 이르러 삼양과 농심만이 제면업계에 남았다. 1983년에 한국야쿠르트가, 그 뒤를 이어 청보(현재 오뚜기식품), 빙그레가 참여함으로써 시장 확보를 위한 경쟁과 신제품 개발과 연구에 주력하는 방향으로 바뀌고 있다.

라면은 조리의 간편성과 낮은 가격으로 소비자의 눈길을 끌기 시작하였다. 정부의 혼분식(混粉食) 장려정책에 힘입어 간식 대용과 서민층의 주식 대체용으로 빛을 보기 시작하였다. 1963년도의 생산량이 100만 식에 불과하였으나, 1988년도에는 이미 33억 식을 넘어서서 1인당 소비량이 80식에 이르는 제2의 식량으로 급속한 성장을 계속하였다.

2002년을 기준하여 중국이 150억 식, 일본이 54억 식, 인도네시아가 62억 식, 미국이 20억 식이 소비가 되었다. 국내 생산량이 세계 생산량의 10% 정도인 40억 식에 이르고 있으며, 용기면이 차지하는 비중이 30%에 이른다. 외국 라면은 원재료의 맛이 잘 나타나는데 비하여, 한국 라면은 복합적인 수프 맛에 기인하기 때문에 오히려 경쟁력이 있다고 한다.

1.2 라면의 제조

1) 면의 제조

라면의 제조는 면의 제조기술과 수프의 제조기술로 나눌 수 있다. 면의 제조공정은

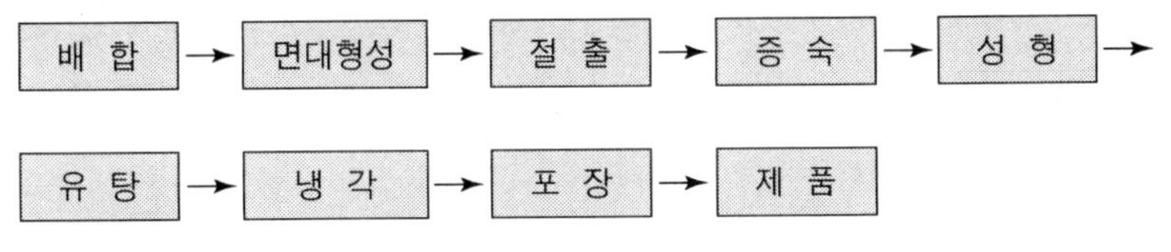

그림 8-1. 면의 제조공정

그림 8-1에서와 같은 공정을 거친다. 제면의 주원료인 밀가루 투입의 자동화, 혼합기 용량의 대형화, 포장의 고속자동화, 롤링(rolling) 방법의 개선 등이 꾸준히 이루어져 왔다.

라면의 안정성에 영향을 주는 기름에 튀기는 공정(油湯工程)은 초기 직화식에서 간접가열식인 열교환 방식으로 바뀌었다. 새로운 기름의 회전율도 조기 18시간에서 6시간 이하로 단축시켜 산가(酸價)를 0.3 이하로 하고 있다.

증기가열로 면에 함유되어 있는 녹말이 호화되며, 수분함량이 40~50%이었던 면이 끓는 기름가마를 통과하면 수분이 5% 정도가 되어 탈수효과를 얻게 된다. 라면의 생산 초기에는 튀김용 기름으로서 고소한 맛을 내기 때문에 쇠기름을 사용하여 오다가, 1979년부터 팜유(palm oil)를 일부 또는 전면 대체하여 사용하게 되었다. 특히 1989년에 공업용 쇠기름의 사용으로 인한 파동을 겪은 후로 팜유의 사용이 늘어났다. 화학합성품의 사용량이 줄고, 천연원료의 사용량이 증가하였다.

1980년대 들어서는 '라면은 끓여서만 먹는다'는 고정관념을 깨고, 끓은 물을 부어서 2~3분만에 먹을 수 있는 용기면(컵라면)이 개발되었다. 이는 호화온도가 낮은 가공전분의 사용과 면의 굵기 조절 등을 통하여 호화온도를 낮춤으로써 면의 복원성과 조직감의 향상으로 조리시간이 단축되었다.

2) 수프의 제조

라면국물의 기본맛을 이루는 수프 제조기술은 그림 8-2의 공정을 거친다. 육추출물

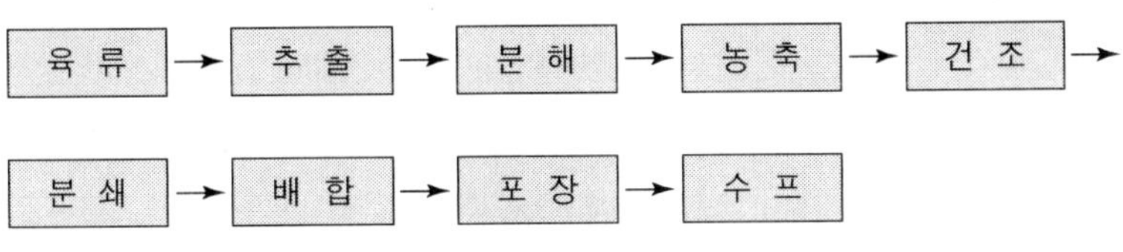

그림 8-2. 수프의 제조공정

의 분해방법을 초기에는 직화식 가열분해 방식에서 효소분해법으로 바뀌어 풍미의 손실이 적고 에너지의 소비가 줄었다. 또한, 농축방법은 상압농축에서 진공농축으로, 그리고 회분식에서 연속식으로 자동화되고 있다.

건조기술의 향상으로 직화식 열풍건조 방식에서 진공건조 또는 분무건조 방식으로 발전되었다. 풍미보존을 위하여 동결건조 방법의 도입으로 수프에 사용한 원료의 색깔 유지는 물론 조직감의 향상, 영양성분의 손실을 줄이는 등으로 라면품질의 향상을 보게 되었다.

일본과의 기술수준의 격차도 줄어들어 지금까지의 양적인 성장에서 앞으로는 질적인 향상으로 전환될 것으로 기대된다. 라면의 수요가 주로 저소득층의 대용식, 어린이의 간식, 단체급식의 형태에서 건강 지향식, 간편성, 유행성(fashion), 영양적 가치를 중요하게 여기는 계층으로 확대되는 양상으로 볼 때 스낵라면, 고급면의 수요가 점차 증가할 것으로 예상된다. 따라서 시장의 세분화를 통한 제품의 다각화와 해외시장의 개척, 제조기술의 향상 등이 요구된다.

2. 스낵식품

2.1 스낵식품의 역사

스낵(snack)이란 넓은 의미에서 '가벼운 식사'라는 의미에서 light meal, casual meal 또는 hurried meal라고 불려지며, 도시락, 간식 등을 뜻한다. 하루 세 끼의 주식 외의 가볍게 먹을 수 있는 것은 모두 스낵의 범주에 속한다. 좁은 의미에서는 과자의 일부분으로서 비교적 비중이 가볍고, 가격이 싸고 부담이 없이 먹을 수 있는 식품을 말한다.

우리나라에서도 옛날부터 제사용, 간식용, 손님 접대용, 술안주용 등의 목적으로 약과, 강정 등 현재의 과자와 비슷한 가공식품을 만들어 먹어 왔다. 해방 이후에는 가내공업 또는 소규모 영세기업으로 제과업이 시작되었다. 1960년대에 들어서서 몇몇 비교적 큰 자본을 갖춘 회사가 대량 생산체제를 갖추고 제품을 다양화하는 성장기를 거쳐, 1970년대에는 급속한 경제발전과 함께 도약기를 맞이하였다. 스낵식품은 이 시기에 시작되어 꾸준한 발전을 거쳐, 1980년대 이후 제과업이 양적 성장에서 질적 성장으로 전환하는 성숙기를 맞고 있다.

현대적 개념에서의 스낵은 미국에서부터 일본을 거쳐 들어왔다고 할 수 있으며, 팝콘, 감자칩(potato chip) 등이 그 시초라고 할 수 있다. 우리나라는 소맥분을 주원료로 한 스낵이 최초로 도입되어, 1971년에 개발된 '새우깡'이 효시라고 할 수 있다. 그 이후 여러 회사에서 매년 경쟁적으로 다양한 상품을 내놓아 소비자의 욕구를 충족시키고 있으며, 시장경쟁도 점차 치열해지고 있다. 특히 1980년대 중반 이후 쌀을 이용한 미과(米菓) 계통의 스낵과 식사대용의 시리얼(cereal) 제품의 성장은 주목할 만하다. 세계의 스낵식품 신장률은 지난 10년간 미국, 일본, 유럽국가 등지에서 연간 80% 이상의 성장을 거듭하여 왔다.

2.2 스낵식품의 분류

스낵식품은 여러 가지로 구분하고 있으나, 일반적으로 사용원료에 의한 분류와 가공방법에 의한 분류로 나눌 수 있다.

1) 사용원료에 의한 분류

제품의 골격을 형성하는 주원료에 의한 분류와 제품의 맛·향미·색깔 등의 특징을 부여하기 위하여 사용하는 특정 원료에 의한 분류로 나눌 수 있다. 주원료에 의한 분류로는 밀가루 스낵식품, 옥수수 스낵식품, 감자 스낵식품 등으로 구분할 수 있다. 특정 원료로서는 새우·고구마·감자·양파 등의 농수산물을 단품 위주로 사용한 스낵식품, 혼합된 농수산 원료를 사용한 제품, 각종 육류, 생선의 추출물(extract)나 조합된 조미분말(seasoning powder)로 조리하여 맛의 특징을 부여한 제품들이 있다.

밀가루를 주원료로 사용한 스낵식품은 전체의 약 60%를 차지하는 주종 상품군(商品群)으로, 밀가루의 담백한 맛 때문에 다른 원료들과의 맛에 조화가 잘 이루어져 다양한 제품을 만들 수 있다.

옥수수를 주원료로 하는 스낵식품은 전체의 약 20%를 차지하고 있으며, 앞으로 지속적인 성장이 예상된다. 옥수수에는 특유한 강한 맛이 있기 때문에 옥수수 스낵식품은 옥수수의 맛과 부합되는 부원료와 조미원료의 개발이 옥수수 스낵식품의 발전에 영향을 미칠 것으로 보인다. 옥수수 스낵식품의 대표적인 것은 옥수수 플레이크(corn flake), 옥수수 칩(corn chips), 팽화 옥수수(puffed corn) 등이 있다.

이 외로 감자를 주원료로 하는 스낵식품은 미국과 유럽에서는 큰 시장을 가지고 있으나, 우리나라에서는 시장 여건이 성숙하지 못하였다. 가공용 감자의 재배가 늘어나고 수요가 커짐에 따라 제품이 늘어날 것으로 보인다. 또한, 쌀을 주원료로 하는 제품이 과자, 시리얼(cereal) 등의 형태로 인기를 끌고 있다.

2) 제조공정에 의한 분류

단순히 외형적·기계적으로 분류하는 방법과 제조기술의 기술적 수준의 차이, 그리고 원료로부터 제품에 이르기까지의 가공방법의 차이를 고려하여 세대(generation)로 구분하는 방법이 활용되기도 한다.

(1) 압연성형 스낵식품

압연성형 스낵(rolling snack)은 스팀으로 반죽을 호화시킨 것을 이용하는 방법과 호화시키지 않은 반죽을 이용하는 방법으로 구분된다. 원료를 혼합기에서 혼합하여 반죽을 만들고, 롤러에서 얇은 형태의 쉬트(sheet)를 뽑아 원하는 형태로 절단하여 생지(生地)를 만든다. 이 반죽을 일정한 수분함량이 되도록 건조시켜 볶거나 기름에 튀겨 팽창시킨 것으로, 우리나라의 스낵식품이 대부분 이 범주에 속한다.

(2) 압출성형 스낵식품

압출성형 스낵(extruded snack)은 압출기(extruder)를 통해 혼합·압출·성형시킨 제품으로 비교적 제조공정이 간단하다. 복잡한 형태도 쉽게 가공할 수 있기 때문에 소비자 욕구의 다양화·개성화에 따라 계속 발전할 것으로 예상된다.

예를 들어, 감자칩은 생감자를 원료로 하여 껍질을 벗긴 다음 물로 씻는다. 0.8~1.6 mm 두께로 절단한 후 기름에 튀기는 공정에서 처음에는 176~190℃, 나중에는 148~174℃로 조절된 기름에 튀겨 소금이나 조미료 등으로 맛을 부여한 제품으로 비교적 단순한 제조공정이다. 성형 포테토 칩(fabricated potato chip)은 감자가루를 이용하여 반죽·압연한 후 튀겨 제품화한다.

이 외로 sheet를 여러 겹으로 뽑아 접합시켜 입체모양을 한 입체 스낵식품과 미과(米菓), nut류, 육건조 가공품(jerky) 등이 있다.

2.3 스낵식품의 전망

스낵식품 제조에 사용되는 주원료인 밀가루·옥수수 등은 대부분 수입에 의존하고 있다. 이에 따라 원료 선택의 제한을 받을 뿐만 아니라 가격변동과 품질변화가 많은 실정이다. 특히 감자의 경우는 가격이 안정되지 않고 고형물 함량도 낮아 가공용으로 사용하기 어려운 점이 많다. 농민들의 수익성 위주로 종자개량이 이루어지고 있어서, 제품의 품질 향상에 어려움을 겪고 있다.

제조기술 면에 있어서도 선진국의 것을 모방하거나 제조방법만을 이어받는 수준에 머물러 있다. 상품개발에만 치중한 결과, 원료개발이나 제조설비와 공정개선 등의 기초, 응용부문의 연구가 모자란 실정이다. 또한, 제조업체 사이의 과당경쟁으로 경쟁사의 제품을 즉시 모방하여 출하하는 경향이 많다.

수입선의 다변화와 수입자유화를 포함한 구매방법의 개선으로 스낵식품에서 쓰이는 주원료의 제품별 특성에 맞는 것을 구입할 수 있어야 한다. 감자는 가공적성에 맞는 것을 재배하도록 권장할 필요가 있으며, 남아도는 쌀을 이용한 스낵식품이 개발도 요구된다. 제조기술면에 있어서도 독자적인 전문성과 업종 사이의 공동연구 등을 통한 know-how을 갖도록 하고, 소비자의 기호가 다양해짐에 따라 특성에 맞는 다양한 제품의 출하가 요구된다.

3. 시리얼식품

생활의 간편화 경향으로 빵식과 더불어 점차 우유에 시리얼을 넣어 아침식사 대용으로 이용하고 있다. 시리얼(cereal)은 이와 같은 용도로 제조한 식품이다. 이 중에서 조식(朝食) 시리얼의 의미로서 morning cereal 또는 ready to eat cereal은 옥수수·쌀·밀·보리·귀리 등의 곡류를 기본원료로 설탕, 시럽, 꿀 등을 첨가하여 가공한 제품이다. 녹말을 호화시키는 형태보다는 덱스트린화(dextrinization)시킨 형태로 가공하며, 기본적으로 우유를 부어 아침식사를 대용하는 것을 말한다. 형태는 압편형인 플레이크(flake), 팝형(pop), 도너츠형, 막대기형, 컬형(curl) 등이 있다.

미국 가정에서는 아침식사의 30% 정도가 시리얼로 이용하고 있으며, 매년 소비가 늘고 있다. 1인당 소비량은 각국의 마케팅의 중요한 지표가 되고 있다. 영국, 호주와 뉴질랜드는 연평균 1인당 5.6 kg, 미국은 5.0 kg으로 소비가 많다. 우리나라는 일본보다도 적은 양이 소비되고 있으나, 신장세로 볼 때 장래성이 있는 상품으로 인식되고 있다.

일반적으로 사람들은 전래되는 음식, 기호성, 관습, 풍토 등을 지키려는 보수적인 경향이 강하기 때문에 식생활의 변화는 갑자기 일어나는 것은 아니라 할지라도 다음과 같은 요인들로 바뀌어가고 있다. 즉, 여성의 사회참여 기회 확대에 따라 가사에 소비하는 시간을 단축시키려는데 따른 인스턴트식품의 소비증대와 외식산업이 빠른 성장을 하고 있고, 건강에 대한 관심이 커짐에 따라 건강지향(健康志向), 영양의 균형 지향, 다이어트 지향, 간편성 지향 등에 따라 식품의 소비패턴을 형성하고 있다. 또한, 어린이들이 우유를 거부감이 없이 받아들이고 있어 시리얼 식품의 수요증가는 더욱 커질 것으로 예상된다.

4. 기능성 가공식품

인간은 보람 있고 건강한 삶에 중요한 가치를 부여하게 되었다. 건강에 대한 관심과 일상생활에 있어서 안정화 지향이 중요한 인간의 욕구변화라고 할 수 있다. 성인병이 식생활 변화가 주원인으로 생각되고 있다. 이런 질병은 식품을 통하여 해결할 수 있다는 생각에서 건강식품(health food)이 생겨나게 되었다.

건강식품은 '식품에 보통 함유되어 있는 성분 중 인체에 좋은 부분을 적극적으로 활용하는 것을 목적으로 제조된 화학적 합성품 등을 함유하지 않는 식품'으로 정의하고, 다음과 같은 5가지로 분류하고 있다.

① 특정 성분을 추출, 농축, 정제, 혼합 등의 방법으로 가공한 건강보조식품
② 특정 용도에 제공할 목적으로 제조·가공한 특수영양식품
③ 인삼에 전통적 동식물 생약원료를 혼합한 인삼제품류
④ 전통적 식습관에 관련한 다류(茶類)
⑤ 이 외로 단순 가공하여 만든 건강을 표방하는 기타 식품류

따라서 건강식품은 영양성분을 보급하거나, 또는 특별한 보건의 용도에 알맞은 것으로서 판매되는 식품으로 캡슐이나 정제와 같은 의약품에 가까운 형태를 가진 식품으로 인식되고 있다. 농약오염, 첨가물의 해로움, 화학비료 등에 의한 식품의 2차 오염에 대한 우려로, 천연무공해식품인 자연식품에 대한 수요가 증가하고 있다. 건강식품에 대한 분류는 명확히 구분되지는 않았으나, 일본에서와 같이 그림 8-3과 같이 나눌 수 있다.

건강식품은 각 국가마다 독특한 상황을 고려하여 다양한 방식으로 정의된다. 식품의 건강증진 효과에 대한 과학적 분석보다는 소비자들의 식품에 대한 시각이 건강식품을 정의하는 데 중요한 요소가 된다. 따라서 '소비자들이 다른 식품에 비하여 건강

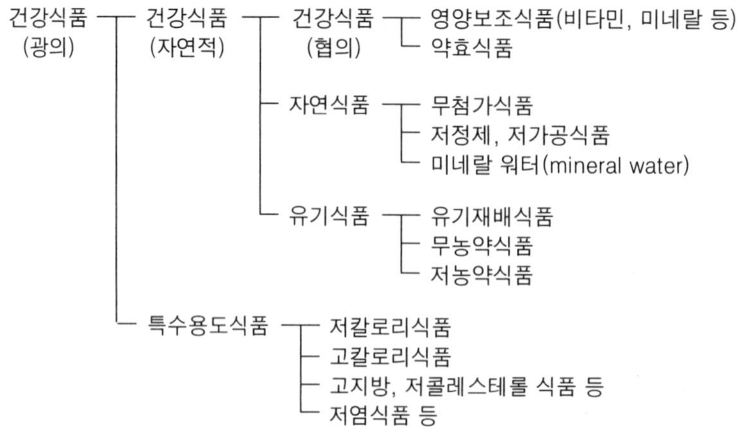

그림 8-3. 건강식품의 분류

증진 효과를 크게 얻을 것으로 예상하는 식품'으로 정의될 수 있다.

4.1 강화식품

강화식품은 비타민, 미네랄, 필수아미노산을 보강할 목적으로 강화시킨 식품을 뜻한다. 특별용도 식품은 유아용, 어린이용, 임산부용, 병자용 등 특별한 용도에 맞도록 제조・판매되는 식품이다. 이들 중 병자용 식품에는 저칼로리식품, 저나트륨식품, 저단백질식품, 고단백질식품, 알레르기가 없는 식품 등과 여러 성분 또는 식품들을 목적에 맞게 조합한 당뇨병식, 성인 비만증식 등이 사용되고 있다.

4.2 건강보조식품

건강보조식품은 '신체의 육체적・생리적 측면에서 유용성을 기대하여 섭취할 목적으로, 식품원료에 들어 있는 특정성분을 그대로 원료로 하거나, 이들에 들어 있는 특정 성분을 분리 또는 추출, 농축, 혼합 등의 방법으로 가공・제조한 식품'이라고 할 수 있다.

우리나라에는 식품공전에 특수영양식품과 건강보조식품이 있다. 특수영양식품에는 이유식, 식이섬유 가공식품 및 조제분유가 있다. 건강보조식품에는 다음과 같은 24개 식품군을 들 수 있다.

1) 정제어유 가공식품 : EPA(eicosapentaenic acid) 및 DHEA(dehydroepiandrosterone) 함유식품
2) 로얄젤리 가공식품
3) 효모식품
4) 화분가공식품
5) 스쿠알렌 식품
6) 효소식품
7) 유산균 함유식품
8) 조류(藻類)식품 : 클로렐라 식품
9) 감마리놀렌산 식품
10) 배아가공식품
11) 레시틴(lecithin) 가공식품
12) 옥타코사놀 식품
13) 알콕시글리세롤 식품
14) 포도씨유 식품

15) 식물추출물 발효식품
16) 류코다당단백식품
17) 엽록소 함유식품
18) 버섯가공식품
19) 알로애 식품
20) 매실추출물 식품
21) 자라가공식품
22) 베타카로틴 식품
23) 키토산 가공식품
24) 프로폴리스추출물 가공식품

일본의 경우 식품의 기능을 다음과 같이 분류하여 3차 기능에 해당하는 기능성 식품으로 설정하고 있다. 그러나 좁은 의미에서 건강식품 중 약효식품에 해당한다고 볼 수 있다. 미국에서는 이와 유사한 개념으로 맞춤식품(designer food)이 사용된다.

・1차 기능 : 영양기능
・2차 기능 : 감각기능
・3차 기능 : 생체조절기능(기능성 식품)

① 생체리듬의 조절 : 신경계 조절식품, 섭취기능 조절식품, 흡수기능 조절식품 등
② 생체방어(면역강화)기능 : 면역부활식품, 알레르기 감소식품 등
③ 질병 예방기능 : 고혈압 방지식품, 당뇨병 방지식품, 항종양식품 등
④ 질병 회복기능 : 콜레스테롤 억제식품, 조혈기능 조절식품 등
⑤ 노화 억제기능 : 과산화지질 생성 억제식품

5. 식이섬유

식이섬유(dietary fibre)는 사람의 장내 효소에 의해 분해되기 어려운 식물체에서 유래된 중요한 성분이다. 예전에는 식이섬유에 대한 관심이 매우 적었다. 그러나 육류와 지방질 식품을 대량 섭취하는 서구식 식생활이 비만증이나 성인병을 일으키기 때문에 이를 방지해보려는 건강에 대한 관심이 커짐에 따라 많은 연구와 더불어 실용화가 이루어졌다.

식이섬유의 섭취는 장 기능의 여러 가지 생리작용을 나타낸다. 혈중 콜레스테롤과 당 농도를 줄일 수 있어서 다양한 질병의 치료와 예방효과를 지니고 있는 것으로 알려지고 있다. 이에 따라 섬유질 섭취를 늘리려는 경향이 커졌으며, 이를 위하여 농업

부산물 중에 다량 들어 있는 식이섬유를 추출하여 과자, 빵, 스낵식품, 또는 시리얼식품에 첨가하고 있다. 섬유질을 다량 함유하고 있는 농업부산물 중의 섬유질 함량은 표 8-1과 같다. 제품의 색상을 고려하여 정제된 섬유소를 이용하고자 할 때는 톱밥과 같은 목재를 이용하며, 이 외에 귀리(oat), 밀기울 등을 이용한다.

식이섬유는 식물 세포벽을 구성하고 있는 섬유소, β-glucan, 펙틴질, 헤미셀룰로오스, 리그닌, 이눌린(inulin), 해조다당류(algal polysaccharide) 등을 포함하는 난소화성 탄수화물(unavailable carbohydrate)로서 '인간의 소화효소로서 잘 소화되지 않는 다당류를 주체로 한 고분자 성분'이라고 할 수 있다. 식이섬유의 화학적 성분은 표 8-2에서 보는 바와 같다. 또한, 대표적인 식품 중에 들어 있는 식이섬유의 함량은 표 8-3과 같다. 섬유질은 과일과 채소에 많이 들어 있으며, 곡류를 원료로 하는 가공식품의 경우는 식이섬유를 첨가하여 제조함으로써 제품 중에 섬유질 함량을 높이고 있다.

우리나라와 일본에 있어서는 건강식품은 흔히 약용성분이나 유용성분이 많이 함유된 식품인 약효식품 또는 그의 농축액, 천연무공해식품인 자연식품을 의미하는 경우가 많다. 그러나 서구에서는 식이섬유를 첨가한 저칼로리식품(diet food)이 많다. 이는 관습이나 인식의 차이에서 오는 것으로서 오랫동안 내려온 식생활의 차이가 가져온 결과라고 할 수 있다.

일반적으로 동양인은 채식을 주로 하기 때문에 섬유질 부족으로 인한 생리적 이상현상은 잘 일어나지 않았다. 그러나 젊은 세대에서 점차 식생활이 서구식으로 바꾸어지면서 이에 대한 영양학적인 관심이 높아지고 있다. 따라서 이에 부응하여 곡류의가공부산물을 분쇄하거나 식용섬유를 추출한 다음 스낵식품, 쿠키, 빵, 시리얼 식품 등에 제품의 종류에 따라 다르지만, 밀가루를 기준으로 12% 이내에서 첨가한다. 이보다 많은 양을 첨가하였을 경우는 겉보기가 좋지 못할 뿐만 아니라 물성이 나빠져서제품의 품질이 떨어지는 것으로 알려져 있다. 감귤주스를 제조할 때에 생기는 감귤가공

표 8-1. 농업부산물 중의 섬유질 함량

원 료	조섬유 함량(%)	조섬유 중에 식용섬유 함량(%)
옥수수 박(粕)	13～20	50
밀기울	9～12	36～41
탈지대두박	38～48	72～82
쌀겨	6～8	45
목재섬유	70	> 99
감귤가공 부산물	12～20	19～29

표 8-2. 식이섬유의 화학적 분류

섬유성분	화학조성	
	주사슬(main chain)	곁사슬(side chain)
Polysaccharides		
Cellulose(1,4-β-)	Glucose	-
Noncellulose		
Hemicellulose		
Arabinoxylan	Xylose	Arabinose
Galactomannan	Mannose	Galactose
Glucomannan	Galactose	Glucuronic acid
Pectic substances	Glucuronic acid	Galactose, Glucose, Xylose, Fucose, Rhamnose, Arabinose
β-glucan(1,3-β, 1,4-β)	Glucose	-
식물수지(mucilages)	Galactose, Mannose Glucose, Mannose Arabinose, Xylose Galacturonic acid, Rhamnose	Galactose
검류(gums)	Galactose, Mannose Glucuronic acid, Mannose Galacturonic acid, Rhamnose	Xylose Fucose Galactose
조류 다당류 (Algal polysaccharides)	Mannose Xylose Glucuronic acid, Mannuronic acid Glucose	Galactose
Nonpolysaccharides Lignin	Sinapyl aclcohol Coniferyl alcohol p-Coumaryl alcohol	

부산물도 중요한 섬유질원으로 이용이 가능하지만, 많은 양을 첨가하면 제품에 쓴맛과 변향(變香)을 줄 수 있어서 사용에 제한을 받고 있다.

식이섬유를 가공식품에 첨가하면 식이섬유의 화학적 성분에 따라 차이가 있으나, 일반적으로 다른 성분에 비해 미생물 또는 효소에 의한 분해가 어렵거나 이루어지지 않는다. 그리고 식이섬유는 가공식품에 있어서는 보수력(water holding capacity)을 높여 물성을 좋게 해준다. 또한, 섬유질을 섭취하게 되면 장내에서 담즙산(bile acid)

표 8-3. 대표적인 식품 중의 섬유질 함량 (가식부분 100 g 중의 g수)

	수 분	섬유질		수 분	섬유질
빵			과일 및 채소		
혼합곡류	38.2	6.3	사과	83.9	2.2
오트밀(oat meal)	36.7	3.9	바나나	74.3	1.6
밀가루	37.0	3.5	오렌지	86.8	2.4
			오렌지 주스	88.1	0.2
과자, 케이크			딸기	91.6	2.6
초콜릿 케이크	33.3	2.2	콩 통조림	93.3	1.3
초콜릿 칩 쿠키	4.0	2.7	당근	87.8	3.2
오트밀 쿠키	5.7	2.9	토마토	94.0	1.3
밀가루 크래커	6.0	8.0	상추	94.9	1.7
시리얼 식품			스낵식품		
밀기울 플레이크	2.9	18.8	옥수수 칩		4.4
옥수수 플레이크	2.8	2.0	팝콘(pop corn)		15.1
오트 플레이크	3.1	3.0	감자 칩	2.5	4.8
팽화 밀가루제품	1.5	1.5	Pretzels(크래커)		2.5
쌀가루 제품	2.4	1.2			

을 흡수하여 배설시키는 역할을 한다. 그리고 양이온 교환능력이 있어서 무기물과 전해질과 결합하여 배설시킴으로써 전체적으로 건강에 영향을 미치는 것으로 알려져 있다.

6. 조립식품

6.1 조립식품의 정의

조립식품이란 fabricate foods(FF), engineered food(EF), synthetic food(SF), imitation foods(IF) 등으로 표현된다. 조립이란 의미에는 모방이나 의도적 합성의 뜻이 들어 있다. 위의 3가지 용어는 같은 의미를 가지지만, 다음과 같이 구별된다.

1) 합성식품

합성식품(fabricate foods, FF)은 첨가제를 포함하여 다양한 성분으로부터 만들어진 식품을 말한다. 각종 성분이 구조화(structuring), 형상화(shaping), 혼합화

(blending)되어 제조되며, 소비자에게 편의성, 겉보기, 관능적 가치, 재현성(reproducibility), 경제적 가치, 조직의 특이성 등을 부여한다. 대표적인 합성식품으로 마가린이 있으며, 모방 아이스크림(imitation ice cream), nondairy cream, whipped topping mix, 조식 시리얼(breakfast cereal), 유아식, 분말수프 mix 등을 비롯하여 콩단백질 또는 식물단백질으로 조직화된 소시지·육고기 등이 있다.

이 외에 중요한 합성식품으로는 쿠키, 크래커, 육유사제품(meat analogs, texturized protein foods), 낙농유사제품(dairy analogs, formulated nondairy products), soft moist foods(중간수분식품, intermediate moisture foods), novelly foods(imitation caviar, French-fried molded onion rings 등), 저칼로리식품(low calory foods), 특수목적의 다이어트식품, 콜레스테롤이 적거나, 염류가 적거나, 지방이 적은 식품, 당이 없는 식품 등의 특수용도식품, 편의식품(convenience foods, snack packs, TV dinners 등), 유아식(baby foods), soft drink, 대체유제품(dairy substitutes), prepared cereals, 샐러드드레싱(salad dressings), cake and roll mixes, 채소단백제품, prepared desserts, pop tart products, dietectic food 등이 있다.

2) 조립식품

조립식품(synthetic food, SF)은 여러 가지 가공방법에 의해 식품의 물리적 성질을 변화시켜 만든 합성의 성격을 가지는 가공식품으로 무기질, 비타민, 영양성분 등이 첨가된다. 조립식품의 종류에는 단맛이 있는 청량음료나 과일음료를 혼합하여 만든 합성주스(synthetic fruit juices), 빵, 치즈, 초콜릿, 마가린, 인조육고기 등이 있다.

3) 모방식품

모방식품(imitation foods, IF)에는 보기에는 어떤 식품과 흡사하여 대체할 수 있으나, 그 식품의 표준규격을 가지지 않는 것이 특징이다. 예를 들면 어떤 소시지가 frankfruter 소시지와 겉보기, 느낌, 맛은 비슷하나, 본래의 frankfruter의 성분 조성 및 규격을 가지고 있지는 않다. 그러나 frankfruter 소시지와 대체하기 위해 제조되었다. 모방식품의 예는 표 8-4에서 보는 바와 같다.

4) 위조식품

위조식품(simulated foods, SIF)은 모방식품이라고 부르기도 하지만, 엄격한 의미에서는 다르다. 위조식품은 어떤 식품과 완전히 동일하게 만들어진 것으로 모양, 맛, 감

표 8-4. 모방식품의 예

천연식품	모방식품(food analog)
전지우유(fluid whole milk)	유지방대체유(filled milk)
지지방유(low fat milk)	모조유(imitation milk)
가공유(flavored milk)	–
발효크림(regular spur cream)	모조발효크림(imitation sour cream)
Half and half	크림가루(powdered substitute)
저지방크림(light cream)	대용크림(cream substitute)
고지방크림(heavy cream)	포립대용크림(whipped topping)
버터	마가린
Ice milk	Mellorine
치즈	Cheese analog(imitation cheese)
Coffee cream	Coffee whitener(coffee lighteners)
Whipped cream	Non dairy whipped topping, imitation whipped topping
Sour cream	Imitation sour cream

각, 등도 거의 본래 식품과 같다.

우유와 같이 만든 두유(soy milk)와 식물추출 단백질을 가공한 새로운 육류 대용품인 인조육(meat analogue) 등이 여기에 속한다. 이와 같이 합성식품, 조립식품, 모방식품은 공통적으로 식품성분의 물리화학적 방법, 즉 가열(heat), 가압(pressure), 냉동(freezing) 또는 화학적 변형(chemical modification)을 통해 식품의 화학적 조성(chemical composition)과 물리적 성질(physical properties), 물리적 조직(physical structure)을 변화시켜 만든 것이다.

이러한 식품들은 모두 간편성을 위주로 만든 편의식품(convenience food)이다. 따라서 식품의 저장, 취급, 조리, serving 또는 먹을 때 시간이 단축된다. 이와 같은 편의식품들은 가격이 싸고 영양가가 좋으며, 간편성·편의성·관능성도 좋은 편이다. 따라서 이 식품들은 부엌시설과 조리기구, 용기, 훈련된 종업원, 서빙(serving) 장소 등이 필요 없이 어느 곳에서나 먹을 수 있는 1회용 식품으로 발전시킬 수 있다.

6.2 조립식품의 제조기술

조립식품은 처음에 녹말을 단순히 호화하여 만들었다. 그러나 나중에는 녹말과 단백질 그리고 미량성분을 압출(extrusion cooking) 방법으로 제조하였다. 압출방법으로 곡류 또는 녹말의 호화로 수분흡착 능력을 증가시키고 소화성과 기능성, 신전성, 가스 보유능력, 용해성, 조직성 등을 좋게 하고, 다양한 모양, 조직, 크기, 밀도, 재흡

수 등을 갖는 식품을 제조할 수 있다. 그러나 갈변반응이 일어나기 쉽고, 비타민 등의 손실이 일어나므로 가공할 때에 수분함량, 온도 등을 잘 조절해야 한다.

조립식품의 제조원리는 구형단백질(globular protein)의 섬유화(fiber formation) 과정으로 나눈다. 우선 무작위 코일(random coil)을 형성하기 위하여 원료단백질(raw protein)을 녹인다. 다음에는 무작위 코일이 전단력(shear stress)의 작용을 받아 펼쳐지고 같은 방향으로 배열되는데, 이 상태는 불안정하다. 따라서 다시 조작이 처음 상태로 돌아가지 않도록 스핀(spinning), 냉각(cooling)시켜 고정한다. 이때에 조직은 섬유모양을 나타내며, 이것을 다시 담금질하여 결정성을 높여 준다. 마지막으로 조직의 안정성을 높이기 위해 조직을 교차결합(cross-linking)시켜 완전한 구조를 갖도록 한다. 이와 같은 변화는 단백질의 변성 → 변성조직의 분해와 파괴 → 분해된 작은 조직들의 재결합 등으로 요약할 수 있으며, 이 과정에서 소수결합, 수소결합, 유황결합 등이 관여하게 된다.

1) Spinning 기술

1954년 Boyer가 도입한 단백질 섬유제조 기술로 인조햄, 베이컨, 런천육 등의 제조에 이용되어 왔다. 이 방법은 순수한 대두분리 단백질을 pH 10～11의 강알칼리 용액에 농도 14～18%로 분산시키며, 이 액을 dope액이라고 한다. Dope액을 직경 0.2 mm 이하의 작은 구멍이 있는 spinner를 통하여 강한 압력을 pH 3～4.5, 소금 20～30%의 응고액 속으로 spinning하여 재배열한 단백질 분자들을 고정시켜 섬유상으로 침전시킨다.

단백섬유로 인조육을 만들기 위하여 이들 섬유들에 지방, 결착제, 착색제 및 조미액을 첨가하여 2차 가열, 성형시킨다. 여기에 지방, 단백질과 같은 가열 응고된 결착제 등을 첨가한다. 이들 혼합물을 성형 extruder에 투입하면 이들 혼합물은 이동되면서 섬유단백질이 전단 방향에 따라 특유의 조직을 갖게 된다. 단백질 농도가 증가할수록 섬유의 견고성, 인장강도, 안정성이 증가한다.

2) Thermal extrusion 기술

이 공정은 50% 이상의 단백질, 3.0% 이하의 섬유, 1% 미만의 지방을 함유한 탈지대두분(脫脂大豆粉)을 먼저 20～40% 수분을 갖도록 물과 혼합하고 반죽의 pH를 조절한다. pH가 낮으면 치밀하고 질긴 조직이 형성된다.

물과 혼합된 반죽을 conditioner에서 60～70℃로 가열하여 물이 탈지대두분 내부로 균일하게 침투되도록 하고, 이 때에 여러 가지 첨가제를 넣는다. 반죽을 extruder

내에 투입하여 고온·고압에서 열용융시키고 일정 형태의 다이(die)를 통하여 대기압으로 강제로 밀어냄으로써 분자간 교차결합의 형성, 분자배열 및 성형이 동시에 이루어진다. 이 때에 과포화상태의 물은 급속한 압력강하에 의해 휘발되면서 망상구조를 이룬다.

이와 같이 제조된 것은 불균일한 기포를 많이 가지며 불용성이다. 물을 첨가하여 복원할 경우 육질과 비슷한 점탄성을 가진다. 이것은 열가소성 압축공정에서 형성되는 단백질 분자간 소수성 결합, 수소결합 및 S-S 공유결합 때문이다. 품질을 더욱 좋게 하기 위하여 dual extrusion 과정, cooled die extrusion 방법 등을 사용하여 동물 근육과 유사한 조직을 만들고 있다.

3) Steam texturizing 기술

1970년대에 미국 General Mill Inc.에서 개발하였다. 탈지대두분을 가열하여 extrusion 공정보다 짧은 시간 내에 원하는 온도를 상승시켜 갈변현상을 최대한 억제시킨 공정이다. 이 공정은 탈지대두분에 압력 27.4 kg/cm^2 이상의 고압수증기가 순간적으로 분사되어 단백질을 열변성시키고, 이를 압출하여 만든다. 이 제품은 갈변이 일어나지 않고 재수화(rehydration) 속도가 빠른 편이지만 점착성이 적다.

4) 동결조직화 기술

동결과정에서 미동결수 중의 이온농도가 급속히 증가하면 이와 접촉한 단백질이 크게 변성된다. 이 단백질들은 얼음결정의 성장, 얼음의 부피 증가로 생기는 내부 압력을 받아 단백질 분자 사이의 결합을 촉진하게 되므로 결국 용해도가 떨어진다. 이 단백질을 해동시키면 얼음결정은 녹지만, 조직은 그대로 남아 단백질 망상구조(network structure)를 형성하게 된다. 망상구조의 형태와 강도는 단백질 분자량과 겔 형성에 작용하는 반응력의 크기로 좌우된다.

5) 단백질 필름 제조기술

소시지 케이싱(casing)에 사용되는 콜라겐 필름과 같은 필름은 특수목적의 고부가 가치가 있는 제품이다. 콜라겐을 가수분해하여 만든 젤라틴은 겔화 능력이 우수하여 코팅재료 혹은 캡슐원료로 사용된다.

보통 젤라틴, 카제인(casein), serum albumin, ovalbumin 등으로 만든 필름들은 수분차단 능력이 나빠 사용에 어려움이 많았다. 이 결점들을 보완하기 위하여 젖산이나 탄닌산을 첨가하여 교차 수를 증대시키거나, 젤라틴에 아라비아검(arabic gum)을 넣어 복합체를 만든 후 여기에 칼슘이온을 가하여 교차를 형성하는 방법을 사용하였다. 밀글루텐이나 옥수수 단백질인 zein을 이용한 필름제조는 단백질을 알코올 용매에 녹인 후 글리세린과 같은 plasticizer를 가하여 만든다. 식용필름은 산소, 탄산가스 투과율은 플라스틱 필름보다 낮으나 수분 투과율은 크다. 그러나 zein 필름은 수분 투과율이 비교적 낮아 토마토의 포장과 저장에 이용된다.

제 9 장

농산물의 저장

농산물은 생산시기에 일시적으로 지나치게 많은 양을 집중 출하함으로써 가격하락을 초래하기 때문에 출하조절이 요구된다. 특히 농산물 개방화에 따라 과일과 채소의 저장개념은 대부분 '장기 저장보다는 신선도를 유지하는 범위에서의 단기간 저장을 중심으로 이행'하고 있어서 품질유지를 위한 저장방법이 중요하게 여겨지고 있다. 이는 지금까지 농산물을 수확한 다음 단순한 저장이라는 개념에서부터 품질유지가 이루어지지 않을 경우는 수입농산물로 대체되기 때문에 국내 농산물의 공급도 소비자의 요구에 부응하는 방향으로의 전환을 의미한다. 여기에서는 농산물 저장에 미치는 환경요인 등을 정리함으로써 기본적인 저장개념을 이해하도록 하였다.

1. 농산물의 변패와 변패요인

1.1 부패와 변패

일반적으로 부패(putrefaction)는 '식품에 들어 있는 함질소화합물이 분해되어 악취와 불쾌한 맛을 내는 물질이나 유독물질이 생성되는 현상'이라고 할 수 있다. 대부분 부패가 혐기성 미생물에 의해 일어나지만, 통성혐기성 또는 호기성 미생물이 관여하는 수도 있다. 이에 대하여 변패(spoilage 또는 deterioration)는 좁은 의미에서 '부패 외의 각종 원인에 의해 식품의 품질이 떨어지는 현상'을 말한다. 여기에는 미생물에 의해 일어나는 탄수화물 또는 단백질의 분해 등에 의한 식품의 변질, 녹말식품의 노화, 지방질 식품의 산패, 자가소화(auto-digestion), 갈변현상 등이 해당된다.

1.2 변패요인과 방지법

식품가공원료는 설탕 · 밀가루 등 변패가 잘 이루어지지 않은 안정식품(安定食品),

표 9-1. 식품의 변패 방지법

물리적 방법		
가열처리	저온살균	우유, 과즙, 술, 장류, 어묵, 식초
저온이용	고온살균	통조림, 우유
건조, 탈수	냉장, 냉동	일반원료, 가공품
	자연건조	곡물, 채소, 생선, 해조류
	인공건조	과일과 채소, 우유, 조개류
	농축	우유, 과즙, 시럽
자외선, 방사선	동결건조	한천, 동결두부, 육류
진공		일반원료, 가공품
여과		액체식품
포장		일반원료, 가공품
세척		일반원료, 용기, 설비
화학적 방법		
보존료, 살균제 첨가		사용허가식품
염장		육류, 생선, 과일과 채소의 염장
산 첨가	젖산, 아세트산, 구연산	채소류의 피클, 탄산음료
설탕 첨가		과일의 당절임
가스처리	질소가스 충진	건조식품
	SO_2 처리	과일
	훈연	생선, 육가공품
	훈증	곡류 등

미생물에 의한 방법	
세균, 효모의 이용	발효유, 김치 등 발효식품
곰팡이의 이용	치즈, 장류
각종 방법의 병용	
염건(염장과 건조)	생선
훈연처리(염장과 가열법)	식육 및 조개류의 훈제품
농축처리(설탕 첨가와 가열)	잼, 젤리
연제품(가열, 방부제, 포장)	어육소시지, 어묵

감자·사과 등 알맞은 저장조건에서는 비교적 장기간 보존이 가능한 중간적 식품, 육류·어류·과일과 채소 등 변패가 쉬운 불안정식품(不安定食品)으로 구분하기도 한다. 식품의 변패요인은 다양하며, 이를 구분해 보면 다음과 같이 나눌 수 있다.

① 물리적 변화에 의한 변패 : 건조나 동결 등의 가공조작에서 볼 수 있는 수분·

온도 등에 의한 식품의 변질로서 식품조직의 구조 변화, 콜로이드계의 변화 등에서 오는 변패

② 화학반응에 의한 변패 : 유지의 산화, 착색물질의 생성 등
③ 효소반응에 의한 변패 : 자가소화, 갈변현상 등
④ 생물에 의한 변패 : 해충·쥐 등에 의한 피해
⑤ 미생물에 의한 변패 : 미생물 증식에 따른 숙성, 부패, 변패, 독소생성

농산식품의 변패는 주로 수분함량이 많을 때 발생하기 쉽고, 변패 형태도 다양하다. 대부분 미생물이 원인이 된다. 과일과 채소의 경우는 기계적인 손상, 냉동, 탈수 등 물리적 요인이나 조직 중의 효소, 미생물의 작용 등 복합적인 요소가 많다. 미생물에 의한 변패는 겉보기, 맛, 냄새 등으로 간단히 식별할 수 있으나, 식중독을 일으키는 병원미생물에 의한 오염은 식별이 곤란한 경우가 많다. 식품의 성분, 환경조건에 크게 차이가 있다. 그러나 각각의 식품에 전형적인 변패형식이 있기 때문에 이를 식별하거나 변패방지를 위한 방지대책이 필요하다. 표 9-1은 식품가공학에서 다루는 대표적인 식품의 변패방지법의 예이다.

2. 농산물 저장에 미치는 환경요인

농산물은 수확 후에도 계속적인 호흡작용, 증산작용, 생장작용 등이 일어나므로(제2장 참조) 변패요인 외에도 계속하여 품질이 떨어진다. 물리적 요인으로 중요한 것은 온도와 수분함량으로서, 미생물의 생육에 의한 변패뿐만 아니라 농산물의 호흡작용에 크게 관여한다.

2.1 온도의 영향

호흡작용(respiration)은 주로 저장물질로 축적되어 있던 녹말이나 포도당이 해당작용(解糖作用)에 의해 피루브산(pyruvic acid)을 경유하여 호기적으로 TCA회로에 들어가 완전 산화되어 탄산가스와 물이 되는 과정을 말한다. 이 과정에서 호흡열이 발생되며, 표 9-2에서 보는 바와 같이 온도의 상승에 따라 발열량이 증가하는 것을 알 수 있다.

예를 들어, 곡류를 저장할 때에는 온도가 호흡작용에 큰 영향을 주지 않으나, 과일과 채소는 0~30℃ 사이에서는 온도상승에 따라 호흡량이 증가하고 저장수명(shelf life)에 영향을 미치게 된다. 따라서 저온으로 유지해주는 것이 저장수명을 연장시켜주는 좋은 방법이라고 할 수 있다.

표 9-2. 과일과 채소의 저장온도에 따른 발열량(kcal/ton/24hr)

식 품	저장온도(℃)		
	0	4.4	15.5
사 과	185～280	300～500	1,200～1,800
오렌지	190～250	390	1,400
배	180～240	-	2,400～3,700
콩	650～830	1,200～1,700	6,000～7,600
완두콩	2,300	3,700	11,000
딸 기	700～1,050	1,400～1,800	1,200～1,800
오 이	470	700	2,900
당 근	590	960	2,250
감 자	120～240	300～490	610～980
배 추	330	470	1,130
옥수수	1,800	2,600	11,600
복숭아	240～380	400～560	2,000～2,600
버 섯	1,700	6,100	16,000
토마토	160	300	1,700
바나나	-	-	2,300(20℃)

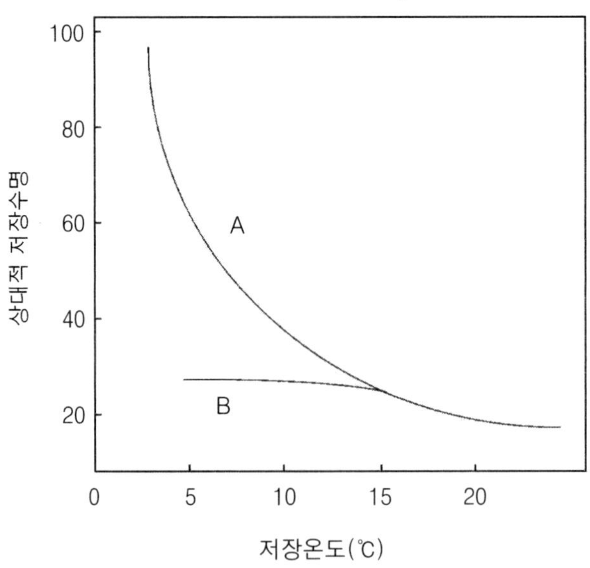

그림 9-1. 농산물의 저장수명과 온도와의 관계

A : 냉해에 강한 식품 B : 냉해에 약한 식품

저온저장의 경우는 온도조절이 매우 중요하다. 병원미생물은 10～37℃에서는 온도가 낮아질수록 생육속도가 늦어지고, 3.3℃에서는 거의 생육하지 못한다. 저온미생물의 경우에도 0～15℃에서 생육은 가능하지만 생육속도가 매우 완만하다. 냉장온도 범위에서 과일과 채소는 표 9-2에서 보는 바와 같이 호흡작용이 억제되며, 4℃ 이하에서는 후숙작용도 이루어지지 않는다.

저장수명을 최대로 유지하며 영양가 손실을 최소로 하기 위하여 냉장온도의 조절이 필요하다. 예를 들어 배를 저온에서 저장하는 경우 -1℃ 때에 비하여 -2℃에서 저장하는 것이 2주간 저장기간을 연장할 수 있으며, -0.5℃에서는 1주간, 1℃에서는 4주간의 저장기간 감소가 일어난다. 그러나 냉해에 민감한 과일과 채소의 경우는 그림 9-1에서 보는 바와 같이 오히려 품질을 나쁘게 하는 경우도 있으므로 각각의 과일과 채소의 종류에 따라 알맞은 저장온도 조건을 설정해 줄 필요가 있다.

예를 들어 저온에서 저장하면 열대과일은 저온장해를 일으킨다. 감자는 저온에서도 발아가 일어날 뿐만 아니라 상처 부위의 치유조직 생성(curing)을 저해하며, 환원당 생성의 증가 등이 일어나기도 한다.

2.2 수분과 습도의 영향

온도와 더불어 수분은 농산물의 저장에 큰 영향을 준다. 식품 중에 들어 있는 수분함량은 매우 다양하여 과일과 채소는 90% 정도, 어류와 육류는 70～75%, 곡류와 두류는 14% 정도이다. 가공식품은 제품에 따라 각각 다르나, 수분함량은 식품저장에 있어서 매우 중요하다. 수분함량이 높을수록 수분활성도(A_w)가 커지고 미생물의 생육뿐만 아니라 자체 내의 효소작용에 의한 식품의 품질 저하와 호흡작용이 활발해진다.

곡류의 저장에 있어서는 수분이 큰 영향을 주므로 일정한 수준으로 건조하여 저장한다. 예를 들면 보리는 수분함량이 11%일 경우에 비하여, 17%를 함유하고 있을 때는 호흡률이 170배로 증가한다. 그러나 과일과 채소는 수분함량이 낮아지면 위축되고 빛깔이 나빠져 상품가치가 없어지므로 신선도를 유지하기 위해 다른 저장방법을 병용해야 한다.

저온에서 저장할 때에는 저장고 내의 습도조절이 중요하다. 최적습도보다 높을 경우는 미생물 생육이 촉진되고 생리적 장해가 일어날 수 있다. 습도가 낮았을 때는 과일과 채소가 찌들어 상품가치가 떨어지며, 중량감소로 인한 경제적인 손실을 가져온다. 저장고의 상대습도는 공기와 냉장코일 사이의 온도 차이에서 일어나기 때문에 냉동코일의 표면적을 넓게 하고 공기 유통을 충분히 해주는 것이 좋다. 저장고 내의 온도와 공기 조성을 균일하게 조절하기 위하여 공기를 순환시켜 줄 필요가 있다. 그리고 냄새나 휘발성 물질을 제거하고 공기를 정화시키기 위하여 활성탄을 통과시키거나 배기(排氣)시켜 주는 것이 좋다.

2.3 저온에서의 미생물

일반적으로 미생물이 생육 가능한 온도범위는 -10～80℃의 넓은 범위이다. 그러나 미생물의 종류에 따라 생육에 가장 알맞은 온도(optimum temperature), 생육이 가능한 온도(minimum temperature)와 최고온도(maximum temperature)가 있다. 자연계에 분포하는 많은 미생물은 이러한 생육온도 범위에 따라 50～60℃의 최적온도를 갖는 고온미생물(thermophiles), 34～40℃의 범위에서 잘 자라는 중온미생물(mesophiles)과 15℃ 전후에서 잘 자라는 저온미생물(psychrotrophs)로 구분된다.

농산물은 가능한 낮은 온도에서 저장하는 것을 기본으로 하기 때문에 특히 냉장이나 냉동할 때에 가장 문제되는 것은 부패의 원인이 되는 저온미생물이다. 저온미생물은 저온세균(psychrotrophs)과 호냉세균(psychrophiles)으로 나누고 있다. 최저 -10℃, 최고 20～25℃의 세균군(細菌群)을 호냉세균이라고 한다. 저온세균은 최적온도가 30℃에 가까우며, 0℃ 이하에서도 생육이 가능한 미생물을 말한다.

식품 중에 호냉세균이 존재하는 것은 매우 드물다. 변패에 관여하는 미생물은 대부분 저온세균으로서, 다음과 같은 27속이 존재하는 것으로 알려져 있다. 즉, *Acinetobacter, Aeromonas, Alcaligenes, Arthrobacter, Bacillus, Chromobacterium, Citrobacter, Clostridium, Corynebacterium, Enterobacter, Erwinia, Escherichia, Flavobacterium, Klebsiella, Lactobacillius, Leuconostoc, Listeria, Micrococcus, Moraxella, Pseudomonas, Serratia, Streptococcus, Vibrio, Yersinia* 등이다.

식중독 세균은 대부분 중온미생물이다. 10～40℃에서 증식이 빠르고, 3.3～10℃에서는 완만히 증식이 이루어지나, 그 이하의 온도에서는 증식하지 않는다. 그러나 호냉세균은 0℃까지 증식이 잘 이루어지며, -10℃ 이하에서는 사멸하기 시작한다. 따라서 3.3～10℃의 온도 범위에서 식품을 저장하면 식중독에 대한 위험은 없으나, 저장 중에 변패 또는 부패가 일어날 수 있다. 저온세균으로서 문제가 되는 것은 *Pseudomonas* 속을 비롯한 Gram음성의 간균(桿菌)으로, 단백질 또는 지방 분해력이 강하여 어류나 육류식품의 변질을 초래한다.

저온성 효모에는 *Candida, Cryptococcus, Debaryomyces, Hanseniaspora, Rhodotolua, Trichosporon* 등이 있으며, 저온성 곰팡이류에는 *Alternaria, Aureobasidium, Botrytis, Cladosporium, Geotrichum, Mucor, Penicillium* 등의 속(屬)이 알려져 있다.

3. 곡류의 저장

곡류저장에는 저장기간의 경과에 따라 다음과 같은 현상이 발생한다.

1) 저장에 의한 고미화(古米化)

생명력(발아력)이 점차 약화되는 생리적 변화가 발생한다. 곡류에 들어 있는 지질 등의 변화로 취반(炊飯)하는 경우 밥이 단단해지거나 고미취가 발생하는 등 효소작용에 의한 화학성분의 변화가 일어나며, 현미 입자조직의 경화가 일어난다. 이에 따라 미각(味覺)의 변화가 발생한다.

2) 병충해에 의한 변질미의 발생

Aspergillus glaucus 등에 의힌 횡변미 또는 흑변미의 발생, 바구미 등 해충에 의힌 피해가 심해진다. 따라서 곡류를 저장할 때는 알맞은 환경조건을 만들어 주어야 한다. 효소작용의 억제와 성분변화를 줄이기 위하여 온도 10～15℃, 습도 70～80%로 해주는 것이 좋다.

곡류저장에서 발생하는 여러 가지 병충해를 방제하는 기술이 개발되어 왔으며, 이를 단계별로 살펴보면 그림 9-2와 같다. 수확 후 곡류나 두류의 취급과 저장에 있어서는 수분함량이 많은 다른 과일과 채소와는 달리 대부분 죽어 있는 상태의 무기물로서 취급되어 인위적인 환경에서 이동하거나 보관되고 있다.

병해충 방제기술

	실용단계	개발단계	연구단계
화학적	훈증제 접촉살충제	미생물농약	유인제 피임제 불임화제
물리적	밀봉저장 저온저장	고온처리(유동층) CA 저장	적외선, 자외선 조사 감마선 조사 고주파 이용
생물적		페로몬 불임화충 방류법	호르몬 천적

그림 9-2. 곡류저장에서의 병해충 방제기술의 개발 정도

곡류의 저장형태는 곡물의 형태, 포장 여부, 저장장소에 따라 구분할 수 있다. 즉, 곡물의 형태에 따라 수확 후 건조한 상태인 조곡(粗穀), 왕겨를 제거한 현곡(玄穀), 정미한 상태인 정곡으로 구분하며, 이를 포장물에 의해 저장하거나 또는 산적(散積)하는 방법이 있다. 그리고 저장장소에 따라 창고저장, 사일로(silo) 저장, 옥외저장(野積)으로 구분한다. 이 중에서 '어떤 형태의 저장이 가장 바람직한가'는 간단히 말하기 어렵다. 곡류 저장에 관여하는 요소로는 다음과 같은 점을 들 수 있다.

① 수확 후의 처리상태
② 곡류의 수분함량
③ 저장온도와 저장습도
④ 저장해충
⑤ 저장창고의 조건
⑥ 깔판과 바닥깔개
⑦ 저장해충의 방제

곡류의 호흡량은 수분이 13% 이하에서는 매우 적으나, 15% 이상이 되면 급속히 증가하고 저장해충의 번식도 빨라진다. 곡류의 저장에 있어서는 저장 중 곡류의 온도, 수분, 품질상태는 물론 해충이나 미생물의 발생상태, 창고 내의 여건 등을 충분히 고려하여 저장해야 한다. 곡류의 대량 처리로 실용화되고 있는 저장방법으로는 훈증제, 접촉살충제, 저온저장, 밀봉저장 등이다. 기술개발이 진행되고 있는 방법으로는 CA저장, 유동층에 의한 고온처리, X선 조사 등이다. 이들 중에서 실용화되고 있는 저장방법을 살펴보면 다음과 같다.

3.1 훈증제의 처리

창고 등의 개폐 공간 내에 보관되는 곡류나 두류(豆類)에 해충이 발생하였을 때, 가스 상태로 작용하는 훈증제를 확산시킴으로써 곡류와 두류 입자들 사이에 침투하여 서식하고 있는 해충을 죽일 수 있다.

1854년 CS_2가 살충력이 있다는 사실이 발견되어 훈증제로 이용된 이후 많은 훈증제가 개발되었다. 살충효과, 경제성, 안정성 등에서 8～9종이 이용되고 있다. 그러나 메틸브로미드(methylbromide)와 PH_3을 제외하고는 점차 사용량이 감소하였다. 예를 들어 사염화탄소(CCl_4), 에틸렌디브로미드(ethylene dibromide), 에틸렌옥시드(ethyleneoxide)는 발암성이 있음이 밝혀져 점차 사용량이 감소되고 있다.

포스톡신(phostoxin)의 사용량은 3～5 g/m^3이며, 72～120시간 정도 처리한다. 포스톡신을 처리한 후에는 카바이드(carbide) 냄새가 나며, 인화성은 약하나 인축(人

畜)에 대한 독성은 강하다. 메틸브로미드(methyl bromide)는 15～25 g/m^3 정도를 16～48시간 처리해주며 무색·무취의 액체로 인화성은 없으나 사람과 가축에 대한 독성은 강하다. methyl bromide의 독성으로 사용에 대한 규제로, 이를 대체할 수 있는 물질로서 carbonyl sulfide, phosphine, ethyl formate 등에 대한 연구가 이루어지고 있다.

3.2 접촉살충제의 처리

접촉살충제는 잔류의 위험성과 처리효율이 나쁜 단점을 가지고 있다. 벼를 재배하는 과정에 살충제의 살포는 자연환경적인 요인에 의해 분해되거나 희석되기 쉽지만, 수확 후 저장에서는 환경변화가 적어 잔류의 위험성이 크다. 보통 유제(乳劑)의 형태로 노즐(nozzle)에 의한 분무방식을 쓰고 있으나, 균일하게 살포하기 어려운 단점이 있다.

3.3 밀봉저장

곤충, 미생물의 생육이나 곡물의 대사활동(metabolism)으로 산소를 소비하게 되며, 산소농도가 2% 이하에서는 혐기상태가 유지되어 저장성을 높일 수 있다. 그러나 수분함량이 15% 이상에서는 곡물의 혐기발효가 일어날 우려가 있으므로 주의해야 한다.

3.4 저온저장

저장고 내의 온도를 낮추면 곤충이나 미생물의 생육을 저해할 수 있어서 저장목적

표 9-3. 저장해충 방제법의 평가

방제법	살충효과	안전성	경제성	작업성	문제점
훈증제	+++	+	+++	++	대기오염, 잔류성, 약제저항성 해충
접촉살균제	++	−	++	+	잔류성, 균일혼합, 약제저항성 해충
저온저장	+	+++	+	+	시설 건조비, 운전비, 하역비
밀봉저장	+	++	+++	+	살충력, 고수분 곡물, 하역비
CA저장	+++	++	+	++	살충력, 고수분 곡물, 경제성
유동층 고온처리	+	++	++	++	실용화 예가 없음
γ-선 조사	+	++	+	++	시설 건조비, 살충력

+++ 매우 좋다, ++ 좋다, + 보통이다, − 나쁘다.

을 이룰 수 있다. 이 외의 방법들은 개발 중이거나, 또는 연구단계에 있다. 예를 들어 질소가스의 주입으로 산소농도를 2% 이하로 하고, 탄산가스 농도를 35% 이상으로 하여 곡물을 저장하는 CA저장법은 실용화되고 있다. 해충 방제법이 실용화하는 데는 저장효과, 안전성은 물론 경제성이 중요한 평가 자료가 된다. 이를 종합하면 표 9-3과 같다.

4. 과일과 채소의 저장

과일과 채소는 일년에 한번 밖에 수확하지 않는 것들이 많아, 가능한 장기간 저장함으로써 판매기간을 연장하는 것이 바람직하다. 또한, 수확시기에 일시적으로 출하함으로써 가격이 하락되므로 출하를 조절하여 가격안정을 유지할 필요가 있다.

시설원예의 확대로 많은 종류의 채소가 연중 생산되고 있고, 농산물 개방화로 '장기저장의 의미보다는 수확에서 소비까지의 유통단계적인 성격'으로 많이 변화하고 있다. 즉, 생산에서 소비단계까지 신선도를 유지하며 유통할 수 있는 일시적인 저장형태를 중요하게 여겨지고 있다. 그러나 과일과 비교적 저장성이 있는 채소는 신선도를 유지하면서 장기간 저장할 수 있는 저장기술의 개발과 더불어 가공처리에 의한 자원의 유효이용을 목표로 한다.

과일과 채소의 저장성은 종류·품종 등에 따라 매우 다양하며, 재배조건, 수확시기, 수확 후의 처리조건 등에 좌우된다. 따라서 저장용 과일과 채소는 이러한 요소들을 고려하여 선정할 필요가 있다. 예를 들어 복숭아는 완숙한 것은 저장성이 나쁘며, 저장용 사과는 알맞은 수확시기에 딴 과일의 호흡량이 최소(climacteric minimum)가 된다.

과일과 채소의 종류에 따라 수확 후에 일어나는 호흡현상(climacteric phenomenon)이 다르다. 그림 9-3에서 보는 바와 같이 바나나·토마토·사과·서양배·복숭아·아보카도·망고 등은 호흡량이 일시적으로 상승하여 완숙하는 형태인 climacteric rise를 갖는 A형에 해당하며, 감귤·포도·무화과·양앵두·파인애플 등은 성숙함에 따라 호흡량이 점차 감소하는 B형에 해당한다.

일반적으로 과일과 채소의 수확시기를 결정하는 것은 매우 어려운 일이다. 그러나 보통 저장 중 호흡상승이 있는 과일이나 채소는 수확 후 바로 판매하는 것보다는 약간 미숙한 상태에서 수확하여 저온에서 저장하는 것이 좋다.

저장하기 전에 전처리(prestorage conditioning)를 하는 것은 저온저장에서의 예냉이나 수확할 때에 입은 상처 부위가 미생물에 의해 부패될 우려가 있으므로, 이를 방

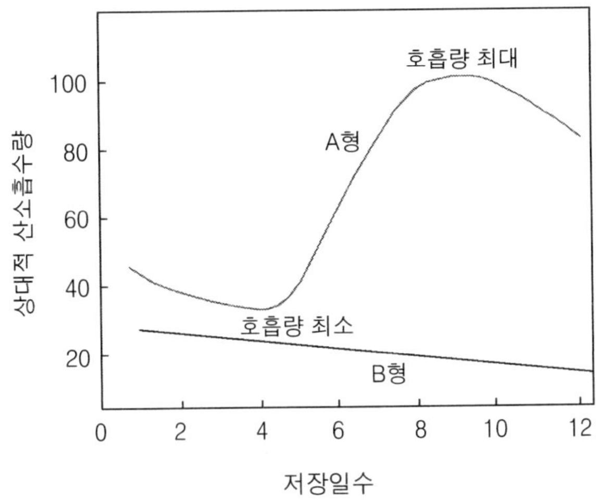

그림 9-3. 수확 후 과일의 호흡형

지하기 위한 것으로 근채류의 치유조직 생성 등이 이에 해당된다. 예를 들어 고구마에 이루어지는 치유조직 생성(curing)은 35～36℃, 습도 90～95%에서 5～6일간 보존하면 상처부위 조직에 유합조직(癒合組織, callus)이 형성된다. 저장전 처리로 저장 중 흑반병이나 연부병 등에 대해 저항성이 강해지고, 증산작용이 적어지며 냉해에 저항성이 생긴다. 감자의 경우는 13～16℃에서 2～3주일 처리한다. 양파는 절단할 때에 즙액이 흘러나오지 않을 정도로 처리하면 미생물의 번식과 호흡작용이 억제된다.

과일과 채소는 수확할 때 수분함량이 많고 상처를 입기 쉽다. 또한, 호흡작용과 증산작용이 왕성하여 수확 후 그대로 저장고에 넣으면 과습으로 인하여 피해를 받기 쉬우므로 표면을 약간 건조시키는 전처리가 중요하다. 그러나 선도가 떨어질 우려가 있는 과일과 채소도 있으므로 그 종류와 저장조건 등에 따라 결정해야 한다.

예를 들어 사과는 수확 후 바로 저장하는 것이 좋다. 그러나 감귤의 경우는 1～2월에 출고하는 것은 약 3%의 감량이 되도록 하는 것이 좋고, 3월에 출고하는 것은 4% 정도 감량이 되도록 저장전 처리를 하는 것이 좋다. 온주밀감의 경우는 10℃, 77%의 비교적 고온과 낮은 습도에서 저장전 처리를 한다.

4.1 상온저장

냉동기 등을 사용하여 온도를 조절하지 않는 저장을 상온저장이라고 한다. 상온저장에 있어서는 겨울철 외기(外氣)에 의해 과일과 채소가 동결되지 않도록 보온에 주의하여야 한다. 추운 지역에서는 알맞은 온도와 습도가 유지될 수 있는 지하에 저장하는 것이 바람직하다.

1) 감귤의 저장

온주밀감의 상온저장의 예를 들면 3월말까지 장기간 저장을 목적으로, 경사면에 냉기가 저장고 내에 들어갈 수 있는 장소에 목조로 짓는 것이 좋다(그림 9-4). 콘크리트는 흡수성이 강하여 좋지 않기 때문에 이중 토벽으로 하고, 기둥 사이에는 단열재인 25 mm 두께의 폴리스티렌(polystyrene) 판을 붙이는 것이 바람직하다.

저장상자는 55 × 35 × 20 cm 정도의 나무상자로서 온주밀감을 저장고 내에 높이 3.5～4 m로 쌓아 과습하지 않도록 한다. 2월까지는 월 1회 정도, 3월에 들어서는 주 1회 정도는 점검하여 부패과를 제거한다. 저장고 내의 온도는 5℃ 정도를 유지하도록 하며, 이보다 낮을 경우는 보온하고, 높을 경우는 외기와 차단되도록 주의하여야 한다. 습도는 90% 이상일 때는 부패과가 증가하며, 습도가 낮을 때는 말라버릴 우려가 있으므로 저장고 내의 습도가 80～85%가 되도록 주기적으로 환기를 시켜 조절한다.

저장기간이 경과함에 따라 감귤성분 중에서 산 함량이 감소하여 당산비(糖酸比)가 높아지기 때문에 수확시기에 산 함량이 높아 기호도가 떨어지는 밀감도 저장의 부수적인 효과를 얻을 수 있다.

2) 양파의 저장

가을철에 파종하여 5～6월에 수확하는 양파를 10～11월까지 출하하기 위하여 상

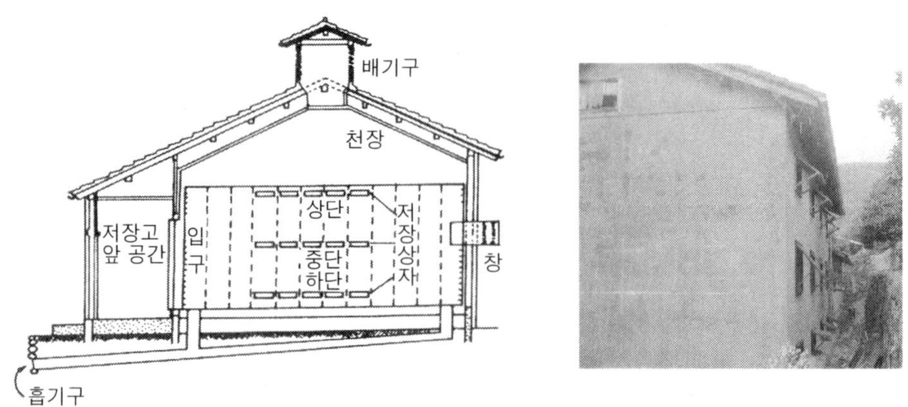

그림 9-4. 온주밀감 저장고의 단면도(일본)

온저장을 한다. 저장용 양파는 보통 출하용보다 약간 빨리 수확한 후 하루 정도 건조시킨 다음 저장한다. 양파는 생리적인 휴면작용을 가지고 있어서, 더운 기간에 상온에서 저장하더라도 증산작용에 의한 선도 저하가 잘 일어나지 않는다. 즉, 양파의 저장은 수확 후 휴면기간을 이용하는 것으로 다른 채소보다 간단하다. 12월 이후까지 저장하려면 품종에 따라 다르나, 휴면기간이 끝나는 8월말까지 저온저장을 해야 한다.

3) 고구마의 움저장

고구마의 저장에 알맞은 온도는 13~16℃로서, 겨울에 차게 하면 냉해를 입어 부패가 잘 일어나므로 지하 움저장을 한다. 전처리를 실시한 고구마를 땅을 파고 지하에 저장하면 호흡열에 의해 13℃ 정도로 유지되고, 알맞은 습도가 이루어지므로 저장효과를 볼 수 있다.

4) 배추의 저장

가을에 수확하는 배추를 수확하지 않고 재배포장에 그대로 두면 서리가 몇 차례 내리더라도 바깥 잎이 감싸고 있어서 동결을 방지할 수 있다. 겨울철 기온에 따라 차이가 있으나, 1월 중하순까지는 저장이 가능하다.

4.2 저온저장

저온저장(cold storage)은 15℃ 이하에서 동결점(freezing point) 사이의 온도인 5~-5℃의 온도범위에서 저장하는 방법으로서 건조, 염장, 고온살균 등에 비해 식품이 가지고 있는 본래의 맛을 잃지 않는 점에서 유리한 저장방법이다. 그러나 저장 중 저온미생물의 증식과 효소반응이 서서히 일어나 식품이 변질될 우려가 있다.

1) 저온저장의 효과

저온에서 과일과 채소를 저장하면 다음과 같은 효과를 얻을 수 있다.

(1) 미생물의 생육을 억제

저온에서 과일과 채소를 저장하였을 경우 저온성 미생물은 증식이 매우 느리게 이루어진다. 그러나 대부분의 미생물은 생육이 이루어지지 않아 식품의 변질을 방지할 수 있다. 저온에서도 미생물이 생존해있고 대부분의 효소활성이 그대로 남아 있으므로, 저온처리를 계속 유지하지 않으면 식품의 변질이 다시 일어나게 된다. 따라서 식품의 품질을 그대로 유지하기 위하여, 생산에서 소비까지 유통단계에 있어서도 저온을 유지시킬 수 있는 저온유통체제(cold chain system)를 실시하는 것이 바람직하다.

(2) 생리적인 대사작용을 억제

저온에서는 효소활성이 매우 낮아지므로 수확 후에 일어나는 호흡작용, 증산작용, 발근(發根) 또는 발아, 휴면작용 등의 생리적인 대사작용을 억제할 수 있다. 과일과 채소 등 식물성 식품은 수확 후에도 생명현상이 계속 유지되므로 식품의 품질을 떨어뜨리는 원인이 되는 조직 내의 여러 가지 효소반응을 억제하며, 미생물에 의한 변질에 저항하는 힘을 가지고 있다. 따라서 식물성 식품의 저장에 있어서는 살아있는 상태를 계속 유지시키는 일이 매우 중요하고, 세포가 동결되지 않는 범위의 저온에서 호흡작용과 증산작용을 억제시켜 성분의 변화를 줄이는 것이 바람직하다.

(3) 갈변반응, 지방의 산화반응, 영양가의 손실 등을 일으키는 각종 화학반응을 저온에서 억제

(4) 수분증발을 억제할 수 있어서 수분손실을 줄임

이와 같이 저온저장은 과일과 채소의 호흡작용과 증산작용의 억제, 부패의 억제, 발아 또는 발근(發根)의 억제작용을 하지만, 장기간 저장의 경우에는 품질 저하를 가져오는 수도 있다.

저장 중에 지질의 산화, 색소성분의 산화, 단백질의 변성, 비타민의 파괴 등의 화학변화는 품질을 떨어뜨리는 요인이 된다. 냉동장치 중 냉매의 유출에서 오는 암모니아가스, 오존, 아황산가스, 탄산가스 등의 오염도 제품의 품질을 나쁘게 한다. 또한, 과일의 상처, 과일과 채소의 수분 손실에서 오는 겉보기의 품질 저하 등도 저장 중에 오는 품질을 떨어뜨리는 현상이다. 그리고 과일과 채소 중에서 열대 또는 아열대 작물은 저온상태에서 냉해로 인한 변질이나 부패가 쉽기 때문에 빙결정보다 높은 온도를 유지하지 않으면 안 된다.

2) 저온장해

(1) 저온장해와 원인

예를 들어 바나나는 동결점이 -1.0℃이지만, 12～13.5℃ 이하에서는 껍질이 흑갈색으로 변하면서 변질이 일어난다. 또한, 토마토의 연부현상이나 레몬의 과육 중심부의 갈변을 피하기 위하여 10℃ 이하에서 저장해서는 안 된다. 이와 같이 15℃ 이하의 저온영역에서 생리적인 장해로 일어나는 변질을 저온장해 또는 냉해(cold injury)

라고 한다.

저온장해를 일으키는 원인은 저온에서는 식물세포 중 미토콘드리아(mitochondria) 막의 유연성을 떨어뜨려 인지질의 이탈이 쉬워지기 때문으로 알려져 있다. TCA 회로의 어떤 효소들은 특정온도에서 효소활성이 급속히 떨어지기 쉬운 특성을 가지고 있다. 이에 따라 대사의 균형을 잃게 되어 대사 중간생성물인 유기산, 알코올, 아세트알데히드 등이 축적되는 이상대사 현상(異常代謝現象)이 발생한다. 껍질의 변색, 육질의 고무화, 껍질에 반점의 생성(pitting), 불쾌취의 생성 등은 저온장해에서 오는 것으로 보인다.

저온장해의 증상은 과일과 채소의 종류에 따라 차이가 있다. 앞에서 설명한 원인 외에도 호흡작용, 막의 투과성, 성분의 변화 등이 일어난다. 저온장해를 받기 쉬운 과일과 채소를 저온에서 오래 저장한 후 출고할 때는 호흡량이 급속히 증가하는 것을 알 수 있다. 또한, 저온장해를 입은 조직에서는 K(potasium)와 이 외의 이온의 누출이 증가하여 막의 투과성의 변화가 심하다. 그리고 저온장해의 발생은 비타민 C의 감소를 일으킨다.

아스코르브산의 감소는 페놀류의 산화와 축적 등이 뒤따르게 되어 갈변의 원인이 된다. 저온장해가 발생하는 요인으로는 온도・습도・숙도 등이라고 할 수 있다. 저온장해는 어떤 한계온도 이하에서 발생하는 생리장해이므로, 일반적으로 저온일수록 장해의 발생이 쉽고 증상도 뚜렷하다. 또한, 농산물을 수확할 때의 온도가 높을수록, 그리고 저장온도와의 차이가 클수록 저온장해가 쉽게 일어나는 경향이 있다.

(2) 저온장해의 방지

저온장해는 습도가 낮을 때 발생하기 쉬우며, 95～100%의 습도에서는 잘 일어나지 않는다. 과일과 채소를 저온에서 저장할 때 플라스틱필름으로 포장을 하면 증산작용이 억제되어 선도가 유지될 뿐만 아니라 저온장해의 발생이 억제되는 것도 이러한 이유에서라고 할 수 있다. 일반적으로 미숙과일수록 저온장해를 받기 쉽고, 성숙해질수록 잘 일어나지 않는다. 저온장해를 받기 쉬운 과일과 채소의 저장에는 안전한 온도를 유지할 필요가 있다.

3) 저온저장

(1) 저장전 처리

저온저장을 하기 전에 전처리로서 이루어지는 사항과 이에 따른 영향을 살펴보면 다음과 같다.

① 저온저장 중에 식품에 부착해있는 미생물 또는 곤충의 생육을 억제하기 위하여 염소가스(chlorine), 초산염(acetates), methyl bromide, diphenyl, 오존, 아황산가스 등을 저장과일에 처리하기도 한다.

② 제품의 출입 외에는 저장실을 어둡게 해주어야 한다. 빛이 차단되었을 때는 토마토와 양파는 발아가 지연되며 탈색을 방지할 수 있다. UV는 세균이나 곰팡이의 생육을 억제하지만, 산화작용에 의해 변향(off flavor) 또는 퇴색을 초래하므로 사용에 주의해야 한다.

③ 저장용 레몬, 파파야, 복숭아, 자두 등을 46～54℃의 물에 1～4분간 처리하면 미생물의 수를 감소시킬 수 있으며, 이에 따라 냉장에서 부패를 지연시킬 수 있다.

④ 일정 기간을 주기로 저장고 내의 공기를 배출시키고 새로운 공기로 순환시키거나, 또는 활성탄을 사용하여 냄새성분을 흡착시켜 제거한다.

(2) 예비냉각

저장 초기에 고온으로 인한 제품의 부패 속도를 줄이고, 수송이나 저장시설에 필요한 냉동능력을 감소시키기 위하여 실시한다. 예비냉각(예냉)을 시키는 데는 다음과 같은 방법이 있다. 대부분의 과일과 채소 저장에 있어서는 저장고 중에 예비냉각을 시킬 수 있는 방을 따로 설치하여 냉각공기를 송풍하는 방법이 주로 이용된다. 각 예냉방식에 따른 특징은 비교하면 표 9-4에서 보는 바와 같다.

가) 냉각공기를 송풍하는 방법

강제통풍식, 또는 차압통풍식과 같이 찬 공기를 이용하여 냉각하는 방법으로서 간단하고 경제적이며, 위생적인 방법이다. 비교적 냉각장치에 부식성이 적어 널리 이용된다. 단점으로는 표면건조로 인한 지나친 탈수 위험이 있으며, 냉각공기 온도가 0℃ 이하일 때는 동결될 우려가 있다.

차압통풍식에서는 골판지 상자에서 냉기가 들어가는 측의 통기공과 빠져나오는 측의 통기공 사이에 압력차이가 걸리도록 적재하는 것이 중요하다. 송풍기 능력은 보통 골판지 상자 1상자당 200～300 L/min, 풍압은 300 mmH_2O 이상이 바람직하다. 감귤, 포도, 완두콩, 살구, 자두 등에 이용된다. 예냉을 위한 냉기온도는 보통 초기 빙결점보다 2～3℃ 높게 설정한다.

나) 냉수냉각

일명 hydrocooling이라고도 하며, 조작이 간단하여 급속냉각 방법 중에는 경비가

표 9-4. 각 예냉방식에 따른 특징 비교

냉각방식	장 점	단 점
강제통풍 냉각 12～24시간	· 실내 냉각에 비해 냉각속도가 크고 온도 편차가 작음 · 예냉 후 저온저장고로 활용이 가능 · 용기의 특별한 적재방법이 필요 없음 · Tunnel식 등 연속예냉이 가능	· 냉동기 용량에 비해 냉기 유량비가 클 경우 낮은 냉각속도 및 냉각 편차가 발생 · 냉각속도가 비교적 늦어 예냉 중 품질 저하 발생 · 외측 청과물에 결로 생성으로 저온저장에서 곰팡이 발생
차압통풍 냉각 2～5시간	· 청과물 표면에 결로 발생이 없음 · 냉각속도가 빠르고 온도 편차가 적음 · 기존 저온저장고를 약간의 경비로 개조가 가능 · 최적 통풍속도에서 강제통풍식에 비해 에너지절약 가능	· 풍속이 클 경우 건조 발생 · 청과물 충전 및 용기 배열에 시간과 인력 소요 · 예냉시설 소요공간으로 입고 효율이 낮음 · 용기 크기 및 적재방법에 따라 냉각 편차 발생이 가능
진공냉각 20～40분	· 빠른 냉각속도(20～40분)로 높은 선도 유지 효과로 당일 출하체제가 가능 · 진공챔버 내 적재방법 등에 의해 균일한 냉각이 가능함 · 냉각에 의한 수분제거로 비에 젖었거나 수세한 청과물의 탈수로 이용 가능	· 냉각 가능한 청과물이 거의 엽채류로 한정되며, 비표면적이 작은 과일, 근채류 등은 냉각속도가 늦어 알맞지 않음 · 설비비가 비교적 높고 예냉 후 저온저장고가 필요하여 전체 시설의 대형화를 초래
냉수냉각 30분 이하	· 냉각부하가 큰 괴상 청과물을 비교적 빨리 냉각시킬 수 있음 · 예냉 중에 중량감소가 없고 오히려 위조회복 · 예냉과 함께 세척 효과 · 연약한 엽채류를 제외한 모든 농산물에 적용 가능 · 자동화가 가능하여 가공시스템의 일부로 활용 가능 · 냉각능력에 비해 설비비와 운전경비가 낮음	· 골판지 상자 등 포장재 사용이 안 됨 · 부착수에 의해 부패균 증식이 쉽고 부패율이 높음 · 물 흐름이 강하면 청과물이 물리적인 손상을 받을 경우가 있음 · 냉각 후 탈수시설과 저온보관 시설이 필요 · 상추 등 조직이 약한 엽채류에는 적용 곤란

가장 적게 들어 경제적이다. 저장하고자 하는 원료를 0℃ 부근의 찬물에 침지하거나 또는 뿌려준다. 아스파라가스, 당근, 복숭아, 딸기 등의 냉각에 이용된다.

다) 얼음 또는 얼음-물의 혼합물에 의한 냉각

간단하고 냉각효과가 크나 얼음을 분쇄하는데 노동력이 많이 든다. 양배추, 복숭아, 구근류 등에 이용하며, 어류(魚類) 등에도 이용된다.

라) 진공냉각

중량에 비해 표면적이 큰 채소나 내부의 수분이 쉽게 용출되는 제품의 예냉에 효과적이다. 4～4.6 mmHg의 감압에서 실시하며, 급속냉각시켜 제품의 품질 손상이 적고 노동력이 절감되지만 시설비가 많이 든다.

(3) 저온저장 조건

과일과 채소를 저온에서 저장하는 경우 저장기간을 최대로 유지하기 위하여 저장 중에 온도, 상대습도를 조절하는 것이 바람직하다. 냉장제품의 숙도(熟度), 수확일자, 품종 등을 고려해야 한다. 일반적으로 알려져 있는 과일과 채소의 저온저장 조건을

표 9-5. 채소의 저장조건과 특성

품 목	저장온도(℃)	상대습도(%)	저장가능기간	최고동결온도(℃)	수분함량(%)	비 열
양배추	0	90～95	3～4개월	-0.9	92.4	0.94
단옥수수	0	90～95	7～10일	-0.6	89.9	0.92
상추	0	95	2～3주일	-0.2	94.8	0.96
시금치	0	90～95	10～14일	-0.3	92.7	0.94
호박	10～13	70～75	4～6개월	-0.9	88.6	0.91
오이	7～10	90～95	10～14일	-0.5	96.1	0.97
가지	7～10	90	7일	-0.8	92.7	0.94
토마토	4～16	85～90	2～3주일	-0.6	94.7	0.95
딸기	-0.6～0	90～95	5～7주일	-0.8	84.8	0.88
멜론	0～4	85～90	5～15주일	-1.2	92.0	0.93
당근	0	85～90	4～5개월	-1.4	88.2	0.90
무	0	90～95	2～4개월	-	93.6	0.95
고구마	13～16	85～90	4～6개월	-1.3	68.5	0.75
감자	3～10	90	-	-0.6	77.8	0.82
양파	0	65～70	6～8개월	-0.8	87.5	0.90
마늘	7～10	65～70	6～8개월	-0.8	74.2	0.79

표 9-6. 과일의 저장조건과 특성

품 목	저장온도(℃)	상대습도(%)	저장가능기간	최고동결온도(℃)	수분함량(%)	비 열
살구	-0.6～0	90	1～2주일	-1.1	85.4	0.88
무화과	7～13	85～90	4주일	-0.3	65.4	0.72
오렌지	0～1	85～90	8～12주일	-0.8	87.2	0.90
자몽	10	85～90	4～8주일	-1.1	88.8	0.91
레몬	10～14	85～90	1～14주일	-1.4	89.3	0.92
감	1	85～90	3～4주일	-2.2	78.2	0.84
벚찌	-0.6～0	90	10～14주일	-1.8	83.0	0.87
파인애플	10～13	85～90	3～4주일	-1.0	-	-
바나나	13	85～90	-	-0.7	74.8	0.80
포도	-0.5～0	85～90	3～8주일	-1.3	81.9	0.86
복숭아	-0.6～0	90	2～4주일	-0.9	86.9	0.90
사과	-1.1～0	90	-	-1.5	84.1	0.87

종합하면 채소의 저장조건과 특성은 표 9-5에서, 그리고 과일에 대한 저장조건과 특성은 표 9-6에서 보는 바와 같다.

실제로 저장하고자 하는 원료의 특성과 상태 등에 따라 각각 알맞은 최적조건을 실험을 통하여 설정하여, 이를 응용하는 것이 좋다. 보통 냉해에 관계없는 과일과 채소는 동결점보다 약간 높은 0℃ 부근에서 상대습도 90%를 유지하여 냉장한다. 냉해에 약한 과일과 채소는 10℃, 상대습도 85～90%에서 냉장한다. 또한, 저온창고를 공동으로 이용하는 경우 어류, 양파와 같이 냄새가 있는 제품은 버터와 같이 냄새를 흡수하는 제품과 같은 저장고 내에 두면 안 된다.

4.3 CA저장

수확된 과일과 채소는 호흡작용으로 저장기일이 지날수록 탄산가스의 배출량이 많아져 질식상태에 이르게 된다. 산소를 공급하여 대사작용(代謝作用)를 왕성하게 하면 선도(鮮度)가 빨리 떨어진다. 밀폐된 저장고 내에 과일과 채소를 저장하면 공기중의 산소가 호흡에 이용되고, 탄산가스를 배출함으로써 저장고 내의 공기조성은 시간의 경과에 따라 변화하게 된다. 과일과 채소는 각각 저장에 알맞은 조건을 가지고 있기 때문에 이 조건에 알맞은 공기의 조성, 온도, 습도 등을 조절하여 저장효과를 높일 수 있다. 이러한 원리를 이용한 저장방법을 CA저장(controlled atmosphere storage)이라고 한다.

1) CA저장고

저장고는 저온저장과 비슷하나, 단열성이 높은 건축자재를 사용하여 밀폐되도록 하여야 한다. 그리고 저온을 유지하기 위한 냉동설비, 상대습도를 조절할 수 있는 장치와 공기순환을 시킬 수 있는 장치가 있어야 한다. 또한, 과일의 호흡으로 발생하는 탄산가스를 흡착시켜 일정한 농도를 유지시키기 위하여 탄산가스 제거장치(scrubber)를 사용한다. CA저장에서 문제가 되는 것은 저장고 내외의 기압의 균형이다. 저장고 내부는 공기의 밀도가 높기 때문에 외부의 기압과 기온의 변화에 의하여 저장고 내외에 압력 차이가 발생하기 쉽다. 이 경우에는 벽과 천장에 압축과 팽창압력이 미치기 때문에 압력 완충대(breather bag)를 설치하여 저장고 벽에 생기는 균열을 방지하고 항온을 유지시켜야 한다.

2) CA저장고의 공기조성을 조절하는 방법

CA저장에서 저장고 내의 공기조성을 조절하는 방법에는 크게 다음과 같은 2가지로 나눌 수 있다.

① 외부로부터 공기를 차단하여 식물조직의 호흡작용에 의해 산소를 소모시켜 저장효과를 얻는 자연적인 방법
② 인공적으로 공기의 조성을 조절하는 방법

자연적인 방법은 간단하고 경제적인데 비하여, 필요로 하는 산소농도의 수준에 이르는데 많은 시간이 소요된다. 또한, 밀폐된 저장고가 필요하며 내용물을 일시에 출하해야 하는 단점을 가지고 있다. 이에 비하여 인공적인 방법은 저장실로 질소가스(액체질소) 또는 메탄이나 프로판을 연소시켜 산소가 적은 공기를 보내어 필요한 산소농도를 유지하는데 빠른 장점이 있다. 또한, 저장고에 내용물을 전부 채우지 않아도 되며, 저장기간 중 일부를 출하하거나 보충해도 된다. 그리고 약간의 공기유통이 이루어지더라도 알맞은 산소농도의 유지가 가능하다. 그러나 계속적으로 공기의 조성을 조절해야 하므로 많은 비용이 드는 결점이 있다.

일반적으로 저장고 내의 공기조성을 조절하는 데는 인공적인 방법을 이용한다. 이는 공기발생장치 내에서 외기(外氣)를 연소시켜 산소를 감소시키고 질소 96%, 산소 2～3%, 탄산가스 1～2%의 혼합가스 농도가 되도록 하여 주입하는 방법이다. 예를 들어 Tectrol식(total environmental control atmosphere)은 그림 9-5에서 보는 바와 같으며, 이 방법은 설비비, 연료비, 운전비가 많이 들고 냉동부하가 커지는 결점이 있다.

이 외로 냉장실 내의 공기를 간단한 가스발생 장치를 통하여 순환시키는 Arcagen

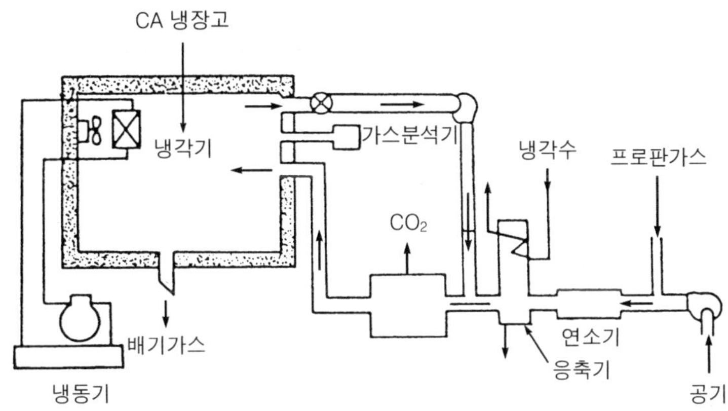

그림 9-5. Generator법(Tectrol식)의 과일과 채소의 CA저장

식(atlantic research controlled atmosphere generating system)이 있다. Tectrol식은 탄산가스 함량을 조정한 인공공기를 공급하지만, Arcagen식은 인공공기를 scrubber에 통하여 과잉분을 제거하여 다시 CA저장고에 넣는 것이 다르다. 탄산가스 흡착제로는 소석회, 탄산칼륨, 가성소다용액 또는 활성탄을 사용하기도 한다. 예를 들어, 소석회를 사용하는 경우는 사과 100톤을 5개월 저장하는 경우 2～3톤이 소요된다.

이 외로 분자체(molecular sieve)를 사용하여 공기중의 산소와 질소를 분리하여 고농도의 질소를 보내 주는 방법도 사용하고 있다. 저장고 내의 공기조성을 조절하는 기간은 가급적 짧아야 하며, 사과는 10일, 배는 5일을 초과하지 않도록 하여야 한다.

3) CA저장 조건

과일과 채소의 신선도를 오래 유지하기 위하여 보통 공기조성 중 산소 함량을 1～5%로 줄이고, 탄산가스 함량을 2～10%로 증가시켜 호흡작용을 억제하게 된다. 또한, CO_2, O_2 등의 기체조절, 냉장온도 외에도 85～95%의 습도를 유지하는 일이 필수적이다. 저장조건은 과일과 채소의 종류에 따라 다르며, 대표적인 과일과 채소의 CA저장 조건을 요약하면 표 9-7과 같다.

4) CA저장의 효과와 영향

CA저장법은 냉장법과 병용하면 과일과 채소의 생리현상을 억제할 수 있어서 같은 저온에서 저장하는 것보다도 2배의 효과가 있다. 그리고 저장고 내의 산소농도를 감소시켜 식품 중에 함유하고 있는 비타민과 색소의 산화를 방지할 수 있다. 그러나 일

표 9-7. 과일과 채소의 CA저장 조건과 저장기간

품 목	저장온도(℃)	CO_2(%)	O_2(%)	저장기간
사과(旭)	3.5	2.5	3	6～7개월
(홍옥)	0	5	3	6～7개월
(데리샤스)	0～1	1～2	2～3	6개월
배(이십세기)	0	4	5	9～12개월
(국수, 신홍)	0	3 이하	6～10	3～6개월
감(투유시)	0	8	2	6개월
(평행)	0	3～6	3～5	3개월
복숭아(대구보)	0～2	7～9	3～5	4주간
매실	0	3～5	2～3	-
밤(죽과)	0	6	3	7～8개월
바나나	12～14	5～10	10	6주간
온주밀감	3	0～2	10	6개월
딸기	0	5～10	10	4주간
토마토	6～8	5～9	3～10	5주간
멜론	3	3	0～10	30주간
시금치	0	10	10	3주간
앵두	0	3	10	4주간
마늘	0	5～8	2～4	10～12개월
고구마	3～5	2～4	4～7	8～10개월
감자	3	2～3	3～5	8～10개월

정한 농도 이하로 산소농도가 감소되면 조직세포는 분자간 호흡에 의하여 알코올 생성 등으로 품질이 떨어진다. 사과·배 등 핵과류는 CA저장 효과가 크지만, 감귤은 저온저장과 비교하여 저장효과가 별로 없는 것으로 알려져 있으며, 호흡량이 적은 곡류는 효과가 매우 적다.

과일의 호흡열에 의한 온도 상승을 막기 위해 냉각기에 의한 저장실의 온도조절을 해야 한다. CA저장은 저온에서 저장함으로써 냉장과 병행하기 때문에 냉해를 받기 쉬운 과일과 채소의 저장에는 저장온도에 유의하여야 한다.

4.4 동결저장

식품을 장기간 안전하게 보존하기 위하여 품온(品溫)을 빙결점 이하로 낮추어 동결상태로 저장하는 방법이다. 식품의 종류에 따라 다르나, 대부분 -18℃ 이하에서 저장하면 식품의 품질을 1년 이상 유지시킬 수 있다. 동결저장에 있어서는 식품 중에 들어 있는 대부분의 물이 얼음으로 된다. 비동결 부분에서는 수용성 성분이 농축되므로 수분활성이 매우 작아져 미생물의 생육이 잘 안될 뿐만 아니라 효소반응 속도가 크게 떨어지는 효과가 있다. 딸기를 비롯하여 살구, 복숭아, 옥수수, 완두콩, 토마토 등은 동결시켜 저장한다. 통조림에 비하여 신선한 과일과 채소와 비슷하여 소비자의 선호도가 늘고 있다.

1) 동결전 처리

채소의 동결전 처리에는 원료의 세척, 선별, 껍질벗기기(剝皮), 절단 등의 공정이 있다. 여기에 대한 내용은 통조림 제조부분(제6장)에서 이미 설명하였다. 채소를 동결저장할 경우는 효소의 불활성화를 위한 데치기(blanching)를 주의 깊게 할 필요가 있다. 이는 통조림 제조와는 달리 살균공정이 없이 바로 동결시키기 때문이다. 내열성인 catalase, peroxidase와 같은 효소의 불활성화를 고려하여 일반적으로 90～100℃에서 끓은 물(熱湯) 또는 증기에 의해 0.5～3분간 열처리가 이루어진다. 예를 들어, 시금치는 끓은 물에, 그리고 sweet peas, sweet corn 등 작고 크기가 균일한 제품은 증기분사법에 의하여 열처리하는 것이 좋다.

2) 동결방법

(1) 송풍동결법

송풍동결법(air blast freezing)은 '강제 공기순환식 동결법'이라고도 하며, 회분식과 연속식이 있다. 선반(tray) 또는 컨베이어(conveyer) 위에 식품을 올려놓고 절연된 냉동실 내에서 -30～-40℃의 공기를 3～5 m/sec로 송풍시켜 동결하는 방법이다(그림 9-6).

일반적으로 식품의 두께가 3～4 cm이면 3～4분, 10 cm 두께이면 10～15분 정도

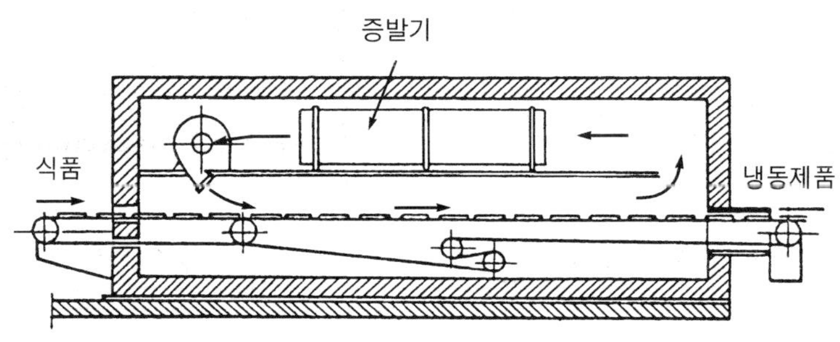

그림 9-6. 연속식 냉각시설

에 동결된다. 이 방법은 경제적이며, 크기와 모양에 관계없이 모든 식품에 적용할 수 있어서 과일과 채소·육류·어류 등의 냉장에 이용된다. 그러나 포장을 하지 않은 식품은 지나친 탈수가 일어날 수 있다.

(2) 유동층 동결법

비교적 작고 모양이 균일한 두류(豆類), 딸기, 옥수수 등의 식품을 동결할 때는 유동층 동결(fluidized-bed freezing) 방법을 이용한다. 즉, 원료를 연속적으로 벨트 위에 올려놓고 냉동장치를 통과하는 동안에 동결이 이루어지도록 한다(그림 9-7). 이 방법은 강제순환형 연속식 냉각시설의 방법을 변형한 형태로서 열전달 속도를 높이고, 제품의 탈수를 적게 할 수 있는 이점이 있다.

(3) 접촉식 동결법

접촉식 동결법(contact freezing)은 그림 9-8에서와 같이 냉각된 알루미늄합금과 같은 금속판 사이에 식품을 넣고 상하로 밀착시켜 동결하는 방법이다. 금속판의 온도는 -30～-40℃이며, 접촉할 때의 압력을 0.1～0.2 kg/cm^2 정도로 하면 3～4 cm 두께의 식품을 1.5시간 정도에 동결시킬 수 있다. 이 방법은 보통 벽돌 모양의 육류와 같은 식품을 동결시키는 데 이용하지만, 과일과 채소를 포장하여 이용할 수 있다. 제품이 균일하고 동결장치가 차지하는 면적이 적은 이점이 있다. 이 냉동법은 전도에 의한 열이동으로 냉각되기 때문에 냉각판과 식품을 완전히 접촉시켜야 한다.

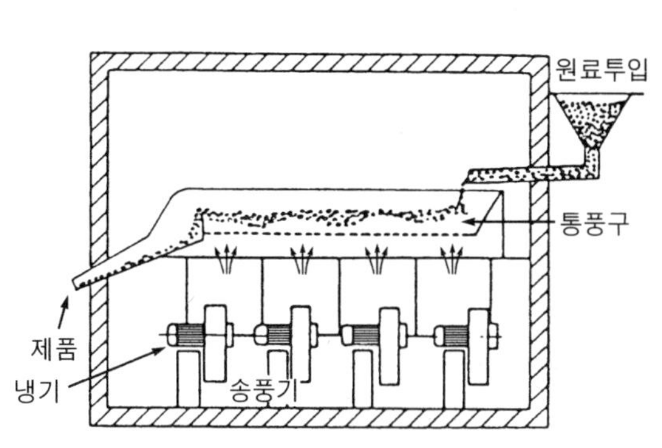

그림 9-7. 유동층 동결법

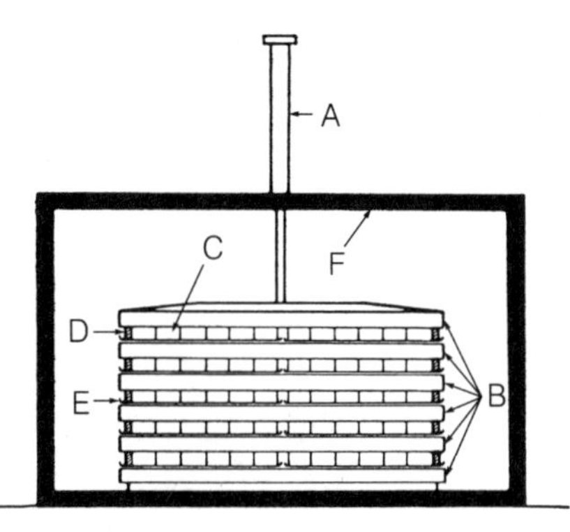

그림 9-8. 접촉동결장치

A : 냉각판 유도봉, B : 냉동판, C : 식품
D : 공간 유지봉, E : 냉동트레이(tray), F : 절연체

(4) 심온동결(cryogenic freezing)

액체질소, 액체탄산가스, freon 12 등을 이용한 급속동결방법이다. 액체질소를 제외하고는 이용이 잘 안 되며, 액체질소의 가격이 비싸 운전비가 많이 든다. 그림 9-9에서 보는 바와 같이 액체질소는 -195.8℃에서 기화하며, 이때 47.6 kcal/kg의 증발잠열을 주위에서 흡수한다. 심온동결법은 다음과 같은 장점이 있어서 개별 급속동결식품(individually quick frozen food, IQF food)을 얻을 수 있기 때문에 여러 가지 제품에 이용이 가능하다.

① 탈수로 인한 손실을 1% 이하로 할 수 있다.
② 동결 중에 산소를 제거할 수 있다.
③ 동결로 인한 손상을 최소로 할 수 있다.
④ 외형이 좋아진다.
⑤ 시설이 간단하고 연속조작이 가능하며, 좁은 장소에서도 동결속도를 높일 수 있다.

식품에 따른 냉동방법의 선택은 제품의 종류, 공정 규모, 시설투자, 냉동비용, 식품의 품질 등 여러 가지 요인에 의해 결정된다. 대규모의 공정에서의 제품 무게에 따른 냉동비용은 송풍동결법, 접촉식 동결법, 심온동결법, freon 동결법은 거의 비슷하며, 액체질소에 의한 동결법은 공정에서 사용된 액체질소를 회수할 수 없어 가장 비싸다. 액체 탄산가스에 의한 동결법은 중간 정도에 해당한다.

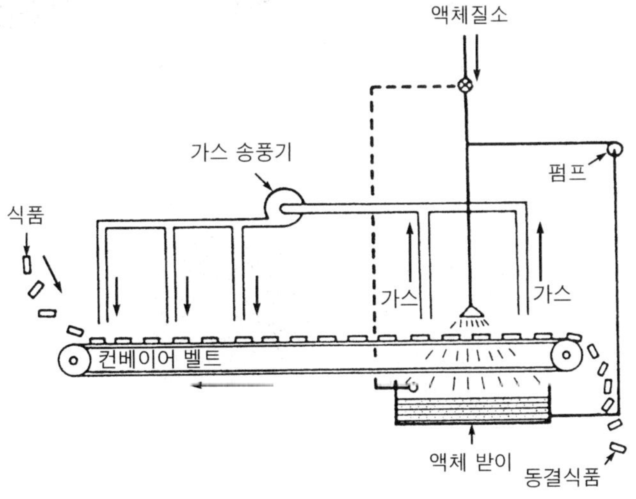

그림 9-9. 액체질소를 사용한 급속동결장치

식품의 품질을 유지하기 위하여 급속동결법(rapid freezing)을 이용하면 얼음결정이 미세하여 조직의 파괴와 단백질의 변성이 적고 품질유지가 가능하다. 동결할 때에 물이 얼음으로 상(相)의 변화가 일어나는 -1～-5℃의 온도구간인 한계온도대인 최대빙결정생성대를 빨리 통과시킴으로써 물리적·화학적인 품질의 변화를 줄일 수 있다.

급속동결은 한계온도대를 35분 이내에 통과시켜 얼음결정이 70㎛ 이하로 하는 것을 말한다. 동결할 때에 결정속도가 빠르면 얼음결정이 작아지고, 늦으면 커진다. 따라서 과일과 채소와 같이 조직이 섬세할수록 급속동결을 시키면 동결로 인한 손상을 줄일 수 있다.

3) 냉 장

동결한 식품을 -18℃ 부근에서 저장함으로써 냉장 중에 미생물에 의한 품질 저하는 거의 없으나, 물리적 또는 화학적인 변화로 품질이 떨어지는 경우가 있다.

(1) 물리적인 변화

냉장(frozen storage) 중에 일어나는 물리적인 변화로는 얼음의 재결정과 승화를 들 수 있다. 또한, 동결할 때에 얼음의 팽창률이 약 9%로서 세포 자체나 세포의 배열

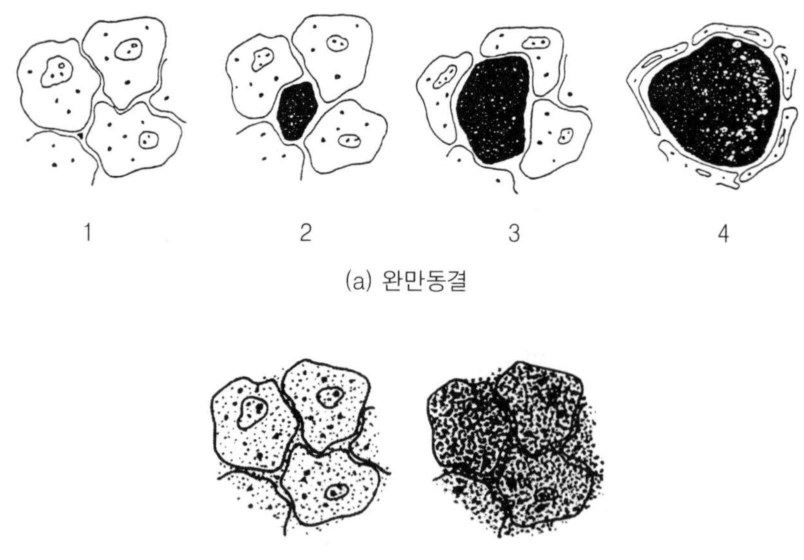

그림 9-10. 근육조직의 동결 중에 볼 수 있는 세포외 빙결정 생성과 세포의 탈수 진행상황

에 물리적인 손상을 줄 수 있다. 냉장 중에 미세한 얼음결정이 모여서 큰 얼음결정을 형성하는 현상을 재결정(recrystallization)이라고 하며, 냉장 중에 흔히 발생한다. 따라서 급속동결에 대한 효과는 완만동결에 비하여 품질 보존이 초기에 나타났다가, 저장기간이 경과함에 따라 재결정으로 인하여 점차 없어진다.

재결정의 방지를 위하여 저온을 일정하게 유지하거나 저장기간을 단축하여 재결정을 효과적으로 조절하여야 한다. 그림 9-10에서 보는 바와 같이 식품을 완만동결시킬 때, 또는 급속동결한 식품을 장기간 냉장하면 미세한 얼음결정(검은 부분)이 1에서 4까지 진행되면서 냉장 중에 점차 커진다. 이에 따라 세포조직의 수축과 탈수가 일어나 식품에 물리적인 손상을 입는 것을 알 수 있다.

또한, 냉장 중에 일어나는 승화(sublimation)는 불완전한 포장식품에서 나타나며, 심한 경우에는 냉동화상(freezer burn)을 일으킨다. 냉동화상은 식품 표면이 다공성(多孔性)으로 되어 공기와 접촉면이 커져 지방의 산화, 단백질의 변성, 풍미의 저하를 일으킨다. 제품의 수분손실을 방지하기 위하여 상대습도를 높이거나, 수증기압에 대한 투과성이 없는 포장재료를 사용하면 방지할 수 있다.

(2) 화학적인 변화

냉장 중에는 다음과 같은 화학적인 변화가 일어나 식품의 품질 저하는 물론 급속동결과 완만동결 사이의 품질 차이를 감소시키게 된다.

① 엽록소 등 색소의 감소
② 비타민의 파괴
③ 지방의 산화
④ 비동결 부분의 용액 중에 들어 있는 유기물 또는 무기염류의 농도 증가로 일어나는 염석(salting out)
⑤ pH 변화로 콜로이드계의 손상에서 오는 단백질의 불용화 또는 불안정
⑥ 이취(異臭)의 발생

화학적인 변화는 냉장 중에 서서히 일어나며, 온도가 낮아질수록 화학반응은 감소한다. 또한, 동결 초기에는 자가소화(glycolysis) 현상도 일어날 수 있다.

4) 해 동

비유동성 식품(nonfluid food)은 동결할 때에 비해 해동(thawing)하는 경우에 시간이 길어지며, 온도 차이도 적다. 특히 해동할 때에 화학적 변화, 물리적 변화, 미생물에 의한 식품의 손상이 커진다. 이는 얼음과 물의 성질을 비교할 때 열전도도에 있

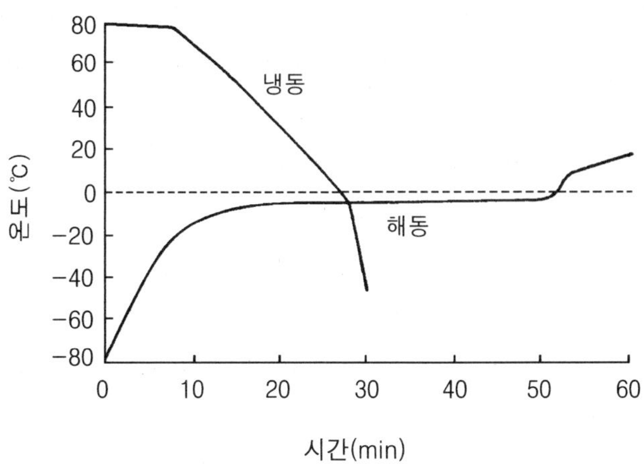

그림 9-11. 냉동식품의 냉동과 해동곡선

어서 4배의 차이가 나며, 열확산도(thermal diffusivity)도 9배의 차이가 나기 때문이다. 냉동할 때는 시간이 경과함에 따라 외부로부터 얼음층이 형성되어 열이동속도가 빨라지는데 비하여, 해동할 때는 반대로 외부로부터 얼음층이 녹아 없어지게 되어 외부로부터 내부로 열전달속도가 낮아지게 된다. 이를 냉동시간과 해동시간에 따른 식품온도의 변화를 비교하면 그림 9-11과 같이 해동시간이 2배 이상 소요됨을 알 수 있다.

공업적인 해동에는 다음과 같은 방법이 있다.

(1) 전기해동법(radiofrequency heating)

10～100 Mcycle의 dielectric 또는 microwave에 의한 해동방법으로 전도에 의한 해동법에 비해 빠르고 균일하게 이루어진다. 제품의 종류·크기·형태에 따라 해동조건이 달라진다.

(2) 송풍해동법(air blast thawing)

20℃의 공기를 500 cm/sec의 속도로 송풍하여 해동하거나, 감압상태에서 20℃의 온수를 약 0.5 cm/sec의 속도로 흐르게 하여 해동시킨다.

(3) 접촉해동법(contact thawing)

냉동장치 중에 있는 응축기의 냉각수를 이용하여 해동하는 방법이다.

해동할 때에는 유출액즙(drip)이 발생하는 경우가 많다. Drip이 발생하면 무게의 감소, 단백질, 진액(extract), 비타민, 염류 등 가용성 성분의 용출로 식품의 풍미와 조직이 나빠진다. Drip은 동결로 인한 식품조직의 물리적인 손상과 단백질의 변성으로 인한 교질적 변화로 보수력의 감소에 의해 발생이 된다. Drip의 발생량은 원료의 종류, 신선도, 동결속도, 냉장온도, 냉장기간, 냉장 중의 온도변화, 해동방법 등에 따라 다르다. 전처리 과정에서 당류, 식염, 축합인산염(polyphosphate) 등의 첨가로 drip 양을 어느 정도 감소시킬 수 있다.

4.5 과일과 채소의 저장과 화학물질

과일과 채소의 저장 중에 일어나는 품질의 열화(劣化)를 화학물질에 의해 억제하려는 시도는 오래 전부터 이루어져 왔다. 수확 전 또는 수확 후에 생장조절물질을 살포하여 발아 또는 발근의 억제, 부패방지의 효과 등을 얻게 된다. 그러나 식품위생법에 의해 사용량을 규제하고 있어서 주의하여야 한다.

1) 저장용 피막제

감귤 등을 플라스틱필름으로 개별포장을 하는 경우 인건비가 많이 들게 되므로, 이의 대체효과를 얻기 위하여 피막제를 사용한다. 예를 들어 모로폴린(morpholine) 지방산염, 아세트산 비닐수지, 에멀션 왁스(emulsion wax) 등 수용성 고분자물질들이 있다. 실험적으로는 선도유지에 많은 효과가 있으나, 실제로 사용할 때는 감귤에 물리적 손상을 주지 않고 피막을 시킬 수 있는 기계장치가 충분하지 않다. 기계를 사용하는 경우 껍질에 상처를 입히기 쉬우므로 오히려 부패하기 쉬운 단점을 가지고 있다. 따라서 피막제는 저장목적보다는 유통단계에서 겉보기를 좋게 하여 상품가치를 높이기 위하여 사용하는 경우가 많다.

2) 화학조절물질에 의한 선도유지

Kinetin 또는 n-benzyladenine(BA, 그림 9-12)을 사용하여 채소의 노화를 억제함으로써 선도를 유지하는 경우가 있다. 수확 전에 BA를 5～50 ppm의 농도로 처리하면 시금치, 아스파라거스, 딸기, 양배추 등의 호흡작용을 억제하고 클로로필의 분해를 지연시켜 채소의 녹색을 유지하고 품질을 보존할 수 있다.

MH(malcic hydrazide, 그림 9-13)를 재배 중에 살포하면 양파, 감자의 발아를 크게 저해하므로 발아방지에 효과적이라고 한다. 이밖에 생장조절물질로 이용이 검토되고 있는 것으로는 과일의 후숙조절제로서 에틸렌(ethylene)의 농도를 10 ppm이 되도록 하여 바나나, 배, 감귤 등에 처리하면 미숙과 중에 함유되어 있는 클로로필이 없

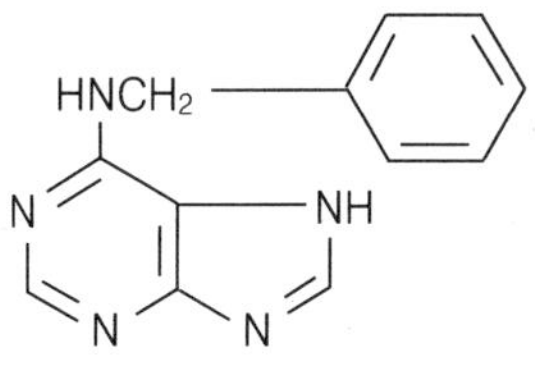

그림 9-12. N^6-benzyladenine

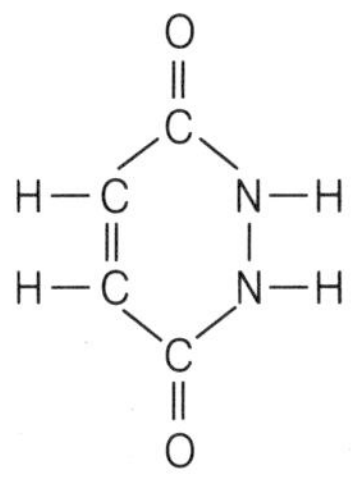

그림 9-13. MH

어져 색깔을 좋게 할 수 있다. 이와 반대로 감귤의 부패방지, 망고의 후숙을 억제하기 위하여 2,4,5-T(2,4,5-trichlorophenoxy acetic acid)를 사용하기도 한다. 또한, NAA(naphthyl-1-acetic acid)는 포도의 탈립방지(脫粒防止)를 위하여 사용하기도 한다. 그리고 사과의 생리작용을 조절하기 위하여 diphenylamine, ethoxyquin 등을 사용한다. 양파, 감자, 당근의 발아억제제로 phenyl carbamate, maleic hydrazide, nonyl alcohol의 증기를 이용한다.

4.6 저장병해

과일과 채소의 저장 중에 발생하는 미생물에 의한 피해는 유통과정 중에 발생하는 것과 큰 차이가 없다. 과일과 채소의 노화가 진행되면서 발생하는 주위에서 오염된 비교적 병원성이 약한 것이 많다. 대표적인 과일과 채소의 병해에 관여하는 미생물은 표 9-8과 표 9-9에서 보는 바와 같다. 수확 전 또는 수확 후의 약제처리에 의해 저장병해를 상당히 줄일 수 있다.

표 9-8. 과일의 병해

균주명	병 명	피해과일	발육한계온도	발병장소
Penicillium expansum	푸른곰팡이병	사과	6～32℃	저장 중
Fusarium sp.	심부병	사과	2～5	포장～저장 중
Sclerotinina fructigena	균핵병	배, 사과	4～	포장～저장 중
Physalospora piricola	수문병	배	10～35	포장～저장 중
Botlytis cinerea	회색곰팡이병	배, 포도, 사과	2～	포장～저장 중
Aspergillus niger	국균병	사과, 밀감	-	저장 중
Penicillium italicum	푸른곰팡이병	밀감	6～33	저장 중
Pen. digitatum	녹색곰팡이병	밀감	6～33	저장 중
Diaporthe citri	축부병	밀감	8～33	포장～저장 중
Phoma citricarpa	흑반병	밀감	-	포장～저장 중
Alternaria citri	흑부병	밀감	-	포장～저장 중
Rhizopus nigricans	검은곰팡이병	복숭아, 배	2～31	저장 중
Sclerotinina cinerea	균핵병	복숭아	3～	포장～저장 중
Glomerella cingulata	만부병	포도	7～35	포장～저장 중
Cladosporium herbarum	클라도스포리움병	포도	9～	저장 중

표 9-9. 채소의 병해

균주명	병 명	피해채소	발육한계온도
Ceratostomella fimbriata	흑반병	고구마	9～41℃
Rhizopus nigricans	연부병	고구마, 딸기	2～31
Phytophthora infestans	역병	감자, 토마토, 가지	4.6～30
Phytophthora melongenae	선역병	가지, 토마토	3～38
Phytophthora parasitica	녹색부패균	가지, 토마토	7～36
Colletotrichum atramentarium	탄저병	감자	-
Colletotrichum citrinans	탄저병	양파	4～34
Fusarium coeruleum	건성부패병	근채류	3～30
Botlytis allii	회색부패병	양파	-
Boltytis cincrea	회색곰팡이병	딸기, 기타	2～
Alternaria tomato	흑반병	토마토	2～35
Alternaria radicina	흑반병	당근, 배추, 토마토	5～
Phoma clestructicva	실부병	도마도	6～33
Sclerotinia sclerstiorum	균핵병	토마토, 양배추, 상추	0～
Bacillus aroideae	연부병	감자, 양파	3～41
Bacillus carotovora	세균성 부패병	당근, 배추, 토마토	2～39
Bacillus solaniperda	습부병	감자	-

제 10 장

바이오매스의 이용

지금까지 생물유기체인 바이오매스(biomass) 중에서도 좁은 의미로 농업생산에서 얻어지는 농산물을 식품으로서 유효하게 이용하는 분야를 다루었다. 그러나 국토가 협소하며 인구가 조밀하고 자원이 부족하여 거의 모든 자원을 외국에 의존하고 있는 우리의 실정으로 볼 때, 근본적인 자원문제를 해결하기 위하여 경작지의 효율적인 이용과 단위면적당 생산량의 증가, 그리고 미이용 자원인 바이오매스의 활용이 필요하다.

생산성이 높은 작물재배에 의한 경작지의 이용은 생명공학(biotechnology)의 기술 활용에 따라 품종개량 등 많은 발전을 하고 있다. 미곡(米穀) 중심의 작물의 생산체제를 생산성이 높은 잡곡류로 전환하는 일은 농업정책과 소비성향에 따라 결정되므로 한계성을 갖는다. 따라서 유기폐자원으로부터 에너지 또는 식량자원의 생산, 유용한 화학물질의 생산 등을 위한 바이오매스의 생물공학적인 변환기술의 응용은 매우 의의가 있다.

1. 바이오매스

바이오매스는 원래 생물량(生物量)이라는 생태용어이다. 무기물에서 태양에너지를 이용하여 합성된 유기물은 식물, 동물, 미생물 등에 의해 생물적 형태변화의 사이클(cycle)을 거쳐 다시 무기물로 돌아간다. 이러한 생물권의 물질순환 회로에 포함된 생물유기체를 바이오매스라고 한다. 따라서 생물의 활동에 따라 생성되는 에너지원, 공업원료, 식량 등의 자원으로서 농작물은 식물의 특정 부위를 이용할 목적으로 질적인 면을 중요하게 여기는 경우가 많은데 비하여, 바이오매스는 그 전체를 이용함으로써 에너지의 변환율이 중요하다. 바이오매스를 변환한 에너지의 장점으로는 다음과 같은 점을 들 수 있다.

① 태양에너지의 변환이나, 이에 대한 저장시스템(system) 방식으로서 자원이 무한하다.
② 생태계에서 자연의 순환시스템을 이용하기 때문에 영속적이다.
③ 지역에 따른 다양한 형태의 생물자원을 이용할 수 있다.
④ 간단한 전처리와 발효기술을 이용하므로 높은 기술을 필요로 하지 않으며, 다른 에너지원에 비해 위험성이 적다.
⑤ 무공해 에너지로서 환경오염 문제가 없다.

그러나 바이오매스를 이용하는 데는 다음과 같은 단점을 들 수 있다.

① 원료 무게에 대한 발열량이 적고, 대량으로 집하하여 이용하기 곤란하다.
② 대규모 공업단지나 대도시 등에 대량의 에너지를 공급하는 것이 어렵다.
③ 자원으로서의 형태가 다양하여 석유와 같이 균일하지 않으므로 취급에 문제가 있다.
④ 한꺼번에 대량의 에너지 공급이 불가능하다.
⑤ 토지이용 효율이 나쁘다.

표 10-1에서 보는 바와 같이 바이오매스는 생물유기체이므로 성분으로 보면 탄수화물・단백질・지질 등으로 구분할 수 있다. 탄수화물과 단백질은 연소열이 약 4 cal/g인데 비해 지질은 약 2배가 된다. 이러한 점에서 콩기름, 팜유, 유채기름 등 천연유지를 직접으로 에너지화하려는 시도가 이루어지고 있다.

당분을 알코올발효시키면 포도당 1몰에서 2몰의 에탄올이 생기고 중량은 약 절반으로 줄어드는데 비해, 연소열은 거의 변화가 없어서 액체원료로 사용할 수 있는 이점이 있다. 이러한 점을 이용하여 생물자원이 풍부한 브라질 등에서는 사탕수수 또는

표 10-1. 여러 가지 물질의 발열량(kcal/g)

육상식물	4.25	Methanol	5.4	Methane	13.3
수산식물	4.5	Ethanol	7.1	Ethane	12.4
식물플랑크톤	4.9	Buthanol	8.6	Hexane	11.7
녹말	4.0	석유제품	9.5～11.0	Octane	11.5
단백질	4.1～4.4	LPG	12.0	석탄	7.0
지질	8.8～9.0	포도당	3.7	갈탄	3.5～4.7
동물조직	5.0	코크스	6.8	목탄	7.0

표 10-2. 바이오매스의 연료화

자 원	방 법	생성물
건조 바이오매스	직접연소	열, 전기
(목재, 폐임산물 등)	가스화	가스연료, 메탄, 메탄올
	열분해	기름, 가스, 목탄
함수 바이오매스(폐수, 폐액, 조류)	혐기적 발효	메탄, 메탄올
탄수화물(녹말, 당, 섬유질)	발효, 화학적 분해	에탄올
에너지 식물	추출, 분해	탄화수소, 유지
바이오매스, 물	광합성반응, 광화학반응	수소

녹말 원료에서 알코올발효를 하여 얻어진 에탄올을 휘발유에 10~20% 혼합하여 gashol로서 자동차의 연료로 이용하기도 한다.

바이오매스의 이용은 직접 연료화하거나 가스화, 열분해, 발효, 추출 이용 등 여러 가지 방법에 의해 이루어진다(표 10-2). 우리나라는 브라질, 미국 등과는 달리 탄수화물자원이 부족한 식량 수입국가로서, 식량자원과 경쟁적인 원료로 생물에너지(bioenergy)를 생산하여 이용하기는 어렵다. 그러나 농업부산물이나 임산자원을 재활용한다는 측면에서 생물자원을 이용하는 것은 바람직한 일이다. 따라서 여기에서는 주로 농업부산물의 주성분인 섬유질의 이용에 관해 알아보기로 하자.

2. 바이오매스의 생산

바이오매스는 무기물로부터 식물의 광합성(photosynthesis)에 의해 만들어진다. 합성된 식물체의 일부는 인간의 식량이나 동물의 사료로 섭취되어 동물체가 되기도 하지만, 결국은 미생물이나 물리적 또는 화학적 작용에 의해 분해되어 다시 무기물로 되돌아간다. 이러한 생태계 순환과정의 원동력은 광합성에 의한 태양에너지의 변환이용이라고 할 수 있다.

그림 10-1에서 보는 바와 같이 식물의 광합성에 이용되는 파장의 범위는 400~700 nm에 불과하여 태양에너지의 이용영역은 매우 좁은 것을 알 수 있다. 광합성 작용의 기작(mechanism)을 간단히 나타내면 그림 10-2와 같이 녹색식물의 엽록체(chloroplast) 내에서 여러 가지 생화학적 반응에 의해 이루어진다. 바이오매스 생산에는 막대한 물질과 에너지가 요구된다. 예를 들어, 곡류의 생산형태를 보면 1 ha당 종자, 줄기와 잎, 뿌리 등 12톤의 바이오매스를 생산하기 위하여 44억 kcal의 태양에

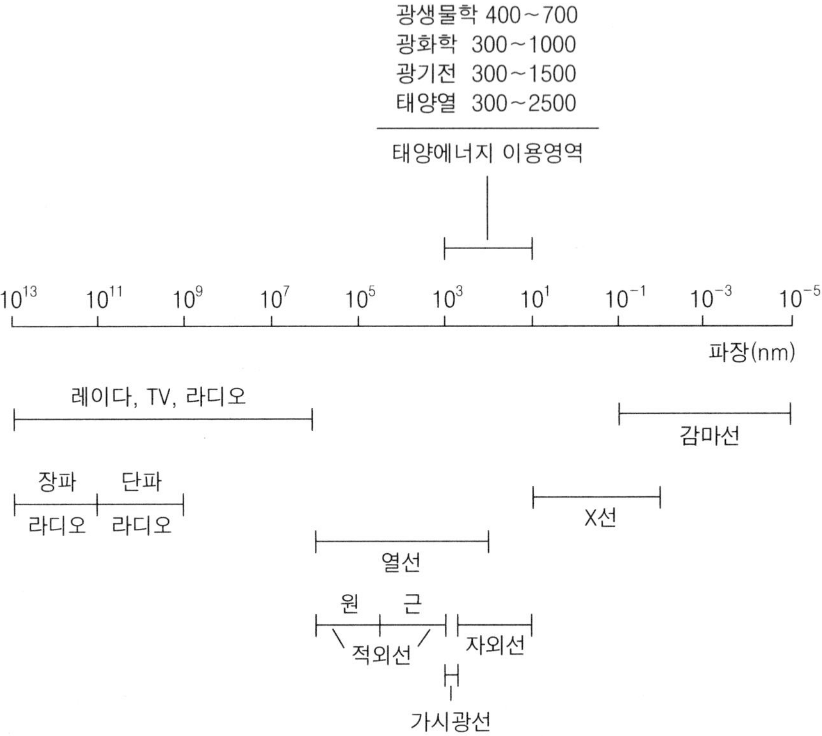

그림 10-1. 전자기 복사스펙트럼

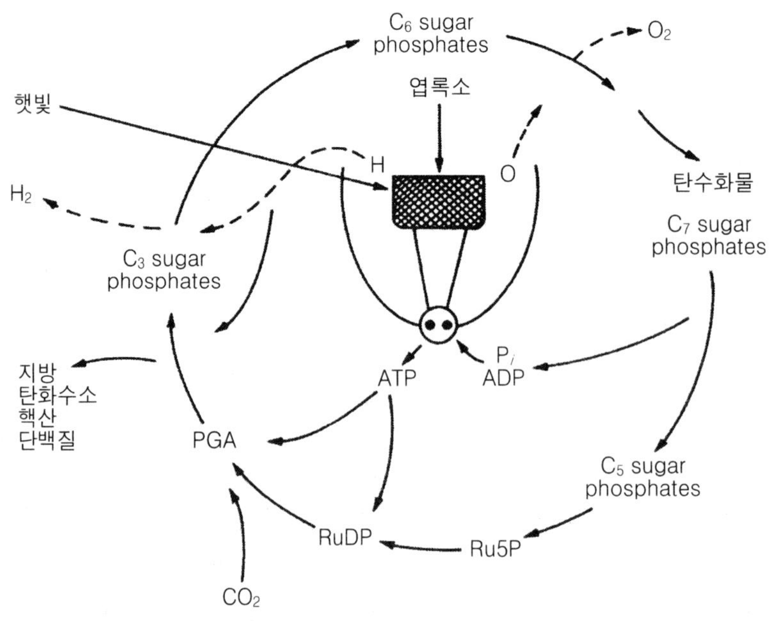

그림 10-2. 식물의 광합성 작용

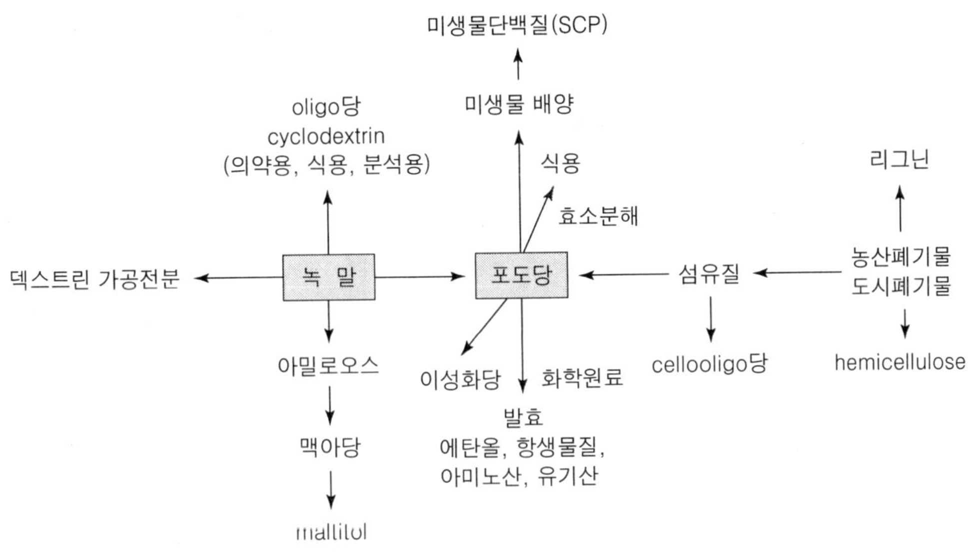

그림 10-3. 녹말과 섬유질의 종합적 이용관계

너지와 4억 5천만 톤의 공기, 3천 톤의 물, 4천 톤의 토양이 필요하다.

농업이나 임업 등에서의 식물생산은 태양에너지, 토양, 공기, 물 등의 기본자원에 의해 이루어진다. 이밖에 비료, 농약, 농기계, 관개시설 등 보조에너지가 필요하다. 따라서 바이오매스의 생산이용에 있어서는 그 생산성이 높은 식물이 주목되고 있다.

삼나무 · 포플러 등 생장속도가 빠른 삼림수종이나, 야자 · 고구마 · 사탕수수 · 카사바(cassava) 등 광합성 능력이 큰 열대식물, 또는 유칼리(*Eucalyptus*) · 팜나무(oil palm) 등 석유성분과 유사한 성분을 갖는 에너지 식물이나 유지식물(油脂植物) 등이 바이오매스의 생산을 위한 식물로서 주목되고 있다.

식물체의 구성성분 중에 녹말, 유지, 단백질 등에 대하여 앞에서 이용분야를 각각 설명하였다. 탄수화물의 종합적인 이용관계는 그림 10-3과 같이 나타낼 수 있으며, 여기에서는 효소당화에 의한 섬유질의 식품 소재화에 대하여 알아보자.

3. 섬유질 이용

3.1 섬유질 성분

섬유소(cellulose)는 β-1,4 결합에 의한 포도당의 중합체로서 많은 식물의 구성물질로 건물량의 ⅓~½을 차지하며, 자연계의 전체 유기물 중에서 가장 많이 존재한다.

1년에 지구상에서 광합성에 의해 생산되는 섬유질은 약 1천억 톤으로 추정된다. 그러나 대부분의 동물은 섬유질을 소화하여 이용할 수 없으므로, 식량으로 이용하려면 우선 포도당으로까지 분해하지 않으면 안 된다. 섬유질 자원을 전분질의 효소당화와 마찬가지로 공업적인 규모로 포도당으로 전환하는 기술이 이루어진다면 미이용 자원의 활용으로 식량으로서 뿐만 아니라 사료 또는 발효원으로서 그 용도가 확대될 수 있다.

목질과 같은 섬유질은 셀룰로오스, 헤미셀룰로오스, 리그닌 등으로 구성되어 있다. 셀룰로오스는 선형중합체(linear polymer)의 결합구조를 이루고 있어 가수분해에 의해 포도당을 생성한다. 헤미셀룰로오스(hemicellulose)는 짧은 사슬의 다당류로서 cellulsan과 polyuronide로 구분되고, 비결정형이며 쉽게 가수분해가 일어나 xylose, arabinose 등과 furfural, 유기산 등이 생성된다.

β-1,4-glucose polymer의 구조(괄호 안은 cellobiose 단위)

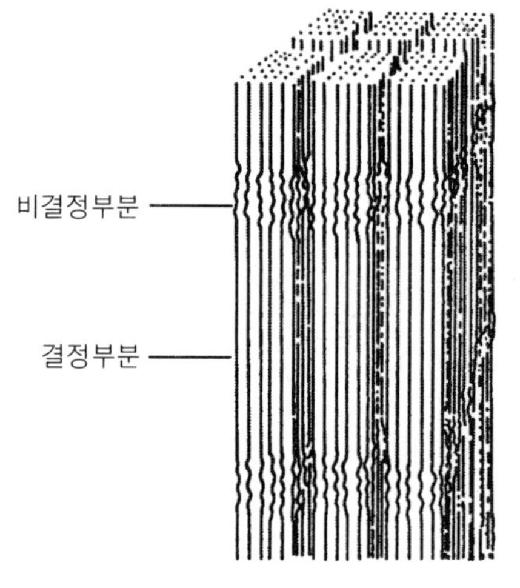

미세섬유의 구조

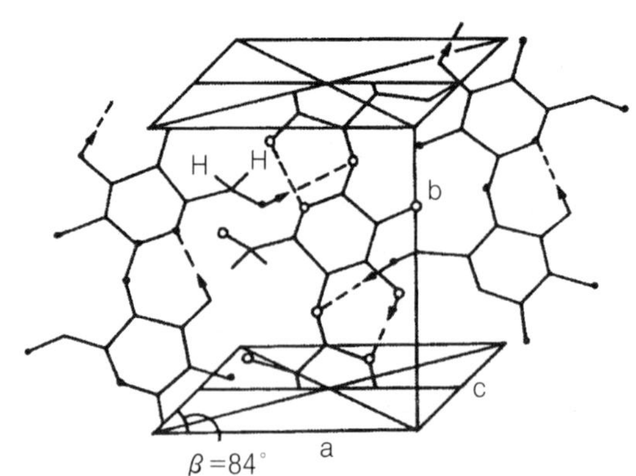

셀룰로오스 분자의 수소결합과 배열

그림 10-4. 셀룰로오스의 구조

리그린(lignin)은 구조적으로 가장 복잡하여 3차원적 페닐프로판 중합체(phenyl propane polymer)로서 에테르 또는 C-C 결합으로 연결되었으며, 가수분해시키면 여러 가지 페놀 화합물을 생성하게 된다.

셀룰로오스는 그림 10-4에서 보는 바와 같이 미세섬유의 집합체로 이루어져 있다. 셀룰로오스의 분자량은 유래되는 소재에 따라 다르나, 평균 30만~50만 정도로 보고 있다. 화학구조는 그림에서 보는 바와 같이 셀로비오스(cellobiose) 단위로 구성된 직쇄상의 중합체로, 결정영역에서는 같은 방향으로 배치되어 있는 평행구조를 이루고 있다. 또한, 인접한 중합체는 수소결합을 형성하여 안정화되어 있을 뿐만 아니라 강인한 결정구조를 형성하여 효소분자나 물분자의 침투를 방해하고 있다. 이밖에도 셀룰로오스 분자에 리그닌, 헤미셀룰로오스 사이에 결합되어 효소에 의한 분해를 더욱 어렵게 한다.

3.2 섬유질 분해효소

셀룰라아제(cellulase)에 의한 천연 셀룰로오스의 분해반응은 일반적으로 매우 느리고 분해율도 낮다. 이것은 효소반응에 이용되는 기질이 리그닌, 헤미셀룰로오스와 불용성의 강인한 구조를 형성하고 있을 뿐만 아니라 작용이 다른 몇 개의 효소가 분해반응에 관여하기 때문이다. 지금까지 알려진 바로는 그림 10-5에서 보는 바와 같이 3가지 효소작용에 의해 이루어진다.

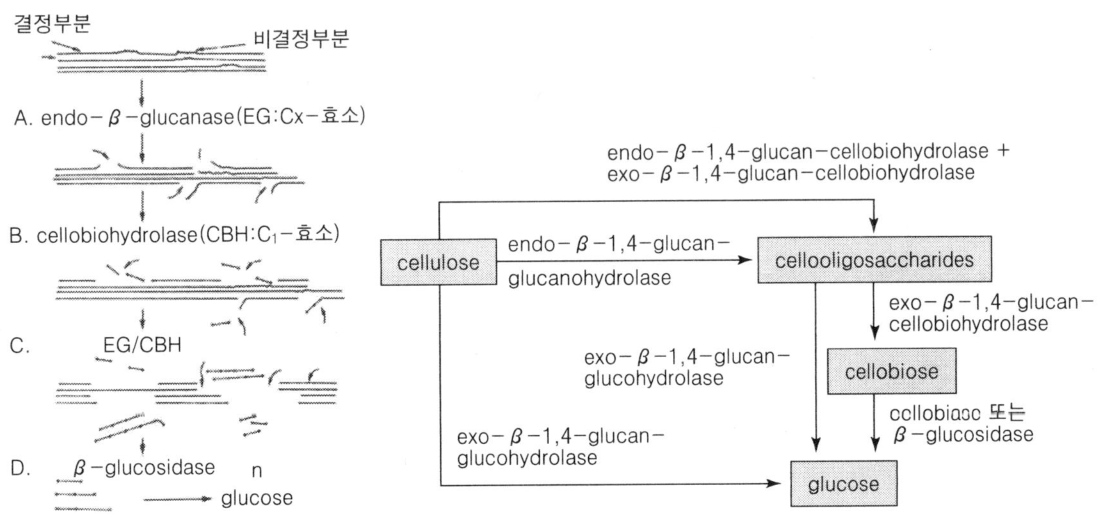

그림 10-5. Cellulase의 작용기작

Endo-β-1,4-glucanase(EC 3,2,1,4)는 C_x 효소로서 β-1,4-glucohydrolase 또는 CMCase로도 불린다. 셀룰로오스의 내부결합을 임의로 절단하여 셀로덱스트린(cello-dextrin), 셀로비오스(cellobiose) 또는 포도당을 생성한다. 이 효소는 결정성 셀룰로오스의 분해능력은 없으나, exo형 glucanase와 공존하게 되면 상승작용을 하여 강한 결정붕괴 능력을 나타낸다.

Exo-1,4-glucanase(EC 3,2,1,19)는 C_1 효소로서 cellobiohydrase 또는 avicelase라고 불리며, 비환원형 말단기에서 차례로 셀로비오스 단위로 잘라 준다. 이 효소는 셀룰로오스나 소르보오스(sorbose)에 의해 유도되는 효소로 반응생성물인 셀룰로오스와 글루코오스에 의해 저해를 받는다. β-1,4-glucanase(EC 3,2,1,21)는 celllobiase라고도 하며, 최종 생성물인 포도당으로 분해시켜 주는 효소이다. 이와 같은 여러 가지 효소들에 의해 섬유질의 분해가 일어나 포도당이 생성된다. 셀룰라아제의 작용기작은 그림 10-5와 같이 나타낼 수 있다.

3.3 섬유질의 처리방법

섬유질을 당화하여 포도당을 얻기 위하여 강력한 셀룰라아제를 분리, 개량하는 동시에 효소작용이 쉽도록 섬유질의 구조를 파괴하는 전처리 조작이 필요하다. 견고한 셀룰로오스의 결정구조를 파괴하는 방법으로는 생물적인 방법, 화학적인 방법, 물리적인 방법이 있다.

생물적인 방법은 미생물이 생산하는 Cx 효소에 의해 파괴하는 방법으로서 보다 강력한 효소생산성 균주의 개량으로 이루어질 수 있다. 그러나 지금까지는 보조수단으로 물리적 또는 화학적 방법과 병행하여 사용하고 있다.

화학적 방법은 알칼리 또는 유기용매를 사용하여 용해하거나 재침전을 시켜 얻는 방법이다. 실용화되지는 않았으나 회수가 가능한 단일한 유기용매의 개발이 된다면 실용화될 수 있다. 물리적인 방법은 고온, 고압, 분쇄, 방사선, 동결 등에 의해 결정구조를 파괴하는 방법이다. 연구방향으로는 다음과 같은 점을 들 수 있다.

① 셀룰로오스 성분의 바이오매스를 분해하는 강력한 효소생산 균주의 분리, 세포융합이나 유전공학적 수법을 이용한 유용균주의 개량
② 셀룰로오스의 효과적인 전처리 기술
③ 다성분계 바이오매스의 연속적이고 복합적인 변환기술의 이용체계를 위하여 생물반응기(bioreactor)의 기술개발

4. 변환기술의 이용

바이오매스의 이용에 있어서는 섬유질의 이용 외에도 농업부산물을 발효원으로 한 미생물단백질 또는 단세포단백질(single cell protein, SCP)의 생산, 녹말의 무증자 알코올발효, 섬유질에서의 알코올발효, 아세톤-부탄올 발효, 메탄발효, 열분해에 의한 수소생산 등 여러 가지를 들 수 있다. 이들 대부분은 발효공학에서 다루기 때문에 여기에서는 간단한 내용만을 소개한다.

4.1 균체생산

균체생산 원료로는 당밀, 고구마, 카사바(cassava), 곡류 등 당질이나 녹말 이외에도 농업부산물, 목재 등에 들어 있는 섬유질이 있다. 직접 이용할 수 있는 부분은 식량 또는 생활자재로 사용되고 버려지는 부분을 이용한다.

석유를 정제할 때 부산물인 n-파라핀(n-paraffins)을 원료로 한 SCP의 생산은 루마니아를 비롯한 일부 국가에서 가축사료로서 실용화되었다. 어분(漁粉)에 비해 가축의 폐사율이 낮고 생산비가 적게 든다. 메탄올 또는 에탄올을 원료로 한 SCP는 제빵, 육류 가공품 등 식용으로도 쓰인다. 또한, 폐당밀이나 호웨이(whey), 아황산 펄프액 등에서의 균체생산은 식용 또는 사료로서 어느 정도 실용화되었다.

이밖에도 담자균에 의한 버섯의 생산, 단세포 조류인 클로렐라 등은 태양에너지를

표 10-3. 천연유지로부터 미생물균체의 생산

기 질	미생물	균체수율	조단백질 함량(%)	비증식속도(hr^{-1})
돼지기름	*Candida utilis*	0.75	50	-
생선기름	*C. lipolytica*	0.81	46.8～49.3	0.24
〃	*Geotrichum candidum*	0.74	40.1～44.2	0.24
지방산(팜유)	*C. lipolytica*	0.60	33	0.27
〃	*C. tropicalis*	0.72	40	0.23
유채기름	*C. rugosa*	0.75	30	0.46
〃	*C. deformans*	0.75	30	0.28
올리브기름	*Saccharomyces lipolytica*	1.00	42	-
팜스테아린	*C. rugosa*	0.65	26	0.10
팜유	*C. blankii*	0.78	40	0.37
〃	*Torulopsis candida*	0.92	45.4	0.43
〃	*Acinetobacter calcoaceticus*	1.02	72.4	1.10

이용한 탄산가스의 고정으로 단백질원 뿐만 아니라 비타민 강화제로 사용된다. 핵산 관련 조미료로서의 이용을 위한 *Candida utilis*의 균체배양 등 많은 분야에 균체생산이 활용된다.

또한, 값싼 유지로부터 미생물단백질을 생산하는 것은 새로운 원료(renewable resources)를 활용한다는 데 의의가 있다. 표 10-3은 천연유지를 탄소원으로 하여 균체생산을 시도한 결과로서, 저자에 의해 분리된 *Acinetobacter calcoaceticus*가 팜유를 기질로 하였을 때 균체수율이 매우 높은 것을 알 수 있다. 이는 유지공장의 폐수 또는 폐유의 처리에 활용이 기대된다.

4.2 알코올발효

알코올발효는 인류의 시작과 함께 이루어진 가장 오래된 발효기술이라고 할 수 있다. 값싼 당질, 녹말, 섬유질 원료로부터 에탄올을 생산하여 gashol 등으로 에너지화하고 있다. 알코올발효 중에서 녹말원료를 이용할 때는 증자공정과 당화공정이 필요하다. 그러나 증자를 시키지 않은 녹말원료에 아밀라아제(amlyase) 생산능이 있는 *Aspergillus niger*를 배양한 코지를 첨가하여 효모에 의한 알코올발효를 실시함으로써 알코올 1 kL를 생산하는데 $0.7 \sim 1.0 \times 10^6$ kcal의 열량을 절약할 수 있는 발효법이 개발되었다.

섬유질 원료로부터의 알코올발효는 녹말의 호화와 같은 현상이 없어서 효소반응의 균일계를 만들기가 어려웠다. 따라서 섬유질 원료를 미립자화(微粒子化)하는 분쇄기술의 개발이나 방사선조사에 의해 중합도를 떨어뜨리는 방법, 또는 효소작용에 저해를 주는 리그닌을 제거하는 등의 전처리를 거쳐 알코올발효를 시키려는 연구가 이루어지고 있다.

4.3 메탄발효

유기물에서 메탄가스가 발생하는 일은 생태계에서는 자연 정화작용의 하나로 알려져 있다. 바이오매스에서 메탄가스의 발생과정은 그림 10-6에서 보는 바와 같다. 이 과정은 보통 통성혐기성균에 의해 유기물이 가수분해가 일어나는 가용화과정과 Methanobacteriaceae에 속하는 혐기성 메탄생성균에 의해 일어나는 생화학적 발효과정으로 구분된다. 발효온도는 35℃의 중온발효와 55℃의 고온발효로 구분된다. 이들은 각각 장단점이 있어 구성하는 미생물의 종류와 특징, 원료와의 조합 등을 고려하여 결정하여야 한다.

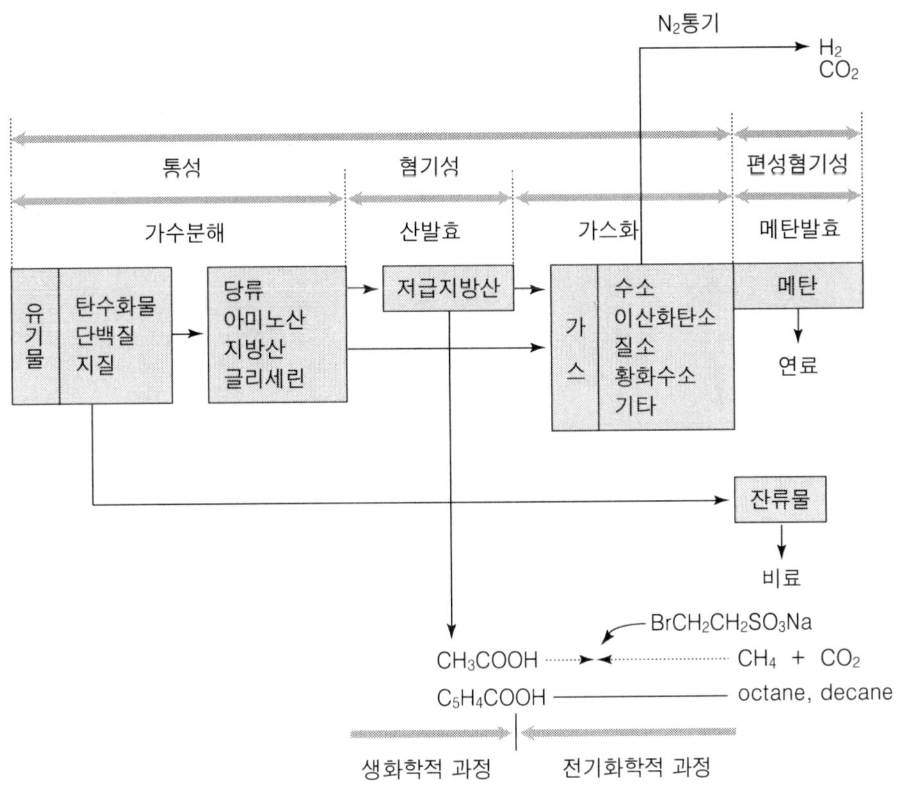

그림 10-6. 메탄발효과정

제 11 장

식품의 포장

가종 저장방법에 있어서 예외적인 경우를 제외하고는 어떤 형태이던 포장을 하게 된다. 식품의 포장은 제품화의 최종단계라고 할 수 있다. 초기 천연물을 단순히 포장하던 시대에서 새로운 포장시대로 접어든 것은 1804년 프랑스의 Nicolas Appert가 통조림의 원리를 발견하면서부터이다. 1810년 영국의 Peter Durand가 오늘날에 사용하고 있는 통조림의 양철관에 식품을 넣고 살균하는 방법에 성공하였다. 제2의 새로운 시대로 접어든 것은 1955년경에 석유화학의 발전에 따라 각종 합성수지(plastics)가 값싸게 공급되면서부터이다.

우리나라의 경우 1995년도에 종이포장재가 3,290톤이 사용되어 전체 포장재의 60%를 차지하고 있으나, 매년 포장재에서 차지하는 비율이 감소하고 있다. 이에 비하여 플라스틱 용기는 1990년에 585톤으로 전체 포장재의 15%를 차지하였으나, 1995년에 1,054톤을 사용하여 전체 포장재에서 차지하는 비율이 19%로 매년 크게 증가하고 있다.

생산과 소비가 별개의 목적으로 이루어지고 있으며, 이 두 단계를 연결해 주는 기본적인 매체가 포장이라고 할 수 있다. 식품의 포장은 '식품의 유통과정에 있어서 보존성과 위생적인 안전성을 높이고, 편의성과 보호성을 부여하며, 판매를 촉진하기 위하여 알맞은 재료나 용기를 사용하여 식품에 알맞은 처리를 하는 기술이나 또는 그렇게 한 상태를 말한다'.

따라서 식품포장은 식품원료 또는 식품이 생산에서 저장・가공・수송・판매 등의 과정을 거쳐 소비자에 이르기까지 받게 되는 충격・진동・압축 등의 기계적인 외부의 힘이나, 온도・습도・빛・기체・먼지 등의 외부적인 환경요인, 쥐・해충・미생물 등에 의한 생물적인 피해, 주변 환경으로부터의 오염, 그리고 식품성분의 상호작용에 의한 화학적인 변질 등에서 오는 피해를 방지하는 것을 목적으로 한다.

표 11-1. 포장재료와 포장공정의 선택요인

물리적인 요인	생화학적인 요인
· 포장(package) 모양 용적 가스 투과성 화학적 반응성 · 포장 내의 첨가물 가스 흡착제 · 환경요인 시간 온도 압력	· 생산적 인자 품종 재배방법 재배지역 용적 및 중량 표면적/용적 비율 성숙도(maturity state) 기계적 손상 등 수확상태 · 전처리의 최소화 · 환경적 인자 수송의 필요성 해충으로부터의 보호

식품포장은 '식품의 수송 · 보관 · 진열 · 판매 · 소비 등에 있어서 알맞은 재료를 적용하여 그의 가치와 상태를 보호하는 것, 또는 그 기술'을 말한다. 또한, 식품포장의 기능은 유통과정에서 식품의 품질을 유지하기 위한 위생성, 수송 · 휴대 · 개폐 등을 쉽게 하기 위한 편의성, 작업을 쉽게 하기 위한 작업성, 상품가치 부여를 위한 경제성 등을 높이는 데 있다. 따라서 포장재료와 포장공정의 선택은 표 11-1에서 보는 바와 같은 요인들을 고려하여야 한다.

식품포장에 사용하는 용어는 다음과 같이 구분한다. 즉, 물품의 보관이나 수송에 있어서 가치와 상태를 보존하고, 판매를 촉진하기 위하여 알맞은 재료로 물품을 포장하는 방법, 포장상태, 포장기술을 통틀어 포장(packaging)이라고 한다. 따라서 포장은 조작(operation) 전체를 포함하는 넓은 의미를 뜻한다. 이를 구분하기 위하여 라면을 상자에 넣고 묶을 때 쓰이는 재료 또는 과정 등 묶는 정도를 나타낼 때는 packing이라 하고, 라면봉지와 같은 포장대를 의미하는 용어는 package라고 한다.

1. 식품포장

1.1 식품포장의 목적과 기능

식품포장의 목적과 기능을 요약하면 다음과 같다.

1) 물품의 취급수단으로 이용

예를 들어 액체식품를 병에 포장하는 것과 같이 필요한 양의 식품을 용기에 포장한다.

2) 가공의 보조수단

살균에 사용하는 금속용기는 식품의 보호기능과 제품의 안정성을 부여한다. 식품에 미생물, 이물질, 유해물의 혼입을 방지할 수 있도록 위생적인 안전성을 높이고, 식품의 품질을 유지할 수 있도록 하는 보존성을 높인다.

3) 작업성의 향상과 편의성을 부여

작업능률을 높이고, 소비자에 대한 편의성을 부여하기 위한 방법을 말한다. 또한, 제품의 운반·판매·소비하는 데 간편하도록 하는 편의성을 부여한다.

4) 상품성을 향상

이는 시장기능이라고 할 수 있으며, 겉보기와 내용물의 분류를 쉽게 하며, 판매를 촉진할 수 있다.

5) 경비절약 수단

식품의 유출을 방지하며, 수송을 쉽게 한다. 또한, 오염을 방지하고, 생산비(노동력) 절감 등과 같은 직접적인 요인 외에 간접적인 요인 등이 복합적으로 작용한다.

6) 제품의 보호기능

기계적인 외부의 힘으로부터 보호하는 물리적인 보존, 외부적 환경요인과 생물적인 피해에서 보호하는 품질보존의 기능을 갖는다.

식품포장은 주로 식품을 생물적인 환경에서 보호하는 식품위생적인 보존을 말한다. 이 기능이 가장 중요한 요인으로서 식품포장에서는 이 문제를 주로 다루게 된다.

1.2 식품포장의 중요성

식품포장(food packaging)의 중요성은 다음과 같은 점에서 고려될 수 있다.

① 식품의 변질을 방지한다.

② 생산지에서 소비지까지 수송을 하거나 저장하는 수단으로서 이루어진다.

③ 분배에 도움을 준다.

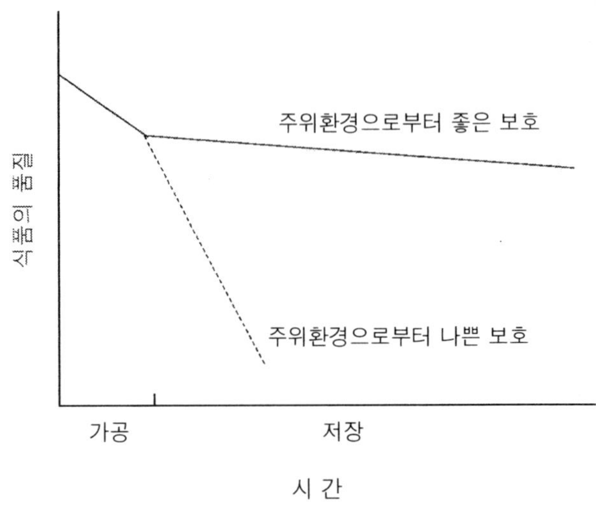

그림 11-1. 포장에 의한 제품의 품질에 미치는 영향

④ 생산시기와 소비시기와의 가격 차이를 줄여 가격을 안정시킨다.

⑤ 산패, 빛, 산소, 금속이온, 수분 등에 의한 식품의 변질을 방지함으로써 식품의 위생적인 조건을 유지시킨다.

⑥ 미생물에 의한 변패, 또는 효소작용에 의한 산화를 방지함으로써 식품을 보존한다.

⑦ 내용물의 분류를 쉽게 할 수 있게 내용물의 표시를 한다.

식품포장에 의한 가공과 저장 중에 일어나는 제품의 품질에 미치는 영향은 그림 11-1과 같다. 환경요인에 의한 저장 중 식품의 품질변화는 포장의 상태에 따라 크게 차이가 생기는 것을 알 수 있다. 저장 및 유통기간에 제품의 품질유지를 위하여 포장에 세심한 주의가 필요하다.

1.3 포장의 분류

식품을 포장하는 경우 포장하는 식품의 상태와 형상, 품질, 용도, 수송조건, 보관조건 등에 따라 각각 다른 포장재료, 포장형태, 포장조건을 하게 된다. 이를 분류하는 방식이 서로 다르나, 크게 나누어 기능별 · 포장형태별 · 포장방식별 등으로 구분된다.

1) 내용물의 종류와 유통방법에 따른 분류

상업적인 포장과 공업적인 포장으로 구분되며, 은단을 포장하는 것은 상업적인 포장의 예로서 판매촉진에 기여할 수 있다. 공업적인 포장의 경우는 수송에 편리하도록 하는 것으로 포장비의 절감을 위하여 개별 포장하지 않고 bulk로 한다.

2) 내용물의 중량에 의한 분류

중포장(重包裝)은 내용물이 집중적인 하중을 가지고 있어서, 외포장과의 사이를 떼어놓거나 완충제로 충진하는 것으로 기계포장 등을 들 수 있다. 중포장(中包裝)은 통조림식품, 병포장 등 완충제를 넣은 포장을 말한다. 경포장(輕包裝)은 대부분의 식품포장에서 볼 수 있으며, 완충제를 쓰지 않아도 된다.

3) 포장재가 사용되는 장소에 따른 분류

포장의 기능별 분류로서 수분, 빛, 충격 방지를 위해 내부에 넣는 경우와 나무상자, 드럼통, 금속상자 등 외부에 사용되는 경우로 구분된다.

4) 포장재의 특성에 따른 분류

Polyethylene, polyester, PVC 등 플라스틱 필름(plastic film)과 같은 유연한 성질을 갖는 포장재료를 사용하여 포장하는 유연포장(flexible package)이 있다. 이와는 반대로 금속, 유리와 같이 견고한 포장재료를 사용하는 통조림, 병조림 등과 같은 강직포장(rigid container)으로 구분된다. 일반적으로 유연포장 재료는 물은 통과하지 않으나, 가스는 통과할 수 있는 특성을 가지고 있다.

5) 품목에 따른 포장의 분류

내용물의 종류에 따라 분류하는 방식으로서 식품포장, 기계포장, 의류포장, 위험물 포장 등으로 구분된다.

6) 기능성에 따른 분류

포장의 목적 또는 기능성에 따라 수송을 위한 포장, 저장을 위한 포장, 배분을 쉽게 하기 위한 포장, 집하를 위한 포장, 파손 또는 변질을 방지하기 위한 포장, 판매촉진을 위한 포장 등으로 구분된다.

7) 포장방법에 따른 분류

방수포장, 방습포장, 불활성 기체에 의한 충진포장을 포함한 진공포장, 압축포장(shrinkage packaging) 등으로 구분된다. 식품포장은 포장수준에 따라 분류하기도 한다. 1차 포장은 담은 제품과 직접 접촉하는 것을 말하며 차단성을 부여한다. 캔(can), 유리병, 파우치 등이 있다. 2차 포장은 유통용기이며, 골판지 상자와 같이 1차 포장들을 담는 것을 말한다. 3차 포장은 2차 포장을 담도록 하는 것으로, 예를 들어 골판지 상자를 수축필름으로 싼 펠릿을 들 수 있다. 국제무역에서는 3차 포장인 여러 개의 펠릿을 담은 4차 포장인 컨테이너가 자주 사용된다.

1.4 포장재의 조건

국내의 식품포장산업은 식품산업의 양적·질적 변화에 따라 많은 변화를 겪어 왔다. 원시적 형태의 포장상태에서 경제개발이 진행되면서 각종 플라스틱 재료가 개발되기 시작하였다. 1970년대에 들어서서 석유화학단지가 건설되면서 LDPE(low density polyethylene), HDPE(high density polyethylene), PP(polypropylene), PS (polystrene), PVC(polyvinyl chloride) 등과 같은 플라스틱 재료가 생산됨에 따라 양적 증가를 가져왔다. 1980년대에는 소비자의 다양한 욕구에 부응하려는 시장경쟁이 치열하여 질적인 향상에 주력하게 되었다. 1990년대는 첨단기술이 식품포장산업에 적극 활용되고 있다.

포장재로서는 종이, 판지, 셀로판, 플라스틱과 그 접합(laminated) 재료, 병, 캔, 나무상자 등의 주재료로부터 테이프, 끈, 접착제, 탈탄소재 등의 부재료까지 다양하게 사용되고 있다. 그러나 식품포장 재료의 대종은 플라스틱을 기본으로 하는 각종 재료와 용기이다.

식품포장에 있어서 가장 기본적인 재료는 개별 포장재료와 용기이다. 이들이 갖추어야 할 기본적인 조건은 다음과 같다.

1) 위생성 또는 안전성

포장재는 식품과 직접 접촉하게 되므로 식품 중에 들어 있는 수분, 염류, 유지 등에 의해 부식되거나 용기성분이 용출되면 안 된다. 납·철·비소 등의 중금속염, 페놀·포르말린 등의 화학물질과의 반응이 완전히 일어나지 않아야 한다. 그리고 포장재 원료에 남아있는 monomer 등의 가소제 또는 안정제 등의 용출이 일어날 수 있는 포장재는 식품포장 재료로서 알맞지 않다.

2) 보호성

내용물의 품질을 보존하는 성질로서 품질 저하를 방지하는 성능을 가지고 있어야 한다. 기체의 차단성, 차광성, 내열성, 내한성, 내충격성, 내압성, 내진공성, 충진과 밀봉특성 등의 물리적인 구비조건 외에도 내산성(耐酸性), 내염성(耐鹽性), 내유성(耐油性), 내부식성(耐腐蝕性) 등의 화학적인 구비조건을 갖추어야 한다.

3) 안정성 또는 작업성

식품가공과 유통에 있어서는 대량 생산과 수송에 대한 유통체제를 갖추고 있기 때문에 포장재료가 작업 중에 손상을 입거나 파괴되지 않을 정도로 강도, 유연성 등을 갖추어야 한다.

4) 편의성

소비자들이 포장식품을 이용하기 편리하도록 하기 위하여 포장식품을 빨리 가열하거나 냉각할 수 있고, 개봉이 쉽고 소비습관에도 알맞은 편의성을 가져야 한다.

5) 상품성

포장재료는 청결감을 주고, 내용물의 식별이 쉬워야 한다. 또한, 구매 의욕을 줄 수 있도록 형상, 표식 등의 디자인을 할 수 있도록 인쇄적성에 맞아야 한다.

6) 경제성

포장재료의 가격이 싸고 대량 생산이 쉬워야 한다.

2. 포장재료에 따른 특성

1) 유 리

유리는 오래 전부터 포장재로서 사용되어 왔다. 물리적으로는 고점성을 갖는 물질이 과냉각된 상태이고, 화학적으로는 무기산화물의 혼합물로 볼 수 있다. 유리는 70~75%의 Na 또는 Ca silicate와 6~12%의 Ca 또는 Mg의 산화물로 되어 있으며, 이외로 Al, Ba 등의 금속산화물로 구성되어 있다. 유리는 보통 1,500℃의 회화로에서 녹인 다음 혼합하여 성형한다.

유리원료 및 유리제조법의 개선을 통하여 이러한 결점들을 보완해 나가고 있다. 토닉워터, 주스, 맥주, 콜라 등에 이용되는 경량화 유리병(narrow neck press & blow, NNPB)은 유리병의 강도 보존을 위하여 발포성 PS를 이용한 plastic shield와 연신폴리스틸렌(OPS)이나 PVC 필름을 이용한 safety shield, 그리고 종이를 사용하여 종이라벨에 의한 shield가 있다. 유리에 Fe^{+3}, Cr^{+6}, Ce^{+3}, V^{+5} 등을 함유시켜 무색 유리병

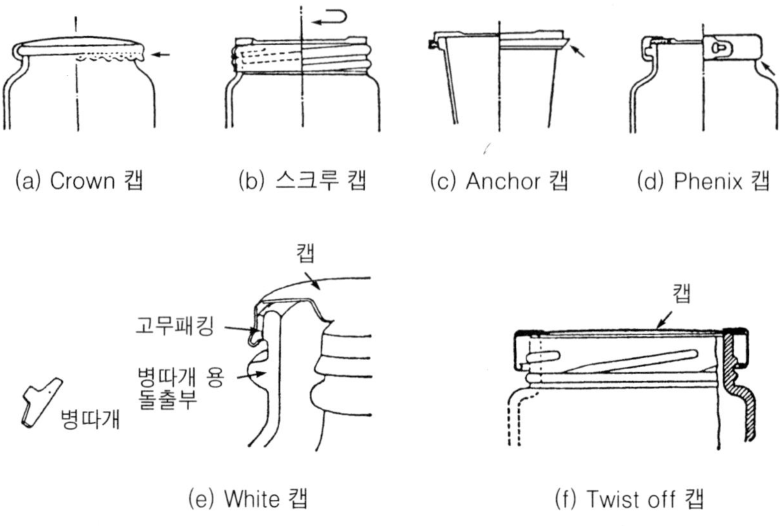

그림 11-2. 여러 가지 병조림용 병과 마개의 모양

의 경우 350 nm 이하의 자외선을 차단시킬 수 있는 유리병이 생산된다. 자외선 차단용 유리병은 유지식품, 착색식품, 단백질식품, 비타민 C를 함유한 음료수 등의 용기로 이용된다.

병조림에 사용하는 유리용기를 밀봉할 경우 마개(cap)는 함석, 알루미늄, 플라스틱으로 되어 있으며, 병 입구와 밀착되어 밀봉이 잘 되어야 하기 때문에 병 주둥이와 마개의 형태가 중요하다. 마개 속에는 보통 고무, 합성고무, 여러 가지 합성수지 팩킹(packing)을 부착하거나 피복하여 사용한다. 대표적인 유리병과 마개의 종류는 그림 11-2와 같다.

우리나라의 제병업계의 생산능력은 70여만 톤에 이르고 있다. 그러나 1985년부터 맥주, 소주병 등에 대한 공병 보증금제도를 적용하고 있다. 유리용기는 캔, 플라스틱병, 종이 카톤(carton) 등의 용기에 침식되고 있으나 병조림, 장조림 포장이 유리병으로 대체되고 있다. 대표적으로 유리병에 충전하는 방법은 그림 11-3에서 보는 바와 같다. 액체식품의 경우는 그림 11-3 (a)에서와 같이 정용 실린더(metering cylinder)를 사용하여 정확한 액량을 주입하는 방법을 이용한다.

정용 실린더는 일류구(overflow exit)에 있어서 액 속에 잠기면 일류구까지 액이 차게 되고, 중앙 상단에 있는 스프링 작동에 의해 하단의 시트 벨트(seat belt)가 개폐될 수 있는 밸브 로드(valve rod)가 장치되어 있다. 아래쪽에서 병이 도달하여 밸브에 접한 다음 병이 위로 올라가면 실린더가 액체 위로 부상하면서 스프링을 고정판

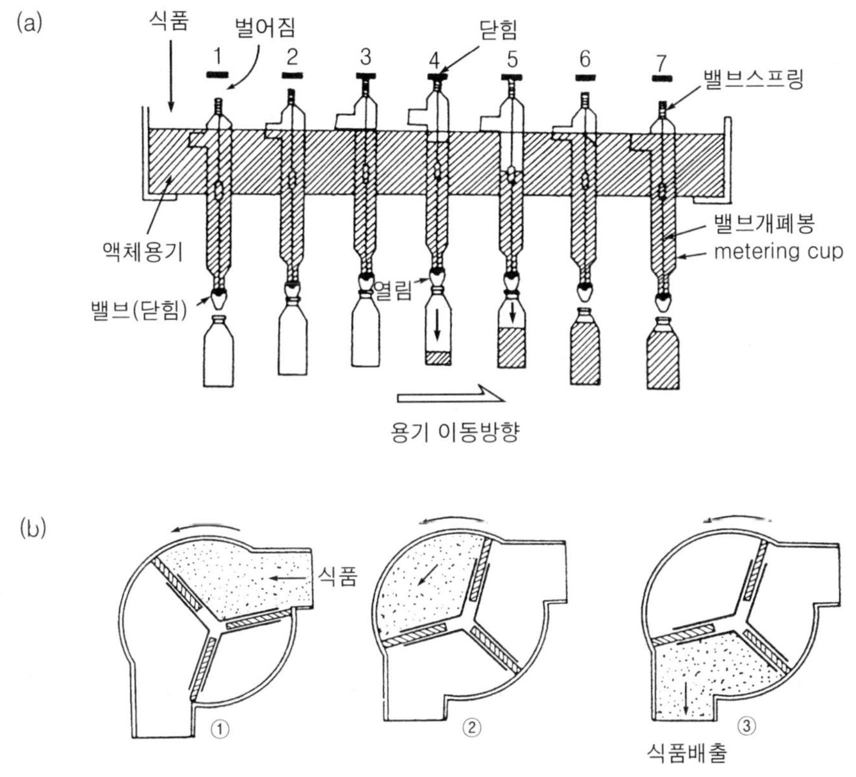

그림 11-3. 액체 및 페이스트상 식품의 충전방법

그림에서 (b)는 고추장, 마요네즈, 케첩 등과 같은 죽(paste)상의 식품을 충전하는데 사용하는 로타리밴(rotary vane) 펌프식 충전기이다. ① → ② → ③의 순서로 일정량씩 배출되면서 용기에 담겨진다.

(1~3)에 부딪쳐 눌러지면(4, 5), 밸브가 열려 실린더 속의 액체가 병 속으로 유입되어 충전이 이루어진다. 그 다음 병이 하강하고 실린더도 밑으로 내려오면서 실린더 속은 다시 액으로 충전되며, 다음 병이 대기하게 된다.

2) 금 속

(1) 통조림통

식품용기에 이용되는 금속재료는 철, 알루미늄, 주석, 크롬이며, 열에 의한 살균이 필요한 식품의 포장재로 보통 강판(steel plate)과 주석판(tinplate)이 이용된다. 통조림 제품을 제조할 때 이용되는 통조림통은 두께 0.15~0.3 mm인 저탄소강판의 양면에 주석을 2.8~17.0 g/mm(두께 0.4~2.5 μm) 정도로 전기도금에 의해 주석을 입혀 사용한다(tinplate). 그러나 내용물에 의한 부식성이 있는 경우에는 통조림통에 에나멜(enamels), oleoresin, 비닐수지(vinyl resin), 에폭시수지(epoxy resin), 페놀수지(phenolic resin), 왁스(wax) 등의 수지(resin) 또는 무기산화물을 입혀 사용하는 경우도 있다.

주석도금을 하지 않는 강철판(tin free steel, TFS) 등에 내열성의 나일론(nylon)이나 크롬을 도장한 관이 탄산음료용 용기로 개발되어 사용하고 있다. 통조림통과 통조림의 제조 등에 대해서는 '제 6장 원예자원의 이용'에서 설명하였다. 이와 같은 시이밍(seaming)의 번거로움을 없애기 위하여 밑부분과 옆부분에 시이밍이 필요 없는 통이 많이 사용된다. 이를 2-piece can이라고 하며, 맥주용 알루미늄캔 등에서 볼 수 있다.

국내 통조림 용기의 발전과정을 살펴보면, 1970년대 포항제철의 완공에 따른 통조림 공관용 철판의 국산화가 이루어져 포장산업의 발달을 보게 되었다. 형태에서도 1981년 두산제관에서 2-piece can의 생산이 가능하게 되었다. Side seam 기술의 경우에도 납땜방식에서는 식품의 오염문제가 대두되고 있어 전기용접 방식인 welding 방식으로 변하였다. 2-piece can은 천연과즙 등의 과일음료, 콜라・사이다 등의 탄산음료, 홍차 등의 기호음료, 이온음료, 벌꿀음료 등에 이용한다.

(2) 알루미늄캔

알루미늄캔도 식품의 포장에 많이 이용된다. 알루미늄은 양철판에 비해 가볍고, 폐품을 회수하여 다시 이용할 수 있다. 그리고 황화물(sulfide)에 의한 퇴색이 없고, 부식성이 없으며, 인쇄적성이 뛰어나며, 개관이 쉬운 장점이 있다. 그러나 양철관에 비하여 장력이 약하고 가격이 비싸다. 또한, 내구성이 없고, 알루미늄만으로는 장력이 매우 약하여 Mg 합금을 사용하는데 이는 부식성을 일으키게 된다. 알루미늄캔은 고온살균처리하는 식품용기로는 이용이 곤란하고 맥주 등의 주류, 탄산음료 계통, 비탄산음료 계통의 과즙함유 청량음료, 토닉음료, 저산성 음료류인 홍차・커피 등의 음료공업에 주로 이용된다.

(3) 알루미늄박

금속재료로서 알루미늄박(aluminium foil) 또는 steel foil을 이용하는 경우도 있다. 두께가 0.15 mm 이하의 것을 알루미늄박이라고 하며, 식품의 보호기능을 가지고 있어서 식품포장재로 이용된다. 0.03 mm 이하로 너무 얇은 호일(foil)은 핀홀(pinhole)이 생기기 쉽고, 가스나 수증기의 확산문제가 있다. 알루미늄박은 방습성, 방수성, 기체투과 방지성, 광차단성이 우수하기 때문에 차단을 필요로 하는 식품에 많이 이용한다. 또한, 내유성, 내한성, 형상 안정성이 있다. 그러나 산, 알칼리, 염분에 약한 것이 결점이다. 알루미늄박은 가공적성이 양호하고, 가볍고 사용하기 편리하며, 가격이 저렴하여 경제적이다.

(4) 알루미늄박 용기

알루미늄박 용기(foil container)는 알루미늄박으로 만든 접시, 컵 모양 등의 성형 용기와 주스관에 이용하는 알루미늄박에 크라프트지 등을 적층(積充)하여 만든 관 형태의 복합 알루미늄박 용기로 나눌 수 있다. 편의식품의 수요증가로 소비가 많이 늘고 있다.

3) 종 이

식품포장용으로는 판지상자 형태로 과자 포장에 주로 사용하고 있다. 다른 상품과 마찬가지로 겉포장 또는 수송용 포장에 골판지 상자가 이용된다. 국내에는 펄프용으로 사용 가능한 목재가 거의 없어 약 80%가 수입에 의존하고 있다. 포장재로서의 종이는 다음과 같은 장점을 가지고 있다.

① 가볍고, 자외선 차단이 크고 산화방지 효과가 크다.
② 다른 포장재에 비해 값이 싸다.
③ 무균충진 포장이 쉽다.
④ 금속이온이 용출이나 포장재료의 냄새가 베어나지 않는다.
⑤ 개봉이 쉽다.
⑥ 인쇄적성이 좋다.
⑦ 소각이 간단하고, 사용 후 폐기물 처리가 쉬워 환경오염이 적다.

이와 같이 사용에 여러 가지의 편의성 때문에 종이팩은 우유, 과일음료, 소주, 청주 등의 액상식품에 무균포장재로서 많이 이용되는 포장재료이다. 그러나 포장재로서의 강도 및 기계적 특성은 섬유(fibre)의 기계적 처리와 접착물질 등에 기인하지만, 다른 포장재료에 비해 다음과 같은 결점이 있다.

① 강도가 약하다.
② 열전도율이 나쁘다.
③ 기체의 투과성이 약간 있다.
④ 탄산음료에 사용할 수 없다.
⑤ 상품수명(shelf life)이 다른 용기에 비해 비교적 짧다.

과일음료의 경우 냉장할 때에 90～150일, 상온에서 60～120일간 정도이다. 보통은 액체와 가스의 투과성을 조절하기 위하여 왁스, 플라스틱, 고무, 수지, 접착제 등으로 도포(coating)하여 사용한다. 종이는 유연포장 재료로서 포장지, 봉투, 받침판, 가방(bags), 겉포장지의 제조용으로 크라프트종이(kraft paper), 방수종이(greaseproof paper), 그라신지(glassines), waxed paper 등을 이용한다. 그리고 강직포장재로서 골판지(cartons), fibre cans, drums, liquid tight cups, tetrahedral packs, 상자 등의 제조에 이용된다.

(1) 크라프트종이

크라프트종이는 sulfate process에 의해 제조한 갈색 종이로 중량이 10～130 g/m^{2}이며, 경제적이고 강한 종이이다. 설탕포대, 밀가루포대, 잡화봉지 등에 이용하며, 중량이 54～73 g/m^{2}일 때는 4.5 kg/m^{2}의 하중에도 견딜 수 있다.

(2) 황산지

황산지(parchment paper 또는 greaseproof 종이)는 구리스로 도포한 포장재로 냄새를 보호할 수 있다. 39～40 g/m^{2}의 것은 일반적인 식품포장에, 40～45 g/m^{2}의 것은 비스킷 포장에, 45～48 g/m^{2}의 것은 버터·마가린 등 지방질 식품포장에 이용된다.

(3) 그라신지

그라신지(glassine 종이)는 합성수지를 도포한 종이로서 양과자, 초콜릿, 쿠키, 커피, 빵, 버터, 우유 등의 식품포장재 또는 사전, 인쇄용지로도 이용된다.

(4) 테트라팩

테트라팩(Tetra Pak사 제품)은 1972년부터 우유포장에 활용하기 시작하여 두유, 주스는 물론 소주, 유산균 음료까지 적용 범위가 확대되었다. 1989년도에는 약 11억개 규모로 높은 신장률을 보이고 있다. 무균포장 종이용기는 취급의 편의성, 유통의 효율성, 폐기처리의 용이성 등으로 활용도가 더욱 증가할 것으로 예상된다. 주류·커피 등 기호식품, 수정과 등 전통식품 뿐만 아니라 수프(soup)·케첩·두부 등의 반고형 식품에까지 이용 범위가 넓어질 것으로 보인다.

(5) 셀로판

셀로판(cellophanes)은 섬유소에 글리세롤 또는 glycol 등의 저휘발성 용매를 플라스틱에 가하여 고분자물의 사슬(chain) 사이의 인력을 감소시켜 유연성을 갖도록 만든 제품이다. 수증기의 확산을 방지할 수 없어 보호제로서 왁스, 수지, 합성고분자물, 니트로셀룰로오스(nitrocellulose) 등으로 도포한다. 셀로판은 건조식품·과자·스낵식품 등에 이용하는 방습셀로판, 커피·홍차 분말 등의 건조식품, 진공포장식품에 이용하는 polycello(polyethylene laminated cellophane), 날고기의 예비포장에 이용하는 초화선계 편면방습셀로판, 이외로 자외선 방지 셀로판, 포장용 복합필름, 셀로판테이프용 등이 있다.

(6) 기타

이 외에 과일을 싸는 과일박엽지, 파라핀지, 편광지 등이 있다. 그리고 천연펄프로 가공한 아이스크림, 버터, 마가린, 냉동식품 등에 1회용으로 이용되는 food board container가 있다. 그리고 운반할 때에 제품의 보호를 위한 판지, 또는 골판지 상자가 이용된다.

4) 플라스틱

유기고분자물질로서 구조, 화학적 조성, 물리적 성질 등은 종류에 따라 다르다. 플라스틱 용기는 다음과 같은 장점이 있다.

① 가볍다.
② 가소성이 있다.
③ 산, 염기, 염류 등에 안정하여 부식하지 않는다.
④ 필름성이 있다.
⑤ 열접착이 가능하여 밀봉이 쉽다.
⑥ 빛깔과 투명성이 있다.
⑦ 인쇄적성에 알맞다.
⑧ 값이 싸다.

그러나 이와 같은 장점에도 불구하고 다음과 같은 결점이 있어서 사용에 제한요소가 된다.

① 강도가 약하다.
② 가열살균을 할 수 없다.
③ 해충에 의해 파손 우려가 있다.
④ 기체의 투과성을 완전히 방지할 수 없다.

이와 같은 결점은 종이, 알루미늄 등 다른 재료와 접합(lamination) 또는 복합(composite)에 의해 개선될 수 있다. 플라스틱 포장재료로 이용되는 소재 중에서 중요한 것들을 요약하면 다음과 같다.

(1) 폴리에틸렌(polyethylene, PE)

에틸렌(ethylene)이나 아세틸렌(acethylene)으로부터 가열과 압력으로 중합하여 polyethylene 수지를 만들어 가공한다. 화학적으로 안정하고, 수축률이 크고 강도가 세며, 밀봉은 쉽게 될 수 있으나 개봉에는 다소 어려운 점이 있다.

폴리올레핀(polyolefins)에는 폴리에틸렌이 대표적인 물질로서 밀도가 큰 것(HDPE, high density polyethylene)은 열안정성과 투과성이 떨어져 우유포장 등의 강직포장 재료로 쓰인다. 밀도가 적은 것(LDPE, low density polyethylene)은 유연성이 크고 값이 싸므로 식품의 겉포장재에 널리 이용된다. 특히 LDPE의 수요가 매우 커서 포장재의 주를 이루고 있다.

(2) 폴리프로필렌(polypropylene, PP)

위생적인 안정성이 높고, 수증기 투과율이 낮은 편에 속한다. 개봉할 때 단열저항이 대단히 커서 열리는 성질이 다른 플라스틱 포장재보다도 우수하다. 식초·시럽·요구르트·마가린·주스·두부 등에 이용하는 PP중공성형(中空成形) 용기와 냉동가공식품에 이용하는 접시형, 간장·식용유 등에 이용하는 PP다층연신(多層延伸) 중공성형병 등이 있다.

(3) 비닐유도체(vinyl derivatives)

에틸기의 수소 대신에 염소, 벤젠, 메틸, 수산화기 등의 치환체의 성질과 분자량, 사슬 내의 배열상태에 따라 비닐의 성질이 다르다. 결정화도가 높을수록 강도와 고온에서의 저항성, 용매작용에 대한 저항성, 확산에 대한 저항성이 증가한다. 비닐유도체에는 염화비닐(polyvinyl chloride, PVC), 초산폴리비닐(polyvinylidene chloride, PVDC), polystyrene(PS), ethylene vinyl acetate(EVA), ethylene vinyl alcohol (EVAL, EVOH) 등이 있다.

(4) 폴리에스테르

폴리에스테르(polyester; polyethylene terephtalate, PET)의 대표적인 제품으로는 polyethylene terephthalate이다. Ethylene glycol과 terephthalic acid의 축합물로서 Du Pont사의 제품인 'Mylar'로 널리 알려져 있다. 매우 안정하며, 기계적 강도 등이

우수하고, 가공성이 좋으나 열접착성이 좋지 않다. PET필름은 냉동식품, 축육가공품, 수산가공품, 건조식품, 레토르트식품 등 널리 이용된다. 성형용기는 전자오븐용 포장에 이용된다.

(5) 기타 플라스틱 포장재료

앞에서의 플라스틱 재료 외로 polyamide(PA, nylon), polyvinyl alcohol(PVA), polycarbonate(PC), pliofilm(rubber hydrochloride), polyfluorocarbons(tefron, tri-fluoro chloroethylene, polyvinyl fluoride 등), polyurethane(PU), 불소수지(PTFE), 아크릴수지 등이 포장재료로 사용된다. Cellulosics는 셀로판과 유사한 성질을 가지며, cellulose acetate, ethyl cellulose, cellulose nitrate 제조의 기본재료로 이용된다.

(6) 가식필름

가식필름(edible film)으로는 α-전분의 필름인 oblate는 캐러멜·젤리·캔디 등의 접착방지, 치즈나 버터 등의 내유피복(耐油被覆), 냉동식품의 보존성 향상을 위한 포장용으로 이용하는 아밀로스 필름, 육류 가공품에 이용하는 콜라겐(collagen)을 정제하여 만든 재제장(再製腸) 등이 있다.

(7) 라미네이트 필름

플라스틱 필름의 강도와 기체의 차단성을 보강하기 위하여 1가지 이상의 필름 또는 종이, 알루미늄박을 접착시킨 중층(重層) 필름을 사용한다. 이와 같이 여러 겹으로 된 유연포장재를 라미네이트 필름(laminate film)이라고 한다. 대표적인 예로는 PP/PE, cellophane/PE, Al/PE 등이 있다.

라미네이트 필름 중에서 내열성이 높은 것은 135℃로 가열하더라도 견딜 수 있는 성질이 있어서 통조림 포장과 같은 강직포장재를 대신하여 유연포장 살균식품을 제조하고 있다. 이와 같이 유연포장재를 사용한 살균식품을 레토르트 파우치(retort pouch)라고 한다. 레토르트 파우치 식품과 같은 유연포장재를 이용한 식품의 경우는 다음과 같은 장점을 가지고 있어서, 그 수요가 점차 증가하여 일반화하기에 이르렀다.

가) 가열시간의 단축과 품질 손상의 최소화

통조림이나 병조림에 비하여 레토르트 파우치는 평평한 형태로 되어 있어서, 살균온도에 도달하는 시간을 30～50% 단축시킬 수 있어 제품의 품질 손상이 적다.

나) 장기 저장의 안정성

레토르트 파우치는 살균처리로 상업적 무균상태를 유지함으로써 냉장 또는 냉동할 필요가 없다. 보존을 위하여 첨가제를 가하지 않고도 통조림과 같은 저장수명을 갖는다.

다) 에너지 경비절감

유연포장재는 열전도도가 크기 때문에 살균공정을 단축할 수 있고, 통조림이나 병조림에 비하여 에너지 비용이 적게 든다. 제조공정에서 유통단계까지의 총에너지 비용은 냉동식품보다도 55~60% 싼 것으로 알려져 있다.

라) 개봉 용이

레토르트 파우치는 상부 옆부분에 약간 잘라낸 곳을 찢거나 가위로 잘라 안전하고 쉽게 개봉할 수 있다.

마) 휴대 간편

통조림이나 병조림에 비하여 가볍기 때문에 유통비가 싸고, 휴대가 간편하다.

바) 폐기 용이

레토르트 파우치는 병조림 등에 비하여 저장 공간이 약 85% 절약되며, 사용 후에 폐기가 쉽다.

사) 상품성이 우수함

유연포장재는 열용융으로 간단히 밀봉되며, Al-foil의 빛깔과 우수한 인쇄적성으로 좋은 외관을 나타내어 시각효과를 높일 수 있다. 그러나 레토르트 파우치는 통조림이나 병조림에 비하여 충진속도가 느리고 불량품의 검출이 어려우며, 내용물의 형체가 파괴될 우려가 있어서 외포장이 필요하며, 파우치 크기에 제한을 받는 단점이 있다.

(8) 분해성 플라스틱

환경오염을 최소화하기 위하여 광분해성 또는 미생물에 의해 분해가 쉽게 일어날 수 있는 생분해성 포장재에 대한 관심이 커지고 있다. 천연고분자를 생분해성 포장지로 개발할 경우 석유화학 합성수지 포장지에 비해 가격 경쟁에서 뒤떨어지는 단점이 있으나, 폐기된 포장지의 완전 분해와 환경오염을 최소화할 수 있는 장점이 있다.

미생물 작용에 의해 분해가 일어나는 생분해성 플라스틱과 비교할 때 분해성 플라스틱은 '일정기간 동안 특정 환경조건에서 화학구조가 상당히 변화되어 표준 시험방법으로 측정이 가능한 성질의 손실을 가져오도록 고안된 플라스틱'으로 정의한다. 생분해성 플라스틱 필름의 원료로는 단백질, 다당류, 지질이 있다.

필름 형성을 위해 연구된 단백질에는 콜라겐, 젤라틴, 케라틴(keratin), 옥수수단백

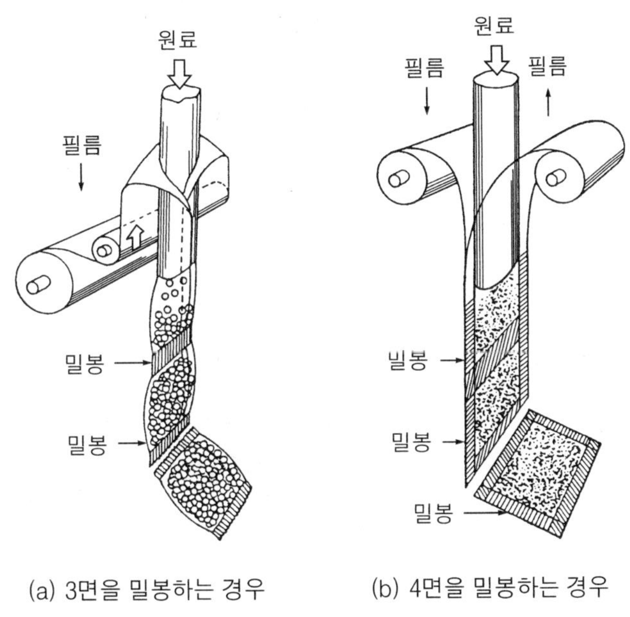

(a) 3면을 밀봉하는 경우 (b) 4면을 밀봉하는 경우

그림 11-4. 유연포장의 기본원리

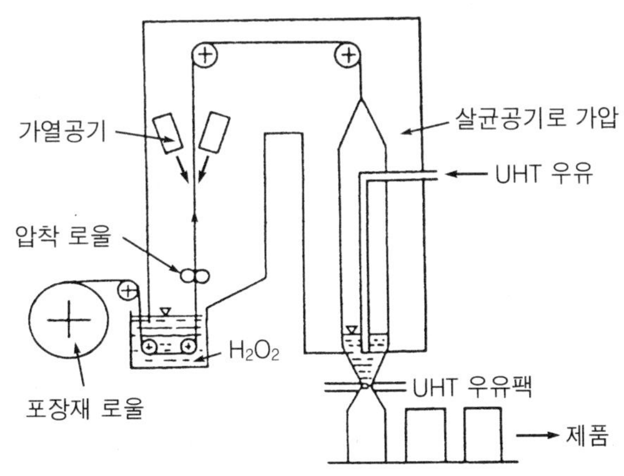

그림 11-5. 살균우유의 포장

시판하고 있는 우유의 포장방법 중의 하나로 포장재료를 H_2O_2 용액으로 살균하고, 열풍으로 H_2O_2를 날려 보낸 다음 미리 UHT살균한 우유를 넣고 3면 봉합하여 pack을 만든다.

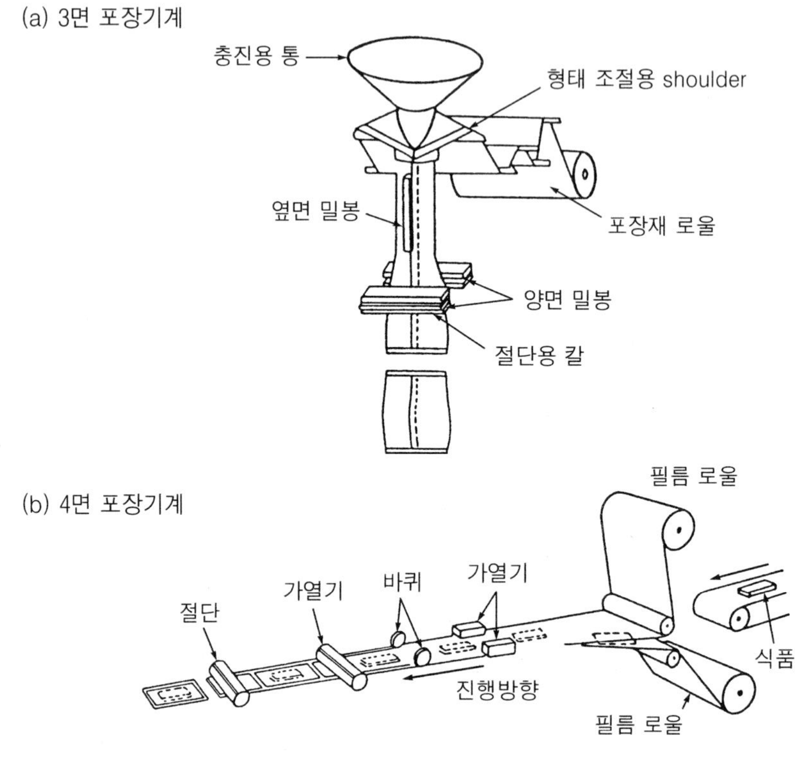

그림 11-6. 유연포장기계의 구조

(a) 필름과 식품이 동시에 공급되면서 세로 봉합, 가로 봉합, 절단작업이 순차적으로 수행된다.
(b) 4면 봉합포장의 원리를 이용한 자동포장기이다.

질(corn zein), 밀단백질(wheat gluten), 대두분리단백질(soy protein isolate), 땅콩단백질(peanut protein), 우유단백질(casein), 호웨이단백질(whey protein) 등이 있다. 다당류로는 cellulose 유도체, alginate, 펙틴, 카라기난(carrageenan), 전분유도체들이 있다. 지질을 원료로 한 코팅물질에는 acetylated glyceride, 지방산과 beeswax, carunaba wax, rice bran wax, cadelilla wax와 같은 다양한 왁스들이 있다. 생고분자 원료를 용매에 용해시킨 다음 압출법에 의해 필름의 제조한다.

생고분자 필름과 코팅제는 과일과 채소의 코팅, 지방 함량이 많은 견과류의 코팅, 튀김용 필름, 피자와 아이스크림콘 등 가식성 필름을 이용한 수분투과 방지용, 캔디의 코팅, 제약류의 코팅 등에 응용이 가능하다.

플라스틱 필름을 밀봉하는 경우 다음과 같은 방법이 이용된다.

① 고주파접착법 : Vinylidene chloride계 필름의 밀봉
② 가열접착법 : 폴리에틸렌, 폴리프로필렌, 방습셀로판 등의 밀봉
③ 임펄스식 열접착법(impulse seal method) : 기계장치가 싸기 때문에 대부분의 필름 접착에 이용
④ 끈으로 묶는 법

그리고 포장기법은 무균포장, 가스치환포장, 진공포장 등이 많이 이용되고 있으며, 선도유지 포장이 새로이 등장하고 있다. 대표적인 유연포장재를 사용하여 포장하는 유연포장기계의 기본구조는 그림 11-4와 같으며, 살균우유를 포장하는 대표적인 포장기계의 구조는 그림 11-5에서 보는 바와 같다. 그리고 그림 11-6에서는 여러 가지 유연포장기계의 구조를 나타내었다.

5) 나 무

장거리 수송을 위한 중량물 포장에 많이 쓰이고 있다. 선적을 하거나 식품포장을 저장하는 수단으로서 나무를 포장재로 이용한다. 식품포장에는 생선상자, 청과물상자, 젓갈통 등에 사용되고 있으나, 목재 상자는 골판지 상자, 플라스틱 상자에 밀려 감소 추세에 있다. 포장재료로서 앞에서 설명한 유리, 금속, 종이, 플라스틱 외에도 복합재료를 사용한 포장재의 개발이 실용화되어 많은 발전을 보았다. 따라서 식품포장산업도 산업발전에 부응하여 많은 변화가 있을 것으로 예상된다.

3. 식품의 안정성에 미치는 환경요인

1) 빛

빛은 화학반응을 유발하는 중요한 요인이다. 빛의 존재에서 화학반응에 의한 식품의 변질은 매우 다양하다. 빛에 의한 식품의 변질로는 유지의 산화로 인한 산패(酸敗), 우유의 저장 중에 발생하는 휘발성 물질의 생성이나 불쾌한 mercaptan의 생성, 연어 또는 새우에서 astaxanthin에 의한 적색 색소의 발현, 육류의 myoglobin에 의한 색깔의 발현, riboflavin과 ascorbic acid의 광에 대한 민감성 등을 들 수 있다. 빛에 의한 산화반응은 빛의 파장, 강도, 노출시간에 따라 차이가 난다.

2) 산 소

산화적인 산패, 비타민, 색소, 어떤 종류의 아미노산이나 단백질은 산소에 민감한 성질을 가지고 있다. 따라서 포장은 2가지의 요인을 조절함으로써 이루어진다. 화학

반응이 일어날 수 있는 유효한 총산소량을 조절하거나, 산소압을 조절한다. 불투과성 물질로 진공포장하면 산화반응은 내부에 존재하는 산소량의 소모 이상으로 진행되지 않는다. 만일 반응 정도가 식품의 품질에 영향을 주지 않을 정도라면 화학반응속도는 식품의 저장수명(shelf life)에 영향을 주지 않는다.

그러나 포장된 용기 내의 산소가 품질에 영향을 주는 정도이거나, 포장재를 통하여 산소의 유통이 이루어지는 경우는 산소분압이 중요한 요인이 된다. 산화속도는 반응 형태, 반응생성물의 종류, 온도 등에 따라 다르다. 용적에 대한 체적비가 적을 때 지질의 산화는 산소분압에 비례하여 비례적으로 증가하나, 충분히 컸을 때는 직선적으로 증가하지는 않는다.

이와 같이 산소량을 줄여 산화적인 반응을 억제시킴으로써 식품의 색깔, 향기와 풍미(風味)를 보존한다. 미생물의 생육을 억제하기 위하여 질소, CO_2가스, 또는 혼합가스로 포장 내를 치환하는 포장방법을 가스치환포장(gas exchange packaging)이라고 한다. 마른 김, 녹차, 인스턴트커피, 스낵식품, 분유, 양과자, 햄, 수산연제품(어묵) 등의 포장에서 볼 수 있다.

3) 수분과 온도

미생물에 의한 식품의 변질은 수분활성도와 밀접한 관계가 있다. 저장온도가 높을수록 미생물 또는 화학반응에 의한 변질이 빨라진다.

4) 기계적 손상에 대한 민감성

운송 및 유통과정에서 기계적인 손상에 의해 식품이 유출되거나 변형이 일어나기도 한다. 기계적인 충격으로부터 식품을 보호하기 위하여 알맞은 완충제 또는 포장재의 선택이 중요하다.

5) 생물적인 변질에 대한 민감성

포장 전후의 미생물의 살균 또는 오염을 방지해야 하며, 식품첨가물의 사용, 쥐 등으로부터 식품을 보호하기 위하여 알맞은 용기를 사용한다.

4. 포장과 포장재의 특성

1) 빛으로부터 보호특성

빛의 투과 정도는 포장재료에 따라 다르며, 빛으로부터 식품을 보호하기 위하여 유리는 착색물질을 처리하거나, 플라스틱은 염색하는 등 특별한 처리를 함으로써 빛을 차단할 수 있다.

2) 가스 또는 수증기의 침투성

포장재의 미세한 구멍(microscopic pore 또는 pinhole)을 통하여 가스의 투과가 이루어진다. 투과성은 다음과 같은 확산법칙에 따른다.

$$J = DA\frac{dC}{dX} \qquad (11\text{-}1)$$

여기에서 J는 가스의 투과량(mole/sec), D는 확산계수(cm^2/sec), A는 표면적(cm^2), C는 가스농도(mole/cm^3), X는 거리(cm)이다.

정상상태에 있어서는 식 11-2와 같다.

$$J = DA\frac{C_1 - C_2}{\Delta X} \qquad (11\text{-}2)$$

$$C = s\,p \text{ (Henry's law)}$$

여기에서 s는 용해도(mole/cm^3/atm)이며, p는 가스의 분압이다.

투과량의 측정은 pressure increase method, electric hygrometer 또는 gas chromatography 등에 의해 분석한다. 포장재에 따라 가스의 투과성이 다르다. 같은 재료인 경우에는 가스의 종류에 따라 다르다. Polyvinylidene chloride(saran)은 실리콘 고무에 비해 산소의 투과성이 10만 배 정도 작다. 또한, 가스 종류에 따른 투과성의 크기는 탄산가스, 산소, 질소 순서이다. 필름의 수분흡수 정도는 상대습도가 높을 때 급속히 증가한다.

3) 포장에 의한 미생물의 오염방지

포장식품에 있어서 미생물의 오염은 포장재의 기계적 손상 여부와 미생물 침투에 대한 저항성에 의한다. 플라스틱 필름 등에 핀홀(pinhole)이 없을 때는 미생물의 침투가 안 된다. 실제로는 핀홀이 존재하더라도 다음과 같은 이유로 비교적 안전하다.

즉, 부착된 미생물이 내부로 침투하려면 포장재 표면의 표면장력으로 인하여 외압이 포장 내의 압력보다 커야만 통과가 가능하지만, 포장재료가 일반적으로 두껍게 사용하므로 핀홀이 흔하지 않고 매우 적기 때문이다. 그러나 살균과 재오염에 대한 시

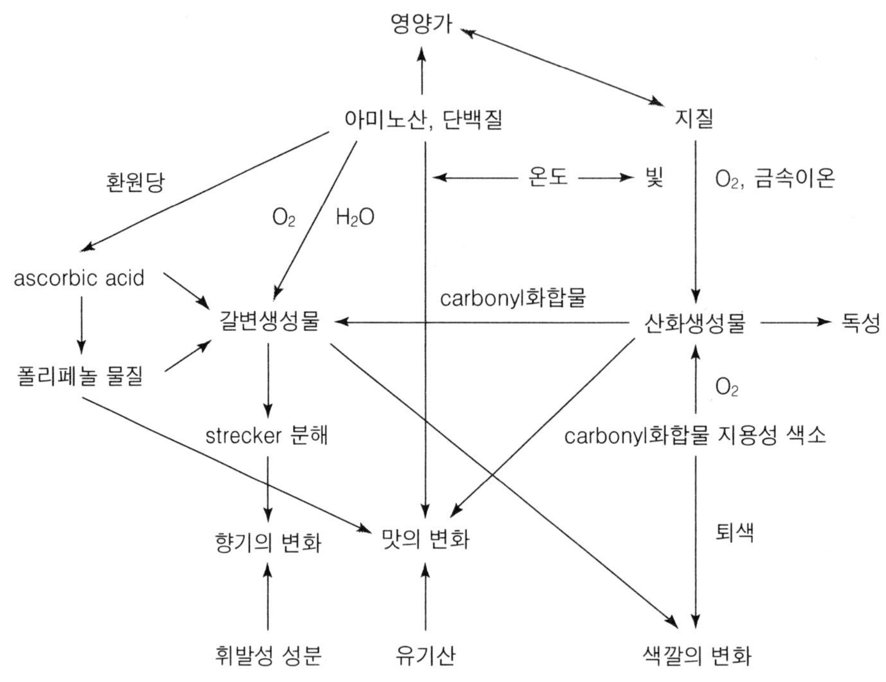

그림 11-7. 포장식품의 변패에 관여하는 여러 인자

험을 통하여 포장재를 선택하는 것이 보통이다. 포장식품의 변패에 관여하는 인자들을 요약하여 간단히 나타내면 그림 11-7에서 보는 바와 같다.

5. 포장재 시험

포장재의 시험은 용기나 포장의 여러 가지 구성요소를 평가하는 목적으로 수행되며, 국내에서는 한국공업규격(KS)에서 규정하는 시험방법이 기준이 된다. 즉, 포장재의 기초적 성질, 기계적 강도, 투과성, 기타로 나누어 이루어진다. 포장재료는 여러 가지 기계적인 힘(그림 11-8)에 의해 파손되는 경우가 있어서 일정한 조건에서 포장재의 장력, 압축성, 충격, 절단력 등을 시험한다.

1) 종이와 골판지의 두께

27℃, 상대습도 65%인 IS(international standard condition) 조건에서 0.005 mm의 정밀도를 갖는 마이크로메타(motor operated dial type micrometer, spring loaded dial micrometer 또는 screw gauge micrometer)로 시료마다 5위치를 측정한 다음 평

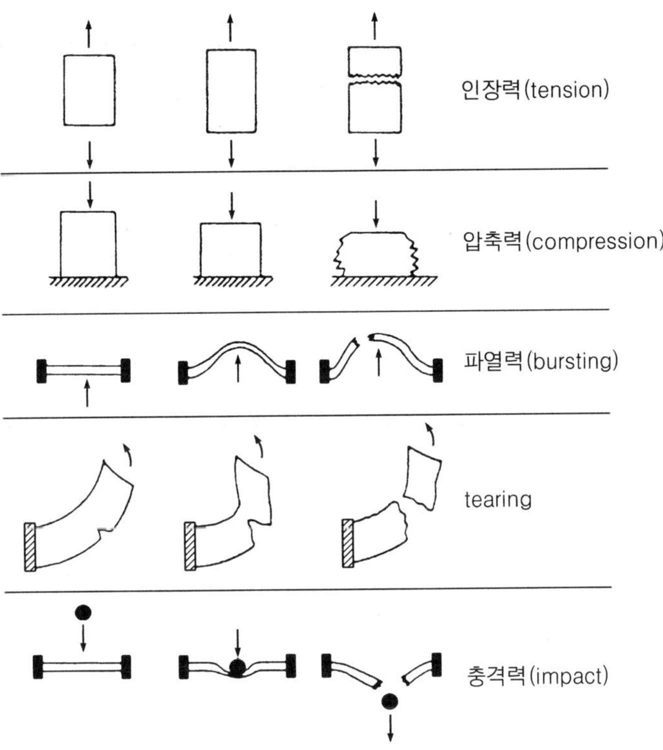

그림 11-8. 여러 가지 기계적인 힘에 의한 포장재의 파손

균값으로 나타낸다.

2) 포장재의 중량

포장재료를 판매할 때에 필요하며 g/m^{2}로 표시하는데, 1 g/10 × 10 cm인 포장재 10장을 임의 채취 후에 무게를 측정하고 평균치를 나타낸다.

3) 인장강도

인장강도(tensile strength)는 미국의 표준방법(ASTM D 882-88)으로 Instron(model 1125, Instron Engineering Corp., Canton, USA)을 사용하여 측정한다. 20개 시

$$\text{인장강도(Pa)} = \frac{\text{필름이 끊어질 때의 강도(kg} \times 9.8\ \text{N/kg)}}{\text{필름의 너비(m)} \times \text{필름의 두께(m)}}$$

표 11-2. 포장재에 따른 인장강도와 신장률

포장재	인장강도(kg/cm²)	신장률(%)
Cellophane	3～8	5～50
Cellulose acetate	4～7	5～50
Polyethylene	1～2	100～800
Mylar	12～15	40～100
Saran	3～6	20～150
Aluminium foil	4～21	20～50
포장종이	4～11	2～50
Steel foil	21～70	1～15

료를 원래 필름에서 잘라내어 25℃, 상대습도 50%인 항온 항습조에서 48시간 보관한 다음 측정한다. 겉포장 끈은 신장률이 적고 인장강도가 커야 한다. 포장재에 따른 인장강도와 신장률은 표 11-2에서 보는 바와 같다.

4) 수분 흡수력(Cobb test)

단면적이 81.7 cm²이고 높이가 5 cm인 실린더형의 포장재를 1 cm 만큼 물에 잠기도록 하여 2분 후에 흡습된 무게를 측정한다. Cobb값은 다음과 같이 나타낸다.

$$(\text{수분 침투후의 무게} - \text{최초 무게}) \times \frac{100}{81.7} \qquad (11\text{-}3)$$

5) 파열강도

종이와 골판지 등을 bursting strength tester로 파열강도(bursting strength)를 측정한다.

6) Puncture test

수송 도중에 일어나는 돌출부에 의한 충격으로 포장재가 뚫리는 정도를 측정한다.

7) 마모저항

마모저항(abrasion resistance test)은 직경이 50 cm되는 원반형 포장재 위에 500, 750, 1,000 g이 되는 철판을 올려놓고 65～75 rpm이 되도록 회전시킨 다음 마모된 양을 측정한다.

$$마모저항(mg/m^2) = \frac{(철판무게)(마모된 양, mg)}{(회전수, rpm)} \qquad (11\text{-}4)$$

8) Folding insularance test

골판지 상자를 제조할 때에 시험하며, 135°의 각도로 접었다 폈다 하는데 견디는 힘, 또는 찢어질 때까지 견디는 힘을 측정한다.

9) 낙하시험

낙하시험(drop test)은 수송한 후 하역할 때에 내용물을 일정한 높이에서 던졌을 때 견디는 정도를 측정한다. 낙하시키는 높이를 변화시키면서 포장을 낙하시켜서 손상이나 파괴 정도를 검사한다. 낙하 회수도 중요하기 때문에 종합적인 평가가 중요하다.

10) 압축시험

압축시험(compression test)은 15 mm/min 속도로 압력을 가하면서 상자가 부서질 때까지의 최고압력을 측정한다. 예를 들어, 골판지 상자의 경우 압축강도는 하중의 부과기간, 판지의 수분함량, 적재방법, 이전의 포장 취급방법, 포장의 내용물과 지지물에 의한 지지도 등에 영향을 받는다.

11) 경사충격

경사충격(inclined impact test)은 일정한 거리에서 경사도를 달리하여 상자를 떨어뜨렸을 때의 부서지는 정도를 측정한다.

12) 진동시험

진동시험(vibration test)은 일정한 속도로 흔들었을 때 내용물이 포장재료의 벽에 의해 부서지는 정도를 측정한다. 분당 120～130회 범위에서 15～60분간 진행된다. 1시간의 진동효과는 대략 철도수송 1,600 km에 해당한다.

13) Grease resistance test

기름의 흡수 여부를 측정한다.

14) Hexagonal drum test

육면체의 포장상자 내에 쇠로 된 공을 놓고 돌릴 때 부서지거나 찌그러지는 정도를 시험한다.

제 12 장

식품산업폐수의 처리

식품공업에 있어서 원료의 세척에서부터 최종제품이 만들어지기까지 모든 공정에서 폐수가 발생하게 된다. 이와 같은 산업폐수 뿐만 아니라 각종 오염원으로부터 발생되는 오염물질은 그림 12-1에서 보는 바와 같이, 여러 가지 오염경로를 거쳐 우리

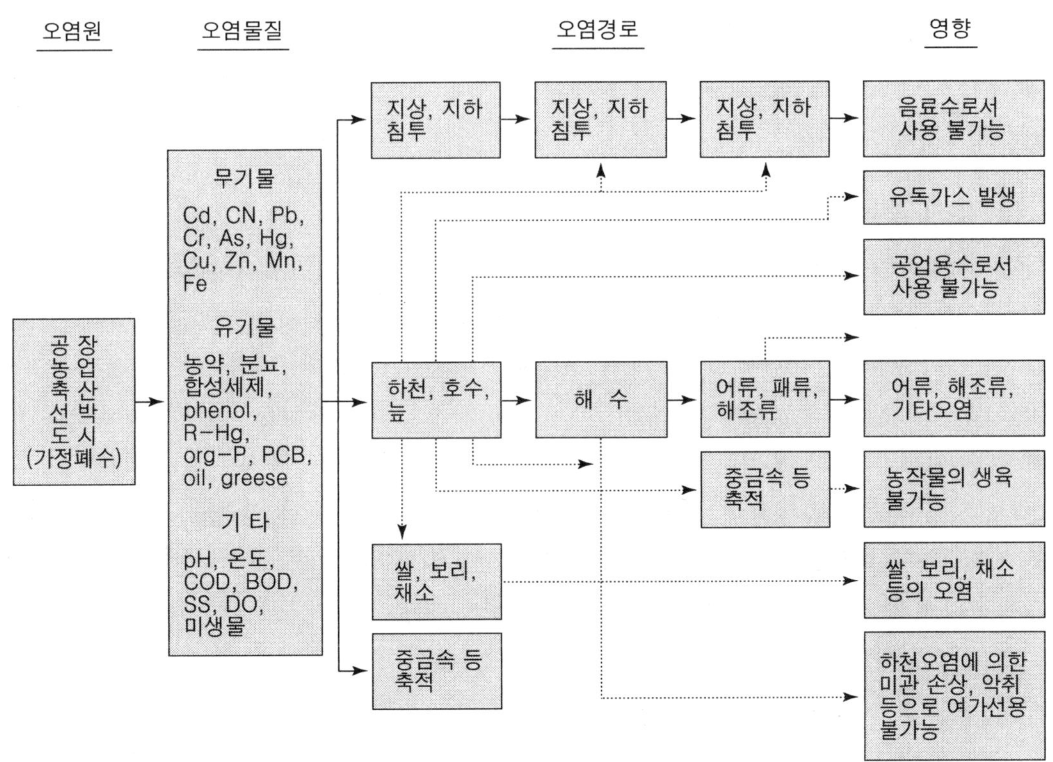

그림 12-1. 수질오염의 원인과 영향

의 일상생활에 많은 영향을 끼치게 된다. 식품공업 뿐만 아니라 다른 모든 산업활동에서 발생되는 오염인자는 한 가지 기술로서는 제거할 수 없다. 각 부분의 기술을 포함하여 사회적, 경제적, 법적, 환경적인 문제를 동시에 고려하여 체계적으로 해결해야 한다.

폐수처리 분야는 주로 환경공학에서 다루기 때문에 여기에서는 관련된 용어를 비롯하여 기초적인 내용을 중심으로 한 물리화학적 처리방법과 생물학적 처리방법을 정리하였다.

1. 식품산업폐수의 특성

1.1 폐수처리 관련용어

1) 부유성 물질

부유성 물질에 관한 용어에는 여러 가지가 있다. 현탁성 고형물은 suspended solid (SS)라 하고, 용존상태에 있는 고형물은 용존산소(dissolved solid, DS)라고 한다. SS와 DS를 합쳐서 총고형물(total solid, TS)이라고 한다. 그리고 부유물질을 미생물과 분리하여 고려할 수 없는 경우에 이를 합쳐서 mixed liquor suspended solid(MLSS)라고 한다.

2) 유기물량

폐수 중의 유기물량을 나타내는 방법으로서 생물학적 산소요구량(biological oxygen demand, BOD)과 화학적 산소요구량(chemical oxygen demand, COD)이 있다.

BOD는 유기물이 미생물에 의하여 산화분해될 때 소요되는 용존 산소량을 나타낸다. 이는 유기물이 분해될 때 최종 전자수용체가 산소분자라는데 근거를 둔 것으로서, 생물에 의한 분해가 불가능한 유기물량은 포함되지 않는다.

COD는 미생물에 의하여 분해되지 않거나 분해가 어려운 유기물을 감안하여 화학적으로 산화분해시키는 데 소요되는 산소량을 나타낸다. 이는 유기물이 강한 산화제($K_2Cr_2O_7$)에 의하여 CO_2와 H_2O로 분해된다는 데 근거를 둔다.

BCOD란 단위가 쓰이기도 하며, 이는 COD 중에서 생물학적으로 분해가 가능한 부분을 나타낸다. 그리고 총 유기물량을 나타내기 위하여 TOC(total organic carbon)이라는 단위를 사용한다. 이는 유기물을 800℃에서 연소시켜 생기는 CO_2의 함량으로부터 유기물의 양을 측정하는 것이다.

3) 용존산소

용존산소는 폐수액 중에 녹아있는 산소의 양을 나타내며, dissolved oxygen(DO)으로 표시한다. 폐수의 성상을 파악하는 데 지표가 된다.

4) 슬러지

슬러지(sludge)는 200～1,000 ㎛의 부정형 플록(floc)으로서 주로 세균과 원생동물이 응집된 것으로 활성오니(activated sludge)라고도 한다. 폐수처리조 내의 활성슬러지의 양을 표시하는 방법으로서, sludge volume(SV) 단위는 활성슬러지 혼합액을 30분 동안 정치시켰을 때 차지하는 용량 %를 나타낸다. 이는 슬러지의 침강성을 나타내는 지표로서 sludge volume index(SVI)를 사용한다. 이는 위와 같은 혼합액을 30분 동안 정치시켰을 때 1 g의 활성슬러지가 차지하는 부피(ml)를 나타낸다. 좋은 슬러지는 SVI가 40～60 ml/g이고, 응집(bulking)을 일으키는 슬러지는 200 또는 그 이상이다. 슬러지가 반응조 내에 체류하는 시간을 sludge retention time(SRT)이라고 한다. 이는 폐기되는 잉여 슬러지의 양과 밀접한 관련이 있다.

5) HRT(hydraulic retention time)

폐수가 폭기처리조에 머무는 시간으로 몇 시간에서 몇 일간으로 변화가 많다. 이는 처리조의 용량을 유입수의 유입속도로 나누어 구한다.

1.2 식품폐수의 특성

식품산업 제조시설에서의 폐수는 주로 원료의 세척, 먹지 못하는 부위의 제거, 가공과 포장과정에서 배출된다. 또한, 응축수, 냉각수, 공정수, 바닥이나 기계의 세척수, 탱크나 용기에서의 월류수(越流水, overflow) 등을 들 수 있다.

국내에서 배출되는 산업폐수량은 1차금속, 종이제조업에 이어 식품산업이 3위를 차지하고 있다. 다른 제조업의 경우 폐수 중 많은 양을 공정에 다시 이용하는 것을 고려할 때, 폐수 방류량을 기준하면 식품산업폐수는 1991년을 기준으로 340천 톤/일로서 1위이다. 식품폐수의 문제점을 몇 가지로 요약하면 다음과 같은 점을 들 수 있다.

① 식품제조업체는 대규모 시설업체를 제외하고는 대부분 지역단위로 산재해 있으며, 상수원 오염의 가장 큰 문제점이 된다.

② 다른 업종에 비하여 폐수 발생량이 많고 오염물질 부하량이 높다. 식품폐수는 BOD 농도가 2,000 mg/ℓ, SS 농도가 3,000 mg/ℓ 정도로 매우 높다. 예를 들

어 과일과 채소 가공공장에서의 폐수량, BOD, TSS, 온도와 pH의 평균치는 표 12-1에서 보는 바와 같이 매우 높고, 변화가 심한 것을 알 수 있다.

③ 폐수형태의 변동이 심하여 처리가 쉽지 않다. 농산물 가공업체는 원료의 수급량에 따라 조업일이 일정하지 않다. 따라서 폐수량과 수질의 변동이 많아 일정 폐수량, 일정 농도가 요구되는 생물학적 폐수처리 시설운영에 애로가 많고, 다른 업종에 비하여 처리효율도 떨어진다.

표 12-1. 과일과 채소 가공공장의 폐수의 특성

	폐 수 3,785 L/ton			BOD 454 g/ton			TSS 454 g/ton			평균 온도	평균 pH
	평균	95%	limits	평균	95%	limits	평균	95%	limits		
사과	3.2	0.2	17	22	4.4	64	6.3	0.5	30	22	5.6
살구	4.9	1.1	14	45	17	98	9.9	4.0	22	44	8.0
아스파라가스	8.6	1.4	31	5	0.6	26	7.5	4.0	0.1313	-	
건조콩	9.8	1.1	44	75	16	238	59	2.0	0		6.8
비트	4.0	0.8	12	44	5	217	26	2.0	116		7.9
브로콜리	8.8	1.6	32	16	2.1	54					
양배추	11.0	1.7	23	18	2	49				17	
당근	4.0	0.8	13	31	9.6	80	17	2.0	72		8.7
체리	4.8	0.4	27	15	2.4	75	0.8	0.5	1		
감귤	4.3	0.4	16	16	1.0	45	6.0	2.0	10	26	6.5
옥수수	1.9	0.3	6.2	27	4.8	91	12	2.1	44	25	5.6
포도	2.8	0.3	13								
버섯	9.6	1.7	33	20	8.8	40	10	4.2	4.2		
양파	6.8	0.2	17								
완두콩	4.7	1.2	13	38	13	88	12	1.3	1.3	21	6.0
복숭아	3.0	1.1	6.8	45	13	116	9.1	1.8	1.8	22	9.6
배	3.9	1.5	8.4	44	8.6	47	8.7	1.7	29		7.0
후추	4.6	0.9	16	32	5	50	58	1	170		
피클	4.6	0.8	19								
파인애플	1.7			16	7.4	31	9.9	3.5	24	33	6.8
감자	4.3	1.2	11	52	19	120	4	3.8	250		
호박	2.9	0.4	11	32	9.2	87	6.7	2	12		6.3
시금치	7.3	1.5	23	13	3.5	37	4.6	1.7	11		
고구마	4.0	0.3	23	60	24	130	34				
토마토	1.7	0.4	5.2	8.6	2	26	8.4	0.3	66	26	7.9
무	7.3	2.4	18								

limit는 최대와 최소를 말함

④ 폐수처리 기술의 부족이다. 식품가공업체의 규모가 영세하여 경험이 있는 전문 인력의 확보가 어려워 우수한 처리시설을 갖추었다 하더라도 기술부족으로 처리에 어려움을 겪고 있다.

⑤ 폐기물 처리에 애로를 들 수 있다. 식품가공업체가 대부분 농촌에 산재해 있어 폐기물 운반이 어렵다. 부패성 폐기물이 신속하게 처리되지 않아 이로 인하여 악취, 해충 발생의 원인이 되기도 한다.

2. 식품폐수 처리

폐수는 크게 산업폐수와 생활폐수로 구분한다. 그 특성이 다양하여 어떤 하나의 처리방법을 적용하기가 불가능하다. 각각의 특성에 따라 이에 알맞은 물리화학적 또는 생물학적 공정을 도입해야 한다. 폐수에는 각종 유기물을 비롯하여 생분해가 어려운 성분, 중금속 등의 유독성분, 불용성 고형물, 기름 또는 탄화수소 계열 화합물, 인산염, 질산염 등의 무기 영양분 등 여러 가지 성분이 다양한 비율로 혼재되어 있다. 폐수처리 목적은 현탁된 부유물질이나 BOD를 제거하는 일이다. 폐수처리를 원활히 하기 위하여 미생물 생육에 알맞은 환경을 조성해야 한다. 이는 수소이온 농도(pH), 온도의 조절은 물론 질소와 인 등 무기물 농도를 알맞은 수준이 되도록 유지해야 한다.

2.1 폐수의 물리화학적 처리

폐수의 물리화학적 처리는 보통 생물학적 폐수처리에 대한 상대적인 의미로서 사용된다. 응집제 등 약품에 의한 응집-응결과 이에 뒤따르는 고액분리 공정에 의한 처리를 말한다. 기름성분의 분리, pH 조정, 응집침전, 화학적 산화 등의 공정이 생물학적 2차 처리보다 앞서서 적용되기도 한다. 2차 처리 후에 N, P 등을 제거하기 위한 3차 처리로, 또는 처리수질을 개선하기 위한 뒷마무리 처리로서 응집침전 또는 모래여과와 활성탄 흡착 등이 적용되기도 한다. 물리화학적 처리방법을 적용하는 일반적인 경우는 다음과 같다.

① 폐수의 성분이 거의, 또는 전혀 생분해되지 않는 경우
② 처리약품을 아주 값싸게 얻을 수 있는 경우
③ N, P 등의 영양원의 제거를 원하는 경우
④ 토지가격이 비싸거나 충분한 부지를 확보할 수 없는 경우
⑤ 생물학적 처리에 방해가 되는 특정 성분을 제거하기 위한 경우
⑥ 영양물질이 너무 많아서 생물학적 처리공정의 유지가 어려운 경우

⑦ 처리수를 재이용하고자 하는 경우

물리화학적 처리방법으로 이용되는 기술은 침전, 응집-응결, 여과, 흡착, 이온교환, 막분리공정[3], 화학적 처리(chemical oxidation)[4] 등이 처리목적에 따라 응용된다.

그러나 식품공업에 이용되는 공정은 주로 침전, 응집-응결, 여과이며, 이들의 처리형태는 다음과 같다.

1) 침 전

침전(sedimentation)은 폐수에 함유되어 있거나, 폐수처리 공정 중에 생성된 고형물질을 물로부터 중력에 의해 분리시키는 공정이다. 침전조의 이용은 도시하수 처리에서 만큼 흔하지 않다. 그러나 통조림 제조공업에서처럼 입자성 물질이 상당량 들어있거나, 응집 또는 화학침전 후 생성된 플록(floc)을 제거하기 위하여 이용된다.

2) 응집-응결

응집-응결(coagulation-flocculation)은 중심이 되는 폐수처리 공정이다. 여기에는 응집제의 공급설비와 응집제를 강한 혼합에 의해 오염성분과 고르게 접촉하게 하는 급속혼합조, 그리고 완만한 속도로 교반되어 생성된 플록이 자라도록 하는 응결조, 응집된 플록을 침전분리시키기 위한 침전조로 구성된다. 일반적으로 금속혼합조에서의 체류시간은 1～3분, 응집조에서는 20～30분이고, 플록의 파괴를 방지하기 위하여 유속을 1.0 m/sec 이하로 유지해야 한다. 맥주, 식음료공업 등에 적용되며, 응집제로는 alum, lime, 황산제일철, 염화제일철 등이 사용된다. 응집보조제로는 고분자 응집제(polyelectrolyters)가 많이 쓰인다.

3) 여 과

여과는 입자성 고체를 제거하기 위해 사용된다. 여과조의 구조는 상수처리에 사용되는 여과조와 비슷하나, 산업폐수 처리에는 심층여과(deep bed filtration)가 맥주, 식음료산업 등에 주로 이용된다. 여과조의 고체충전입자(media)로는 모래, 무연탄, 활성탄, perlite 등이 사용된다. 산업폐수에 보통 사용되는 이중층 여과조(duel media filter)는 비중 2.5의 모래와 비중 1.4～1.6의 무연탄으로 되어 있다. 각 층의 깊이는

---

3) 막분리공정(membrane process)에는 역삼투압법(reverse osmosis), 전기투석(electrodialysis), 한외여과(ultrafiltration) 등이 있다.

4) 시안화물이나 유기물질과 같은 독성물질을 파괴하는 데 사용되는 공정으로 염소산화, 오존산화, 과산화수소 처리 등이 있다.

300 mm이다. 여과조의 운전속도는 처리수의 수질, 화학침전의 효율, 여과조 충전입자에 따라 다르다.

2.2 폐수의 생물학적 처리

1) 시료채취

방류되는 폐수가 환경에 미치는 영향을 알아보려면 오염물질의 농도와 폐수의 양을 알아야 한다. 식품산업폐수에서는 주로 유기물 부하로 BOD와 고형물을 측정함으

표 12-2. 폐수의 물리적 · 화학적 처리방법

종 류	처리방법	주 제거목적 물질
고농도 폐수	농축법	전체 항목(휘발성 물질 제외)
	동결법	SS
	습식산화법	유기물, COD, 색소
	연소법	유기물
저농도 폐수 또는 생물 처리액	중화법	pH
	응집침전	SS, P, COD, BOD, 색소
	부상법	SS, P, COD, BOD, 색소
	산화법(O_3, Cl_2 등)	COD, BOD, 색소, 냄새성분, NH_3
	가스확산법	NH_3
	이온교환수지법	무기이온, 색소
	막이용법	
	전기투석	무기이온
	역삼투압	SS, COD, 무기물
	한외여과	SS, COD
	여과법	
	급속여과	SS, COD, BOD
	조제를 이용한 여과	SS, COD, BOD
	Micro-strainer	SS, BOD
	흡착법	
	활성탄	SS, COD, BOD, 색소, 냄새성분
	zeolite	NH_3
	전기적 처리법	
	전극용출	SS, P, COD, BOD, 색소
	산화법	COD, BOD, 색소
	초음파 처리법	SS

로써 오염물의 농도를 구할 수 있다. 폐수의 관리는 신뢰성이 있는 자료에 기초를 두어야 하며, 이러한 자료를 얻는 데는 시료의 채취에서부터 이루어진다. 계속적으로 측정하여 기록할 수 있는 분석기기가 있다면 이상적이지만, 소요경비가 많이 들기 때문에 대부분 미리 결정한 시간적인 간격을 두고 분석하게 된다. 그러나 폐수의 농도와 양이 항상 변하기 때문에 시료채취에 있어서는 임의채취(grap sampling)와 종합채취(composite sampling)의 방법을 사용한다.

임의채취법은 비커 등을 이용하여 떠낸 시료를 분석하여 얻어지는 단일 자료를 모아 장기간 많은 자료로부터 성상이 변화하는 양상 등을 알 수 있게 된다. 임의시료채취법은 인력과 경비 면에 많은 부담을 주므로, 이러한 단점을 보완하기 위하여 종합시료채취법을 사용한다. 예를 들면, 매시간 채취한 시료를 24시간 모은 후, 이를 혼합한 다음 분석함으로써 평균값을 알 수 있다. 폐수의 성상은 가공하는 식품의 종류에 따라 다를 뿐만 아니라 각 공정에 따라 다르므로 개별적인 조사를 해야 한다. 과일과 채소 가공공장에서의 폐수량, BOD, TSS, 온도와 pH의 평균치는 표 12-2와 같다.

각종 오염성분에 대한 처리방법은 그림 12-2와 같다. 폐수 중에 유기물이 들어 있을 경우에는 생물학적 처리방법으로 처리할 수 있다. 경우에 따라서는 미생물이 자라는데 필요한 온도, pH, 질소원이나 인산염 등 영양원을 첨가해 주기도 한다.

그림 12-2에서 보는 바와 같이 각종 폐기물의 처리방법은 여러 가지가 있다. 이를 크게 나누면 생물학적 처리방법과 물리학적 처리방법으로 구분된다. 유기물의 함량이

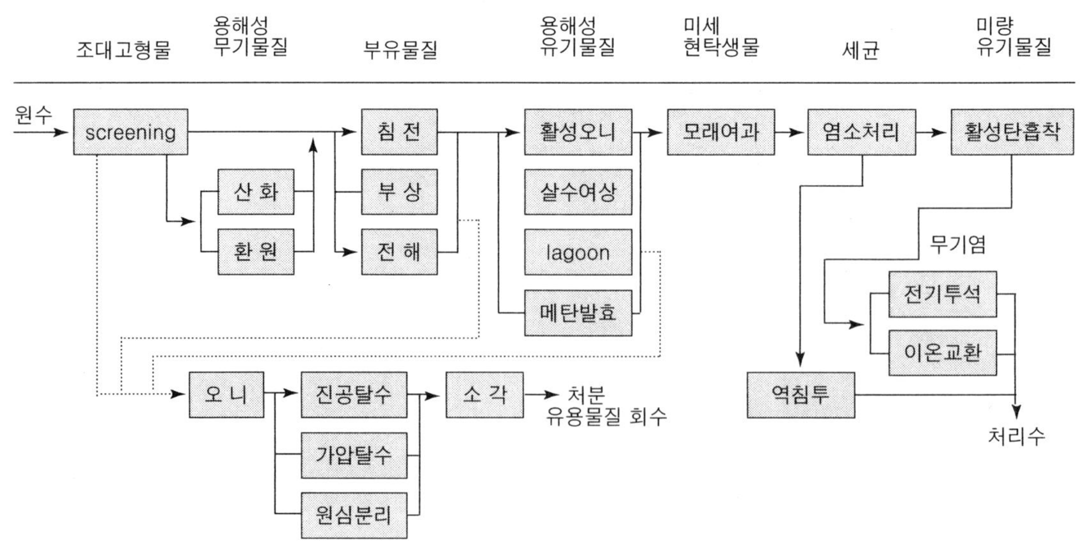

그림 12-2. 각종 오염성분에 대한 처리방법

높고 BOD, COD가 높은 폐수인 경우는 활성오니법, lagoon, 살수여상법, 회전원반법, 광합성세균 이용법, 조류이용법 등의 호기적 방법이나 메탄발효법과 같은 혐기적 방법이 이용된다.

미생물에 의한 폐수처리는 폐수 중에 난분해성 물질이 많을 경우에는 처리효과가 문제된다. 충분한 용존산소의 농도를 유지하는 데에도 기술적 또는 경제적 문제를 고려하지 않으면 안 된다. 물리적 또는 화학적 처리방법을 요약해 보면 표 12-2와 같다. 따라서 각종 폐수의 종류, 성질 등을 고려하여 이에 알맞은 처리방법을 조합하여 이용하는 것이 바람직하다.

2) 전처리

폐수의 처리는 우선 전처리 과정에서 큰 찌꺼기, 모래 등을 제거하기 위하여 체질(screening)을 한다. 식품산업에서 폐수에 섞여 나오는 큰 찌꺼기들은 대개 체(sc-

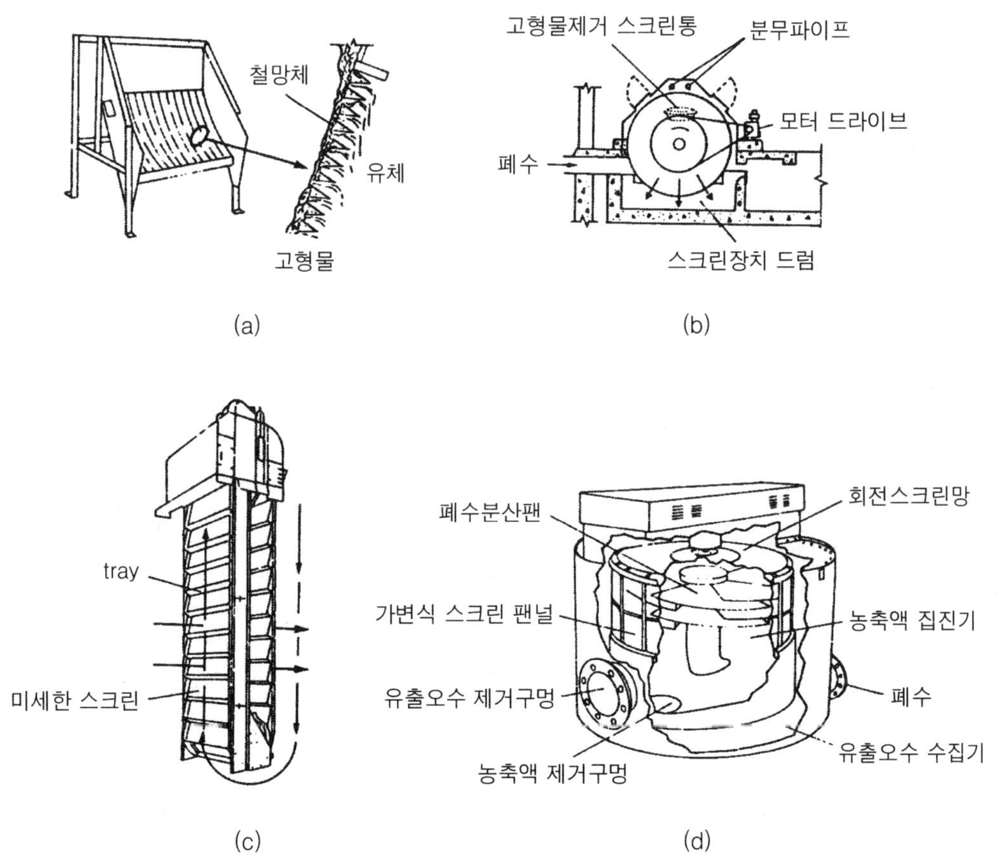

그림 12-3. 폐수처리에 이용되는 대표적인 스크린 장치

reen)에서 액체로부터 제거된다. 폐수의 발생원으로부터 체를 가까이 설치하는 것이 좋으며, 접촉시간을 짧게 하고 교반을 하지 않는 것이 좋다. 큰 찌꺼기가 물에 있는 시간이 길어지거나 덩어리가 되거나 용존 상태의 고형물이 되므로 폐수처리가 어렵게 된다. 흔히 사용되는 체는 여러 가지가 있으며, 대표적인 것은 그림 12-3과 같다.

체질이 끝난 폐수는 침전지로 보내져 흙・모래 등 무기물이 제거되도록 하며, 유기물은 다음의 처리공정으로 보내진다. 전처리 중에서 폐수가 알칼리 또는 산성이 강할 때는 산이나 알칼리를 투입하여 중화시키며, 생물학적 처리공정에서 지나친 유기물의 부하를 줄이기 위하여 처리에 알맞도록 폐수를 균질화시킨다.

3) 1차 처리

1차 처리에서는 주로 침전성 고형물과 부유성 고형물의 일부를 제거하는 동시에 침전지 또는 공기부상법을 사용한다. 침전지는 제거할 입자의 침강속도를 근거로 하여 설계되며, 표면에 스키머(skimmer)를 설치한다.

4) 2차 처리

1차 처리에서는 침전 가능한 고형물에 제거하고, 2차 처리에서는 용존 유기물을 주로 제거한다. 식품산업폐수에서 2차 처리는 대부분 생물학적 처리로서 크게 호기적 처리(aerobic treatment)와 혐기적 처리(anaerobic treatment)로 구분된다.

(1) 호기적 처리

호기적 처리는 가장 많이 사용되는 폐수처리법으로서 미생물에 의해 생화학적 산화가 일어난다. 보통 세포 생성은 산화된 BOD 1 kg당 0.3～0.6 kg이며, 산소 소비량은 0.5～1.14 kg이다.

호기적 처리공정은 폭기조, 살수여상, 생물학적 반응조로 구성되어 있다. 알맞은 환경조건에서 용존 유기물이 미생물세포로 전환됨으로써 침전조에서 침전되어 제거된다. 이때 일부 오니(汚泥)는 폭기조로 재투입된다. 2차 처리에서는 미생물의 생장을 위해 알맞은 환경을 만들어 주어야 하며, 산소공급도 충분히 이루어져야 한다.

산소를 공급해 주는 방법으로는 공기주입기(diffuser)를 사용하여 공기를 주입하는 방법(diffused aeration)이 있다. 또한, 폐수 중에 결핍된 영양원을 공급해 주어야 한다. 보통 과일과 채소 가공폐수에는 N과 P가 결핍되기 쉽기 때문에 BOD : N : P = 100 : 5 : 1 정도로 조절해 주는 것이 좋으며, 이의 2배를 첨가해 주면 처리효율이 높아진다.

이밖에도 2차 처리에는 안정지(stabilization ponds), 폭기산화지(aeration lagoon),

활성오니가 이용된다. 안정지에서는 깊이 0.9～1.8 m의 커다란 탱크에 폐수를 60일 이상 방치하면 조류(algae)의 광합성 작용에 의해 처리된다. 자연적인 산소전달이나 조류에 의한 산소공급량이 부족할 경우에는 인위적으로 산소를 공급해 주기 위해 폭기산화지를 사용한다.

활성오니에서 폐수는 폭기조로 계속 보내져 미생물의 번식에 의해 처리된다. 활성오니를 계속하여 가동시키는 데 문제가 되는 것은 오니의 응집(bulking)이다. 이는 탄수화물의 농도가 높은 폐수에서 발생하기 쉬우며, 섬유상 박테리아의 형성으로 침전이 잘 되지 않는 현상을 말한다.

(2) 혐기적 처리

호기적 처리와는 달리 혐기적 처리에서는 미생물의 증식에 의해 메탄가스가 발생되며 오니량도 감소한다. 또한, 혐기적 처리에서는 온도에 따라 반응율이 증가하며, 오니소화조는 32℃까지 온도가 상승된다. 혐기적 처리는 과일과 채소의 가공공장의 폐수처리에 유리하다. 깊이가 5～7 m인 소화지(digestion ponds)에서 2～20일간 처리 후 여과하여 폐수를 처리하게 된다.

식품산업폐수의 처리에 있어서 유기물질에 해당하는 BOD를 제거하는 것을 주목적으로 하는 가장 경제적인 방법은 생물학적 처리법이며, 그 대표적인 방법이 활성오니법이다. 전처리와 1차 처리 등이 포함되는 처리공정의 설계는 폐수의 성상, 처리 정도 등 폐수관리를 종합적으로 검토하여 실시함으로써 가공공장의 운영을 원활히 할 수 있다.

참고문헌

〈단행본〉

1. Advances in Food Research.
2. Brennan, J.G. et al., Food Engineering Operation, 2nd ed. Applied Science (1976)
3. Critical Reviews in Food Science and Nutrition
4. de Man, J.M., Principles of Food Chemistry, Avi(1976)
5. Fennema, O.R., Physical Principles of Food Preservation, Dekker(1975)
6. Gunstone, F.D. and F.A. Norris, Lipids in Foods, Chemistry, Biochemistry and Technology, Pergamon(1983)
7. Inglett, G.E., Wheat, Production and Utilization, Avi(1975)
8. Joslyn, M.A. and J.L. Heid, Food Processing Operations, Avi(1963)
9. Karel, M., O.R. Fennema and D.B. Lund, Physical Principles of Food Preser-vation, Dekker(1975)
10. Kent, N.L., Technology of Cereals, p. 76, 91, 107～111, Pergamon press (1983)
11. Kirschenbauer, H.G., Fats and Oils, Reinhold(1960)
12. Lch, F.K.V. and R.K.C. Lak, Environment and Pollution, Charles C. Thomas (1974)
13. Lincback, D.R. and G.E. Inglett, Food Carbohydrate, Avi(1982)
14. Lopez, A., A Complete Course in Canning, The Canning Trade(1975)
15. Luh, B.S., and J.G. Woodroof, Commercial Vegetable Processing, Avi(1975)
16. Meyer, L.H., Food Chemistry, Reinhold(1960)
17. Minifie, B.W., Chocolate, Cocoa and Confectionery, p. 6～9, Avi(1980)
18. Ryall, A.L. and W.T. Pentzer, Handling, Transportation and Storage of Fruits and Vegetables, 2nd ed., Avi(1982)
19. Salunkhe, D.K., Postharvest Biotechnology of Food Legumes, CRC Press (1985)
20. Schroeder, E.D., Water and Wastewater Treatment, McGraw Hill(1977)
21. Slesser, M. and C. Lewis, Biological Energy Resource, E & FN Spon(1979)

22. Smith, A.K. and S.J. Circle, Soybeans, Chemistry and Technology, Avi (1982)

23. Swern, D., Bailey's Industrial Oil and Fat Products, Interscience(1974)

24. Tchobanoglous, G., Wastewater Engineering, Treatment Disposal Refuse, Met-calf & Eddy(1979)

25. Whistler, R.C. et al., Starch; Chemistry and Technology, 2nd ed. Academic Press(1984)

26. Woodroof, J.G. and B.S. Luh, Commercial Fruit Processing, Avi(1975)

27. 藤巻正生 編, 食種保藏學, 朝倉書店(1980)

28. 寺本四朗 編, 食糧工學ハンドフツク, 朝倉書店(1966)

29. 小原哲二郎 等, 食品製造學, 建帛社(1974)

30. 柴田和雄, 木谷收 編, バイオマス - 生産と變換, 學會出版(1981)

31. 櫻井芳人 編, 總合食料工業, 恒星社厚生閣(1970)

32. 二國二郎 編, 澱粉科學ハンドフツク, 朝倉書店(1971)

33. 日本農藝化學會 編, バイオマス - 生物資源の高度利用, 朝倉書店(1985)

34. 齊藤進, 高間總子, 食品原料學, 理工圖書(1981)

35. 北川博敏, 園藝食品の流通, 貯藏, 加工, 養賢堂(1982)

36. いがらし修, 食品化學, 弘學出版(1983)

37. 坂村貞雄 等, 農產物利用學, 朝倉書店(1973)

38. 堀內久彊, 高野克己, 食品工業技術概說, 恒星社厚生閣(1997)

39. 고정삼, 박사학위논문, 일본 동경대학(1985)

40. 고정삼, 농산식품가공학, 광일문화사(2002)

41. 고정삼, 식품분석실험, 제주대학교 출판부(1998)

42. 고정삼, 식품산업의 이해, 유한문화사(2001)

43. 고정삼, 식품생물산업, 유한문화사(2004)

44. 고정삼, 강영주, 제주농업과 감귤가공산업, 광일문화사(1994)

45. 고정삼, 강영주, 감귤가공, 제주대학교 출판부(1998)

46. 고정삼, 감귤산업, 제주문화(2001)

47. 고정삼, 고영환, 오남순, 김진현, 인만진, 채희정, 생물공학, 유한문화사(2003)

48. 고정삼, 최종욱, 식품공학, 유한문화사(2004)

49. 김동연 등, 농산가공학, 영지문화사(1990)

50. 김병기, 김철재, 송태희, 가공식품의 이해, 신광출판사(2000)
51. 김재욱, 농산식품가공, 문운당(1971)
52. 김재욱 등, 식품화학, 문운당(1992)
53. 이서래, 신효선. 식품화학, 집현사(1977)
54. 전재근, 식품공학 -이론과 응용-, 개문사(1986)
55. 조덕현 등, 식품화학, 수학사(1979)
56. 주현규 등, 최신식품저장학, 수학사(1983)

〈 학술잡지 〉

제 1장 식품산업의 이해

1. Borlaug, N.E., *Food Technol.*, 46(7), 84(1992)
2. Thijssen, H.A.C. and S. Bruin, *Lebensm. Wiss. Technol.*, 14(4), 218(1981)
3. 木村進, 食品と開發, 25(1), 6(1990)
4. 化學工學, 44(5), 日本化學工學會(1980)
5. 化學總說, 43, 日本化學會(1984)
6. 김길환, 한대석, 식품과학과 산업, 31(1), 8(1998)
7. 배종찬, 식품과학, 13(1), 22(1980)
8. 변근수, 식품과학과 산업, 30(2), 44(1997)
9. 서울대학교 농생명과학정보센터 internet site
10. 이민철, 감귤가공산업 육성을 위한 심포지움, 제주감귤연구소, 106(1997)
11. 황이남, 생물산업, 5(3), 18(1992)

제 2장 식품원료의 가공특성

1. 食糧, 7, 日本總合食品研究所(1964)
2. 김재욱, 양차범, 조성환, 식품화학, 문운당(1992)
3. 송창문, 생물공학News, 3(2), 110, 한국생물공학회(1996)

제 3장 탄수화물자원의 이용

1. Carasik, W. and J.O. Carroll, *Food Technol.*, 37(10), 85(1983)
2. Dziezak, J.D., *Food Technol.*, 43(10), 94(1989)
3. Dziezak, J.D., *Food Technol.*, 45(6), 74(1991)

4. Klass, D.L., *Chemtech.*, 491(1984)
5. Ladisch, M.R. et al., *Enzyme Microbiol. Technol.*, 5, 82(1983)
6. Luenser, S.J., *Dev. Ind. Microbiol.*, 24, 79(1983)
7. Orthoefer, F.T., *Food Technology*, 50(12), 62(1996)
8. Pomeranz, *Food Technology*, 40(1), 115(1986)
9. 堺修造, 澱粉科學, 28, 72(1981)
10. 貝沼圭二, 食糧, 7, 食品總合研究所(1964)
11. 貝沼圭二, 食糧, 23, 25, 食品總合研究所(1983)
12. 貝沼圭二, 澱粉科學, 24, 141(1977)
13. 貝沼圭二, 化學總說, 43, 88(1984)
14. 法月郁郎, 澱粉科學, 27, 281(1980)
15. 本坊慶吉, 澱粉科學, 27, 219(1980)
16. 杉本要, 平尾守, 澱粉科學, 21, 314(1974)
17. 三輪泰造, 澱粉科學, 27, 256 1980)
18. 小巻利章, 日食工誌, 30, 181(1983)
19. 小巻利章, 澱粉科學, 21, 34(1974)
20. 鈴木繁男, *New Food Ind.*, 26, 1(1984)
21. 日高季昌, 河野敏明, 澱粉科學, 28, 79(1981)
22. 中村隆, 高木正一, 食品工業, 25, 4下, 82(1982)
23. 眞柄宗祐, *New Food Ind.*, 23(10), 6(1981)
24. 川口直己, 食品工業, 24, 11下, 32(1981)
25. 김성곤, 식품과학, 19(4), 105(1986)
26. 문승환, 식품과학과 산업, 21(3), 42(1988)
27. 민병용, 식품과학과 산업, 23(1), 27(1990)
28. 이상효, 식품기술, 3(1), 5(1990)
29. 이현수, 식품과학, 17(3), 15(1984)
30. 송창문, 생물공학 News, 3(2), 110, 한국생물공학회(1996)

제 4장 유지자원의 이용

1. Brian, R., J. *Am. Oil Chem. Soc.*(JAOCS), 53, 27(1976)
2. Carr, R.A., JAOCS, 53, 347(1976)

3. Clegg, A.J., JAOCS, 50, 321(1976)
4. Cowan, J.C.A., JAOCS, 53, 344(1976)
5. Erickson, D.R., JAOCS, 60, 351(1983)
6. Forster, A. and A.J. Harper, JAOCS, 60, 265(1983)
7. Frankel, E.N., JAOCS, 61, 1908(1984)
8. Goebel, E.H., JAOCS, 53, 342(1976)
9. Hastert, R.C., JAOCS, 58, 169(1981)
10. Koh, J.S., et al., *Agric. Biol. Chem.*, 47, 1207(1983), 49, 215, 1411(1985)
11. Kosaric, N. et al., JAOCS, 61, 1735(1984)
12. Kreulen, H.P., JAOCS, 53, 393(1976)
13. Langstrcat, JAOCS, 53, 241(1976)
14. Moore, N.H., JAOCS, 60, 141A(1983)
15. Ohlson, R. and K. Anjou, JAOCS, 56, 431(1979)
16. Petrowski, G.E., *Adv. Food Res.*, 22, 310(1976)
17. Ratledge, C., *Fette Seifen Anstrichmittel.*, 86, 379(1984)
18. Richtler, H.J. and J. Knaut, JAOCS, 61, 160(1984)
19. Thomas, A., JAOCS, 59, 1(1982)
20. Van Nieuwenhuyzen, W., JAOCS, 53, 425(1976)
21. Ward, J.A., JAOCS, 61, 1358(1984)
22. Woerfel. J.B., JAOCS, 58, 188(1981)
23. 高正三, みのた泰治, 油化學, 33, 672(1984)
24. 加藤秋男, 油化學, 33, 304(1984)
25. 宮川高明, 油化學, 33, 2(1984)
26. 同塵子, *New Food Ind.*, 27(2), 44(1985)
27. 茂清則, 油化學, 27, 630(1978)
28. 梶本五郎, 油化學, 28, 738(1979)
29. はじま守男, 油化學, 28, 662(1979)
30. 松井宣也, 油化學, 28, 680(1979)
31. つじざか好夫, 巖井美枝子, 油化學, 31, 826(1982)
32. 신효선, 식품과학과 산업, 23(2), 3(1990)

33. 최억, 식품과학, 14(3), 4(1981)

제 5장 단백질자원의 이용

1. Beuchat, L.R., *Food Technol.*, 38(6), 64(1984)
2. Fukushima, D., JAOCS, 58, 346(1981)
3. Horan, F.E., JAOCS, 51, 67A(1974)
4. Jones, J.D., JAOCS, 56, 716(1979)
5. Kinsella, J.E., JAOCS, 56,242(1979)
6. Kohler, G.O. and B.E. Knuckles, *Food Technol.*, 31(5), 19(1977)
7. Lawhon, J.T. et al., *Food Technol.*, 36(10), 76(1982)
8. Molina, M.R. et al., *Food Technol.*, 31(5), 188(1977)
9. Ohlson, R. and K. Anjou, JAOCS, 56, 431(1979)
10. Satterlee, L.D., *Food Technol.*, 35(6), 53(1981)
11. Whitaker, J.R., *Food Technol.*, 32(5), 175(1978)
12. 江崎グリコ榮食, *New Food Ind.*, 20(2), 7(1978)
13. 崎田高史, *New Food Ind.*, 26(6), 17(1984)
14. 崎田高史, 油化學, 28, 781(1979)
15. 山本子郎, 吉富和彦, 油化學, 19, 826(1970)
16. 小澤龍太郎, *New Food Ind.*, 20(9), 15(1978)
17. 遠藤悅雄, *New Food Ind.*, 20(2), 12(1978)
18. 遠藤悅雄, *New Food Ind.*, 27(1), 87(1985)
19. 遠藤悅雄, 食品開發, 11(10), 38(1976)
20. 遠藤悅雄, 食品開發, 12(5), 37(1977)
21. 이양희, 신현경, 식품과학, 14(1), 31(1981)
22. 조재선, 식품과학, 19(4), 98(1986)

제 6장 원예식품가공

1. Beuchat, L.R., *Food Technol.*, 32, 193(1978)
2. Rhodes, M.J.C., *Prog. Fd. Nutr. Sci.*, 4, 11(1980)
3. 中北宏, 食品工業, 26, 4下, 29(1983)

4. 이민철, 식품과학, 13(2), 22(1980)

제 7장 기호식품

1. Bokuchava, M.A. and N.I. Skobeleva, *Adv. Food Res.* 17, 215(1969)
2. Giese, J.H., *Food Technol.*, 46(7), 70(1992)
3. Wickremasinhe, R.L., *Adv. Food Res.*, 24, 229(1978)
4. 박승옥, 식품과학, 13(2), 4(1980)
5. 신미경, 식품과학, 22(3), 13(1989)
6. 허태련, 식품과학과 산업, 25(2), 20(1992)

제 8장 인스턴트식품

1. Colmey, J.C., *Food Technol.*, 32(3), 42(1978)
2. Shneeman, B.O., *Food Technol.*, 43(10), 133(1989)
3. Tettweiler, P., *Food Technol.*, 45(2), 58(1991)
4. 田中 肇, 食品工業, 33(9), 48(1990)
5. 신재익, 식품과학, 21(2), 8(1988)
6. 신재익, 식품과학과 산업, 22(1), 4(1989)
7. 신현경, 식품과학과 산업, 30(1), 2(1997)
8. 조태형, 생물산업, 5(2), 91(1992)

제 9장 농산물저장

1. King, A.D. and H.R. Bolin, *Food Technology*, 43(2), 132(1989)
2. 공재열, 식품과학과 산업, 22(2), 13(1989)
3. 김덕웅, 식품과학, 11(2), 69(1978)
4. 윤인화, 식품과학과 산업, 24(4), 42(1991)

제 10장 바이오매스의 이용

1. Ba, A., R. Ratomahenina, J. Graille and P. Galzy, *Oleaineux*, 36, 439(1981)
2. Hottinger, H.H., T. Richardson, C.H. Amundson and D.A. Stuiber, *J. Mik Food Technol.*, 37, 463(1974)
3. Montet, D., R. Ratomahenina, A. Ba, M. Pina, Z. Graille and P. Galzy, *J.*

Ferment. Technol., 61, 417(1983)

4. Nakahara, T., K. Sasaki and T. Tabuchi, *J. Ferment. Technol.*, 61, 417(1982)
5. Tan, K.H. and C.O. Gill, *Appl, Microbiol. Biotechnol.*, 20, 201(1984)
6. Vass, K. et al., U.S. Patent 3,966,554(1976)

제 11장 식품포장

1. 김덕웅, 식품과학과 산업, 23(2), 12(1990)
2. 박무현, 식품과학, 21(2), 64(1988)
3. 한종구, 식품과학과 산업, 23(2), 3(1990)

제 12장 식품산업폐수의 처리

1. 신응배, 식품과학, 12(1), 4(1979)
2. 신현국, 식품과학, 25(3), 23(1992)
3. 윤태일, 생물산업, 4(1), 45(1991)
4. 한상욱, 식품과학, 12(1), 13(1979)

〈 이 외로 인용된 주요 학술잡지명 〉

1. *Agricultural and Food Chemistry* (London)
2. *Bioscience, Biotechnology and Biochemistry* (*Agricultural Biological Chemistry*, Tokyo)
3. *Carbohydrate Research* (Amsterdam)
4. *Cereal Chemistry* (Minneapolis)
5. *Food Engineering* (Philadelphia)
6. *Food Manufacture* (London)
7. *Food Processing* (Chicago)
8. *Food Science and Biotechnology* (Seoul)
9. *Food Technology* (Chichgo)
10. *Journal of Agricultural and Food Chemistry* (Easton)
11. *Journal of American Oil Chemists's Society* (Chicago)
12. *Journal of Fermentation and Bioengineering* (*J. Fermentation Technology*,

Osaka)
13. *Journal of Food Science* (Chicago)
14. *Journal of Food Technology* (London)
15. *Journal of Microbiology and Biotechnology* (Seoul)
16. *Journal of the Scinence of Food and Agriculture* (London)
17. *Lebensmittel-Wissenschaft & Technologie*
18. *New Food Industry* (Tokyo)
19. *Process Biochmistry*
20. *Starch* (*Stake*)
21. 食品工業(日本)
22. 油化學(日本)
23. 日本農藝化學會誌(化學と生物)
24. 日本醱酵工學雜誌
25. 日本醱酵協會誌
26. 日本食品工業學會誌
27. 澱粉科學(日本)
28. 식품공업(한국)
29. 주류산업(주정공업, 한국)
30. 한국농화학회지
31. 한국미생물학회지(미생물과 산업)
32. 한국산업미생물학회지(생물산업)
33. 한국생화학회지
34. 한국식품과학회지(식품과학과 산업)
35. 한국식품영양과학회지(식품산업과 영양)
36. 관련 internet sites

찾아보기

ㅁ

ㅂ

ㅅ

쉬운 식품가공학

2021년 12월 20일 재판 인쇄
2021년 12월 25일 재판 발행

저 자 : 고정삼
펴낸이 : 천승배
펴낸곳 : 도서출판 유한문화사

주소 : 경기도 고양시 덕양구 지도로124번길 8-35
전화 : 2668-2055
팩스 : 2668-2565
http://www.yuhansa.com
E-mail : yuhansa@hanmail.net
등록 : 제 5-31호. 1979. 3. 6.

값 24,000 원

ISBN : 978-89-7722-572-5 93570